できる®

アクセス
Access

パーフェクトブック

困った!&便利ワザ大全

2019/2016/2013 & Microsoft 365 対応

きたみあきこ・国本温子&できるシリーズ編集部

インプレス

ご購入・ご利用の前に必ずお読みください

本書は、2021年2月現在の情報をもとにWindows版の「Microsoft 365のAccess」「Access 2019」「Microsoft Access 2016」「Microsoft Access 2013」の操作方法について解説しています。本書の発行後に「Microsoft Access」の機能や操作方法、画面などが変更された場合、本書の掲載内容通りに操作できなくなる可能性があります。本書発行後の情報については、弊社のWebページ（https://book.impress.co.jp/）などで可能な限りお知らせいたしますが、すべての情報の即時掲載ならびに、確実な解決をお約束することはできかねます。また本書の運用により生じる、直接的、または間接的な損害について、著者ならびに弊社では一切の責任を負いかねます。あらかじめご理解、ご了承ください。

本書で紹介している内容のご質問につきましては、巻末をご参照のうえ、メールまたは封書にてお問い合わせください。電話やFAX等でのご質問には対応しておりません。また、本書の発行後に発生した利用手順やサービスの変更に関しては、お答えしかねる場合があることをご了承ください。

動画について

操作を確認できる動画を弊社Webサイトで参照できます。画面の動きがそのまま見られるので、より理解が深まります。

▼動画一覧ページ
https://dekiru.net/access2019pb

●用語の使い方

本文中では、「Microsoft Windows 10」のことを「Windows 10」または「Windows」と記述しています。また、「Microsoft Office 2019」のことを「Office 2019」または「Office」、「Microsoft Access 2019」のことを「Access 2019」または「Access」と記述しています。また、本文中で使用している用語は、基本的に実際の画面に表示される名称に則っています。

●本書の前提

本書では、「Windows 10」に「Access 2019」がインストールされているパソコンで、インターネットに常時接続されている環境を前提に画面を再現しています。お使いの環境と画面解像度が異なることもありますが、基本的に同じ要領で進めることができます。

まえがき

　本書を手にされたみなさんは、Accessの業務に携わっている、またはこれから携わる方でしょう。起動してすぐに入力を開始できるWordやExcelであれば、これまでの経験による勘である程度の文書が作れます。しかしAccessの場合、ほかのアプリの使用経験だけでは太刀打ちできない難しさを抱えているように思えます。多くの機能がリボンのボタン以外の場所に隠れているので、Accessの持つさまざまな便利機能に気付かないまま、日々の作業に追われているケースもあるでしょう。

　そこで、Accessの業務に携わるあらゆる方に活用していただくべく、さまざまなワザをギュッと詰め込んだ一冊を制作しました。本書では、初心者向けの基本ワザから、Accessをより便利に使うための便利ワザ、裏ワザ、定番テクニックまで、業務に役立つ盛りだくさんのワザを紹介しています。さらに、トラブルに見舞われたときに、どの設定をチェックし、どのように対処すればいいのかを画面や図解で分かりやすく解説しています。もちろん、データベースを構築するための基礎となる考え方も丁寧に説明しました。

　本書の内容は、Microsoft 365とAccess 2019/2016/2013の4バージョンに対応しています。バージョンによって機能に違いがある場合は、きちんと明記しました。

　目次をザッとご覧ください。Accessを使うシーン別に章立てをしています。「テーブル」「クエリ」「フォーム」「レポート」といったデータベースの構成要素の扱い方、関数によるデータの加工方法、マクロによる自動化の設定、ほかのアプリとの連携、データベースのセキュリティなど、章を設けて事例を充実させました。また、Microsoft 365/Access 2019の新機能であるグラフの操作方法や、複数税率に対応した正式な請求書である適格請求書（インボイス）の作り方も取り上げました。

　本書をパソコンの傍らに置いて、業務の相棒としてご活用いただければ幸いです。

　末筆になりますが、本書を執筆するにあたりご尽力いただいた編集部の高橋優海さまと、ご協力いただいたすべての方々に心からお礼申し上げます。

2021年2月

きたみあきこ　国本温子

本書の読み方

対応バージョン

ワザが実行できるバージョンを表しています。

練習用ファイル

すぐに試せる練習用ファイル（サンプル）を用意しています。操作手順を確認できるのでワザの理解度が上がります。詳しくは31ページを参照してください。

中項目

各章は、内容に応じて複数の中項目に分かれています。あるテーマについて詳しく知りたいときは、同じ中項目のワザを通して読むと効果的です。

New! マーク

Access 2019とMicrosoft 365の新機能を使ったワザを表しています。

イチ押し①

ワザはQ&A形式で紹介しているため、A（回答）で大まかな答えを、本文では詳細な解説で理解が深まります。

イチ押し②

ボタンの位置や重要なポイントが分かりやすい画面で解説！ 目的の操作が迷わず行えるようになっています。

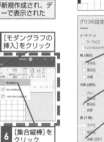

第5章 データ入力を助けるフォームのワザ

グラフの作成

テーブルやクエリのデータを元にフォームやレポート上にグラフを作成できます。ここでは、フォーム上にグラフを作成する基本的なワザを解説します。

Q501 365 2019 2016 2013 （サンプル）お役立ち度 ★★★

フォームにグラフを作成するには NEW!

A デザインビューで［デザイン］タブの［モダングラフの挿入］をクリックします

フォーム上にグラフを作成するには、まずグラフ化したいデータを用意しておきます。例えば、支店別商品別の売上グラフを作成したい場合は、あらかじめ支店別商品別の売上げを集計したクエリを用意します。次に、フォームをデザインビューで新規作成し、［デザイン］タブの［モダングラフの挿入］ボタンをクリックしてグラフの種類を選択し、データソース、軸、凡例、値を指定してグラフを作成します。

棒グラフが作成される

関連
Q505 パーセント表示の円グラフを作成するには P.286

284 できる ● グラフの作成

関連ワザ参照

紹介しているワザに関連する機能や、併せて知っておくと便利なワザを紹介しています。

Q502 365 2016 2013　お役立ち度 ★★★

グラフにタイトルを設定するには NEW!

A [グラフのタイトル]プロパティでタイトルにする文字を指定します

グラフ作成直後は、グラフタイトルに仮の文字列「グラフのタイトル」が表示されます。グラフのタイトル文字を変更したり、削除したりするには、プロパティシートの[書式]タブの[グラフのタイトル]でタイトル文字としたい文字列を設定します。

ワザ382を参考に、デザインビューで表示しておく　｜　グラフを選択しておく

1 [フォームデザインツール]の[デザイン]タブをクリック
2 [プロパティシート]をクリック

[プロパティシート]が表示された

3 [書式]タブをクリック
4 [グラフのタイトル]プロパティにタイトルを設定したい文字を入力

グラフタイトルが設定された

Q503 365 2019 2016 2013　お役立ち度 ★★★

グラフの種類を変更するには

動画で見る

A [グラフの種類]プロパティで変更したいグラフを選択します

グラフ作成後にグラフの種類を変更したい場合は、グラフのプロパティシートを表示し、[書式]タブの[グラフの種類]をクリックし、一覧から選択したいグラフの種類を選択します。
→フォーム……P.452

横棒積み上げグラフに変更する

ワザ502を参考に、[プロパティシート]を表示しておく

1 [書式]タブをクリック
2 [グラフの種類]のここをクリックして、[横棒(積み上げ)]を選択

ワザ382を参考に、フォームビューで表示しておく

グラフの種類が変更された

右側のつめ（縦書き）:
Accessの基本 / データベース / ファイル / テーブル / フォーム / レポート / 関... / マクロ / データ連携・共有 / 管理・セキュリティ

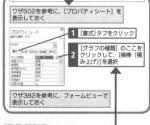

目次

第1章　Accessの基本ワザ

Accessの基礎知識　　32

Accessの起動と終了　　41

Accessの基本

データベースファイル

テーブル

データ入力の基本操作 69

テーブル作成の基礎 78

テーブル

データ型の設定とデータ型に応じた入力　　86

フィールドの設定　　99

テーブル

テーブル

レコード操作の便利ワザ　　　　112

データシートの表示設定　121

テーブル操作のトラブル解決　125

テーブル

リレーションシップの設定　　　　　　134

第4章　データ抽出・集計を効率化するクエリ活用ワザ

クエリの基本操作　　　　　　144

テーブル

クエリ

選択クエリの作成と実行　　148

フィールドの計算　　156

クエリ

レコードの並べ替え　160

レコードの抽出　168

クエリ

複数のテーブルを基にしたクエリ　181

クエリ

クエリ

SQLクエリの作成と実行　　211

第5章　データ入力を助けるフォームのワザ

フォームの基本操作　　214

フォームの入力　　220

クエリ

フォーム

フォームの表示 229

フォームの作成 237

フォームの設定 　　　244

フォームのレイアウト調整 　　　251

フォーム

コントロールの設定 — 262

フォーム

グラフの作成　　　　　　　　　　　　　　　　284

第6章　データを明解に見せるレポート作成のワザ

レポートの基本操作　　　　　　　　　　　　　288

レポートの作成　　　　　　　　　　　　　　　292

フォーム

レポート

レポートの編集　　　　　　　　　　　　　　301

レポート

レポート

関数

マクロ

フォーム関連のマクロ　　384

レポート関連のマクロ　　395

データ処理、エラー処理のマクロ　398

第9章　活用の幅を広げるデータ連携・共有のワザ

連携の基本　404

Accessデータベース間の連携　406

テキストファイルとの連携　411

マクロ

データ連携・共有

データ連携・共有

管理・セキュリティ

管理・セキュリティ

練習用ファイルの使い方

本書では、一部のワザに操作をすぐに試せる無料の練習用ファイルを用意しています。Access 2019/2016/2013とMicrosoft 365のAccessの初期設定では、ダウンロードした練習用ファイルを開くと、[セキュリティの警告]が表示される仕様になっています。本書の練習用ファイルは安全ですが、練習用ファイルを開くときは以下の手順で操作してください。

▼ 練習用ファイルのダウンロードページ
https://book.impress.co.jp/books/1120101112

練習用ファイルが付いているワザには、サンプル が記載してあります。

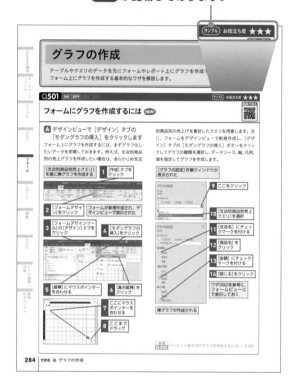

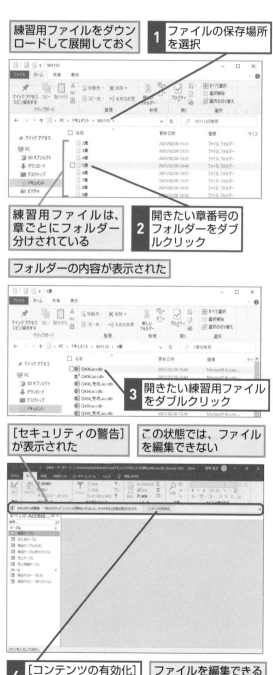

練習用ファイルをダウンロードして展開しておく

1 ファイルの保存場所を選択

練習用ファイルは、章ごとにフォルダー分けされている

2 開きたい章番号のフォルダーをダブルクリック

フォルダーの内容が表示された

3 開きたい練習用ファイルをダブルクリック

[セキュリティの警告]が表示された

この状態では、ファイルを編集できない

4 [コンテンツの有効化]をクリック

ファイルを編集できる状態になる

HINT!

なぜ[セキュリティの警告]が表示されるの？

Accessの標準設定では、データベースファイルに含まれているマクロが実行されないようになっています。そのため、データベースファイルを開くたびに[セキュリティの警告]が表示されます。データベースファイルにマクロが含まれていなくても必ず表示されるので、[コンテンツの有効化]をクリックしてデータベースファイルを有効にしましょう。

Accessの基本
データベース
ファイル
テーブル
クエリ
フォーム
レポート
関数
マクロ
データ連携・共有
管理・セキュリティ

Accessの基礎知識

Accessを使いこなすには、Access特有の用語など基礎知識の理解が不可欠です。ここでは、Accessの基本を理解しましょう。

Q001 365 2019 2016 2013　　　　　　　　　　　　　　お役立ち度 ★ ★ ★

Access って何?

A マイクロソフトが提供する
データベースソフトです

Accessとは、マイクロソフトが提供するデータベースソフトの1つです。データベースとは、必要なデータをすぐに取り出せるよう大量のデータを整理して蓄積、管理するシステムのことをいいます。例えば、取引先の情報を管理する場合、会社名、住所、メールアドレス、担当者のような必要な項目を用意して、データベースを作成しておけば、「会社別の担当者とメー

ルアドレスの一覧が欲しい」「新規取引先の宛名ラベルを印刷したい」といった作業が簡単に行えます。
Accessでは、データの集まりを表(テーブル)として管理していて、「商品」「顧客」「売り上げ」などテーマごとに複数の表を管理することもできます。このようなデータベースを「リレーショナルデータベース」といいます。Accessの用途について詳しくは、ワザ007、ワザ008も参照してください。

➡ リレーショナルデータベース……P.454

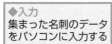

◆入力
集まった名刺のデータ
をパソコンに入力する

株式会社電報堂	
氏名	メールアドレス
荒井夏雄	arai-n@xxx.xx.jp
九原丈直	kyu-t@xxx.xx.jp
鈴木　功	suzuki-i@xxx.xx.jp
井上　明	inoue-a@xxx.xx.jp
⋮	⋮

◆抽出
条件を指定して
必要なデータを
抽出できる

◆印刷
データの一部または全
部をさまざまな形式で
印刷できる

Q002 `365` `2019` `2016` `2013`　　お役立ち度 ★★★

リレーショナルデータベース
って何?

A 複数のテーブルを関連付けて
　利用できるデータベースです

データベースにはいくつかの種類がありますが、現在もっとも利用されているのが「リレーショナルデータベース」です。

リレーショナルデータベースは顧客情報や売上情報、商品情報など特定のテーマごとに分類してデータを蓄積し、複数のデータの集合を関連付けて利用できるデータベースです。別々に集めたデータを組み合わせることで、データを有効に活用できます。

> 例えば、[受注テーブル]と[顧客テーブル]を関連付けると、2つのテーブルの項目を組み合わせた表が作成できる

受注テーブル　　関連付け　　顧客テーブル

NO	日付	顧客番号	顧客名	住所

> リレーショナルデータベースでは、いろいろな種類のデータを互いに結び付けて活用できる

Q003 `365` `2019` `2016` `2013`　　お役立ち度 ★★☆

Accessを入手するには
どうすればいい?

A Microsoft 365、Office Professional
　または単体のAccessを購入します

Access 2019は、Office Professional 2019に含まれていますが、Access 2019を単体で購入することもできます。また、Microsoft 365にもAccessが含まれており、こちらは常に最新バージョンのAccessを使用できます。これらは、オンラインショップでプロダクトキーを購入するか、量販店などでPOSAカードを購入してプロダクトキーを入手します。プロダクトキーを使ってインターネットからダウンロードし、パソコンにインストールすれば使えます。なお、PC購入時にプレインストール版のOffice Professional 2019が入っていれば、使用開始の設定後すぐに使用できます。なお、AccessはWindows版のみでMac版では使えません。

> ◆Access 2019の
> POSAカード

Q004 `365` `2019` `2016` `2013`　　お役立ち度 ★★☆

AccessとExcelはどう使い分ければいい?

A 管理するデータの量によって
　使い分けるといいでしょう

大量のデータと複数の表を扱うのであればAccessの使用をおすすめします。Accessは大量のデータを効率よく集めることができ、複数の表を関連付けてデータを有効利用できます。さらに、データを活用するためのいろいろな機能が用意されています。そのため、本格的なデータベース処理ができるというメリットがあります。Excelでもデータベース処理を行うことはできますが、大量のデータ管理には向きません。データ量が少なく、並べ替えや簡単な抽出をする程度であれば、Excelのデータベース機能を使用する方が手軽でいいでしょう。

➡リレーショナルデータベース……P.454

Q005　365 2019 2016 2013　　お役立ち度 ★★★

Office 2019やMicrosoft 365で利用できるソフトを知りたい

A 製品によって異なります

Windows版で使用する最新のOffice製品には、Microsoft 365とOffice 2019があります。Office 2019には、一般ユーザー向けの「Personal」「Home & Bussiness」「Professional」、学生・教職員向けの「Professional Academic」の4種類あります。すべて

の製品に共通してWord、Excel、Outlookは含まれますが、Accessなど含まれていない製品があります。購入後に使用したいソフトが含まれていなかったということがないよう、あらかじめ確認してから購入するようにしましょう。なお、単体でソフトを購入することもできます。

●Office製品に同梱されているソフトウェアの一覧

	Microsoft 365	Office 2019			
		Personal	Home & Business	Professional	Professional Academic
Word	●	●	●	●	●
Excel	●	●	●	●	●
PowerPoint	●	―	●	●	●
Outlook	●	●	●	●	●
Access	●	―	―	●	●
Publisher	●	―	―	●	●

Q006　365 2019 2016 2013　　お役立ち度 ★★★

Microsoft 365 って何が違うの?

A 常に最新の機能が使える
　購入方法です

Microsoft 365は、月額または年額で使用料を支払う「サブスクリプション」という契約形態のOffice製品です。常に最新の機能が使用でき、インストールできる端末もWindowsに限らず、Macやタブレット、スマートフォンを含めて5台まで使用できます。さらに、

OneDriveを1TBまで使用でき、OfficeやWindowsのテクニカルサポートを受けられるといったメリットがあります。一方、Office 2019は、最初に代金を支払う買い取り型の製品で、使用期間に制限はありませんが新機能の追加はありません。これを「永続ライセンス」といいます。

●Microsoft 365 PersonalとOffice 2019の主な違い

	Microsoft 365 Personal	Office 2019
ライセンス	サブスクリプション（月または年ごとの支払い）	購入（永続ライセンス）
インストールできる端末	Windows パソコン、Mac、タブレット、スマートフォンなど何台でも使用可、同時使用は5台まで	2台までの Windows パソコンと Mac ※
新機能の追加	あり	なし
主なラインナップ	-	Home & Business/Personal/Professional

※パソコンにプリインストールされているOffice製品の場合、そのパソコン1台のみでしか使用できないため、パソコンが壊れると利用できなくなる

Access の基本

ファイル

データベース

テーブル

クエリ

フォーム

レポート

関数

マクロ

共有

データ連携・管理・セキュリティ

Q007 `365` `2019` `2016` `2013`　　　　　　　　　　　お役立ち度 ★★★

Accessにデータを入力する方法は？

A 直接入力する方法と、他ソフトで作成
したデータを取り込む方法があります

Accessのデータベースにデータを入力するには、次の
3つの方法があります。1つ目は、Accessのデータベー
スに直接データを入力する方法です。Accessではデー
タを表（テーブル）形式で管理しています。そのため、
Excelの表に入力するのと同じ感覚でデータを入力で
きます。

2つ目は、「フォーム」と呼ばれる入力用の画面をデザ
インし、それを使って入力する方法です。Accessには、
郵便番号で7桁の数字を入れれば「000-0000」に自

動的に形式を整える機能や、郵便番号から住所を自動
入力する機能など、入力を支援する多くの機能があり、
これらを見やすく配置することで入力の効率を上げる
ことができ、他の人にデータの入力を依頼することも
容易になります。

3つ目は、他のソフトで作成された既存のデータを取
り込む「インポート」です。例えば、Excelで管理し
ていたデータはAccessのデータベースへ簡単に取り込
めます。最初から入力し直す必要がないため、Access
への移行がスムーズに行えます。

➡テーブル……P.450

Q008 `365` `2019` `2016` `2013`　　　　　　　　　　　お役立ち度 ★★★

Accessのデータはどのように使える？

A 抽出、集計、印刷など
さまざまな形でデータを活用できます

Accessは、入力したデータを活用する機能も豊富です。
データの並べ替え機能や抽出機能、集計機能などによ
り、大量のデータから必要な情報を必要な形で取り出
し、そのデータを基に「レポート」として見栄えのい
い帳票を作成し、印刷する機能も用意されています。
例えば、商品の表を五十音順やカテゴリー別に並べ替
えて別々の商品カタログを作成したりもできます。リ
レーショナルデータベースの特徴を生かして、売り上

げ、顧客、商品関連の表（テーブル）を組み合わせて
データを取り出し、請求書や納品書などの印刷物を作
成することもできます。集計機能を使えば月別や商品
別の売上集計など、必要な形にデータを集計すること
も簡単です。さらに、商品別かつ支店別の売上集計の
ような二次元集計もできます。

これらの機能を使えば、営業活動、販売促進などビ
ジネスの場面ですぐに役立つ情報を素早く得ることで
き、時間のかかっていた作業の効率が大幅にアップす
ることでしょう。

➡テーブル……P.450
➡レポート……P.454

●Accessを使った作業の例

◆Accessデータベース

データを入力する
・売り上げのデータを直接入力
・他の担当者がフォームから 　顧客データを入力
・既存の商品データをインポート

データをさまざまな形で 利用する
・月別、商品別の売上レポートを作成
・請求書、納品書を作成
・商品カタログを作成

Q009 [365] [2019] [2016] [2013]　　　　　　　　お役立ち度 ★★★

Accessで扱えるデータベースの容量はどのくらい？

A 最大2GBです

Accessデータベースの最大サイズは2GBです。実際にデータとして格納できる容量は、2GBからシステムオブジェクトで使用する容量を引いたサイズになります。システムオブジェクトとは、Access自身がデータベースを管理するために使用するオブジェクトです。

格納できるデータの量を超えてしまいそうな場合は、SQLサーバーなどの、より本格的なデータベースシステムの構築を検討した方がいいでしょう。

➡SQL……P.445
➡オブジェクト……P.446

Q010 [365] [2019] [2016] [2013]　　　　　　　　お役立ち度 ★★★

データベースを構成する 「データベースオブジェクト」の種類を知りたい

A テーブル、フォーム、クエリ、 レポートなどがあります

Accessのデータベースは、データを蓄えるための「テーブル」、抽出や集計をするための「クエリ」、入力や表示のための「フォーム」、印刷のための「レポート」といった「データベースオブジェクト」と呼ばれる専用の機能を持つ要素によって構成されます。これらを作成し、お互いに連携することで、より簡単かつ効率的にデー

タを活用できるデータベースを作成できます。なお、データベースオブジェクトはこれ以外に、マクロ、モジュールがあります。データベースオブジェクトのことを単に「オブジェクト」と呼ぶこともあります。本書でも以降、明確に他のオブジェクトと区別する必要がある場合を除いて「オブジェクト」と呼びます。

➡データベースオブジェクト……P.450

●データベースオブジェクトの関係

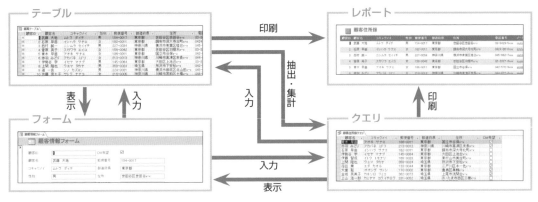

関連 Q011	「テーブル」の役割、できることは？……P.37
関連 Q013	「フォーム」の役割、できることは？……P.38
関連 Q012	「クエリ」の役割、できることは？……P.37
関連 Q014	「レポート」の役割、できることは？……P.38

Q011 365 2019 2016 2013

「テーブル」の役割、できることは?

A データを格納します

テーブルはデータを格納する入れ物です。データは行と列からなる表形式で管理され、列方向の「フィールド」と行方向の「レコード」で構成されています。Accessは、このテーブルを基にクエリやフォームなどのオブジェクトを作成します。そのためテーブルは、最も重要なオブジェクトといえます。テーブルについての詳細は、第3章を参照してください。

→オブジェクト……P446

◆テーブル
Accessで最初に作成するオブジェクト

◆フィールド
同じ属性を持つデータの集まり

◆レコード
1つのデータのまとまり

Q012 365 2019 2016 2013

「クエリ」の役割、できることは?

A データを抽出・集計します

クエリは、主にテーブルからデータを抽出したり、集計したりするときに使用します。集めたデータを活用するのにクエリは重要な役目を持っています。クエリの中には、テーブル内のデータの削除や更新など、データを操作するものもあります。クエリをうまく活用することで、データをより有効に利用することができるようになります。クエリについての詳細は、第4章を参照してください。

→抽出……P.449

●クエリの概念

目的を正確に記述したクエリを作成し、テーブルに問い合わせる

女性のお客様を抽出し、顧客名と住所だけ表示したい

◆クエリ

◆Accessデータベース

◆オブジェクト

問い合わせ

抽出

クエリで問い合わせた抽出結果が表示された

氏名	住所
田中　聡美	東京都府中市 xxx
山本　裕子	東京都江戸川区 xxx
坂井　菜々美	埼玉県さいたま市
清水　早苗	神奈川県茅ヶ崎市 xxx

クエリの内容に合った結果をオブジェクトから取り出す

◆テーブル

顧客 ID	氏名	郵便番号	住所	電話番号	性別
09001	田中　聡美	183-0000	東京都府中市 xxx	042-xxx-xxxx	女
09002	鈴木　吉行	235-0000	神奈川県横浜市磯子区 xxx	045-xxx-xxxx	男
09003	山本　裕子	132-0000	東京都江戸川区 xxx	03-xxxx-xxxx	女
09004	坂井　菜々美	330-0000	埼玉県さいたま市	048-xxx-xxxx	女
09005	清水　早苗	253-0000	神奈川県茅ヶ崎市 xxx	0467-xxx-xxxx	女

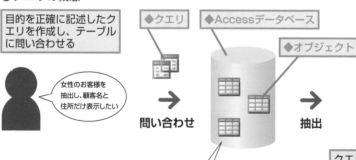

Access の基本
データベース
ファイル
テーブル
クエリ
フォーム
レポート
関数
マクロ
共有
データ連携・
管理・セキュリティ

Q013 [365] [2019] [2016] [2013]　お役立ち度 ★★★

「フォーム」の役割、
できることは？

A データを入力・表示します

フォームは、データを見やすく表示したり、入力したりするために使用します。フォームには、1つの画面にテーブルやクエリのデータを自由に配置できます。そのため、入力者や閲覧者にとって見やすく、作業しやすい環境を提供できます。フォームについての詳細は、第5章を参照してください。

◆フォーム
データを見やすく表示したり、入力しやすくするために使用する

フォームに入力したデータを、テーブルの対応するフィールドに保存することもできる

Q014 [365] [2019] [2016] [2013]　お役立ち度 ★★★

「レポート」の役割、
できることは？

A いろいろなレイアウトで印刷します

レポートはテーブルやクエリのデータを印刷するために使用します。一覧表、はがき、宛名ラベル、伝票など、いろいろなレイアウトの印刷物を作成できます。並べ替えや集計しながら印刷することもできるため、目的に合わせた印刷物を作成するのに役立ちます。レポートについての詳細は、第6章を参照してください。

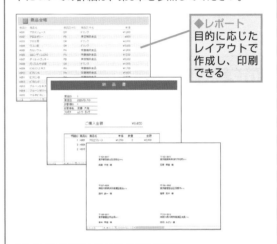

◆レポート
目的に応じたレイアウトで作成し、印刷できる

1枚のレポートに2つのクエリを表示するなど、設定方法によってさまざまな形式で印刷できる

Access の基本
データベース
ファイル
テーブル
クエリ
フォーム
レポート
関数
マクロ
データ連携・共有
管理・セキュリティ

Q015 [365] [2019] [2016] [2013]　　お役立ち度 ★★★

「マクロ」の役割、できることは？

A Accessの操作を自動化します

マクロは、Accessの操作を自動化するために使用します。「マクロビルダー」を利用してAccessに用意された「アクション」と呼ばれる命令を組み合わせることで、プログラミングの知識がなくても、さまざまな操作を簡単に自動化できます。マクロについての詳細は、第8章を参照してください。　➡アクション……P.445

◆マクロビルダー

> **1** [マクロツール]の[デザイン]タブをクリック

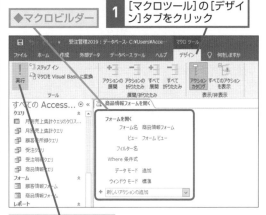

> **2** [実行]をクリック

マクロが実行された

ここでは[商品情報フォーム]が開いた

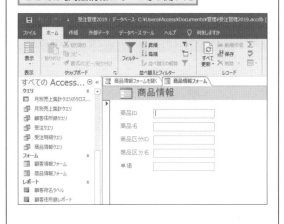

関連
Q630 マクロで何ができるの？ ……………………… P.368

Q016 [365] [2019] [2016] [2013]　　お役立ち度 ★★☆

「モジュール」の役割、できることは？

A VBAを使って Accessの操作を自動化します

モジュールは、VBA（Visual Basic for Applications）というプログラミング言語を記述してAccessの操作を自動化するときに使用します。マクロに比べて複雑な処理ができますが、プログラミングの知識が必要です。本書ではモジュールについては扱っていません。
➡VBA……P.445

◆VBAの編集画面
記述した内容がモジュールになる

ここでは[顧客情報フォーム]を開くマクロを実行する

> **1** ここにカーソルを合わせる

> **2** [実行]をクリック

> **3** [Sub/ユーザーフォームの実行]をクリック

ここでは[顧客情報フォーム]が開いた

Q017 [365][2019][2016][2013]　お役立ち度 ★★★

分からないことを
オンラインヘルプで調べるには

A [ヘルプ] 作業ウィンドウを 表示するか F1 キーを押します

Accessで作業しているときに分からないことを調べるためにオンラインヘルプが用意されています。[ヘルプ] タブをクリックし、[ヘルプ] をクリックすると、[ヘルプ] 作業ウィンドウが表示されます。[検索] 欄に調べたい内容を直接入力して Enter キーを押すと、その内容に関連する項目が表示されます（Access 2016/2013では画面の右上にある [?] をクリックして [Accessヘルプ] 画面を表示します）。

また、テーブルやフォームのデザインビューで調べたい項目にカーソルがある状態で F1 キーを押すと、マイクロソフトのWebサイトでその項目を説明するページが表示されます。

● [ヘルプ] 作業ウィンドウを表示して調べる場合

1 [ヘルプ]タブをクリック

2 [ヘルプ]をクリック

[ヘルプ]作業ウィンドウが表示される

● F1 キーを押して調べる場合

ワザ028を参考にデザインビューでオブジェクトを表示しておく

1 調べたい項目をクリック　　2 F1 キーを押す

Webブラウザーが起動し、オンラインヘルプが表示される

Q018 [365][2019][2016][2013]　お役立ち度 ★★☆

やりたいことに最適な機能を
探すには

A 操作アシストを使います

やりたい作業の機能が分からないとき、Access 2016で追加された [操作アシスト] を使いましょう。[何をしますか]（Access 2016では [実行したい作業を入力してください] と表示される場合もあります）と表示されている欄にやりたいことに関するキーワードを入力すると、キーワードに関連する機能の一覧が表示されます。一覧の中から目的の機能をクリックすればその機能が実行されます。また、一覧の一番下の [(キーワード)のヘルプを参照]をクリックすると、キーワードに関するヘルプ画面を表示できます。

「クエリ」について調べる

1 ここに「クエリ」と入力

結果が表示された

[クライアントクエリ]や[クエリデザイン]をクリックすると機能を利用できる

[以下に関するヘルプを表示:]の["クエリ"]をクリックするとヘルプを表示できる

●Access 2016の場合

ここにキーワードを入力する

関連 Q017　わからないことをオンラインヘルプで調べるには……………………P.40

関連 Q026　Accessの画面構成を知りたい……………………P.44

Accessの起動と終了

Accessを起動・終了する方法やプログラムの更新、Microsoftアカウントでのサインインなど、Accessを初めて使用するときに役立つワザを紹介します。

Q019　365 2019 2016 2013　お役立ち度 ★★★

Accessを起動するには

A [スタート] メニューで
[Access] をクリックします

Accessを起動するには、[スタート] メニューから [Access] をクリックします。Accessを起動する最も基本的な手順です。まずはこの方法で起動してみましょう。

1 [スタート]をクリック

2 [Access]をクリック

Accessが起動する

Access 2013の場合は [Microsoft Office 2013] - [Access 2013] の順にクリックする

Q020　お役立ち度 ★★★

タスクバーから簡単にAccessを起動したい

A タスクバーにAccessのアイコンをピン留めします

Accessの起動中は、タスクバーにAccessのアイコンが表示されます。このアイコンは通常、Accessを終了すると消えてしまいますが、以下の手順のようにアイコンをピン留めすることで、終了してもアイコンが常に表示されるようになり、クリックするだけでAccessを簡単に起動できるようになります。

Accessを起動しておく

1 タスクバーのAccessのアイコンを右クリック

2 [タスクバーにピン留めする]をクリック

関連
Q021 デスクトップから簡単に起動できるようにするには P.42

関連
Q022 起動後に表示される画面は何？ P.42

関連
Q023 Accessを終了するには P.43

Q021 365 2019 2016 2013　お役立ち度 ★★★

デスクトップから
簡単に起動できるようにするには

A デスクトップにショートカット
##　 アイコンを作成します

Accessを頻繁に使用する場合、毎回［スタート］メニューから起動するのは面倒です。デスクトップにショートカットアイコンを作成すると、アイコンをダブルクリックするだけでAccessを素早く起動できるので便利です。

［スタート］メニューからAccessの
アイコンを表示しておく

1 [Access]をここ
　 までドラッグ

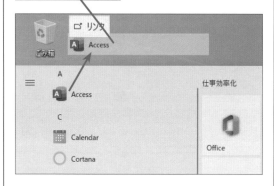

デスクトップにショートカット
アイコンが作成された

アイコンをダブルクリックすると
Accessが起動する

Q022 365 2019 2016 2013　お役立ち度 ★★★

起動後に
表示される画面は何?

A これから行う作業を選択する
##　 スタート画面です

Accessの起動直後はデータを入力するための作業画面は表示されません。Accessは保存されているデータベースファイルに対してデータを蓄積していきます。そのため、Accessを起動したら、既存のデータベースファイルを開くか、新規作成するかのどちらかの作業を行うための画面が表示されます。まずは、データベースファイルを表示する必要があります。

Accessを起動しておく

［最近使ったファイル］の一覧から
データベースファイルを開ける

データベースを
新規作成できる

●Microsoft 365のAccessの場合

検索ボックスにキーワードを入力
するとファイルを検索できる

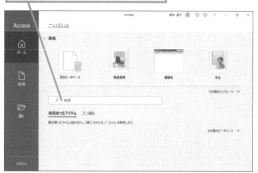

Q023 [365] [2019] [2016] [2013]　　　お役立ち度 ★★★

Accessを終了するには

A [閉じる] ボタンをクリックします

Accessを終了するには、タイトルバーの右端にある [閉じる] ボタンをクリックします。作業途中で保存をしていないテーブルなどのデータベースオブジェクトが開かれていると、保存するか確認するダイアログボックスが表示されます。

➡データベースオブジェクト……P.450

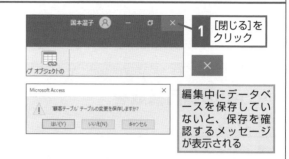

1 [閉じる]をクリック

編集中にデータベースを保存していないと、保存を確認するメッセージが表示される

Q024 [365] [2019] [2016] [2013]　　お役立ち度 ★★★

Accessを常に最新の状態で使うには

A Office更新プログラムを確認し、適用します

AccessやOffice製品の問題点や安全性を改善するためにマイクロソフトから更新プログラムが提供されることがあります。より快適にAccessを使用するためには、更新プログラムをインストールしてAccessをアップデートし、最新の状態にしておきましょう。初期設定ではOfficeの更新プログラムにより自動でアップデートされますが、手動でアップデートする場合は、以下の手順の操作をします。

[ファイル] タブ-[アカウント]の順にクリックして [アカウント]画面を表示しておく

1 [更新オプション]をクリック

2 [今すぐ更新]をクリック

更新プログラムのチェックが行われる

Q025 [365] [2019] [2016] 2013　　お役立ち度 ★★★

サインインしないといけないの?

A OneDriveに保存する場合はサインインします

Accessの画面右上には [サインイン] という文字が表示されます。ここをクリックしてMicrosoftアカウントでサインインすると、「OneDrive」というマイクロソフトが提供しているインターネット上の保存場所にファイルを保存できるようになります。OneDriveにデータベースを保存しておけば、外出先のパソコンでデータベースを開いたり、複数の人とデータベースを共有したりできます。また、異なるパソコンを使用する場合でも、同じアカウントでリインインすれば個人設定が引き継がれ、同じ環境で使用することができるため、違和感なく作業できます。このような機能を活用したい場合は、サインインするといいでしょう。なお、サインインしなくても、問題なくAccessを使えます。

●サインインしていない状態

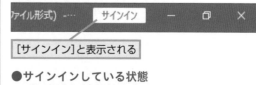

[サインイン]と表示される

●サインインしている状態

アカウント名が表示される

右側縦タブ: Accessの基本 / データベースファイル / テーブル / クエリ / フォーム / レポート / 関数 / マクロ / データ連携・共有 / 管理・セキュリティ

Accessの基本
データベース
ファイル
テーブル
クエリ
フォーム
レポート
関数
マクロ
データ連携・共有
管理・セキュリティ

Accessの画面と操作の基本

Accessを使用するには、画面構成を理解し、リボンやツールバーなどの操作方法を覚えておく必要があります。ここでは、基本操作に関するワザを確認しましょう。

Q026 365 2019 2016 2013 お役立ち度 ★★★

Accessの画面構成を知りたい

A 画面と名称を確認しておきましょう

Accessの画面は、次の5つの要素から構成されています。いずれもAccessで作業するうえで重要な役割を果たします。

●画面の構成

	名称	機能
❶	クイックアクセスツールバー	よく使う機能のボタンを自由に配置できる
❷	リボン	Access を操作するためのボタンが機能ごとにまとめられている。タブをクリックすると表示されるボタンが切り替わる
❸	ナビゲーションウィンドウ	データベースに含まれるテーブルやクエリなどオブジェクトの一覧が表示される
❹	ドキュメントウィンドウ	オブジェクトを開いて、データの表示やデザインを編集する
❺	ステータスバー	作業中のデータベースの状態や操作に関する情報が表示される

Q027 365 2019 2016 2013 お役立ち度 ★★★

リボンの構成を知りたい

A ［ファイル］タブから［ヘルプ］タブまで機能ごとに用意されています

リボンには、標準で［ファイル］タブから［ヘルプ］タブまでの6つのタブが表示されます。この他、開いているオブジェクトや表示しているビューによって、それに対応するタブが自動で追加表示されます。

→ビュー……P.451

●タブの主な機能

名称	機能
ファイル	データベースファイルの新規作成、開く、保存、印刷などファイルに関する操作や、Access 全般の設定を行う機能がある
ホーム	ビューの切り替えやコピー／貼り付け、書式設定などの基本的な編集機能と、レコードの操作、並べ替えや抽出など、データを操作する機能がある
作成	テーブル、クエリ、フォーム、レポート、マクロなどのデータベースオブジェクトを作成する機能がある
外部データ	Access 以外の外部データを取り込んだり、Access のデータを他のファイル形式で出力したりするための機能がある
データベースツール	テーブル同士を関連付けるリレーションシップの設定や、データベースの最適化、解析などデータベースを操作する機能などがある
ヘルプ	分からないことを調べる機能や、マイクロソフト社へのフィードバック、Access のトレーニング機能がある

関連 Q028 ドキュメントウィンドウの「ビュー」とは ……… P.45

関連 Q031 リボンの表示を小さくして作業領域を広くするには ………………… P.46

ドキュメントウィンドウの「ビュー」とは

A オブジェクトを操作するときに 表示する画面です

Accessでは、ドキュメントウィンドウでテーブル、クエリ、フォーム、レポート、マクロの各オブジェクトを開き、データの入力や表示、編集などの作業を行います。

このとき、Accessでは作業内容によって画面を切り替えるのが特徴的です。Excelでは同じ画面でデータの入力やデザインの変更などすべての作業を行いますが、Accessの場合は、作業によって「ビュー」と呼ばれる表示方法を切り替えます。

ビューはオブジェクトの種類によって異なります。例えば、テーブルの場合、データを表示・入力するには「データシートビュー」で表示し、データ形式やデザインを決めるなど、テーブルの設計をするには「デザインビュー」で表示します。

ビューは、[ホーム] タブの [表示] ボタンで切り替えられます。また、表示しているビューに対応して、その作業に必要なタブが自動的に表示されます。

➡データシート……P.450
➡ドキュメントウィンドウ……P.450
➡ビュー……P.451

●ビューを切り替える

1 [ホーム]タブをクリック **2** [表示]をクリック

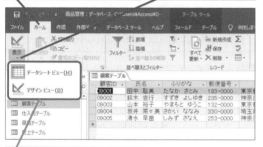

利用したいビューを選択する

●テーブルのデータシートビュー

データの入力や表示に利用する

[フィールド] [テーブル]タブが表示される

●テーブルのデザインビュー

テーブルを設計するのに利用する

[デザイン]タブが表示される

関連 **Q072** テーブルにはどんなビューがあるの？ ……………P.66

関連 **Q233** クエリにはどんな種類があるの？ ………………P.144

関連 **Q382** フォームにはどんなビューがあるの？ …………P.215

関連 **Q507** レポートにはどんなビューがあるの？ …………P.288

Accessの基本
データベース
ファイル
テーブル
クエリ
フォーム
レポート
関数
マクロ
データ連携・共有
管理・セキュリティ

Q029 365 2019 2016 2013　お役立ち度 ★★★

表示されているボタンの機能を確かめるには

A ボタンにマウスポインターを合わせると機能が表示されます

ボタンの機能が分からない場合は、ボタンにマウスポインターを合わせてみましょう。ポインターを合わせたときに表示されるポップヒントで、ボタン名と機能の説明を確認できます。

1 機能が分からないボタンにマウスポインターを合わせる

ボタン名と機能の説明が表示された

◆ポップヒント
ボタンにマウスポインターを合わせると、機能の内容が表示される

関連 Q017 わからないことをオンラインヘルプで調べるには……………………………………P.40

関連 Q018 やりたいことに最適な機能を探すには……………P.40

Q030 365 2019 2016 2013　お役立ち度 ★☆☆

リボンに表示されるボタンの表示が変わってしまった

A ディスプレイの解像度によって変わります

ディスプレイの解像度の変更は、画面の表示サイズに影響します。例えば、解像度を小さくすると、表示できる領域が小さくなります。このとき、自動的にリボンのボタンがまとめられ、一部のボタンが非表示になることもあります。ボタンが非表示になっている場合は（▼）が表示され、クリックすれば非表示になっているボタンを表示できます。

●解像度が「1280×768」の画面

ボタンに文字が表示されている

●解像度が「1024×768」の画面

ボタンの文字が表示されなくなった

Q031 365 2019 2016 2013　お役立ち度 ★★★

リボンの表示を小さくして作業領域を広くするには

A タブをダブルクリックします

リボンの［ファイル］タブ以外のタブをダブルクリックすると、タブだけを残してリボンが非表示になります。これにより作業領域が広くなり、より多くの情報を画面に表示できるようになります。タブをクリックすると一時的にリボンを表示してボタンを使用できます。タブをダブルクリックするとリボンが再表示され、最初の状態に戻ります。

1 タブをダブルクリック

リボンが最小化された

もう一度タブをダブルクリックするとリボンの最小化を解除できる

Access の基本
データベース／ファイル
テーブル
クエリ
フォーム
レポート
関数
マクロ
データ連携・共有
管理・セキュリティ

Q032 `365` `2019` `2016` `2013` お役立ち度 ★★★

Access全体の設定を変更するには

A [Accessのオプション] ダイアログボックスを表示します

Access全体の設定や現在開いているデータベース全体の設定は、[Accessのオプション] ダイアログボックスで行います。このダイアログボックスを表示するには、[ファイル] タブの [オプション] をクリックします。

1 [ファイル]タブをクリック

2 [オプション]をクリック

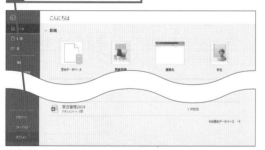

[Accessのオプション] ダイアログボックスが表示された	Access全体や現在開いているデータベース全体の設定ができる

画面左にある項目をクリックして設定する内容を表示する

Q033 `365` `2019` `2016` `2013` お役立ち度 ★★★

タブをクリックしていちいち切り替えるのが面倒

A よく使うボタンをクイックアクセスツールバーに追加します

Accessで機能を実行するには、タブをクリックして切り替え、表示されたボタンの中から目的のボタンをクリックします。しかし、よく使うボタンは、いちいちタブを切り替えて操作するのが面倒に思うこともあります。そのような場合は、画面左上に常に表示されているクイックアクセスツールバーによく使用するボタンを追加すると便利です。以下の手順で追加したい機能を選択すれば、ボタンを表示できます。

[デザインビュー] ボタンをクイックアクセスツールバーに追加する	ワザ032を参考に、[Accessのオプション] ダイアログボックスを表示しておく

1 [クイックアクセスツールバー] をクリック	**2** ここをクリックして [基本的なコマンド] を選択

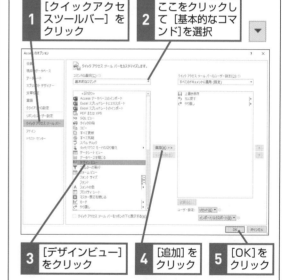

3 [デザインビュー] をクリック	**4** [追加] をクリック	**5** [OK]をクリック

クイックアクセスツールバーに [デザインビュー] ボタンが追加された

ボタンを右クリックして [クイックアクセスツールバーから削除] を選択すると、クイックアクセスツールバーから削除できる

Accessの基本

データベースファイル

テーブル

クエリ

フォーム

レポート

関数

マクロ

データ連携・共有

管理・セキュリティ

データベースを作成する

Accessを使うには、まずデータベースファイルを作成することから始めます。ここでは、データベースファイルの基本と作り方を解説します。

Q034 365 2019 2016 2013 お役立ち度 ★★★

データベースを作成したい

A 最初にデータベースファイルを作成します

Accessでデータベースを利用するには、最初に空のデータベースファイルを作成し、保存する必要があります。ExcelやWordと異なり、データを入力してから保存することはできないので注意してください。データベースファイルを作成したら、その中にデータベースオブジェクトを追加していきます。

➡データベースオブジェクト……P.450

Accessを起動しておく

1 [空のデータベース]をクリック

Access 2013では[空のデスクトップデータベース]をクリックする

[空のデータベース]が表示された

2 [データベースの保存先を指定します]をクリック

[新しいデータベース]ダイアログボックスが表示された

3 保存先を選択

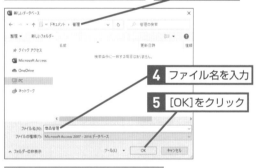

4 ファイル名を入力

5 [OK]をクリック

[ファイル名]に操作4で入力したファイル名が表示された

6 [作成]をクリック

作成したデータベースファイルが表示される

関連
Q035 手早くデータベースを作りたい……………………………P.49

Q035

365 | 2019 | 2016 | 2013　　　お役立ち度 ★☆☆

手早くデータベースを作りたい

A テンプレートの活用を 検討しましょう

Accessでは、「取引先住所」や「資産管理」など典型的な種類のデータベースのひな型が、テンプレートとして提供されています。テンプレートの一覧に目的に合うものがない場合は、検索ボックスにキーワードを入力して検索することも可能です。

Accessを起動しておく　　1 [新規]をクリック

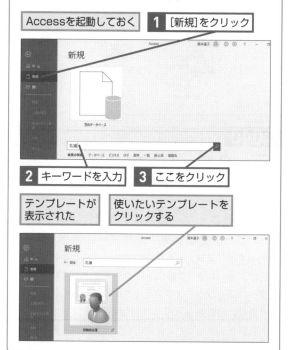

2 キーワードを入力　　3 ここをクリック

テンプレートが表示された　　使いたいテンプレートをクリックする

Q036

365 | 2019 | 2016 | 2013　　　お役立ち度 ★☆☆

テンプレートって 使ったほうがいいの?

A 必ずしも使う必要はありません

Accessのテンプレートは、必ずしも使う必要はありません。自分用に連絡先やスケジュール管理などのデータベースを手早く作成したい場合は便利ですが、業務で使う場合は、社内の業務に合わせて変更が必要になるでしょう。テンプレートはかなり作りこまれているので、変更するにはある程度の経験や知識が必要です。自分でデータベースを設計し、一から作成した方が管理しやすいでしょう。テンプレート内の各オブジェクトは、さまざまな設定がされているので、データベースを作成する上で参考になります。目的に合わせて上手に活用してください。

●テンプレートの例

テンプレート内のオブジェクトは、さまざまな設定がされている

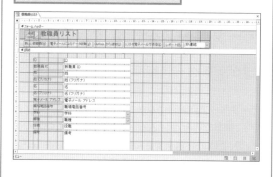

Q037

365 | 2019 | 2016 | 2013　　　お役立ち度 ★★☆

タイトルバーに表示される文字は何?

A データベースのファイル名と 保存場所が表示されます

Accessのタイトルバーには、ファイル名に加えてデータベースファイルの保存場所が表示されます。開いているデータベースが、使用しているパソコン内のどこに保存されているのか、あるいはネットワーク上の共有フォルダーに保存されているのかが一目で分かります。

データベースのファイル名と保存場所のフォルダーなどが表示される

Access の 基本

データベース・ファイル

テーブル

クエリ

フォーム

レポート・関数

マクロ

データ連携・共有

管理・セキュリティ

Q038 365 2019 2016 2013 お役立ち度 ★★★

ファイル形式で何が違うの？

A 作成されたAccessのバージョンが異なります

Accessのファイル形式には、Access 2007以降の「.accdb」形式、Access 2003以前の「.mdb」形式の2種類があります。Access 2003以前からデータベースを使用している場合は、「.mdb」形式のファイルが残っているかもしれません。Access 2013以降でもMDBファイルを開くことはできますが、Access 2007以降の新機能が使えないことと、Access 2003以前のサポートが終了していることから、ACCDBファイルに移行することを考えましょう。

→ACCDBファイル……P444
→MDBファイル……P.444

●Access2007以降のファイル
（左：拡張子なし／右：拡張子あり）

Database1　　Database1.accdb

●Access 2003/2002のファイル
（左：拡張子なし／右：拡張子あり）

Database2　　Database2.mdb

Q039 365 2019 2016 2013 お役立ち度 ★★

バージョンを指定して
データベースを作成できるの？

A データベース作成後、バージョンの変更は可能です

データベース作成時にバージョンを指定することはできず、標準で「Access 2007-2016形式」（ACCDBファイル）で作成されます。ただし、作成後にMDBファイルとして保存することは可能です。
なお、ワザ032を参考に［Accessのオプション］ダイアログボックスを表示して、以下の手順を参考に操作すると、データベース作成時の既定のバージョンを変更できます。しかし、特別な理由がなければ、「Access 2007-2016形式」にしておきましょう。

> ワザ032を参考に、［Accessのオプション］
> ダイアログボックスを表示しておく

> ［空のデータベースの既定のファイル形式］で
> 作成するデータベースの形式を変更できる

Q040 365 2019 2016 2013 お役立ち度 ★★

データベースファイルは
どこに保存したらいいの？

A 複数ユーザーと共有する場合はネットワーク上の共有フォルダーに保存します

データベースファイルを複数のユーザーと共有する場合は、ネットワーク経由でアクセスできる共有フォルダーにデータベースファイルを保存しておく必要があります。自分が使用するだけであれば、［ドキュメント］フォルダーなど、自分のパソコン内の任意のフォルダーに保存するといいでしょう。

> 保存先にファイルサーバー
> などを選択する

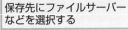

Access の基本
データベース
ファイル
テーブル
クエリ
フォーム
レポート
関数
マクロ
データ連携・共有
管理・セキュリティ

データベースを開く

「データベースが開けない」「フォルダーの切り替えが面倒」といった問題が発生することがあります。ここでは、データベースファイルを開くときに起こる問題の対処方法を取り上げます。

Q041 365 2019 2016 2013　　　　　　　　　　　　お役立ち度 ★★★

データベースを開くには

🅰 [ファイルを開く] ダイアログ ボックスを表示します

既存のデータベースファイルを開くには、[ファイルを開く] ダイアログボックスで開きたいデータベースファイルが保存されている場所とファイル名を指定します。また、最近使ったデータベースファイルの履歴の一覧からファイル名をクリックして開くこともできます。ファイルを開くと、[セキュリティの警告] メッセージバーが表示されます。セキュリティに問題なければ [コンテンツの有効化] ボタンをクリックしてセキュリティの警告を解除します。

➡ダイアログボックス……P.449

Accessを起動しておく　　　**1** [開く]をクリック

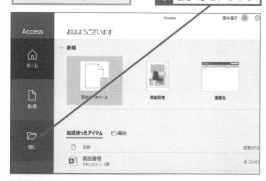

別のデータベースファイルを開いている場合は [ファイル]タブをクリックして[開く]をクリックする

2 [参照]をクリック

[ファイルを開く]ダイアログボックスが表示された

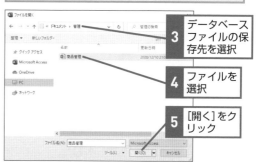

3 データベースファイルの保存先を選択

4 ファイルを選択

5 [開く]をクリック

データベースファイルが表示された

セキュリティの警告を解除する　　**6** [コンテンツの有効化]をクリック

セキュリティの警告が非表示になった

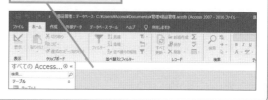

Left side navigation (vertical tabs): Accessの基本 / データベース / ファイル / テーブル / クエリ / フォーム / レポート / 関数 / マクロ / データ連携・共有 / 管理・セキュリティ

Q042 [365] [2019] [2016] [2013] お役立ち度 ★★★

複数のデータベースを同時に開きたい

A エクスプローラー上でデータベースファイルをダブルクリックします

Accessでデータベースファイルを開いているときに[ファイル]タブの[開く]をクリックして別のデータベースファイルを開くと、それまで開いていたデータベースは自動的に閉じられます。複数のデータベースを同時に開きたいときは、エクスプローラー上でデータベースファイルをダブルクリックして開きましょう。もう1つのAccessが起動してデータベースが開くため、同時に複数のデータベースを操作できます。

> [開く]画面から開くと、現在開いているデータベースは自動で閉じられる

> データベースファイルをダブルクリックして開くと、同時に複数のデータベースを開ける

Q043 [365] [2019] [2016] [2013] お役立ち度 ★★

開きたいデータベースが見つからない

A さまざまな原因が考えられます

開きたいデータベースファイルが見つからないときは、さまざまな原因が考えられます。「削除してしまった」「ファイル名を変更して忘れた」といった単純なミスのほか、「USBメモリーなどに保存して、取りはずしたままだった」「ネットワーク上に保存したが、現在そのネットワークにつながっていない」といった場合もあります。

このようなことがないように、いつも使うデータベースファイルや重要なデータベースファイルは決まったフォルダーに保存し、保存場所とファイル名をメモしておきましょう。必要なときにファイルが見つからなくて慌てることがなくなります。

Q044 [365] [2019] [2016] [2013] お役立ち度 ★★

最近使用したデータベースが開けない

A ファイルを削除、移動、名前の変更を行っているかもしれません

Access起動時の画面や[開く]画面の[最近使ったファイル]には、開いたデータベースファイルの履歴が一覧表示されます。一覧の中のファイル名をクリックしたときに「見つかりません」という内容のダイアログボックスが表示され、ファイルが開けないことがあります。これは、ファイルの削除、移動、名前の変更のいずれかを行ったため、指定したファイルが存在しない場合に起こります。なお、データベースファイルがネットワーク上にあるときは、ネットワークのトラブルも考えられます。

> Access起動時の画面を表示しておく

> 1 [最近使ったアイテム]からファイル名を選択

> ファイルの削除、移動、名前の変更を行っていると以下のようなダイアログボックスが表示される

> 2 [OK]をクリック

> [ファイルを開く]ダイアログボックスを利用して、正しい場所・名前のデータベースファイルを開く

関連 Q513 レポートを開けない P.291

削除・移動したデータベースを
ファイルの一覧から削除したい

A データベースを右クリックし
　　[一覧から削除]をクリックします

Accessでは同じデータベースを長い期間利用すること
が多いので、[最近使ったファイル]を使う機会がよ
くあります。[最近使ったファイル]は、ワザ041で解
説したAccess起動時の画面のほか、[開く]画面にも
表示されます。削除・移動したデータベースファイル
の名前が[最近使ったファイル]に残っているときは、
一覧から削除しておきましょう。

1 [ファイル]タブをクリック

2 削除したいデータベース
　　ファイルを右クリック

3 [一覧から削除]をクリック

一覧からデータベースファイルが削除された

特定のデータベースを
いつでも開けるようにしたい

A データベースをピン留めします

[最近使ったファイル]の一覧は新しいファイルを開
くたびに更新されます。いつも使用するデータベース
ファイルをすぐに開けるようにするには、[最近使っ
たファイル]の一覧に、そのファイルを固定すると便
利です。データベースファイルの名前にマウスポイン
ターを合わせて、右端に表示されるピンをクリックす
ると、上部の[ピン留め]欄に移動し、ピンが常に表
示されます。

[最近使ったアイテム]を表示しておく

1 固定したいデータベースファイル
　　にマウスポインターを合わせる

ファイル名の横に
ピンが表示された　**2** ピンをク
　　　　　　　　　　リック

3 [ピン留め]をクリック

[ピン留め]にデータベースファ
イルが表示される　　　　　　　ピンが常に表示
　　　　　　　　　　　　　　　される

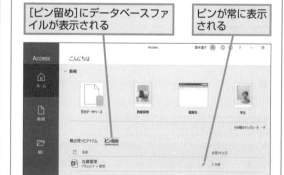

ピンをクリックする
と固定を解除できる　　Access起動時の画面から固
　　　　　　　　　　　定されたデータベースファ
　　　　　　　　　　　イルを簡単に開ける

Q047 [365] [2019] [2016] [2013]　　　　　　　　　　　　　　お役立ち度 ★★★

データベースを開いたら［セキュリティの警告］が表示された

A パソコンの安全性を確保するために 表示される機能です

Accessではパソコンの安全性を確保するため、データ
ベースファイルを開いた直後は一部の機能が無効にさ
れた「無効モード」の状態になり、［セキュリティの警
告］メッセージバーが表示されます。無効になってい
る機能を有効にするには、メッセージバーの［コンテ
ンツの有効化］ボタンをクリックします。

一度有効化すると、以降、同じファイルは常にコンテ
ンツが有効の状態で開かれるようになります。また、
以下の「［コンテンツの有効化］で一時的に有効化す
る場合」を参考に操作して、ファイルを開いている間
だけ一時的にコンテンツを有効にすることも可能です。

➡無効モード……P.453

● ［セキュリティの警告］メッセージバーから機
能を有効化する方法

> ［セキュリティの警告］メッセージ
> バーが表示された

1 ［コンテンツの有効化］をクリック

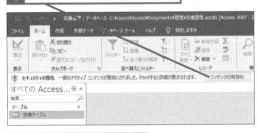

> 次にファイルを開いたときも
> 機能が有効化される

● ［コンテンツの有効化］で一時的に有効化する
方法

1 ［ファイル］タブをクリック

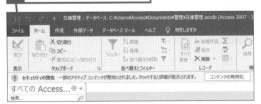

2 ［情報］をクリック

3 ［コンテンツの有効化］
をクリック

4 ［詳細オプション］
をクリック

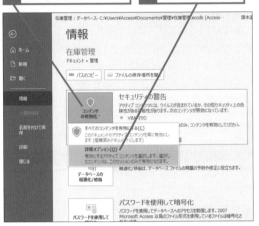

> ［セキュリティの警告］
> ダイアログボックスが
> 表示された

5 ［このセッションのコン
テンツを有効にする］を
クリック

6 ［OK］をクリック

> ファイルを開いている間
> だけ機能が有効化される

関連 Q048 無効モードを解除しないとどうなるの？…………P.55

関連 Q732 起動時に［セキュリティの警告］を
解除するのが面倒…………………………………… P.442

Q048
365 2019 2016 2013　　　　　　　　　　　お役立ち度 ★★☆

無効モードを解除しないとどうなるの？

A アクションクエリやマクロなど 一部の機能が使用できません

データベースファイルを開いたときに表示される［セキュリティの警告］メッセージバーで［セキュリティの警告］をそのままにして、無効モードを解除せずに使用した場合は、アクションクエリやActiveXコントロール、マクロ、VBAなど一部の機能が使用できない

状態になります。データの入力や表示だけであれば、無効モードを解除しないまま使用を続けても問題はありませんが、データベースが信頼できるものであれば、コンテンツの有効化をクリックして解除にしておきましょう。
➡VBA……P.445
➡アクションクエリ……P.445
➡マクロ……P.452

Q049
365 2019 2016 2013　　　　お役立ち度 ★★★

データベースを開くときの 既定のフォルダーを変更したい

A ［Accessのオプション］ダイアログ ボックスで変更できます

［既定のデータベースフォルダー］を変更すると、［ファイルを開く］ダイアログボックスを開いたときに表示されるフォルダーを変更できます。データベースファイルを保存するフォルダーが決まっている場合は、既定のフォルダーに設定しておくと便利です。

> ワザ032を参考に、［Accessのオプション］ダイアログボックスを表示しておく

1 ［全般］を クリック　　**2** ［既定のデータベースフォルダー］で保存先のフォルダーを設定

［参照］をクリックしてフォルダーを選択してもいい

3 ［OK］を クリック

設定したフォルダーが既定のフォルダーになった

Q050
365 2019 2016 2013　　　　お役立ち度 ★★☆

最近使用したデータベースを 見られたくない

A ［Accessのオプション］ダイアログ ボックスで履歴を非表示にできます

最近使用したデータベースファイルの履歴を他のユーザーに見られたくない場合は、履歴が非表示になるよう設定します。以下の手順で設定すればデータベースファイルの［最近使ったファイル］にファイル名が表示されなくなります。

> ワザ032を参考に、［Accessのオプション］ダイアログボックスを表示しておく

1 ［クライアントの設定］を クリック　　**2** ［最近使ったデータベースの一覧に表示するデータベースの数］に「0」と入力

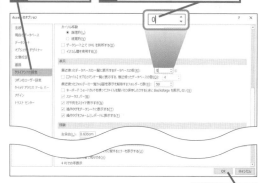

3 ［OK］を クリック

左余白縦書き：

Accessの基本

データベース ファイル

テーブル

クエリ

フォーム

レポート

関数

マクロ

データ連携・共有

管理・セキュリティ

Q051　365 2019 2016 2013　お役立ち度 ★★★

データベースを閉じるには

A [ファイル]タブをクリックし [閉じる]をクリックします

開いているデータベースを閉じるには、[ファイル]タブをクリックし、[閉じる]をクリックします。このとき、編集途中のオブジェクトが開いている場合は保存を確認するメッセージが表示されます。保存が必要な場合は[はい]をクリックして、保存後に閉じるようにしてください。

1 [ファイル]タブをクリック

2 [閉じる]をクリック

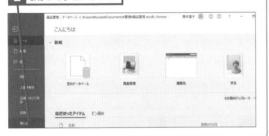

Q052　365 2019 2016 2013　お役立ち度 ★★★

データベースを開くとき パスワードを求められた

A パスワードを正しく入力すると 開きます

データベースファイルにパスワードが設定されていると、データベースファイルを開くときに[データベースパスワードの入力]ダイアログボックスが表示され、パスワードの入力を求められます。パスワードを正しく入力しないとデータベースを開けません。なお、Access 2007以降で使われるACCDBファイルは、データベースファイルのパスワード設定と同時に暗号化も行われ、それ以前のMDBファイルよりもセキュリティが強化されています。

> データベースファイルにパスワードが設定されていると[データベースパスワードの入力]ダイアログボックスが表示される

1 パスワードを入力　　**2** [OK]をクリック

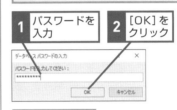

> データベースが表示される

関連 Q734 データベースにパスワードを設定したい……… P.443

Q053　365 2019 2016 2013　お役立ち度 ★★★

[このファイルは使用されています] というメッセージが表示された

A 他のユーザーが [排他モード]で開いています

他のユーザーがデータベースファイルを[排他モード]で開いているときにデータベースを開こうとすると、「データベースが使用中で開けない」という内容のダイアログボックスが表示されます。このようなときは[OK]をクリックしてダイアログボックスを閉じ、[排他モード]で開いているユーザーの使用が終わるまで待ってください。　　➡ダイアログボックス……P.449

> 他のユーザーがデータベースを排他モードで開いている場合、以下のようなダイアログボックスが表示される

1 [OK]をクリック

ナビゲーションの操作

ナビゲーションウィンドウやデータベースウィンドウは、データベースを開いたとき最初に表示されます。ここでは、Accessの利用に欠かせないウィンドウの操作を解説します。

Q054 [365] [2019] [2016] [2013]　お役立ち度 ★★★

ナビゲーションウィンドウが表示されない

A まずは F11 キーを押してみてください

データベースファイルを開いたときにナビゲーションウィンドウが表示されないときは、まず F11 キーを押します。それでも表示されない場合は、以下の手順を参考に操作した後でデータベースファイルを開き直すと、ナビゲーションウィンドウが表示されます。

➡ ナビゲーションウィンドウ……P.451

ワザ032を参考に、[Accessのオプション]ダイアログボックスを表示しておく

1 [現在のデータベース]をクリック

2 [ショートカットキーを有効にする]をクリックしてチェックマークを付ける

3 [ナビゲーションウィンドウを表示する]をクリックしてチェックマークを付ける

4 [OK]をクリック

次回起動時からナビゲーションウィンドウが表示されるようになる

関連 Q026 Accessの画面構成を知りたい……………………P.44

関連 Q055 ナビゲーションウィンドウでオブジェクトの表示方法を変更したい…………P.57

Q055 [365] [2019] [2016] [2013]　お役立ち度 ★★★

ナビゲーションウィンドウでオブジェクトの表示方法を変更したい

A ナビゲーションウィンドウのタイトルバーをクリックして変更できます

ナビゲーションウィンドウは、通常だとオブジェクトが種類別に表示されています。しかし、設定を変更して、関連するテーブル別や作成日別などに変更できます。例えばテーブルの設定を変更したときには、テーブル別にオブジェクトを表示すれば修正や確認をするのに便利です。

➡ ナビゲーションウィンドウ……P.451

オブジェクトを関連するテーブルごとの表示にする

1 ナビゲーションウィンドウのタイトルバーをクリック

2 [テーブルと関連ビュー]をクリック

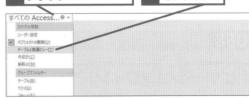

オブジェクトが関連するテーブルごとに表示される

操作2で[オブジェクトの種類]をクリックすると元の状態に戻せる

Q056 [365] [2019] [2016] [2013] お役立ち度 ★★★

ナビゲーションウィンドウで目的のオブジェクトを素早く見つけたい

A 検索バーで検索できます

データベース内に多くのオブジェクトが作成されている場合、目的のオブジェクトを探すのに時間がかかることがあります。ナビゲーションウィンドウにある検索バーを使って検索すれば、目的のオブジェクトを名前から素早く見つけられます。

> **1** ナビゲーションウィンドウの検索バーに、オブジェクト名を先頭から入力

> 入力した文字列に一致するオブジェクトが表示された

> ここをクリックすると検索モードが解除される

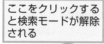

Q057 [365] [2019] [2016] [2013] お役立ち度 ★★

ナビゲーションウィンドウに一部のオブジェクトしか表示されない

A [すべてのAccessオブジェクト] をクリックします

フォームやレポートなど、作成したはずのオブジェクトが表示されていないときは、ナビゲーションウィンドウの表示方法を確認してください。表示方法を [すべてのAccessオブジェクト]に変更すれば、データベースに含まれるオブジェクトがすべて表示されるようになります。　→オブジェクト……P.446

> ナビゲーションウィンドウにテーブルだけが表示されているので、すべてのオブジェクトを表示させたい

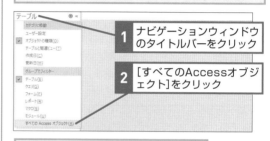

> **1** ナビゲーションウィンドウのタイトルバーをクリック

> **2** [すべてのAccessオブジェクト]をクリック

> データベースに保存されているすべてのオブジェクトが表示された

Q058 [365] [2019] [2016] [2013] お役立ち度 ★★

ナビゲーションウィンドウを一時的に消して画面を広く使いたい

A [シャッターバーを開く/閉じる] をクリックします

Accessでは、画面の左側に常にナビゲーションウィンドウが表示されています。フィールド数の多いテーブルやクエリを操作する場合など、より広く画面を使用したいときには邪魔に思うこともあるでしょう。そのようなときには、ナビゲーションウィンドウを折り畳みます。F11キーを押すごとに表示／非表示を切り替えることもできます。

　→ナビゲーションウィンドウ……P.451

> 関連
> Q054 ナビゲーションウィンドウが表示されない……P.57

> **1** [シャッターバーを開く/閉じる]をクリック

> ナビゲーションウィンドウが折り畳まれた

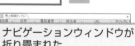

> もう一度クリックすると、ナビゲーションウィンドウが表示される

存在するはずのテーブルが表示されない

A [隠しオブジェクト] に設定されているかもしれません

データが更新されることのないテーブルは [隠しオブジェクト] に設定されていることがあります。テーブルを隠しオブジェクトに設定するとナビゲーションウィンドウで非表示にできます。非表示になっている

[隠しオブジェクト] の設定を解除するには、まずナビゲーションウィンドウで隠しオブジェクトが表示されるように設定してから、目的のテーブルの隠しオブジェクトの設定を解除します。

➡オブジェクト……P.446
➡テーブル……P.450

1 ナビゲーションウィンドウのタイトルバーを右クリック

2 [ナビゲーションオプション] をクリック

[ナビゲーションオプション] ダイアログボックスが表示された

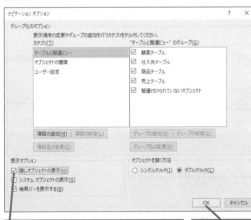

3 [隠しオブジェクトの表示] をクリックしてチェックマークを付ける

4 [OK] をクリック

非表示になっていたオブジェクトが淡色で表示された

5 オブジェクトを右クリック

6 [テーブルプロパティ] をクリック

[(オブジェクト名) のプロパティ] ダイアログボックスが表示された

7 [隠しオブジェクト]をクリックしてチェックマークをはずす

8 [OK] をクリック

非表示になっていたオブジェクトが表示される

[隠しオブジェクト] のままにしておきたいオブジェクトがある場合は、操作1〜3を参考に [隠しオブジェクトの表示] をクリックしてチェックマークをはずしておく

関連 **Q054** ナビゲーションウィンドウが表示されない……P.57

関連 **Q717** データベースのファイルサイズがどんどん大きくなってしまう……P.433

Access の基本／データベース・ファイル／テーブル／クエリ／フォーム／レポート／関数／マクロ／データ連携・共有／管理・セキュリティ

Access の基本

ファイル
データベース
テーブル
クエリ
フォーム
レポート
関数
マクロ
共有
データ連携・
管理・セキュリティ

データベースオブジェクトの操作

データベースオブジェクトは単に「オブジェクト」とも呼ばれます。ここでは、オブジェクトの基本的な操作を理解しましょう。

Q060 365 2019 2016 2013 お役立ち度 ★★★

オブジェクトを開きたい

A オブジェクトをダブルクリックします

オブジェクトを開くには、ナビゲーションウィンドウでオブジェクトをダブルクリックするか、オブジェクトを選択して Enter キーを押します。例えば、テーブルを開くと、データを一覧表示する表形式のウィンドウが表示されます。　➡テーブル……P.450

1 開きたいオブジェクトをダブルクリック

オブジェクトが開いた

Q061 365 2019 2016 2013 お役立ち度 ★★★

オブジェクトを閉じたい

A ［（オブジェクト名）を閉じる］を
クリックします

オブジェクトを閉じるには、開いているオブジェクトの右上端にある［'（オブジェクト名）'を閉じる］ボタンをクリックします。最前面に表示されているウィンドウだけが閉じます。　➡オブジェクト……P.446

1 ［'（オブジェクト名）'を閉じる］
をクリック

オブジェクトのみ終了できた

Q062 365 2019 2016 2013 お役立ち度 ★★★

開いている複数のオブジェクトをまとめて閉じたい

A ［すべて閉じる］をクリックします

複数のオブジェクトを開いているとき、1つずつ閉じていくのは面倒です。オブジェクトのタブを右クリックして［すべて閉じる］をクリックすると、開いている複数のオブジェクトをまとめて閉じることができます。このとき、編集を保存していないオブジェクトがある場合は、保存するか確認するメッセージが1つずつ表示されます。　➡オブジェクト……P.446

複数のオブジェクトを開いておく

1 いずれかのオブジェクト
のタブを右クリック

2 ［すべて閉じる］
をクリック

オブジェクトがまとめて閉じる

Q063 365 2019 2016 2013　　お役立ち度 ★★☆

表示するオブジェクトを切り替えたい

A オブジェクトのタブをクリックします

オブジェクトを開くと、リボンの下にオブジェクトごとのタブが表示され、タブをクリックしてオブジェクトを切り替えられます。なお、ワザ066を参考にオブジェクトのウィンドウ形式を変更してオブジェクトをウィンドウで表示した場合は、[ホーム] タブの [ウィンドウ] グループにある [ウィンドウの切り替え] ボタンを使って切り替えます。➡オブジェクト……P.446

> タブをクリックしてオブジェクトを
> 切り替えられる

商品NO	商品名	価格	仕入先ID	⊕	クリックして追加
⊞ B001	デンドロビュー	¥1,250	1001	Ⓤ(2)	
⊞ B002	ガジュマル	¥1,580	1003	Ⓤ(1)	
⊞ B003	ドラセナコンパ	¥1,500	1002	Ⓤ(1)	
⊞ B004	ペペロミア	¥2,500	1004	Ⓤ(1)	
⊞ B005	幸福の木	¥780	1003	Ⓤ(1)	
*		¥0		Ⓤ(0)	

Q064 365 2019 2016 2013　　お役立ち度 ★★★

オブジェクトのビューを切り替えたい

A [ホーム] タブの [表示] を クリックします

表示しているオブジェクトのビューを切り替えるには、[表示] ボタンを使用します。[表示] ボタンの下にある [▼] をクリックして表示されたビューの一覧から、切り替えたいビューを選択します。なお、オブジェクトの種類によって切り替えられるビューの種類は異なります。　➡ビュー……P.451

● [ホーム] タブの [表示] で切り替える方法

1 [ホーム] タブをクリック

2 [表示]のここをクリック

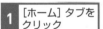

3 開きたいビューを選択

> オブジェクトが選択したビューで表示された

●ステータスバーで切り替える方法

1 ステータスバーにあるビューの切り換えボタンをクリック

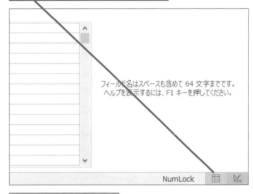

フィールド名はスペースも含めて 64 文字までです。
ヘルプを表示するには、F1 キーを押してください。

NumLock

> ビューが切り替わった

Q065 [365] [2019] [2016] [2013]　　　　　　　　お役立ち度 ★★★

オブジェクトを開くときにビューを指定できないの？

A オブジェクトを右クリックして
表示したいビューをクリックします

ビューを指定してオブジェクトを開きたいときは、ナビゲーションウィンドウでオブジェクトを右クリックして、表示されるショートカットメニューの中から表示したいビューを選択します。

➡オブジェクト……P.446

➡ビュー……P.451

| 関連 Q064 | オブジェクトのビューを切り替えたい ……P.61 |
| 関連 Q066 | オブジェクトを開くときの
ウィンドウ形式を指定したい ……P.62 |

1 開きたいオブジェクトを右クリック

[デザインビュー]をクリックすると
デザインビューで開ける

Q066 [365] [2019] [2016] [2013]　　　　　　　　お役立ち度 ★★★

オブジェクトを開くときのウィンドウ形式を指定したい

A [Accessのオプション] ダイアログ
ボックスで指定できます

オブジェクトを開くと、通常は [タブ付きドキュメント] で表示されますが、ウィンドウで表示されるように設定を変更できます。オブジェクトを開いたときに、タブ付きオブジェクトで表示するか、ウィンドウとして

表示するかは、以下の手順のように [Accessのオプション] ダイアログボックスの [ドキュメントウィンドウオプション] で設定でき、次回以降にデータベースファイルを開いたときに有効になります。

➡オブジェクト……P.446

ワザ032を参考に、[Access
のオプション] ダイアログボックスを表示しておく

1 [現在のデータベース] を
クリック

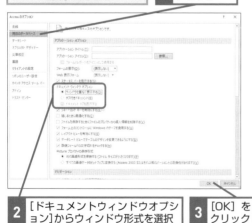

2 [ドキュメントウィンドウオプション]からウィンドウ形式を選択

3 [OK] を
クリック

◆ [ウィンドウを重ねて表示する]
を選択した場合

◆ [タブ付きドキュメント]
を選択した場合

Q067 365 2019 2016 2013　お役立ち度 ★☆☆

オブジェクトを
画面いっぱいに広げたい

A [最大化] ボタンをクリックします

ウィンドウ表示で開いているオブジェクトを画面いっぱいに広げるには、タイトルバーの右側にある [最大化] ボタンをクリックします。画面を最大化すると、それ以降はすべてのオブジェクトが最大化の状態で開くようになります。　→オブジェクト……P.446

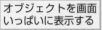

オブジェクトを画面いっぱいに表示する

> 1 [最大化] をクリック

オブジェクトが画面いっぱいに表示された

[ウィンドウを元のサイズに戻す] をクリックすると、オブジェクトの大きさを元に戻せる

Q068 365 2019 2016 2013　お役立ち度 ★★★

オブジェクトの
名前を変更したい

A F2 キーを押して名前を変更します

作成したオブジェクトの名前を後から変更するには、オブジェクトを選択して、F2 キーを押します。名前を編集できる状態になるので、修正して、Enter キーで確定します。なお、オブジェクトが開いていると名前を変更できません。あらかじめ閉じておきましょう。

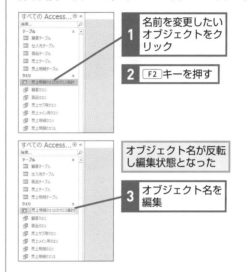

> 1 名前を変更したいオブジェクトをクリック

> 2 F2 キーを押す

> オブジェクト名が反転し編集状態となった

> 3 オブジェクト名を編集

Q069 365 2019 2016 2013　お役立ち度 ★★★

オブジェクトを削除したい

A オブジェクトを選択し
Delete キーを押します

不要なオブジェクトを削除するには、オブジェクトが開いていないことを確認し、ナビゲーションウィンドウで選択して Delete キーを押します。削除しようとしたテーブルにリレーションシップが設定してあると「リレーションシップが解除される」という内容のダイアログボックスが表示されます。リレーションシップを解除してもいい場合は、[はい] をクリックします。リレーションシップの解除とともにテーブルが削除されます。なお、フォーム、レポート、モジュールは削除すると元に戻せません。

> 1 削除したいオブジェクトをクリック

> 2 Delete キーを押す

テーブルを削除するか確認するダイアログボックスが表示された

> 3 [はい] をクリック

オブジェクトをコピーしたい

A [コピー] ボタンと [貼り付け] ボタンを使います

オブジェクトをコピーするには、[コピー] ボタンと [貼り付け] ボタンを使用します。[貼り付け] ボタンをクリックすると、[貼り付け] ダイアログボックスが表示されるので、オブジェクトの名前を入力します。なお、

テーブルの場合だけは [テーブルの貼り付け] ダイアログボックスが表示され、貼り付け方法を [テーブル構造のみ][テーブル構造とデータ][既存のテーブルにデータを追加] の中から選択できます。

➡オブジェクト……P.446
➡テーブル……P.450

> **1** コピーしたいオブジェクトを選択

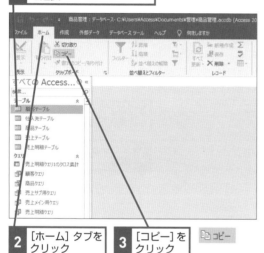

> **2** [ホーム] タブをクリック
>
> **3** [コピー]をクリック
>
> **4** [貼り付け]をクリック

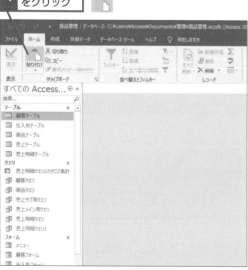

> [テーブルの貼り付け] ダイアログボックスが表示された
>
> **5** テーブル名を入力
>
> **6** [OK]をクリック
>
> コピーされたオブジェクトが表示された

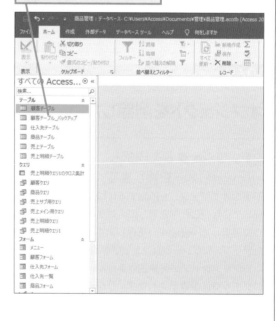

関連
Q069 オブジェクトを削除したい ……………………………… P.63

Access の基本　データベース　ファイル　テーブル　クエリ　フォーム　レポート　関数　マクロ　データ連携・共有　管理・セキュリティ

オブジェクトを印刷したい

A [ファイル]タブをクリックし [印刷]をクリックします

テーブル、クエリ、フォーム、レポートの各オブジェクトは印刷できます。オブジェクトを開き、印刷プレビューで印刷イメージを確認し、用紙の向きや余白など必要な設定をしてから、印刷を実行します。ただし、この場合、細かい設定ができません。分類・集計したり、きれいにレイアウトしたりしてから印刷したい場合は、レポートを作成します。詳しくは、第6章を参照してください。

➡レポート……P.454

印刷したいオブジェクトを
表示しておく

1 [ファイル]タブをクリック

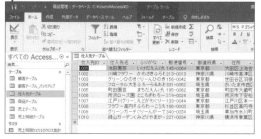

2 [印刷]を
クリック

3 [印刷プレビュー]
をクリック

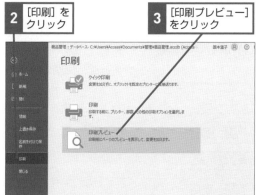

印刷プレビューの画面が表示された

4 [印刷]を
クリック

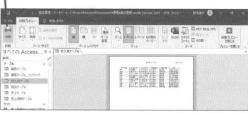

[印刷]ダイアログボックスが表示された

5 [OK]をクリック

[印刷プレビューを閉じる]をクリックして
印刷プレビューの画面を閉じておく

STEP UP! データベースファイルの基本操作を身に付けよう

データベースファイルを開くとナビゲーションウィンドウが表示され、その中に作成されたテーブル、クエリ、フォーム、レポートなどのデータベースオブジェクトが表示されます。これらの画面やデータベースオブジェクトの操作は、Accessを使用する上での出発点です。

この章では、データベースファイルの扱い方や、ナビゲーションウィンドウおよびデータベースオブジェクトの基本操作を解説しました。1つ1つの用語と操作方法を身に付けることが、スムーズなAccessの操作につながります。

テーブルの基本機能

データベースの構築は、データを蓄積するところから始まります。ここではその中心的な役割を担う、テーブルの基本操作を取り上げます。

Q072 〔365〕〔2019〕〔2016〕〔2013〕　お役立ち度 ★★★

テーブルには
どんなビューがあるの？

A データシートビューとデザイン
ビューがあります

テーブルには2つのビューがあります。データを表形式で表示し、入力や編集を行うのがデータシートビュー、テーブルの設計やフィールドの詳細設定を行えるのがデザインビューです。

➡フィールド……P.451

◆**データシートビュー**
テーブルに格納されているデータが表形式で表示される画面。データの表示と入力ができる

◆**デザインビュー**
テーブルを設計できる画面。データを入力しやすくする入力規則などの設定もこのビューで行える

Q073 〔365〕〔2019〕〔2016〕〔2013〕　お役立ち度 ★★★

テーブルには
どんな種類があるの？

A 通常のテーブルと
リンクテーブルがあります

テーブルには、データベースファイル内に保存された通常のテーブルとリンクテーブルがあります。リンクテーブルは、他のデータベースに保存されたテーブルのデータを、現在のデータベースファイルから読み書きできるようにしたものです。リンクテーブルには、オブジェクトのアイコンに矢印（➡）が表示されます。　➡オブジェクト……P.446
　➡リンクテーブル……P.454

◆**データベース内
のテーブル**

〔■〕部署テーブル

◆**リンクテーブル**

〔➡■〕支店テーブル

**リンクテーブルは矢印付き
のアイコンで表示される**

〔関連 Q196〕リンクテーブルが開かない ……………………………… P.125

〔関連 Q683〕他のファイルに接続して
データを利用したい ……………………………… P.405

〔関連 Q690〕リンクテーブルに接続できない ……………………… P.410

Q074 365 2019 2016 2013　　　　　お役立ち度 ★★★

テーブルを閉じるときに保存を確認されるのは
どのような場合？

A 設定の変更を行った場合です

データシートビューで列の幅やフォントサイズなど、データシートの見た目に関する設定の変更を行った場合、テーブルを保存せずに閉じると変更を保存するかを確認するダイアログボックスが表示されます。また、デザインビューでテーブルのデザインの変更を行った場合も、同様にテーブルの保存を確認するダイアログボックスが表示されます。データシートビューでデータの追加、更新、削除だけを行った場合は、自動的に保存されるので、保存を確認するダイアログボックスは表示されません。　➡ダイアログボックス……P.449
➡デザインビュー……P.450

データシートの変更を行ったときは、レイアウトの保存を確認するダイアログボックスが表示される

デザインの変更を行ったときは、テーブルの変更の保存を確認するダイアログボックスが表示される

Q075 365 2019 2016 2013　　お役立ち度 ★★★

ビューを切り替えるときに
保存しないといけないの？

A データシートビューに
切り替えるときは変更を保存します

テーブルのデザインビューで操作した設定内容を保存しないと、データシートビューに切り替えることができません。他のデータベースオブジェクト（クエリ、フォーム、レポート）は、デザインビューでの設定を保存しなくても、他のビューに切り替えられます。テーブルだけは異なることに注意しましょう。

変更した設定を保存するか確認するダイアログボックスが表示された

[はい]をクリックすると変更が保存され、ビューが切り替わる

[いいえ]をクリックすると変更が保存されず、ビューも切り替えられない

Q076 365 2019 2016 2013　　お役立ち度 ★★★

テーブルの名前を変更して
いいか分からない

A 一部のオブジェクトで修正が
必要になることがあります

Accessの既定の設定では、テーブル名を変更すると、そのテーブルを基に作成したクエリやフォームにテーブル名の変更が自動で反映されるので、エラーの心配はありません。ただし、DCount関数などの定義域集計関数の引数や、マクロのアクションの引数には、テーブル名の変更が反映されないことがあるので、手動で修正しましょう。なお、テーブル名の変更がクエリやフォームに反映されない場合は、ワザ032を参考に[Accessのオプション]ダイアログボックスを表示して[現在のデータベース]を選択し、名前の自動修正オプションの設定を確認しましょう。

[名前の自動修正情報をトラックする]と[名前の自動修正を行う]にチェックマークを付ける

Q077 365 2019 2016 2013　　お役立ち度 ★★

テーブルを削除していいか分からない

A そのテーブルに依存する　オブジェクトを確認しましょう

テーブルを削除すると、そのテーブルを基に作成したクエリ、フォーム、レポートのデザインビューとSQLビュー以外のビューが開けなくなります。そのため、他のオブジェクトの基になっているテーブルを、むやみに削除するのは避けるべきです。

ワザ721を参考に［オブジェクトの依存関係］を実行して、そのテーブルを基にするオブジェクトがないことを確認してから削除するといいでしょう。そのとき、ワザ720を参考にファイルをバックアップしてからテーブルを削除すれば、削除した後に復旧できるようになるので安心です。　➡SQL……P.445

関連 Q721 オブジェクト同士の関係を調べたい…………… P.435

Q078 365 2019 2016 2013　　お役立ち度 ★★★

「リレーションシップの削除」とは?

A テーブルとリレーションシップを　同時に削除するかどうかの確認です

リレーションシップが設定されているテーブルを削除しようとすると、「リレーションシップを削除しますか?」という内容のダイアログボックスが表示されます。リレーションシップが設定されているということは、そのテーブルのレコードが他のテーブルのレコードと結合しているということなので、慎重を期すべきです。

データベース全体の構造を把握したうえで、テーブルを削除してもいいと判断できる場合は、［はい］をクリックしてリレーションシップを解除し、テーブルを削除します。全体の構造がよく分からない場合は［いいえ］をクリックして、リレーションシップの解除とテーブルの削除をキャンセルする方が無難です。

削除したいテーブルを選択しておく	**1** Delete キーを押す

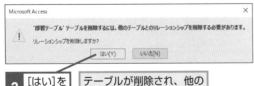

2 ［はい］をクリック	テーブルが削除され、他のテーブルとのリレーションシップも削除される

Q079 365 2019 2016 2013　　お役立ち度 ★★★

レコードの左端に表示される ⊞ は何?

A 多側のレコードを展開するための　ボタンです

テーブルが一対多のリレーションシップの一側テーブルに当たる場合、データシートビューの各レコードの左端に（⊞）のマークが表示されます。このマークは「展開インジケーター」と呼ばれ、クリックするとサブデータシートに多側テーブルのレコードが表示されます。テーブルが一側テーブルでない場合や、テーブルプロパティの［サブデータシート名］プロパティに［なし］が設定されている場合は、（⊞）のマークは表示されません。　➡リレーションシップ……P.454

1 ここをクリック	⊞

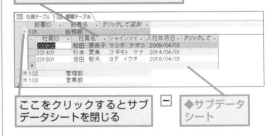

同じ値の部署IDを持つレコードがサブデータシートに表示された

ここをクリックするとサブデータシートを閉じる	⊟	◆サブデータシート

データ入力の基本操作

ここでは、テーブルのデータシートビューでデータを入力するための基本操作を紹介します。また、入力に関連する便利ワザも紹介します。

Access の基本
データベース
ファイル
テーブル
クエリ
フォーム
レポート
関数
マクロ
データ連携・共有
管理・セキュリティ

Q080 365 2019 2016 2013　お役立ち度 ★★★
データシートビューの画面構成を知りたい

A レコードを表示・入力するための要素で構成されています

テーブルのデータシートビューは、テーブルに保存されたレコードを表示したり、新しいレコードの入力や既存レコードの編集を行ったりするための画面です。基本的な画面構成を把握しておきましょう。

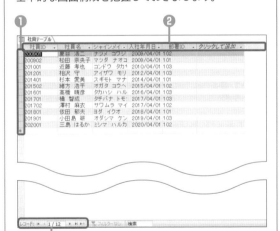

●データシートビュー各部の説明

	名称	機能
❶	レコードセレクター	レコードの状態がアイコンで表示される。レコードを選択するときに利用する
❷	フィールドセレクター	フィールド名が表示される。フィールドを選択するときに利用する
❸	移動ボタン	現在のレコードを切り替えるときに利用する

関連 Q072 テーブルにはどんなビューがあるの？ …………… P.66

関連 Q104 デザインビューの画面構成を知りたい …………… P.78

Q081 365 2019 2016 2013　お役立ち度 ★★★
レコードセレクターに表示される記号は何?

A レコードの状態を表します

編集中のレコードや新規入力用のレコード、ロックされているレコードでは、レコードセレクターに下の表のようなアイコンが表示されます。レコードの状態を把握できるように、アイコンの意味を覚えておくといいでしょう。　→レコード……P.454

●レコードセレクターのアイコン

アイコン	レコードの状態
🖊	編集中のレコード
＊	新規入力用のレコード
⊘	他のユーザーによってロックされているレコード

> 編集中のレコードにアイコンが表示される

> 最下段が新規入力用のレコードになる

> 他のユーザーが同じデータベースを編集中の場合、ロックされているレコードが表示されることがある

関連 Q080 データシートビューの画面構成を知りたい………P.69

関連 Q089 レコードを保存したい…………………………P.72

関連 Q093 データの入力や編集を取り消したい…………P.73

Q082 365 2019 2016 2013　お役立ち度 ★★★

カレントレコードって何？

A 現在作業対象になっている　レコードです

現在作業対象になっているレコードをカレントレコードと呼びます。テーブルのデータシートビューでは、カレントレコードはレコードセレクターの色が変わります。入力するデータは、カレントレコードの選択したフィールドに入力されます。➡フィールド……P.451

Q083 365 2019 2016 2013　お役立ち度 ★★★

レコードを選択するには

A レコードセレクターを　クリックまたはドラッグします

レコードのコピーや削除をする場合は、以下のように操作して対象のレコードを選択しましょう。複数のレコードを選択する場合、選択できるのは隣り合うレコードだけで、離れた位置にある複数のレコードを選択することはできません。

●1つのレコードを選択する場合

1 レコードセレクターをクリック

レコードを選択できた

●複数のレコードを選択する場合

1 複数のレコードセレクターをドラッグ

複数のレコードを選択できた

Q084 365 2019 2016 2013　お役立ち度 ★★★

すべてのレコードを選択するには

A 左上端のボタンをクリックします

データシートビューの左上端にあるボタンをクリックすると、全レコードを素早く選択できます。Ctrl キーを押しながらA キーを押しても、全レコードを選択できます。➡レコード……P.454

1 ここをクリック

すべてのレコードが選択できた

Q085 365 2019 2016 2013　お役立ち度 ★★★

フィールドを選択するには

A フィールドセレクターを　クリックします

フィールドの設定を行うときなどにフィールドを選択するには、フィールドセレクターを使用します。クリックすると単一のフィールドが選択され、ドラッグするとドラッグした範囲の隣り合った複数フィールドが選択されます。➡フィールド……P.451

1 フィールドセレクターをクリック　　フィールドを選択できた

セルを選択するには

A 白い十字のマウスポインターで　クリックまたはドラッグします

データシートビューで特定のセルを選択するには、白い十字のマウスポインターでセルをクリック、または、ドラッグします。マウスポインターの形をよく見て操作しましょう。

●1つのセルを選択する方法

1 セルの境界にマウスポインターを合わせる

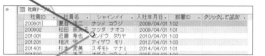

マウスポインターの形が変わった　✛　**2** そのままクリック

セルを選択できた

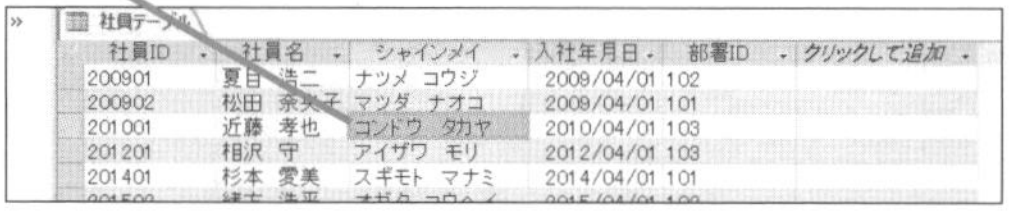

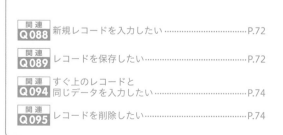

●複数のセルを選択する方法

1 セルの境界にマウスポインターを合わせる

マウスポインターの形が変わった　✛　**2** 下方向へドラッグ

複数のセルを選択できた

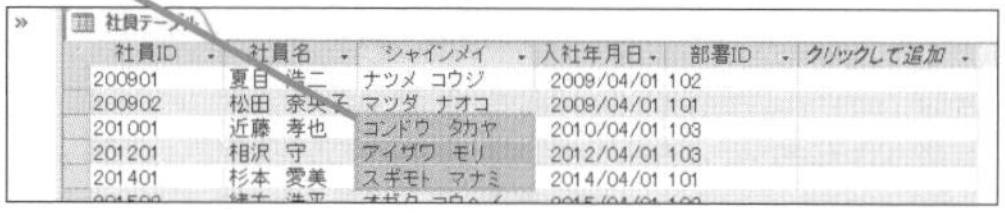

現在のレコードを切り替えたい

A 移動ボタンを使いましょう

目的のレコードを直接クリックすれば、即座にそのレコードに移動できます。以下で紹介している移動ボタンを使用すると、レコードを1件ずつ移動したり、先頭レコードや最終レコードに一気に移動したりできます。画面に表示されていないレコードに移動するときなど、レコード数が多いときに使うと便利です。

➡レコード……P.454

◆前のレコード　前のレコードに移動できる

◆次のレコード　次のレコードに移動できる

◆最終レコード　最後のレコードに移動できる

レコード: ◄ ◄ 4 / 170 ► ►I ►*

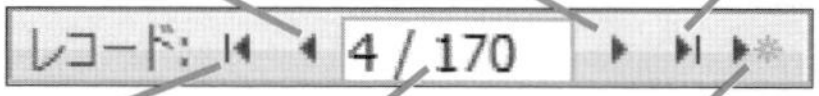

◆先頭レコード　先頭のレコードに移動できる

◆カレントレコード　現在のレコードと全レコード数が表示される

◆新しい（空の）レコード　新しいレコードに移動できる

Enter キーを押すと、100件目のレコードに移動できる

レコード: I◄ ◄ 100 ► ►I ►*

右端タブ: Accessの基本 / データベース / ファイル / テーブル / クエリ / フォーム / レポート / 関数 / マクロ / データ連携・共有 / 管理・セキュリティ

Q088 [365] [2019] [2016] [2013]　お役立ち度 ★★★

新規レコードを入力したい

A 移動ボタンを使うと素早く新規入力行に移動できます

新規レコードを入力するには、データシートの最下行をクリックして新規入力行に移動し、データを入力します。レコード数が多い場合など、最下行が画面に表示されていないときは、[新しい（空の）レコード]ボタン（▶）をクリックすると、自動的にデータシートがスクロールして、新規入力行に移動できます。もしくは、Ctrl + Shift + ; キー、または Ctrl + + （テンキー）キーを押しても、新規入力行に素早く移動できます。

➡データシート……P.450

1 [新しい（空の）レコード]をクリック ▶

新規入力行にカーソルが移動した

Q089 [365] [2019] [2016] [2013]　お役立ち度 ★★★

レコードを保存したい

A レコードセレクターをクリックします

入力の途中で他のレコードに移動すると、レコードの内容は自動的に保存されます。意識的にレコードを保存したいときは、レコードセレクターをクリックするか、Shift + Enter キーを押します。

1 フィールドにデータを入力　レコードセレクターに編集中のアイコン（✎）が表示される

2 レコードセレクターをクリック

レコードが保存された　レコードが保存されるとレコードセレクターのアイコン（✎）が消える

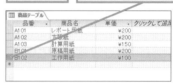

Q090 [365] [2019] [2016] [2013]　お役立ち度 ★★★

保存していないのにレコードが保存されてしまった

A 入力したレコードは自動的に保存されます

入力の途中で他のレコードに移動したり、テーブルを閉じたりすると、入力中の内容は自動的に保存されます。WordやExcelではデータの入力後、データを保存するかどうか選択できますが、Accessではそれができません。データシートのデータをあちこち変更してしまうと、取り返しがつかなくなるので注意しましょう。

Q091 365 2019 2016 2013　お役立ち度 ★★

レコードの保存を取り消したい

A 保存直後なら［元に戻す］ボタンを使えます

レコードを保存した直後なら、［元に戻す］ボタンを使用するとそのレコードの保存を取り消し、編集前の状態に戻せます。→レコード……P.454

1	［元に戻す］をクリック	レコードを元の状態に戻せる

Q092 365 2019 2016 2013　お役立ち度 ★★★

Excelのように Enter キーで真下のセルに移動したい

A Accessのオプション設定を変更しましょう

［Accessのオプション］ダイアログボックスで［Enterキー入力後の動作］の設定を［次のレコード］に変更すると、データシートでデータを入力後、Enter キーを押したときに真下のフィールドにカーソルを移動できます。「追加したフィールドに効率よくデータを入力したい」「特定のフィールドのデータだけまとめて修正したい」というときに便利です。初期設定は［次のフィールド］です。

ワザ032を参考に、［Accessのオプション］ダイアログボックスを表示しておく

1	［クライアントの設定］をクリック	2	［次のレコード］をクリック

［次のフィールド］をクリックすると、Accessの初期設定に戻せる	3	［OK］をクリック

Q093 365 2019 2016 2013　お役立ち度 ★★★

データの入力や編集を取り消したい

A Esc キーを押して取り消します

レコードセレクターに編集中のアイコン（）が表示されているときに Esc キーを1回押すと、現在カーソルがあるフィールドの入力や編集を取り消せます。連続してフィールドに値を入力したときなど、Esc キーを1回押した時点でまだレコードセレクターに編集中のアイコン（ ✎ ）が表示されている場合は、もう1回 Esc キーを押すと、同じレコードのすべてのフィールドの入力や編集を取り消せます。

→フィールド……P.451
→レコード……P.454

間違えて入力してしまったので、入力する前の状態に戻したい	1	Esc キーを押す

商品テーブル			
品番	商品名	単価	クリックして追加
A101	レポート用紙	¥200	
A102	方眼用紙	¥200	
A103	計算用紙	¥150	
B101	原稿用紙	¥200	
B102	工作用紙	¥100	

フィールドを編集前の状態に戻せた

商品テーブル			
品番	商品名	単価	クリックして追加
A101	レポート用紙	¥200	
A102	方眼紙	¥200	
A103	計算用紙	¥150	
B101	原稿用紙	¥200	
B102	工作用紙	¥100	

Q094 `365` `2019` `2016` `2013` お役立ち度 ★★★

すぐ上のレコードと
同じデータを入力したい

A `Ctrl` + `7` キーを押しましょう

`Ctrl` + `7` キーを押すと、現在のフィールドに、1つ上のレコードと同じ値を入力できます。都道府県など、同一の内容を繰り返し入力したいときに便利です。この他にもデータの入力に役立つさまざまなショートカットキーが用意されています。下表にまとめるので参考にしてください。　➡レコード……P.454

| 上のフィールドと同じ
データを入力したい | **1** `Ctrl` + `7` キー
を押す |

| 上のフィールドと同じデータが入力された |

●入力に役立つショートカットキー

内容	キー
現在の日付を入力する	`Ctrl` + `;`
現在の時刻を入力する	`Ctrl` + `:`
既定値を入力する	`Ctrl` + `Alt` + `space`
前のレコードの同じフィールドの 値を入力する	`Ctrl` + `7`
改行する	`Ctrl` + `Enter`
レコードを保存する	`Shift` + `Enter`

Q095 `365` `2019` `2016` `2013` お役立ち度 ★★★

レコードを削除したい

A レコードを選択して
`Delete` キーを押します

レコードを削除するには、削除したいレコードを選択して `Delete` キーを押します。あらかじめ複数のレコードを選択しておくと、まとめて削除できます。削除したレコードは元に戻せないので、削除する前によく確認しておきましょう。なお、レコードを削除できない場合の対処方法は、ワザ208 〜ワザ210を参照してください。　➡レコード……P.454

| **1** レコードセレクター
のここにマウスポイ
ンターを合わせる | マウスポインター
の形が変わった ➡ |

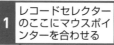

| **2** ここまで
ドラッグ | 複数のレコードを
選択できた | **3** `Delete` キー
を押す |

| レコードを削除すると元に戻
せないという内容のダイアロ
グボックスが表示された | レコードを削除
していいか確認
しておく |

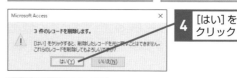

| **4** [はい] を
クリック |

| 選択したレコードが
削除された |

Q096 [365] [2019] [2016] [2013]　お役立ち度 ★★★

コピーを利用して
効率よく入力したい

A レコードをコピーして
　新規入力行に貼り付けます

既存のレコードに似ているデータを入力したいときは、[コピー] と [貼り付け] の機能を利用すると便利です。貼り付け後に、ワザ113で解説する「主キー」の値など、必要な部分だけを修正すれば、素早くレコードを作成できます。なお、貼り付けたレコードを保存できない場合は、ワザ200 〜ワザ203を参照してください。

→主キー……P.448

1 コピーしたいレコードのここをクリックして選択

2 [ホーム] タブをクリック　　**3** [コピー] をクリック

4 新規入力行のここをクリック

5 [貼り付け] をクリック

新規入力行にコピー元のデータが貼り付けられた　　コピー元と異なる部分のデータは修正しておく

関連 Q113 主キーって何？ …………………………… P.83

Q097 [365] [2019] [2016] [2013]　お役立ち度 ★★☆

レコードのコピーや
貼り付けがうまくいかない

A 主キーの重複を修正しましょう

複数のレコードをコピーして同じテーブルに貼り付けた場合、[主キー] フィールドの値が重複するため、エラーが発生することがあります。その際、「貼り付けエラー」という名前のテーブルが作成され、貼り付けられなかったレコードがそのテーブルに保存されます。「貼り付けエラー」テーブルを開き、[主キー]フィールドの値を修正してからそのレコードをコピーし、コピー先のテーブルに貼り付け直しましょう。

Q098 [365] [2019] [2016] [2013]　お役立ち度 ★★★

特定のフィールドにすべて
同じデータを入力したい

A 更新クエリや [既定値] プロパティ
　を利用しましょう

入力済みのレコードの特定のフィールドに同じ値を入力したいときは、更新クエリを利用しましょう。全レコードに一気に同じデータを入力できます。また、新規に入力するレコードの特定のフィールドに同じ値を入力したい場合は、[既定値] プロパティにあらかじめその値を設定しておきましょう。なお、更新クエリについてはワザ366、[既定値] プロパティについてはワザ151、ワザ152を参照してください。

Q099 [365] [2019] [2016] [2013]　お役立ち度 ★★☆

特定のフィールドのデータを
すべて変更・削除したい

A 更新クエリを利用しましょう

Yes/No型のフィールドのチェックボックスのチェックマークをまとめてはずしたいときなど、すべてのレコードの特定のフィールドのデータを同じ値に変更したいときは、更新クエリを利用しましょう。また、特定のフィールドに入力したデータを一気に削除したいときも、更新クエリを利用します。更新クエリについてはワザ366を参照してください。

Q100 `365` `2019` `2016` `2013` お役立ち度 ★★★

列の幅や行の高さを
変更するには

Ａ 境界線をドラッグします

フィールドセレクターの右側の境界線をドラッグすると、列の幅を自由に変更できます。複数の列を選択しておけば、まとめて同じ幅に変更できます。なお、行の高さはすべての行で共通なので、いずれかの行のレコードセレクターの下の境界線をドラッグすると、すべての行が同じ高さに変更されます。

●列の幅を変更する

[シャインメイ] フィールドがすべて表示されていないことを確認しておく

1 ここにマウスポインターを合わせる

マウスポインターの形が変わった ✛

2 ここまでドラッグ

[シャインメイ]フィールドの幅を変更できた

●行の高さを変更する

1 ここにマウスポインターを合わせる

2 ここまでドラッグ

すべての行の高さが変更される

Q101 `365` `2019` `2016` `2013` お役立ち度 ★★★

列の幅を自動調整するには

Ａ 境界線をダブルクリックします

フィールドセレクターの右の境界線をダブルクリックすると、列内のデータのいちばん長い文字数に合わせて列の幅を自動調整できます。

ここでは [シャインメイ] フィールドの幅を変更する

1 [シャインメイ] フィールドの右の境界線をダブルクリック

マウスポインターの形が変わった ✛

文字列に合わせて[シャインメイ]フィールドの幅を変更できた

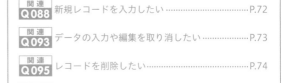

列の幅や行の高さを数値で指定するには

A ダイアログボックスで指定します

[列の幅] ダイアログボックスを使用すると、列の幅を数値で指定できます。離れた列に同じ幅を設定したいときなどに便利です。操作2のメニューから [行の高さ] を選べば、同様に [行の高さ] ダイアログボックスで行の高さを指定できます。

幅を変更するフィールドを選択しておく

1 [ホーム] タブをクリック

2 [その他] をクリック

3 [フィールド幅]をクリック

[列の幅]ダイアログボックスが表示された

4 列の幅を数値で入力

5 [OK]をクリック

列の幅を数値で指定できた

列の幅や行の高さを標準に戻すには

A [標準の幅／高さ] を有効にします

ワザ102を参考に [列の幅] ダイアログボックスを表示し、[標準の幅] にチェックマークを付けると、列の幅を標準のサイズの「15.4111」に戻せます。[行の高さ]ダイアログボックスで[標準の高さ]にチェックマークを付けると、行の高さを標準のサイズの「12」に戻せます。 →ダイアログボックス……P.449

幅を変更するフィールドを選択しておく

1 [ホーム] タブをクリック

2 [その他] をクリック

3 [フィールド幅]をクリック

[列の幅]ダイアログボックスが表示された

4 [標準の幅]にチェックマークを付ける

5 [OK]をクリック

列の幅を標準に戻せた

テーブル作成の基礎

データベースを効率よく運用するには、土台となるテーブルをしっかり作り込むことが大切です。まずはテーブル作成に関する基本を身に付けましょう。

Q104 [365] [2019] [2016] [2013]　お役立ち度 ★★★

デザインビューの画面構成を知りたい

A テーブルを設計するための機能で構成されています

テーブルのデザインビューは、テーブルやフィールドの設定を行う画面です。それらの設定をスムーズに行うために、画面構成を把握しておきましょう。

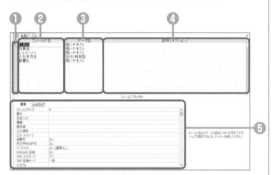

●デザインビューの各部の名称

	名称	機能
❶	行セレクター	クリックするとフィールドを選択できる。主キーフィールドには主キーのアイコンが表示される
❷	フィールド名	フィールドの名前を入力する。64文字まで指定できる
❸	データ型	フィールドのデータの種類を選択する
❹	説明	フィールドの説明を入力する。入力した内容は、データを入力するときにステータスバーに表示される
❺	フィールドプロパティ	選択しているフィールドのプロパティが表示される。フィールドの属性が定義できる

関連 Q072 テーブルにはどんなビューがあるの？ ……………P.66

関連 Q080 データシートビューの画面構成を知りたい………P.69

Q105 [365] [2019] [2016] [2013]　お役立ち度 ★★★

テーブルの作成はどのビューで行えばいい？

A デザインビューをおすすめします

テーブルの作成方法は、ワザ106のようにデータシートビューで作成する方法と、ワザ107のようにデザインビューで作成する方法があります。データシートビューではデータを入力しながら設定を進められるので、テーブルの構造をイメージしやすいというメリットがあります。しかし、詳細な設定はデザインビューでないと行えないので、きっちりしたデータベースを構築したい場合はデザインビューでの作成方法を覚えることが重要です。どちらのビューでも行えるような設定項目は、設定を行うときに開いていたビューで行えばいいでしょう。

関連 Q072 テーブルにはどんなビューがあるの？ ……………P.66

関連 Q080 データシートビューの画面構成を知りたい………P.69

関連 Q104 デザインビューの画面構成を知りたい …………P.78

STEP UP!　用途を明確にするテーブルの命名法

テーブルに名前を付けるときに、用途ごとに決まった「接頭語」や「接尾語」を付けるとテーブルの役割が把握しやすくなります。例えば、他のテーブルから参照される台帳的な役割のテーブル（マスターテーブル）は「MT_商品」「商品マスタ」、一時的に使用するテーブル（ワークテーブル）は「WT_追加商品」「追加商品ワークテーブル」、その他のテーブルは「TB_受注」「受注テーブル」など、自分なりのルールを決めて命名しましょう。

動画で見る

データシートビューでテーブルを作成するには

A データを入力しながら作成します

データシートビューでは、データを入力しながらテーブルを作成できます。入力したデータに応じてデータ型が自動的に設定されますが、[フィールド] タブを使用して目的のデータ型に変更することも可能で、主キーも自動で設定されます。データを見ながらの作業なので、初心者にも操作が容易です。また、デザイン

ビューで作成したテーブルの場合でも、入力時に設定変更の必要が生じたときに、その場で修正できるので便利です。ただし、設定できる項目はデータ型や一部のフィールドプロパティに限定されています。詳細な設定を行うには、デザインビューに切り替える必要があります。　　　　　　　→デザインビュー……P.450

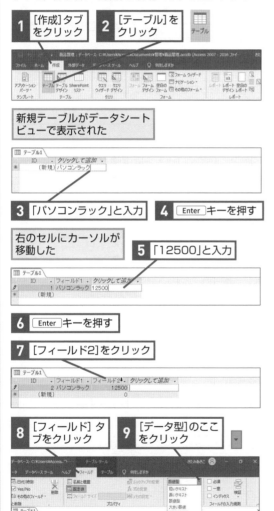

1 [作成] タブをクリック
2 [テーブル] をクリック

新規テーブルがデータシートビューで表示された

3 「パソコンラック」と入力
4 Enter キーを押す

右のセルにカーソルが移動した
5 「12500」と入力

6 Enter キーを押す

7 [フィールド2] をクリック

8 [フィールド] タブをクリック
9 [データ型] のここをクリック

10 [通貨型] をクリック

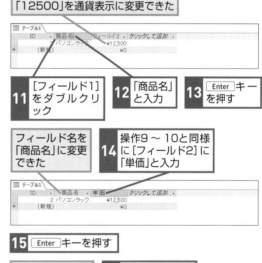

「12500」を通貨表示に変更できた

11 [フィールド1] をダブルクリック
12 「商品名」と入力
13 Enter キーを押す

フィールド名を「商品名」に変更できた
14 操作9〜10と同様に [フィールド2] に「単価」と入力

15 Enter キーを押す

フィールド名を変更できた
16 [上書き保存] をクリック

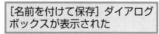

[名前を付けて保存] ダイアログボックスが表示された

17 「商品テーブル」と入力

18 [OK] をクリック

テーブルを保存できた

関連
Q107 デザインビューでテーブルを作成するには……P.80

縦書き右端: Access の基本／データベース・ファイル／テーブル／クエリ／フォーム／レポート／関数／マクロ／データ連携・共有／管理・セキュリティ

Q107 365 2019 2016 2013 　　　　　　　　お役立ち度 ★★★

デザインビューでテーブルを作成するには

A フィールド名とデータ型など テーブルの構造を定義します

デザインビューでは、テーブルの構造に関するあらゆる設定を行えます。新たにテーブルを作成するには、フィールド名とデータ型を指定し、適宜主キーを設定

します。作成したテーブルに名前を付けて保存すると、データシートビューに切り替えてデータを入力できる状態になります。データ型についてはワザ111、主キーについてはワザ113を参照してください。

➡主キー……P.448

1 [作成]タブをクリック 　**2** [テーブルデザイン]をクリック

新規テーブルがデザインビューで表示された

3 フィールド名を入力　データ型を設定する　**4** [データ型]のここをクリック

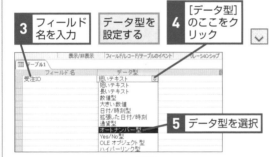

短いテキスト／短いテキスト／長いテキスト／数値型／大きい数値／日付/時刻型／拡張した日付/時刻／通貨型／オートナンバー型／Yes/No型／OLE オブジェクト型／ハイパーリンク型

5 データ型を選択

6 必要に応じてフィールドプロパティを設定

標準	ルックアップ
フィールドサイズ	長整数型
新規レコードの値	インクリメント
書式	
標題	
インデックス	はい (重複あり)
文字配置	標準

同様に他のフィールドも設定しておく 　必要に応じてワザ114を参考に主キーを設定しておく

7 [上書き保存]をクリック

[名前を付けて保存]ダイアログボックスが表示された

8 テーブル名を入力

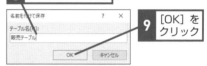

9 [OK]をクリック

テーブルを保存できた

10 [表示]をクリック　**11** [データシートビュー]をクリック

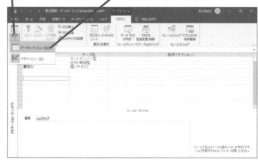

データシートビューで表示された

フィールドを追加するには

A デザインビューでは [行の挿入]をクリックします

以下のように操作すると、デザインビューでは選択した行の上に、データシートビューでは選択した列の右に、新しいフィールドを追加できます。

→フィールド……P.451

●デザインビューの場合

1 行セレクターをクリック　**2** [デザイン]タブをクリック

3 [行の挿入]をクリック　　_{⪫=} 行の挿入

フィールドが追加された

●データシートビューの場合

1 フィールドセレクターをクリック

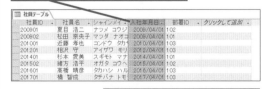

2 [フィールド]タブをクリック

3 [追加と削除]のデータ型のいずれかをクリック

フィールドを削除するには

A デザインビューでは [行の削除]をクリックします

不要になったフィールドは削除できます。このとき、フィールドに入力されているデータも一緒に削除されます。デザインビューでは、上書き保存前ならクイックアクセスツールバーの[元に戻す]ボタンでデータを復活させられますが、データシートビューでは元に戻せないので慎重に操作しましょう。

●デザインビューの場合

1 行セレクターをクリック　**2** [デザイン]タブをクリック

3 [行の削除]をクリック　　✕ 行の削除

フィールドを削除するか確認する画面が表示された

4 [はい]をクリック

●データシートビューの場合

1 フィールドセレクターをクリック　**2** [フィールド]タブをクリック

3 [削除]をクリック　　✕ 削除

関連 **Q110** フィールドを移動するには ……………………………… P.82

Accessの基本／データベース／ファイル／テーブル／クエリ／フォーム／レポート／関数／マクロ／データ連携・共有／管理・セキュリティ

Q110 `365` `2019` `2016` `2013` お役立ち度 ★★★

フィールドを移動するには

A 行セレクターをドラッグします

デザインビューで行セレクターをクリックしてからドラッグすると、フィールドを移動できます。データシートビューでもフィールドセレクターをクリックしてからドラッグすると移動できますが、その場合はデータシート上での表示順が入れ替わるだけで、テーブルの構造が変わるわけではないので、オートフォームなどで作成するフィールドの並び順は、テーブルのデータシート通りにはなりません。フィールドの順序を根本的に変更するには、デザインビューで操作しましょう。

→デザインビュー……P.450
→フィールド……P.451

1 行セレクターをクリック

2 ここまでドラッグ

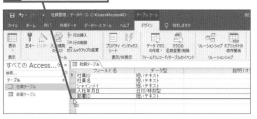

フィールドが入れ替わった

関連 **Q108** フィールドを追加するには ……………………… P.81

Q111 `365` `2019` `2016` `2013` お役立ち度 ★★★

データ型には どんな種類があるの?

A 数値用、文字列用などさまざまな データ型が用意されています

データ型は、基本的にそのフィールドに格納するデータの種類やデータ量に合わせて決めます。例えば文字列データの場合、氏名のように文字数が255文字に収まるフィールドは短いテキスト、備考欄のように256文字以上の長いデータが入力される可能性があるフィールドは長いテキストにします。

→データ型……P.450

●データ型の種類

データ型	格納するデータ
短いテキスト	氏名や部署名などの 255 文字以下の文字列。郵便番号や電話番号などの計算対象としない数字
長いテキスト	備考や説明などの長い文字列
数値型	数量や重量などの数値。-2^{31} から $2^{31}-1$ の範囲の数値を格納できる
大きい数値	数値型より大きい数値の格納に使用。-2^{63} から $2^{63}-1$ の範囲の数値を格納できる。Access 2016 以上で使用可能
日付 / 時刻	受注日や訪問日時などの日付や時刻。100 〜 9999 年の日付と時刻を格納できる
拡張した日付 / 時刻	西暦 100 年より前の日付 / 時刻の格納に使用。1 〜 9999 年の日付と時刻を格納できる。Access 2016 以上で使用可能
通貨型	単価や金額などの通貨データ。正確な計算が必要な実数
オートナンバー型	自動的に割り振られる固有のデータ（編集不可）
Yes/No 型	配偶者の有無や送付済みかなどの 2 者択一データ
OLE オブジェクト型	画像や Excel、Word などのデータ
ハイパーリンク型	Web ページの URL やメールアドレス、ファイルパス
添付ファイル型	画像や Excel、Word などのファイル
集計	テーブル内のフィールドの値を使用して計算するフィールド

関連 **Q112** フィールドプロパティって何? ………………… P.83

フィールドプロパティって何？

A フィールドを詳細に 定義するための設定項目です

フィールドプロパティとは、フィールドを詳細に設定するための設定項目で、データの表示方法や入力を効率よく行うための入力支援機能など、さまざまなものが用意されています。データ型によって設定できるフィールドプロパティの種類は変わり、データ型に合わせた適切な設定が行えるようになっています。

デザインビューでフィールドを選択すると、画面下部にフィールドプロパティの一覧が表示されます。各フィールドプロパティの設定欄をクリックすると、一覧の右側に説明が表示されるので、参考にするといいでしょう。データシートビューでも、[テーブルツール]の[フィールド]タブから一部のフィールドプロパティを設定できます。

> 選択中のフィールドのフィールドプロパティが画面下部に表示された

> 設定欄をクリック

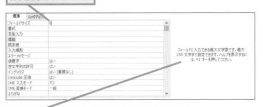

> 選択しているフィールドプロパティの項目の説明が表示された

主キーって何？

A レコードを識別するための値です

主キーとは、テーブル内のレコードを識別するためのフィールドです。以下の条件に当てはまるフィールドを主キーに選びます。

- **テーブル内の他のレコードと値が重複しない**
- **必ず値が入力される**

テーブルにこのようなフィールドが存在しない場合は、オートナンバー型のフィールドを設けると、自動的にレコード固有の値が割り振られます。

➡オートナンバー型······P.446
➡主キー······P.448
➡データ型······P.450
➡レコード······P.454

◆主キーのアイコン

> 主キーのフィールドにはレコード固有の値が入力されている

> 主キーには必ず値が入力されている

（顧客テーブルのデータシートビュー）

Accessの基本 / データベース / ファイル / テーブル / クエリ / フォーム / レポート / 関数 / マクロ / データ連携・共有 / 管理・セキュリティ

Q114 〔365〕〔2019〕〔2016〕〔2013〕　　お役立ち度 ★★★

テーブルに主キーを設定するには

A フィールドを選択して [主キー] ボタンをクリックします

主キーの設定は、デザインビューで行います。主キーを設定したフィールドには、自動的にインデックスが作成されます。また、[値要求] プロパティが自動で [はい] に設定されるので、入力漏れの心配がありません。

➡主キー……P.448

ワザ064を参考に、デザインビューでテーブルを表示しておく

主キーを設定したいフィールドの行を選択する

1 ここにマウスポインターを合わせる

マウスポインターの形が変わった ➡ 2 そのままクリック

行が選択された

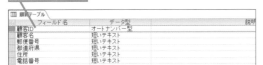

3 [テーブルツール]の[デザイン]タブをクリック

4 [主キー]をクリック

主キーが設定された

主キーが設定され、行セレクターに主キーのアイコンが表示された

関連
Q113 主キーって何？……………………………………P.83

Q115 〔365〕〔2019〕〔2016〕〔2013〕　　お役立ち度 ★★

主キーは絶対に必要なの？

A できるだけ設定しましょう

新しいテーブルに主キーを設定しないで保存しようとすると、「主キーが設定されていません。」という内容のダイアログボックスが表示されます。主キーを設定すると、並べ替えが高速になる、他のテーブルと連携できるというメリットがあります。複数のテーブルを連携させながら大量のデータを扱うAccessの特徴を生かすためにも、主キーを設定した方がいいでしょう。「主キーが設定されていません。」という内容のダイアログボックスで [はい] ボタンをクリックすると、「ID」という名前のオートナンバー型のフィールドが自動的に追加され、そのフィールドが主キーに設定されます。なお、テーブル内にすでにオートナンバー型のフィールドが存在する場合は、そのフィールドが主キーに設定されます。

➡オートナンバー型……P.446

主キーを自動設定したい場合は、[はい]をクリックする

主キーを後から自分で設定したい場合や、主キーを設定しない場合は[いいえ]をクリックする

Q116 〔365〕〔2019〕〔2016〕〔2013〕　　お役立ち度 ★★

主キーを解除するには

A [主キー] ボタンをクリックして解除します

デザインビューで主キーフィールドの行セレクターをクリックして、[テーブルツール] の [デザイン] タブにある [主キー] ボタンをクリックすると、主キーを解除できます。また、別のフィールドに主キーを設定することでも、元のフィールドの主キーを解除できます。主キーを解除しても、フィールドやそこに入力されたデータはそのまま残ります。

複数のフィールドを組み合わせて主キーを設定したい

A 複数のフィールドを選択して [主キー] ボタンをクリックします

主キーを設定するフィールドには、他のレコードと重複しない値が必ず入力される必要がありますが、テーブル内にそのようなフィールドがなくても、複数のフィールドを組み合わせることで主キーを設定できる場合があります。

例えば [販売ID] フィールドと [販売明細ID] フィールドのいずれにも重複データが入力されているとします。その場合、どちらのフィールドにも主キーを設定できません。しかし、この2つのフィールドの値の組み合わせが他のレコードと重複しない場合は、2つのフィールドを組み合わせて主キーを設定できます。

設定するとき、複数のフィールドを選択する必要がありますが、連続するフィールドの場合は行セレクターをドラッグすると選択できます。離れたフィールドの場合は、1つ目のフィールドを選択した後、[Ctrl] キーを押しながら2つ目のフィールドの行セレクターをクリックすると選択できます。

➡主キー……P.448
➡フィールド……P.451
➡レコード……P.454

[販売ID]は重複データが入力されているので主キーにできない

[販売明細ID]は重複データが入力されているので主キーにできない

販売ID	販売明細ID
001	1
001	2
002	1
002	2
002	3
003	1
003	2

2つのフィールドの値の組み合わせは重複しないので主キーに設定できる

関連 Q113 主キーって何？ ………………………………… P.83

関連 Q114 テーブルに主キーを設定するには ………………… P.84

関連 Q116 主キーを解除するには ………………………………… P.84

[販売ID] と [販売明細ID] の2つのフィールドを組み合わせて主キーに設定する

ワザ107を参考に、デザインビューでテーブルを作成しておく

1 [販売ID]フィールドの行セレクターにマウスポインターを合わせる

マウスポインターの形が変わった ➡ **2** そのままクリック

行が選択された

3 [Ctrl] キーを押しながら、[販売明細ID]フィールドの行セレクターをクリック

複数の行を選択できた **4** [テーブルツール]の[デザイン]タブをクリック

5 [主キー]をクリック 🔑 主キー

複数のフィールドを組み合わせて主キーを設定できた

主キーが設定されたフィールドの行セレクターには、主キーのアイコンが表示される

データ型の設定とデータ型に応じた入力

テーブルを作成するときは、入力するデータの内容に合わせた適切なデータ型の設定が大切です。ここでは、各データ型の特徴と、データ型に応じた入力方法を紹介します。

Q118 365 2019 2016 2013　　お役立ち度 ★★★

フィールドサイズって何？

A 入力するデータの種類やデータ量を決めるプロパティです

短いテキスト、数値型、オートナンバー型には、［フィールドサイズ］プロパティが用意されており、各フィールドに格納するデータの種類やデータ量を設定できます。例えば、短いテキストの場合、入力する文字数の上限を設定できます。また数値型の場合、整数・実数などのデータの種類と入力する数値の範囲を設定できます。必要最小限のフィールドサイズを設定することで、データベースのファイルサイズを抑えられます。

ワザ064を参考に、テーブルをデザインビューで表示しておく

1 ここをクリックしてフィールドを選択

2 ［フィールドサイズ］プロパティをクリック

3 設定値を入力

入力した設定値によって入力できるデータが変更される

●短いテキストの［フィールドサイズ］プロパティ

フィールドサイズ	設定可能な範囲	サイズ
0 ～ 255	フィールドに格納するデータの最大文字数を指定	指定した文字数に応じたサイズ

ただし、テーブルにデータが入力されている状態で［フィールドサイズ］プロパティを変更するときは注意が必要です。数値型のフィールドで［長整数型］から［バイト型］に変更したり、短いテキストのフィールドで「255」から「10」に変更するなど、［フィールドサイズ］プロパティの設定値を小さいサイズに変更すると、フィールドに入力済みのデータの一部、またはすべてが失われることになります。

→フィールド……P.451

●数値型の［フィールドサイズ］プロパティ

フィールドサイズ	設定可能な範囲	サイズ
バイト型	0 ～ 255 の整数	1 バイト
整数型	-32,768 ～ 32,767 の整数	2 バイト
長整数型（既定値）	-2,147,483,648 ～ 2,147,483,647	4 バイト
単精度浮動小数点型	最大有効けた数が 7 けたの実数	4 バイト
倍精度浮動小数点型	最大有効けた数が 15 けたの実数	8 バイト
レプリケーション ID 型	レプリケーション ID 型のオートナンバー型フィールドとリレーションシップを設定するときに使用	16 バイト
十進型	$-9.999\cdots\times10^{27}$ ～ $9.999\cdots\times10^{27}$ の数値	12 バイト

●オートナンバー型の［フィールドサイズ］プロパティ

フィールドサイズ	設定可能な範囲	サイズ
長整数型（既定値）	自動的に割り振られる数値	4 バイト
レプリケーション ID 型	自動的に割り振られるコード	16 バイト

数値を保存するフィールドはどのデータ型にすればいいの？

A 数値型、大きい数値、通貨型など用途に応じて選びます

コンピューターでは通常データを2進数で扱いますが、2進数の計算では小数の部分に演算誤差が生じる可能性があります。通貨型ではデータを10進数で扱うので、正確な計算が必要になるデータは通貨型に設定しましょう。通貨型の精度は、小数点の左側が15けた、右側が4けたになります。それ以外の数値は数値型にして、入力するデータの種類に応じて［フィールドサイズ］プロパティを設定します。整数は長整数型、実数は倍精度浮動小数点型にするのが一般的です。ただし、数値型で扱えるのは、-2^{31}から$2^{31}-1$の範囲の数値です。SQL Serverから大きい数値をインポートする場合など、Accessで数値型の範囲を超える大きい数値を扱いたい場合は、大きい数値型を設定しましょう。大きい数値型はAccess 2016以降で使用できます。なお、社員コードや郵便番号のように、計算に使用しない数値は短いテキストにします。

➡SQL……P.445

➡データ型……P.450

1 「重量」フィールドを選択

2 「フィールドサイズ」プロパティの「▼」をクリックして「倍精度浮動小数点型」を選択

関連 Q111 データ型にはどんな種類があるの？……………P.82

オートナンバー型って何に使うの？

A 固有の値を自動入力したいフィールドに設定します

オートナンバー型を設定したフィールドには自動的に固有の値が入力されるので、主キーに利用できます。テーブル内に主キーの条件に合うフィールドがない場合に、手軽に利用できるので便利です。初期設定では整数の連番が自動入力されます。ただし、レコードの入力の途中で入力を取り消すと、取り消した値が欠番になります。欠番が気になる場合は、数値型を設定して手動で連番を入力するか、ワザ212を参考に欠番を詰めましょう。

➡オートナンバー型……P.446

［会員ID］にオートナンバー型を設定した

1 データを入力

自動的に連番の会員IDが振られた

関連 Q111 データ型にはどんな種類があるの？……………………P.82

関連 Q113 主キーって何？……………………………………………P.83

関連 Q118 フィールドサイズって何？………………………………P.86

右側縦書きタブ：
Access の基本／データベース／ファイル／テーブル／クエリ／フォーム／レポート／関数／マクロ／データ連携・共有／管理・セキュリティ

Q121 [365] [2019] [2016] [2013]　お役立ち度 ★★★

文字データを保存するフィールドはどのデータ型にすればいいの？

A 文字数や書式の必要性に応じて2種類のデータ型から選びます

文字列を入力するデータ型には、短いテキストと長いテキストの2種類があります。氏名や部署名など、255文字以内に収まる文字列データは、データ型を短いテキストにするのが一般的です。それ以上の長い文字列の場合や、文字数が少なくても色や太字などの書式を設定したい場合は、データ型を長いテキストにします。長いテキストにしたうえでフィールドプロパティの[文字書式]プロパティを[リッチテキスト形式]にすると、次の手順のように文字に書式を設定できるようになります。　→フィールドプロパティ……P.452

> 長いテキストのフィールドの[文字書式]プロパティを[リッチテキスト形式]に設定しておく

| 1 | 文字をドラッグして選択 | 2 | [ホーム]タブをクリック |

| 3 | [フォントの色]のここをクリック | 4 | 色を選択 |

> 文字の色が変更された

Q122 [365] [2019] [2016] [2013]　お役立ち度 ★★☆

日付データを簡単に入力したい

A カレンダーで日付を選びます

日付/時刻型のフィールドにカーソルを移動すると、フィールドの右に（圃）が表示されます。これをクリックすると、カレンダーが表示され、日付をクリックするだけで簡単に日付データを入力できます。ただし、カレンダーには現在の月が表示されるので、数年前の日付を入力したいときは、直接入力した方が早いこともあります。　→データ型……P.450

> ワザ064を参考に、デザインビューでテーブルを表示しておく

| 1 | ここをクリック |

| 2 | [日付/時刻型]を選択 |

> ワザ064を参考に、データシートビューで表示しておく

> テーブルを保存するかどうか確認する画面が表示されたら[はい]をクリックする

| 3 | [日付/時刻型]のフィールドをクリック | 4 | ここをクリック |

> 会員テーブル
> 会員コード　氏名　登録日　郵便番号　住所　クリックして追
> 1-001　室田　佳子

| カレンダーが表示された | 5 | 日付を選択 | フィールドに日付を入力できた |

関連 Q111　データ型にはどんな種類があるの？……………P.82

Q123 [365] [2019] [2016] [2013]　お役立ち度 ★★★

日付/時刻型のフィールドには
日付も時刻も入れられるの？

A 日付と時刻を単独で入れたり
組み合わせて入れたりできます

日付/時刻型のフィールドには、日付や時刻を単独で入力したり、組み合わせて入力したりできます。ただし、フィールドには同じ形式のデータが入力されるのが望ましいので、フィールドプロパティの［定型入力］プロパティなどを利用して入力されるデータを統一するといいでしょう。➡フィールドプロパティ……P.452

> 日付単独、時刻単独、日付と
> 時刻を入力できる

Q124 [365] [2019] [2016] [2013]　お役立ち度 ★★☆

日付/時刻型のフィールドに
日付選択カレンダーが表示されない

A プロパティを確認しましょう

日付/時刻型のフィールドの［日付選択カレンダーの表示］プロパティに［なし］が設定されている場合や、［定型入力］プロパティに何らかの設定がある場合、（🗓）は表示されず、カレンダーからの入力は行えません。
➡フィールド……P.451

Q125 [365] [2019] [2016] [2013]　お役立ち度 ★★★

数値や日付の代わりに
「####」が表示されてしまう

A 列の幅を広げましょう

列の幅が狭いとフィールドの数値や日付が「####」と表示されるので、幅を広げましょう。

●ドラッグする方法

> 「####」と表示された

> **1** 列の境界線にマウスポインターを合わせる

> マウスポインターの形が変わった　＋　**2** 文字が見えるまでドラッグ

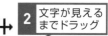

> 文字が表示された

●境界線をダブルクリックする方法

> **1** 列の境界線にマウスポインターを合わせる　　**2** ダブルクリック

> 文字が表示された

Q126 | 365 | 2019 | 2016 | 2013 | お役立ち度 ★★★

Yes/No型って何に使うの？

A 「はい」「いいえ」の二者択一の データに使用します

Yes/No型は、「DM希望」「入金済み」など、「はい」か「いいえ」で表現できるデータに使用します。

ワザ064を参考に、デザインビューでテーブルを表示しておく

1 ここをクリック

2 [Yes/No型]を選択

ワザ064を参考に、データシートビューで表示しておく

テーブルを保存するかどうか確認する画面が表示されたら[はい]をクリックする

クリックしてチェックマークのオン／オフを切り替えられる

Q127 | 365 | 2019 | 2016 | 2013 | お役立ち度 ★★★

ハイパーリンク型って 何に使うの？

A ハイパーリンクを設定したい データに使用します

ハイパーリンク型は、WebページのURLやメールアドレス、ファイルパスなどの入力に使用します。フィールドにデータを入力すると、自動的にハイパーリンクが設定されます。

●ハイパーリンクの入力例

種類	入力例
URL	www.impress.co.jp
メールアドレス	○○ @example.co.jp
ファイルのパス	C:¥DATA¥Readme.txt、¥¥ コンピューター名 ¥ 共有フォルダー名 ¥ ファイル名など

Q128 | 365 | 2019 | 2016 | 2013 | お役立ち度 ★☆☆

ハイパーリンク型の フィールドを選択したい

A 隣のフィールドから 方向キーで移動しましょう

入力済みのハイパーリンク型のフィールドをクリックすると、リンク先にジャンプしてしまいます。フィールドを選択したいときは、Tab キーや方向キーを押して、隣のフィールドから移動します。

→ハイパーリンク型……P.451

1 左隣のフィールドを選択　**2** →キーを押す

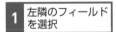

ハイパーリンク型のフィールドを選択できた

Q129 `365` `2019` `2016` `2013`　　　　　お役立ち度 ★★★

ハイパーリンク型のデータを編集したい

A ショートカットメニューから
[ハイパーリンクの編集]を選びます

ハイパーリンク型のフィールドのデータを編集するには、データの上で右クリックして、ショートカットメ

ニューから[ハイパーリンク] - [ハイパーリンクの編集]の順に選択します。すると[ハイパーリンクの編集]ダイアログボックスが表示されるので、そこでデータを編集します。　　　➡ハイパーリンク型……P.451

> ワザ064を参考に、データシートビューでテーブルを表示しておく

1 ハイパーリンク型のフィールドを右クリック

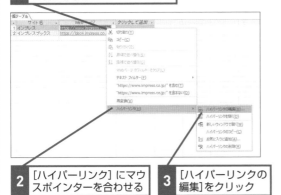

2 [ハイパーリンク]にマウスポインターを合わせる

3 [ハイパーリンクの編集]をクリック

> [ハイパーリンクの編集]ダイアログボックスが表示された

> 表示する文字列を変更することもできる

4 リンク先のアドレスを変更

5 [OK]をクリック

Q130 `365` `2019` `2016` `2013`　　　　　お役立ち度 ★★★

画像を保存するフィールドはどのデータ型にすればいいの？

A 添付ファイル型がいいでしょう

画像を保存できるデータ型には、OLEオブジェクト型と添付ファイル型があります。OLEオブジェクト型は古いバージョンの時代からあるデータ型で、ファイルサイズが大きくなる、パソコンの環境によっては

フォームで画像を表示できない、などの欠点があります。添付ファイル型は、それらの欠点を克服した新しいデータ型です。新規に作成するデータベースでは、添付ファイル型を使用しましょう。
➡添付ファイル型……P.450

OLEオブジェクト型のフィールドに画像を保存したい

**A ショートカットメニューから
　[オブジェクトの挿入]を選びます**

OLEオブジェクト型のフィールドに画像を保存するに
は、以下の手順のように操作します。画像は、ビッ
トマップ（BMP）形式に変換されて保存されます。
テーブルのデータシートビューでは、画像の代わりに
「Bitmap Image」や「Package」などの文字列が表
示され、文字列をダブルクリックすると、関連付けら
れたアプリが起動して画像が表示されます。なお、ワ
ザ424 〜ワザ434を参考にフォームを作成しておくと、
直接画像を表示できるので便利です。

➡OLE機能……P.444

ワザ064を参考に、デー
タシートビューでテーブ
ルを表示しておく

1　OLEオブジェクト
　型のフィールドを
　右クリック

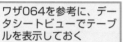

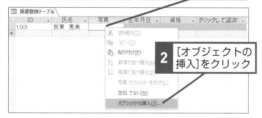

2　[オブジェクトの
　挿入]をクリック

[Microsoft Access]ダイア
ログボックスが表示された

3　[ファイルから]
　をクリック

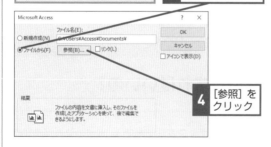

4　[参照]を
　クリック

[参照]ダイアログボックス
が表示された

5　画像の保存先
　を選択

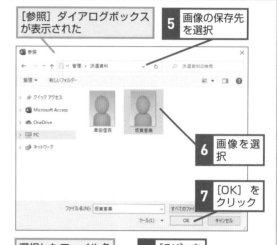

6　画像を選
　択

7　[OK]を
　クリック

選択したファイル名
が表示された

8　[OK]を
　クリック

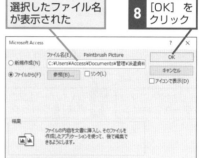

フィールドに画像
を保存できた

9　ここをダブルクリック

画像が表示された

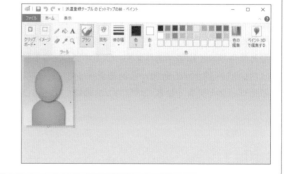

Q132 [365] [2019] [2016] [2013]

添付ファイル型のフィールドにファイルを保存したい

A クリップのマークをダブルクリックします

添付ファイル型のフィールドには、画像ファイル、テキストファイル、WordやExcelのファイルなど、複数のファイルを保存できます。ファイルを保存するには、[添付ファイル] ダイアログボックスを使用します。ファイルを保存すると、クリップの形をしたマーク（🔗）の右にファイル数が表示されます。なお、フォームを作成しておくと、直接画像を表示できるので便利です。
➡添付ファイル型……P.450

> ワザ064を参考に、データシートビューでテーブルを表示しておく

1 ここをダブルクリック

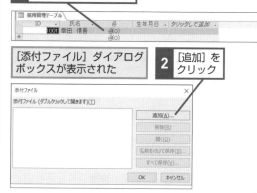

[添付ファイル] ダイアログボックスが表示された

2 [追加] をクリック

[ファイルの選択] ダイアログボックスが表示された

3 ファイルの保存先を選択

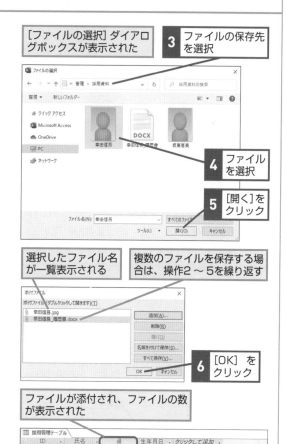

4 ファイルを選択

5 [開く] をクリック

選択したファイル名が一覧表示される

複数のファイルを保存する場合は、操作2〜5を繰り返す

6 [OK] をクリック

ファイルが添付され、ファイルの数が表示された

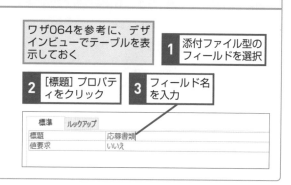

Q133 [365] [2019] [2016] [2013]

添付ファイル型のフィールドにフィールド名を表示したい

A [標題] プロパティにフィールド名を設定します

データシートのフィールドセレクターには通常フィールド名が表示されますが、添付ファイル型の場合、クリップの形をしたマーク（🔗）が表示されてしまいます。

フィールド名を表示したい場合は、デザインビューで添付ファイル型のフィールドプロパティの [標題] プロパティにフィールド名を設定します。

> ワザ064を参考に、デザインビューでテーブルを表示しておく

1 添付ファイル型のフィールドを選択

2 [標題] プロパティをクリック

3 フィールド名を入力

標準	ルックアップ	
標題	応募書類	
値要求	いいえ	

右側縦タブ：
Accessの基本 / データベースファイル / テーブル / クエリ / フォーム / レポート / 関数 / マクロ / データ連携・共有 / 管理・セキュリティ

Q134 [365] [2019] [2016] [2013]

ドロップダウンリストを使ってデータを一覧から入力したい

A [ルックアップウィザード]で設定を行います

[部署]フィールドに部署名を入力する場合や、[都道府県]フィールドに都道府県を入力する場合など、フィールドに入力するデータの内容が限定される場合は、そのデータを一覧から選択して入力できるようにすると便利です。そのようなフィールドをルックアップフィールドと呼びます。ルックアップフィールドは、[ルックアップウィザード]を使用して簡単に設定できます。

ここでは例として、[部署テーブル]に入力されている部署名が、[社員テーブル]の[部署ID]フィールドの一覧に表示されるように設定します。常に[部署テーブル]の最新のデータが一覧に表示されます。なお、リレーションシップが設定されたフィールドでは、[ルックアップウィザード]を実行できません。

→ウィザード……P.446

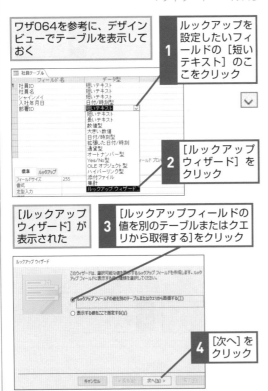

ワザ064を参考に、デザインビューでテーブルを表示しておく

1 ルックアップを設定したいフィールドの[短いテキスト]のここをクリック

2 [ルックアップウィザード]をクリック

[ルックアップウィザード]が表示された

3 [ルックアップフィールドの値を別のテーブルまたはクエリから取得する]をクリック

4 [次へ]をクリック

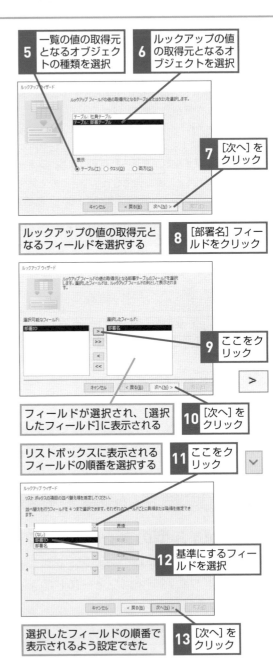

5 一覧の値の取得元となるオブジェクトの種類を選択

6 ルックアップの値の取得元となるオブジェクトを選択

7 [次へ]をクリック

ルックアップの値の取得元となるフィールドを選択する

8 [部署名]フィールドをクリック

9 ここをクリック

フィールドが選択され、[選択したフィールド]に表示される

10 [次へ]をクリック

リストボックスに表示されるフィールドの順番を選択する

11 ここをクリック

12 基準にするフィールドを選択

選択したフィールドの順番で表示されるよう設定できた

13 [次へ]をクリック

動画で見る

ここをドラッグするとフィールドの幅を調整できる

14 [キー列を表示しない]にチェックマークが付いていることを確認

15 [次へ]をクリック

ルックアップ列に表示する名前を入力する

ここでは特に変更しない

16 [完了]をクリック

テーブルを保存するか確認するダイアログボックスが表示された

17 [はい]をクリック

データを一覧から選択できるように設定できた

関連 **Q214** リレーションシップって何？ ………………… P.134

キー列は表示した方がいいの？隠した方がいいの？

A 保存する値に応じて決めましょう

ワザ134の［ルックアップウィザード］の操作14の画面に、［キー列を表示しない］というチェックボックスがあります。「キー列」とは主キーのフィールドのことです。チェックマークを付けた場合は、ワザ134の手順の最後の画面のように、一覧に表示されるのは操作8、9で選択したフィールドだけになります。ただし、実際にテーブルに格納されるのは主キーのフィールドの値です。見えている値と実際に格納されている値が異なるため、クエリで抽出するときなどに注意が必要です。チェックマークをはずした場合は、ワザ134の操作15の次にテーブルに格納するデータを指定する画面が表示され、そこでテーブルに格納する値を選択できます。また、一覧には以下の画面のように主キーフィールドの値も表示されます。これらの違いを理解して、キー列を表示するかどうかを決めましょう。

→ルックアップ……P.454

[キー列を表示しない]のチェックマークをはずすとキー列のデータとキー列以外のデータが表示される

ルックアップウィザードで設定したフィールドのデータ型はどうなるの？

A 値の取得元のデータ型が適用されます

ルックアップフィールドは、テーブルのデザインビューの［データ型］の一覧から設定しますが、ルックアップフィールド型というデータ型があるわけではありません。ルックアップウィザードの中で指定した、ルックアップの値の取得元となるフィールドと同じデータ型、同じフィールドサイズが自動的に設定されます。ただし、取得元がオートナンバー型の場合は、データ型に数値型、フィールドサイズに長整数型が設定されます。

Q137 [365] [2019] [2016] [2013] お役立ち度 ★★★

ドロップダウンリストのサイズを変更したい

A [リスト幅] [列幅] などの プロパティで設定します

ルックアップフィールドの値の取得元のデータが変更されたときなど、ドロップダウンリストのサイズを変更したくなることがあります。全体の幅は [リスト幅] プロパティ、複数列表示する場合の各列の幅は [列幅] プロパティで設定します。　➡ルックアップ……P.454

デザインビューでルックアップフィールドを選択し、フィールドプロパティの [ルックアップ] タブを表示しておく

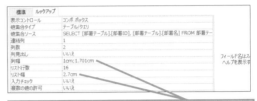

標準　ルックアップ	
表示コントロール	コンボ ボックス
値集合タイプ	テーブル/クエリ
値集合ソース	SELECT [部署テーブル].[部署ID], [部署テーブル].[部署名] FROM 部署テー
連結列	1
列数	2
列見出し	いいえ
列幅	1cm;1.701cm
リスト行数	16
リスト幅	2.7cm
入力チェック	いいえ
複数の値の許可	いいえ

[リスト幅] [列幅] プロパティでサイズを変更できる

Q138 [365] [2019] [2016] [2013] お役立ち度 ★★★

一覧に表示するデータを直接指定したい

A ルックアップウィザードで 指定できます

ワザ134では、ルックアップフィールドの一覧に、他のテーブルに入力されているデータを表示しました。表示するデータを入力しているテーブルがない場合は、以下のように [ルックアップウィザード] でデータを直接指定します。指定したデータは、フィールドプロパティのルックアップフィールドの [値集合ソース] プロパティに「"項目1";"項目2";…」の形式で設定されます。一覧に表示されるデータを後から変更したいときは、この [値集合ソース] プロパティを編集します。　➡ウィザード……P.446

3 一覧に表示させたいデータを入力

必要に応じてフィールドの幅を調整する

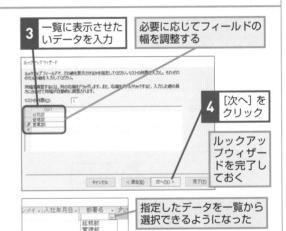

4 [次へ] をクリック

ルックアップウィザードを完了しておく

指定したデータを一覧から選択できるようになった

●新規に設定する場合

ワザ134を参考に、[ルックアップウィザード]を表示しておく

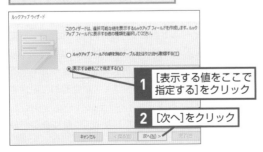

1 [表示する値をここで指定する]をクリック

2 [次へ]をクリック

●後から設定変更する場合

ワザ064を参考に、デザインビューでテーブルを表示し、ルックアップを設定したフィールドを選択しておく

1 [フィールドプロパティ]の[ルックアップ]タブをクリック

2 [値集合ソース]プロパティに一覧に表示させたいデータを入力

標準　ルックアップ	
表示コントロール	コンボ ボックス
値集合タイプ	値リスト
値集合ソース	"総務部";"管理部";"営業部"
連結列	1
列数	1
列見出し	いいえ

1つのフィールドに複数のデータを入力したい

A [複数の値を許可する] を有効にします

[ルックアップウィザード] の最後の画面で [複数の値を許可する] にチェックマークを付けると、ルック

アップフィールドに複数の値を入力できます。[社員テーブル] の [取得資格] フィールドに複数の資格を入力したい、というようなときに使用します。

→ ルックアップ……P.454

ワザ134を参考に、ルックアップウィザードでルックアップフィールドを設定しておく

1 [複数の値を許可する] にチェックマークを付ける

2 [完了] をクリック

複数のデータを入力可能になった

テーブルを保存しておく

ワザ064を参考に、データシートビューに切り替えておく

[資格取得] フィールドの列の幅を広げておく

3 [資格取得]のここをクリック

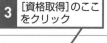

4 複数の資格にチェックマークを付ける

5 [OK] をクリック

チェックマークを付けた複数の資格が表示された

ルックアップフィールドを解除したい

A [表示コントロール] プロパティで設定を解除できます

ルックアップフィールドの設定を解除して、データシートに一覧が表示されないようにするには、ルックアップフィールドの [表示コントロール] プロパティで [テキストボックス] を選択します。

→ ルックアップ……P.454

ワザ064を参考に、デザインビューでテーブルを表示し、ルックアップフィールドを選択しておく

1 [ルックアップ] タブをクリック

2 [表示コントロール] プロパティで [テキストボックス]を選択

ルックアップフィールドのプロパティが非表示になり、設定が解除される

Access の基本

データベース

ファイル

テーブル

クエリ

フォーム

レポート

関数

マクロ

データ連携・共有

管理・セキュリティ

Q141 | 365 | 2019 | 2016 | 2013

集計フィールドを作成したい

A [データ型] から [集計] を選択します

集計フィールドでは、テーブル内のフィールドを使った計算が行えます。ちょっとした計算をしたいときに、クエリを作成しなくても済むので便利です。計算式

は [式ビルダー] ダイアログボックスで入力し、入力した式は [式] プロパティに設定されます。後から式を修正する必要が生じたときは、[式] プロパティで修正しましょう。計算結果のデータ型は、[結果の型] プロパティで指定します。　→式ビルダー……P.448

ワザ064を参考に、デザインビューでテーブルを表示しておく

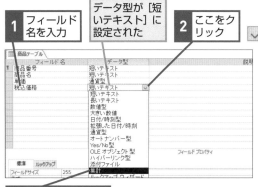

1 フィールド名を入力

データ型が [短いテキスト] に設定された

2 ここをクリック

3 [集計] をクリック

[式ビルダー]ダイアログボックスが表示された

4 「INT(」と入力

5 [単価] をダブルクリック

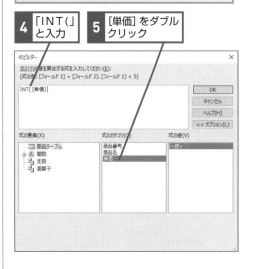

6 「*1.1)」と入力

7 [OK] をクリック

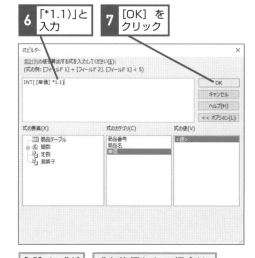

[式] に式が設定された

式を修正したい場合は、[式]欄で修正する

8 [結果の型]のここをクリック

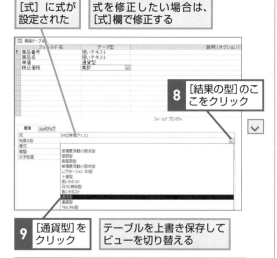

9 [通貨型] をクリック

テーブルを上書き保存してビューを切り替える

[税込]フィールドに税込みの単価が表示された

関連
Q111 データ型にはどんな種類があるの？ ……………… P.82

フィールドの設定

フィールドにはそれぞれ詳細な規則や属性を設定できるフィールドプロパティが用意されています。それらをきちんと設定することで、データベースの使い勝手が向上します。

Q142 `365` `2019` `2016` `2013` お役立ち度 ★★★

先頭に「0」を補完して「0001」と表示したい

A [書式] プロパティに「0000」を設定します

数値型やオートナンバー型の数値の先頭に「0」を付けてけたをそろえるには、フィールドプロパティの [書式] プロパティにけた数分の「0」を設定します。例えば「0000」を設定すると、「1」と入力するだけで

「0001」と4けたで表示できます。なお、データ型が短いテキストであれば、[書式] プロパティを設定しなくても、先頭に「0」を付けた数字をそのまま入力して確定できます。

→フィールドプロパティ……P.452

●数値の主な書式指定文字

書式指定文字	意味	「1234.5」を表現した例
.（ピリオド）	小数点を表示	−
,（カンマ）	3 けたごとのけた区切り記号を表示	−
0	数値 1 けたを必ず表示。数値がない場合は「0」を表示する	0.00 → 1234.50
#	数値 1 けたを表示。数値がない場合は何も表示しない	0.## → 1234.5
%	数値を 100 倍して「%」を付けて表示	0% → 123450%
¥	「¥」に続く文字をそのまま表示	¥¥#,##0 → ¥1,235
""	「"」で囲まれた文字をそのまま表示	0"cm" → 1235cm
[色]	指定した色（黒、青、緑、水、赤、紫、黄、白）で表示	0.0 [赤] → 1234.5

数値の先頭に「0」を付ける

ワザ064を参考に、デザインビューでテーブルを表示しておく

オートナンバー型もしくは数値型のフィールドを選択しておく

1 [書式]プロパティに「0000」と入力

標準	ルックアップ
フィールドサイズ	長整数型
新規レコードの値	インクリメント
書式	0000
標題	

ワザ064を参考に、データシートビューで表示しておく

テーブルを保存するかどうか確認する画面が表示された

2 [はい]をクリック

Microsoft Access ✕

まずテーブルを保存する必要があります。保存してもよろしいですか？

[はい(Y)] [いいえ(N)]

先頭に「0」を補完して表示された

在庫テーブル	ID	日付	摘要	数量	クリックして追加
	1	2020/11/01	入庫	2000	
	2	2020/11/02	出庫	−1200	
	3	2020/11/08	入庫	500	
	4	2020/11/11	返品	−200	
*	（新規）				

在庫テーブル	ID	日付	摘要	数量	クリックして追加
	0001	2020/11/01	入庫	2000	
	0002	2020/11/02	出庫	−1200	
	0003	2020/11/08	入庫	500	
	0004	2020/11/11	返品	−200	
*	（新規）				

関連 Q112 フィールドプロパティって何？……P.83

関連 Q143 マイナスの数値を赤で表示したい……P.100

Q143 `365` `2019` `2016` `2013` お役立ち度 ★★

マイナスの数値を
赤で表示したい

A 正負の書式を「;」で区切って指定します

数値型のフィールドの［書式］プロパティは、以下のように、書式を半角の「;」（セミコロン）で区切って指定できます。

正数の書式;負数の書式;0の書式

正数と0の書式;負数の書式

3つに区切ったときは「正」と「負」と「0」の3通りの書式と見なされ、2つに区切ったときは「正と0」と「負」の2通りの書式と見なされます。負数（マイナスの数値）だけ赤で表示したければ、負数の書式に書式指定文字「[赤]」を指定します。ここではさらに「#,##0」も指定して、数値が4けた以上あるときに3けた区切りで表示します。

> 負数を赤で表示する

ID	日付	摘要	数量	クリックして追加
0001	2020/11/01	入庫	2000	
0002	2020/11/02	出庫	-1200	
0003	2020/11/08	入庫	500	
0004	2020/11/11	返品	-200	
(新規)				

ワザ064を参考に、デザインビューでテーブルを表示しておく

数値を格納したいフィールドを選択しておく

1 ［書式］プロパティに「#,##0;-#,##0［赤］」と入力

標準 ルックアップ	
フィールドサイズ	長整数型
書式	#,##0;-#,##0[赤]
小数点以下表示桁数	自動
定型入力	
標題	
既定値	
入力規則	
エラーメッセージ	
値要求	いいえ
インデックス	いいえ
文字配置	標準

ワザ064を参考に、データシートビューで表示しておく

負数を赤で表示できた

ID	日付	摘要	数量	クリックして追加
1	2020/11/01	入庫	2,000	
2	2020/11/02	出庫	-1,200	
3	2020/11/08	入庫	500	
4	2020/11/11	返品	-200	
(新規)				

Q144 `365` `2019` `2016` `2013` お役立ち度 ★★

小数のけた数が
設定したとおりにならない

A ［書式］プロパティの設定を確認しましょう

フィールドサイズが浮動小数点型の数値型フィールドで［書式］プロパティが空白か［数値］に設定されていると、［小数点以下表示桁数］プロパティにけた数を設定しても小数のけた数はそろいません。［書式］プロパティの（▽）をクリックして、表示される一覧から［固定］など［数値］以外の項目を選択すると、［小数点以下表示桁数］プロパティで指定したけた数で表示できます。

> 小数のけた数をそろえる

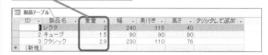

ワザ064を参考に、デザインビューでテーブルを表示しておく

小数のけた数を設定したいフィールドを選択しておく

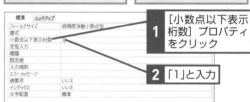

1 ［小数点以下表示桁数］プロパティをクリック

2 「1」と入力

3 ［書式］プロパティのここをクリックして［固定］を選択

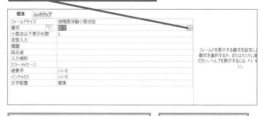

ワザ064を参考に、データシートビューで表示しておく

小数点以下の数が1けたにそろった

関連 先頭に「0」を補完して
Q142 「0001」と表示したい ……………………… P.99

日付の表示方法を指定するには

A 書式指定文字を使用して書式を定義します

日付や時刻の表示は、パソコンの設定に依存します。例えば日付/時刻型のフィールドの［書式］プロパティで一覧から［日付］を選択しても、パソコンによって表示形式が異なることがあります。常に同じ表示にしたいときは、一覧から選択せずに書式指定文字を使用して独自の書式を設定します。

●日付と時刻の主な書式指定文字

書式指定文字	意味	「2021/1/8 7:12:34」を表現した例
yyyy	4 けたの西暦	2021
yy	2 けたの西暦	21
ggg	漢字の年号	令和
gg	漢字 1 字の年号	令
g	年号の頭文字	R
ee	2 けたの和暦	03
e	和暦	3
mm	2 けたの月	01
m	月	1
dd	2 けたの日	08
d	日	8
aaa	曜日 1 文字	金
aaaa	曜日	金曜日
hh	2 けたの時	07
h	時	7
nn	2 けたの分	12
n	分	12
ss	2 けたの秒	34
s	秒	34

日付/時刻型のフィールドを選択しておく	**1** ［書式］プロパティに書式指定文字を入力

標準	ルックアップ	
書式	yyyy/mm/dd	
定型入力		
標題		
既定値		
入力規則		
エラーメッセージ		
値要求	いいえ	フィールドを表示する書式を選択するか、ださい。ヘルプを表示
インデックス	いいえ	
IME 入力モード	オフ	
IME 変換モード	一般	
文字配置	標準	
日付選択カレンダーの表示	日付	

日付、時刻の表示が変わる

［定型入力］プロパティって何？

A 入力するデータの形式を指定する機能です

［定型入力］プロパティを使用すると、「定型入力文字」という記号を使用して、フィールドに入力パターンを設定できます。例えば「LLL¥-00」を設定すると、「半角アルファベット3文字＋ハイフン＋半角数字2文字」という入力パターンを指定できます。「L」は半角アルファベット1文字、「0」は半角数字1文字、「¥」は次に指定した文字をそのまま表示するための定型入力文字です。定型入力を指定することにより、誤ったデータの入力を防げます。

定型入力は、次のように「;」（セミコロン）で区切った3つのセクションを使用して詳細に設定することもできます。

定型入力の定義;リテラル文字の保存;代替文字

定型入力の定義：定型入力文字を使用して入力パターンを指定（必須）

リテラル文字の保存：リテラル文字（郵便番号の「-」のような決まって表示する文字のこと）をフィールドに保存する場合は「0」、保存しない場合は「1」を指定。省略した場合は保存されない

代替文字：データを入力する際に文字が入る部分に表示する代替文字を指定。省略した場合は「_」（アンダースコア）が表示される

なお、具体的な設定方法についてはワザ147、定型入力文字の種類についてはワザ150を参照してください。

● ［定型入力］プロパティの設定例

設定値	入力値	画面表示	保存される値
LLL¥-00;0	ABC12	ABC-12	ABC-12（「-」が保存される）
LLL¥-00;1	ABC12	ABC-12	ABC12（「-」は保存されない）

関連 **Q147** 郵便番号の入力パターンを設定したい ………… P.102

関連 **Q150** アルファベットの大文字だけで入力させたい ……………………………… P.104

左側縦帯メニュー：Accessの基本／データベース／ファイル／テーブル／クエリ／フォーム／レポート／関数／マクロ／データ連携・共有／管理・セキュリティ

郵便番号の入力パターンを設定したい

A 定型入力ウィザードを使用すると簡単です

短いテキストと日付/時刻型のフィールドでは、[定型入力ウィザード]を使用して[電話番号][郵便番号][和暦日付]などの選択肢から選択するだけで、簡単に入力パターンを設定できます。

操作3の[定型入力ウィザード]の最初の画面では、電話番号や郵便番号など、定型入力の定義を指定します。操作6の画面では、データを入力する際に文字が入る部分に表示する代替文字を指定します。最初の画面で選択した形式によっては、次にリテラル文字を保存するかを指定する操作8の画面が表示されます。リテラル文字とは、郵便番号の「-」や電話番号の「()」などを指します。

例えば郵便番号の場合、リテラル文字を保存すると、画面表示される形式も実際に保存されるデータも「123-4567」になります。リテラル文字を保存しない場合は、「123-4567」の形式で表示されますが、データとして保存されるのは「1234567」です。ちなみに郵便番号の保存に必要なフィールドサイズは、リテラル文字を保存する場合は「8」、保存しない場合は「7」と変わるので注意してください。

ワザ064を参考に、デザインビューでテーブルを表示しておく

郵便番号を保存するフィールドを選択しておく

1 [定型入力]プロパティをクリック

2 ここをクリック

[定型入力ウィザード]が表示された

3 [郵便番号]をクリック

4 [次へ]をクリック

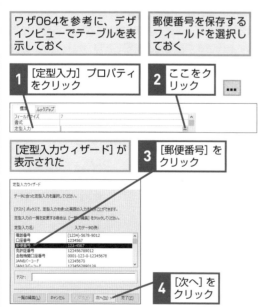

5 ここに「000¥-0000」と入力されていることを確認

6 [代替文字]で[_]が選択されていることを確認

7 [次へ]をクリック

8 データの保存方法を選択

9 [次へ]をクリック

10 [完了]をクリック

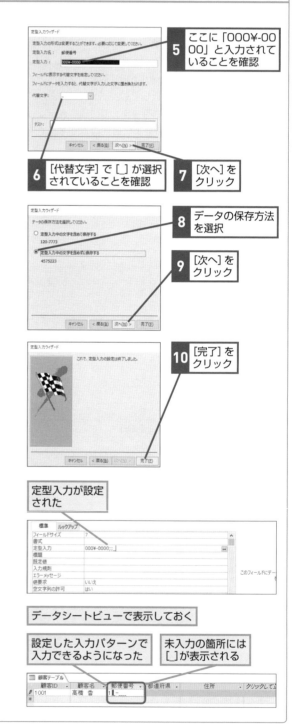

定型入力が設定された

データシートビューで表示しておく

設定した入力パターンで入力できるようになった

未入力の箇所には[_]が表示される

Q148 365 2019 2016 2013　お役立ち度 ★★☆

とりあえず分かる部分だけ
入力できるようにしたい

🅰 定型入力文字の「9」を使います

ワザ147のように [定型入力ウィザード] で [郵便番号] を設定すると、「000¥-0000」という入力パターンが設定されます。「0」は数値1けたを入力するための定型入力文字ですが、入力の省略が許されません。そのため、7けたを入力しないと確定できません。郵便番号が3けたしか分からないとき、とりあえず3けただけを入力できるようにするには、入力を省略できる定型入力文字「9」を使用して、「000¥-9999」を設定します。

ワザ064を参考に、デザインビューでテーブルを表示しておく

郵便番号を保存するフィールドを選択しておく

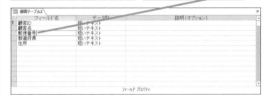

1 [定型入力] プロパティに「000¥-9999;;_」と入力

ワザ064を参考に、データシートビューで表示しておく

[郵便番号] フィールドに3けたの数字で確定できた

Q149 365 2019 2016 2013　お役立ち度 ★★★

和暦で入力したのに
西暦で表示されてしまう

🅰 [定型入力] と併せて
　 [書式] も設定しましょう

日付/時刻型のフィールドに対して、ワザ147で解説した [定型入力ウィザード] で [和暦日付] を設定すると、「S50年4月1日」の形式で入力できます。しかし確定すると「1975/04/01」のような西暦の表示になってしまいます。和暦で入力して和暦で表示したい場合は、[書式] プロパティに和暦の書式を設定します。

➡ウィザード……P.446

和暦で表示する

ワザ064を参考に、デザインビューでテーブルを表示しておく

日付/時刻型のフィールドを選択しておく

1 [書式] プロパティに「ge¥年 m¥月d¥日」と入力

ワザ064を参考に、データシートビューで表示しておく

和暦で入力して和暦で表示できるようになった

Q150　365 2019 2016 2013　お役立ち度 ★★★

アルファベットの大文字だけで入力させたい

A 定型入力文字の「>」を使います

定型入力文字を使用して、手動でフィールドの定型入力を設定できます。例えば「>LLL」と設定すると大文字のアルファベット3文字の文字列、「>L<LL???」と設定すると3文字以上6文字以下の先頭文字のみ大文字の文字列を入力できます。

●主な定型入力文字

定型入力文字	意味
0	半角数字（省略不可）
9	半角数字、半角スペース（省略可）
L	半角アルファベット（省略不可）
?	半角アルファベット（省略可）
!	右詰め
<	小文字に変換
>	大文字に変換

ワザ064を参考に、デザインビューでテーブルを表示しておく

定型入力を設定したいフィールドを選択しておく

1 [定型入力] プロパティに「>LLL」と入力

ワザ064を参考に、データシートビューで表示しておく

小文字で入力しても、自動的に大文字に変換されて入力されるようになった

関連 Q146　[定型入力] プロパティって何？ P.101

Q151　365 2019 2016 2013　お役立ち度 ★★★

新規レコードに今日の日付を自動で入力したい

A [既定値] プロパティに Date関数を設定します

フィールドプロパティの [既定値] プロパティを設定すると、設定した値が新規レコードに自動的に入力されます。日付/時刻型のフィールドの場合、[既定値] プロパティにDate関数を設定すると、新規レコードにその日の日付を自動で入力できます。[登録日] や [入力日] といったフィールドに設定しておくと便利です。なお、自動入力された日付は、必要に応じて手動で別の日付に入力し直すことも可能です。

Date()
引数は必要ない

ワザ064を参考に、デザインビューでテーブルを表示しておく

日付/時刻型のフィールドを選択しておく

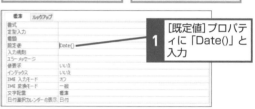

1 [既定値] プロパティに「Date()」と入力

新規レコードにその日の日付が自動的に入力されるよう設定できた

Q152　365 2019 2016 2013　お役立ち度 ★★☆

数値型のフィールドに自動表示される「0」が煩わしい

A [既定値] プロパティの「0」を削除しましょう

数値型のフィールドでは、[既定値] プロパティの初期値が「0」なので、新規レコードに最初から「0」が入力されます。値の入力時に「0」を削除するのが煩わしい場合や、入力するのを忘れないように最初は空欄にしておきたい場合は、[既定値] プロパティに設定されている「0」を削除し、新規レコードに何も表示されないようにするといいでしょう。

Q153 `365` `2019` `2016` `2013`　お役立ち度 ★★★

フィールドに入力するデータを制限したい

A [入力規則] プロパティでデータの条件を指定しましょう

[入力規則] プロパティを使用すると、フィールドに設定した規則に違反するデータの入力を禁止できます。[入力規則] プロパティは、フィールドプロパティとテーブルプロパティの両方にありますが、特定のフィールドのデータを制限するにはフィールドの [入力規則] プロパティを使用します。例えば [発注数] フィールドに100以上の数値しか入力できないようにするには、[入力規則] プロパティに「>=100」を設定し、[エラーメッセージ] プロパティに規則違反のデータが入力されたときに表示するメッセージ文を指定します。

➡フィールドプロパティ……P.452

ワザ064を参考に、デザインビューでテーブルを表示しておく

入力を制限したいフィールドを選択しておく

1 [入力規則] プロパティに「>=100」と入力

2 [エラーメッセージ] プロパティに「発注数は100個以上の数値で入力してください。」と入力

ワザ064を参考に、データシートビューで表示しておく

100より小さい数値を入力すると、エラーメッセージが表示される

Q154 `365` `2019` `2016` `2013`　お役立ち度 ★★★

[出席者数] フィールドに [定員] 以下の数値しか入力できないようにしたい

A テーブルの [入力規則] プロパティを設定します

複数のフィールドを関連付けた入力規則を設定したいときは、テーブルの [入力規則] プロパティを使用しましょう。例えば「[出席者数] <= [定員]」という規則を設定した場合、[出席者数] フィールドに [定員] フィールドより大きい数値を入力するとエラーになり、レコードを保存できなくなります。

➡レコード……P.454

ワザ064を参考に、デザインビューでテーブルを表示しておく

1 [テーブルツール]の[デザイン]タブをクリック

2 [プロパティシート]をクリック

プロパティシートが表示された

3 [入力規則] プロパティに「[出席者数] <= [定員]」と入力

4 [エラーメッセージ] プロパティに「出席者数は定員以下で入力してください。」と入力

ワザ064を参考に、データシートビューを表示しておく

[出席者数] フィールドに [定員] より大きい数値を入力してレコードを保存すると、エラーメッセージが表示される

Q155　365 2019 2016 2013　お役立ち度 ★★☆

フィールドの
入力漏れを防ぎたい

A [値要求] プロパティを設定します

[値要求] プロパティで [はい] を設定したフィールドには、データを入力しなければレコードを保存できません。未入力を防ぎたいフィールドに設定すると効果的です。初期設定は [いいえ] です。なお、主キーに設定したフィールドは [値要求] プロパティが自動的に [はい] になります。

> ワザ064を参考に、テーブルをデザインビューで表示し、入力を必須にしたいフィールドを選択しておく

1 [値要求]プロパティで [はい]を選択

> [値要求] プロパティを [はい] にしたフィールドが未入力のまま次のレコードに移動しようとすると、入力を要求するダイアログボックスが表示される

Q156　365 2019 2016 2013　お役立ち度 ★★★

インデックスって何？

A レコードの位置を素早く
検索するための索引です

インデックスとは、特定のフィールドのデータとそのレコード番号をデータ順に並べたレコードの索引のことです。インデックスを作成することで、そのフィールドを対象にしたレコードの検索や並べ替えを高速に実行できます。

例えば [コキャクメイ] フィールドのインデックスを作成すると、データベースの内部に [コキャクメイ] のデータとそのレコード番号を五十音順に並べた索引が作成されます。そして「ワタナベ」で検索を実行するとインデックスの「ワ」を含むデータが素早く検索され、早く結果が表示されます。レコードが大量にある場合、インデックスは検索や並べ替えの実行に非常に効果的です。

ただし、インデックスを作成すると、レコードの追加、削除、変更の際、インデックスの更新が行われるため時間がかかります。インデックスはむやみに作成せずに、検索や並べ替えを頻繁に行うフィールドだけに作成しましょう。　➡インデックス……P.445

> 関連
> **Q157** インデックスを作成したい ………………………… P.106

Q157　365 2019 2016 2013　お役立ち度 ★★☆

インデックスを作成したい

A [インデックス] プロパティを
設定します

インデックスを作成するには、インデックスを作成したいフィールドの [インデックス] プロパティで [はい（重複あり）] または [はい（重複なし）] のどちらかを設定します。インデックスを作成すると、そのフィールドを対象にした検索や並べ替えを高速に実行できます。　➡インデックス……P.445

> ワザ064を参考に、テーブルをデザインビューで表示し、インデックスを作成したいフィールドを選択しておく

1 [インデックス] プロパティをクリック

2 ここをクリック

3 [はい（重複あり）] を選択

> データの重複があるインデックスが作成される

Q158 [365] [2019] [2016] [2013]　お役立ち度 ★★★

電話番号のインデックスが勝手に作成されて困る

🅰 インデックスの自動作成の設定を変更しましょう

Accessでは初期設定で、フィールド名の先頭または末尾に「ID」「キー」「コード」「番号」が付くフィールドには、自動的にインデックスを作成します。そのため「電話番号」や「郵便番号」をフィールド名にすると、自動的に［インデックス］プロパティに［はい（重複あり）］が設定されてしまいます。これを防ぐには、［ファイル］タブの［オプション］をクリックして［Accessのオプション］ダイアログボックスを表示し、以下のように操作します。なお、主キーに設定したフィールドには、必ずインデックスが作成されます。

> ワザ032を参考に、［Accessのオプション］ダイアログボックスを表示しておく

> **1** ［オブジェクトデザイナー］をクリック
>
> ［インデックスを自動作成するフィールド］に［ID;キー;コード;番号］と入力されている

> **2** ［;番号］を削除

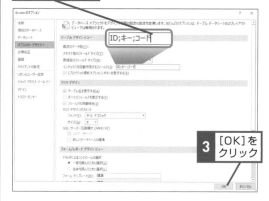

> **3** ［OK］をクリック

関連 Q156 インデックスって何？ ………………………… P.106

Q159 [365] [2019] [2016] [2013]　お役立ち度 ★★☆

重複データの入力を禁止したい

🅰 重複のないインデックスを設定しましょう

［インデックス］プロパティに［はい（重複なし）］を設定したフィールドには、テーブル内の他のレコードと重複するデータを入力できません。例えば［会員登録］テーブルに同じメールアドレスの会員レコードが入力されるのを防ぐには、［メールアドレス］フィールドの［インデックス］プロパティに［はい（重複なし）］を設定します。

Q160 [365] [2019] [2016] [2013]　お役立ち度 ★★★

設定済みのインデックスを確認したい

🅰 ［インデックス］ダイアログボックスで確認できます

どのフィールドにインデックスが作成されているかを知りたいときに、フィールドの［インデックス］プロパティを1つ1つチェックするのは面倒です。［インデックス］ダイアログボックスを表示すれば、テーブル内のインデックスを一覧形式で確認できます。主キーには、「PrimaryKey」という名前のインデックスが自動で作成されます。

> ワザ064を参考に、テーブルをデザインビューで開き、［デザイン］タブの［インデックス］ボタンをクリックする

> ［インデックス］ダイアログボックスにインデックスの一覧が表示された

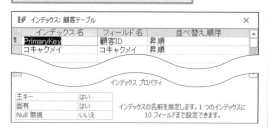

Q161 365 2019 2016 2013 お役立ち度 ★★★

文字の入力モードを自動で切り替えたい

A [IME入力モード] プロパティを設定します

データを入力するとき、フィールドごとにIMEの入力モードを切り替えるのは面倒です。[IME入力モード] プロパティを設定すると、[社員番号]フィールドにカーソルを移動したときは [半角英数]、[社員名] フィールドにカーソルを移動したときは [ひらがな] というように、入力モードを自動的に切り替えることができて大変便利です。 ➡IME……P.444

> ワザ064を参考に、デザインビューでテーブルを表示しておく

> 入力モードを設定したいフィールドを選択しておく

1 [IME入力モード] プロパティで[ひらがな]を選択

> ワザ064を参考に、データシートビューで表示しておく

2 [IME入力モード]プロパティを設定したフィールドにカーソルを移動

> 入力モードが自動的に切り替わった

> ここで設定したプロパティは、このテーブルを基に作成するフォームにも引き継がれる

関連
Q162 [IME入力モード] の [オフ] と [使用不可] の違いは何 ? P.108

Q162 365 2019 2016 2013 お役立ち度 ★★

[IME入力モード] の [オフ] と[使用不可] の違いは何?

A 入力モードの手動切り替えを許可するかどうかの違いです

短いテキストのフィールドの [IME入力モード] プロパティで [オフ] を選択すると、そのフィールドにカーソルが移動したときに入力モードが自動で [半角英数] になりますが、[半角/全角]キーを押すなどして、手動で入力モードを切り替えられます。一方、[使用不可] を選択すると、入力モードを手動で切り替えられなくなります。 ➡IME……P.444

Q163 365 2019 2016 2013 お役立ち度 ★★

いつの間にか入力モードが[カタカナ] に変わってしまった

A [IME入力モード] を [オン] から[ひらがな] に変更しましょう

[IME入力モード] プロパティで [オン] を設定すると、そのフィールドにカーソルが移動したときに通常は入力モードが [ひらがな] になります。しかし、環境によっては [ひらがな] ではなく [全角カタカナ] など他の日本語入力モードになってしまうことがあります。入力モードを確実に [ひらがな] に変更したい場合は、[オン] ではなく [ひらがな] を設定しましょう。 ➡フィールド……P.451

STEP UP! テーブルとフォームに共通するプロパティ

[IME入力モード]プロパティと[ふりがな]プロパティは、テーブルのフィールドプロパティの他に、フォームのテキストボックスのプロパティでも設定できます。これらのプロパティをテーブルで設定しておけば、そのテーブルから作成したすべてのフォームに引き継がれます。そのため、フォームで入力を行う場合でも、テーブル側で設定をしておいたほうがいいでしょう。

Q164 `365` `2019` `2016` `2013`　　　　お役立ち度 ★★★

ふりがなを自動入力したい

Ａ ［ふりがな］プロパティを設定します

［ふりがな］プロパティを設定すると、フィールドに入力した文字の読みをふりがなとして、指定したフィールドに自動入力できます。ふりがなの入力先や、［全角カタカナ］［半角カタカナ］などの文字種は、［ふりがなウィザード］で指定します。指定した文字種は、ふりがなの入力先のフィールドの［IME入力モード］プロパティに設定されます。　　　→IME……P.444

> ワザ064を参考に、デザインビューでテーブルを表示しておく

> ふりがなの基になるフィールドを選択しておく

1 ［ふりがな］プロパティをクリック

2 ここをクリック

> [ふりがなウィザード]が表示された

3 ［既存のフィールドを使用する]をクリック

4 ここをクリックしてふりがなを保存するフィールドを選択

5 ここをクリックしてふりがなの種類を選択

6 ［完了］をクリック

7 フィールドのプロパティを変更するか確認する画面が表示されたら[OK]をクリック

> データを入力すると、そのふりがなが操作4で指定したフィールドに自動的に入力される

> 関連 **Q161** 文字の入力モードを自動で切り替えたい……… P.108

Q165 `365` `2019` `2016` `2013`　お役立ち度 ★★

ふりがなが間違っているので修正したい

Ａ ふりがなのフィールドで直接修正します

ふりがなとして自動入力されるのは、キーボードから入力した変換前の漢字の読みです。例えば「健」の本来のふりがなが「タケシ」でも、「ケン」という読みで入力した場合は「ケン」がふりがなと見なされます。本来とは異なる読みで漢字を入力した場合は、ふりがなのフィールドにカーソルを移動して、ふりがなを直接修正しましょう。

> 関連 **Q093** データの入力や編集を取り消したい ………………P.73

Q166 `365` `2019` `2016` `2013`　お役立ち度 ★★

文字単位で書式を設定したい

Ａ 長いテキストの［文字書式］で［リッチテキスト形式］を選びます

データ型として長いテキストを設定したフィールドには、［文字書式］というプロパティがあります。初期値は［テキスト形式］ですが、［リッチテキスト形式］を設定すると、ワザ121で紹介したようにフィールド内の一部の文字に太字や色などの書式を設定できるようになります。重要事項を強調した書式付きの文字列データを保存したい場合に使います。

> 関連 **Q121** 文字データを保存するフィールドはどのデータ型にすればいいの？…………………P.88

縦書き左端: Accessの基本　ファイル　データベース　テーブル　クエリ　フォーム　レポート　関数　マクロ　共有　データ連携・管理・セキュリティ

住所を簡単に入力したい

A [住所入力支援] プロパティを設定します

[住所入力支援] プロパティを設定すると、郵便番号を入力するだけで住所を自動入力できるため、大変便利です。郵便番号が分からないときには、住所を入力して郵便番号を自動入力することも可能です。設定は [住所入力支援ウィザード] で簡単に行えます。

➡ウィザード……P.446

> ワザ064を参考に、デザインビューでテーブルを表示しておく

> 郵便番号が保存されているフィールドを選択しておく

1 ここを下にドラッグしてスクロール

2 [住所入力支援]プロパティをクリック

3 ここをクリック …

> [住所入力支援ウィザード] が表示された

4 ここをクリックして郵便番号を入力するフィールドを選択

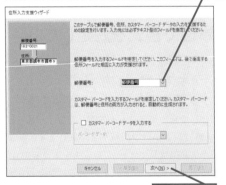

5 [次へ]をクリック

6 住所を入力するフィールドの構成を選択

7 ここをクリックして都道府県を入力するフィールドを選択

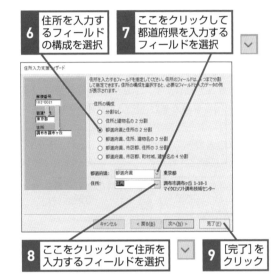

8 ここをクリックして住所を入力するフィールドを選択

9 [完了]をクリック

> フィールドのプロパティを変更してもいいかを確認するダイアログボックスが表示された

10 [OK]をクリック

> 郵便番号が入力されたら住所が自動的に入力される

関連 **Q147** 郵便番号の入力パターンを設定したい ………… P.102

関連 **Q164** ふりがなを自動入力したい …………………………… P.109

関連 **Q581** 大量のはがきを安価で発送できるよう印刷したい ………………………… P.332

Q168 [365] [2019] [2016] [2013]　お役立ち度 ★★☆

フィールドプロパティは
後から変更してもいいの？

A 変更をフォームやレポートに自動
　反映できるので問題ありません

フィールドプロパティは、後から変更しても構いません。フィールドプロパティの中には、そのテーブルを基に作成したフォームやレポートに自動的に引き継がれるものがあります。そのようなフィールドプロパティを後から変更すると、[プロパティの更新オプション]スマートタグが表示され、作成済みのフォームやレポートにプロパティの変更を自動で反映させることができます。

ワザ064を参考に、デザインビューでテーブルを表示しておく

日付/時刻型のフィールドの[書式]プロパティを変更する

日付/時刻型のフィールドを選択しておく

1 [書式]プロパティを変更

標準	ルックアップ
書式	yyyy¥年m¥月d¥日
定型入力	
標題	
既定値	

[プロパティの更新オプション]スマートタグが表示された

2 ここをクリック

◆ [プロパティの更新オプション]スマートタグ

標準	ルックアップ
書式	yyyy¥年m¥月d¥日
定型入力	
標題	入社年月日 が使用されているすべての箇所で 書式 を更新します。
既定値	フィールド プロパティの更新に関するヘルプ
入力規則	
エラーメッセージ	
値要求	いいえ
インデックス	いいえ

3 [(フィールド名)が使用されているすべての箇所で書式を更新します。]をクリック

[プロパティの更新]ダイアログボックスが表示された

4 プロパティを更新したいオブジェクトを選択

5 [はい]をクリック

選択したオブジェクトにフィールドプロパティの変更が反映される

Q169 [365] [2019] [2016] [2013]　お役立ち度 ★★★

データシートでテーブルの
デザインが変更されるのを防ぎたい

A [Accessのオプション]ダイアログ
　ボックスで変更を禁止します

データシートビューでは、[テーブルツール]の[フィールド]タブでフィールドの追加や削除、データ型の変更など、デザインの変更が行えます。データの入力中に、誤操作でテーブルの構造が変更されてしまっては大変です。データベースの設計が終わり運用段階に入ったら、データシートビューでのデザインの変更を禁止しましょう。　➡データシート……P.450

[テーブルツール]の[フィールド]タブでの操作が行えないように設定する

ワザ032を参考に、[Accessのオプション]ダイアログボックスを表示しておく

1 [現在のデータベース]をクリック

2 [データシートビューでテーブルのデザインを変更できるようにする]のチェックマークをはずす

3 [OK]をクリック

データベースを一度閉じて開き直す

テーブルの構造を変更するボタンが無効になった

レコード操作の便利ワザ

データシートビューには、レコードの検索、置換、並べ替え、抽出などの機能があります。レコードを思い通りに操作できるように、これらの機能を覚えましょう。

Q170 365 2019 2016 2013

お役立ち度 ★★★

「鈴木」という名字の会員を検索したい

A [フィールドの先頭] を 検索条件として検索します

「鈴木　正」や「鈴木　雅子」など、「鈴木」で始まるデータを検索したいときは、[検索と置換] ダイアログボックスの [検索する文字列] に「鈴木」と入力し、[検索条件] で [フィールドの先頭] を指定して検索を実行します。[検索条件] の選択肢には、この他に [フィールドの一部分][フィールド全体] がありますが、[フィールド全体] を指定すると「鈴木」に完全一致するデータしか検索できないので注意してください。

→フィールド……P.451

ワザ064を参考に、データシートビューでテーブルを表示しておく

1 検索したいフィールドの先頭レコードをクリック

2 [ホーム] タブをクリック

3 [検索] をクリック

[検索と置換] ダイアログボックスが表示された

4 [検索する文字列] に「鈴木」と入力

5 [探す場所] のここをクリックして [現在のフィールド] を選択

6 [検索条件] のここをクリックして [フィールドの先頭] を選択

7 [検索方向] のここをクリックして [すべて] を選択

8 [次を検索] をクリック

「鈴木」で始まるデータが検索された

[次を検索] をクリックすると、次のデータが検索される

検索が終わったら [閉じる] をクリックして [検索と置換] ダイアログボックスを閉じておく

関連 Q173 データが存在するのに検索されない …………… P.113

関連 Q174 データを置換したい……………………………… P.114

Q171　365 2019 2016 2013　　お役立ち度 ★★☆

「○○で終わる文字列」
という条件で検索したい

A ワイルドカードを使用します

「○○で終わる文字列」という条件で検索したいときは、0文字以上の任意の文字列を表す「*」または任意の1文字を表す「?」などの記号を使用します。これらの記号をワイルドカードと呼びます。例えば［検索する文字列］に「*正」、［検索条件］に［フィールド全体］を指定すると、「鈴木　正」のような「正」で終わるデータを検索できます。［検索条件］で［フィールドの一部分］を指定すると、「佐藤　正行」のような文字列の途中に「正」を含むデータも検索されてしまうので注意してください。

Q172　365 2019 2016 2013　　お役立ち度 ★★☆

より素早く検索や置換を
実行するには

A ショートカットキーを使用します

Ctrl + F キーで［検索と置換］ダイアログボックスの［検索］タブを、 Ctrl + H キーで［置換］タブを素早く表示できます。また、以下の手順のように先頭のレコードを選択して、データシートビューの下端にある［検索］ボックスにキーワードを入力しても、素早く検索を実行できます。 Enter キーを押すごとに、次のデータが検索されます。

1　検索ボックスにキーワードを入力

キーワードが反転して表示された

Q173　365 2019 2016 2013　　お役立ち度 ★★★

データが存在するのに
検索されない

A 検索の設定項目を確認しましょう

データが存在するのに検索されない場合は、まず［検索と置換］ダイアログボックスの［探す場所］で正しいフィールドが設定されているか、［検索方向］で［すべて］が選択されているかなど、設定項目をよく確認しましょう。［書式］プロパティや［定型入力］プロパティが設定されているフィールドを検索するときは、［表示書式で検索する］のオンとオフを切り替えると検索がうまくいくことがあります。例えば［書式］プロパティに「yyyy¥年mm¥月dd¥日」が設定されている日付/時刻型のフィールドを「2020/6/5」の形式で検索するには、［表示書式で検索する］のチェックマークをはずします。

ワザ170を参考に、［検索と置換］ダイアログボックスを表示しておく

1　［検索する文字列］に「2020/6/5」と入力

2　［表示書式で検索する］のチェックマークをはずす

3　［次を検索］をクリック

「2020年06月05日」が検索された

［次を検索］をクリックすると、次のデータが検索される

検索が終わったら［閉じる］をクリックして［検索と置換］ダイアログボックスを閉じておく

関連
Q170　「鈴木」という名字の会員を検索したい………… P.112

Q174 365 2019 2016 2013　　お役立ち度 ★★★

データを置換したい

A 置換の機能を使用します

テーブルに入力された特定の文字列を別の文字列に置き換えるには、[検索と置換] ダイアログボックスの [置換] タブを使用します。[次を検索] ボタンと [置換] ボタンを使用すると、1件ずつデータを確認しながら置換できます。[すべて置換]ボタンを使用すると、該当するデータをまとめて置換できます。[すべて置換] ボタンで複数の置換を行うと、[元に戻す] ボタンをクリックしても、置換前と同じ状態に戻せないので注意してください。

> ワザ064を参考に、データシートビューでテーブルを表示しておく

> **1** 置換したいフィールドの先頭レコードをクリック

> **2** [ホーム] タブをクリック

> **3** [置換]をクリック

> [検索と置換] ダイアログボックスが表示された

> 「シルバー」を「一般」に置換する

> **4** [置換] タブをクリック

> **5** [検索する文字列]に「シルバー」と入力

> **6** [置換後の文字列]に「一般」と入力

> **7** [すべて置換]をクリック

> 文字列をすべて置換するか確認する画面が表示された

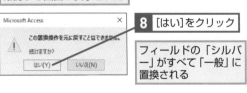

> **8** [はい]をクリック

> フィールドの「シルバー」がすべて「一般」に置換される

Q175 365 2019 2016 2013　　お役立ち度 ★★★

レコードを集計したい

A データシートの末尾に集計行を追加します

集計機能を使用すると、集計の種類を選択するだけで簡単にレコードのデータを集計できます。選択できる集計の種類は、データ型によって変わります。数値型や通貨型の場合は、[なし] [合計] [平均] [カウント] [最大] [最小]などを選べます。短いテキストの場合は、[なし] [カウント] のみです。わざわざクエリを作成しなくても、手軽に集計を行えるので便利です。

> ワザ064を参考に、データシートビューでテーブルを表示しておく

> **1** [ホーム] タブをクリック

> **2** [集計]をクリック

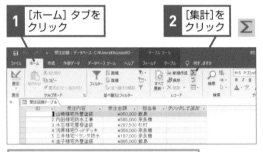

> 行のいちばん下に [集計] 行が表示された

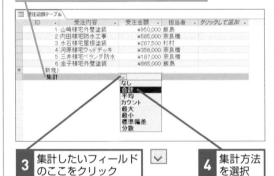

> **3** 集計したいフィールドのここをクリック

> **4** 集計方法を選択

> 集計が実行された

> 再度 [集計] をクリックすると、[集計] 行を非表示にできる

Q176

365 2019 2016 2013　　お役立ち度 ★★★

レコードを並べ替えたい

A [昇順] ボタンや [降順] ボタンを使用します

テーブルのレコードは、標準では主キーのフィールドの昇順に表示されます。昇順とは、数値の小さい順、日付の古い順、アルファベット順、五十音順のことです。[ホーム] タブにある [昇順] ボタンや [降順] ボタンを使用すると、選択したフィールドを基準に、レコードの並び順を簡単に変更できます。降順とは、昇順の逆の順序のことです。並べ替えの基準としたフィールドでは、フィールドセレクターの（ ）が、昇順を表す（ ）や降順を表す（ ）に変わります。

ワザ064を参考に、データシートビューでテーブルを表示しておく	**1** 並べ替えの対象となるフィールドを選択

2 [ホーム] タブをクリック	**3** [昇順] をクリック

選択したフィールドが昇順に並べ替えられた

Q177

365 2019 2016 2013　　お役立ち度 ★★☆

並べ替えを解除したい

A [並べ替えの解除] ボタンを使用します

並べ替えを実行した後で並べ替えを解除するには、[並べ替えの解除] ボタンを使用します。並べ替えが解除されると、レコードが主キーのフィールドの昇順に並べられます。

→主キー……P.448

1 [ホーム] タブをクリック	**2** [並べ替えの解除] をクリック	

並べ替えが解除されてレコードが主キーの順に表示される

Q178

365 2019 2016 2013　　お役立ち度 ★★☆

氏名による並べ替えが五十音順にならない

A ふりがなのフィールドで並べ替えましょう

Accessでは、氏名が漢字で入力されたフィールドを基準に並べ替えを行っても、漢字の読みの五十音順になりません。これは、漢字に割り当てられているシフトJISコードが並べ替えの基準にされているためです。氏名を五十音順で並べ替える必要があるときは、テーブルにふりがなのフィールドを用意して、それを基準に並べ替えを行いましょう。

並べ替え用のふりがなのフィールドを用意しておく

Q179 [365] [2019] [2016] [2013]　　　　　　お役立ち度 ★★★

複数のフィールドを基準に並べ替えたい

A 優先順位の低い順に 並べ替えを実行します

複数のフィールドを基準に並べ替えを行うには、優先順位の低いフィールドから順に並べ替えを実行します。例えば、[入社年]フィールドで昇順に並べ替えてから[所属]フィールドで昇順に並べ替えると、レコードが所属順に並べられ、同じ所属の中では入社年順に並びます。　　　→レコード……P.454

ワザ064を参考に、データシートビューでテーブルを表示しておく

1 [入社年]フィールドを選択

2 [ホーム]タブをクリック

3 [昇順]をクリック　A↓昇順

入社年順に並べ替えられた

4 [所属]フィールドを選択

5 [ホーム]タブをクリック

6 [昇順]をクリック　A↓昇順

所属順に並び、同じ所属の中では入社年順に並んだ

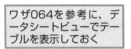

Q180 [365] [2019] [2016] [2013]　　　　　　お役立ち度 ★★

レコードの並び順が知らない間に変わっているのはなぜ?

A 前回設定した並び順に なっているからです

並べ替えを実行したままテーブルを上書き保存すると、標準の設定では、次にテーブルを開くときに並べ替えが実行された状態で開きます。一時的に並べ替えた設定は解除しておきましょう。並べ替えを解除してから上書き保存すれば、次回からテーブルを開くときにレコードが主キーの順に表示されます。

関連 Q114 テーブルに主キーを設定するには……………………P.84

並べ替えの基準としたフィールドには[▼]ボタンに[↓]のマークがつく

Q181　365 2019 2016 2013　お役立ち度 ★★★

「東京都」で始まるデータをフィルターで抽出したい

A 「東京都」をドラッグして
選択フィルターを実行します

テーブルから特定のデータを抽出したいときは通常クエリを使いますが、簡単な条件で一時的に抽出を行いたいときはテーブルのデータシートビューでも抽出を実行できます。ここでは「東京都」で始まるレコードの抽出を例に、手順を紹介します。

「東京都」で始まるデータだけを表示させる	**1** [住所] フィールドの中から「東京都」をドラッグして選択

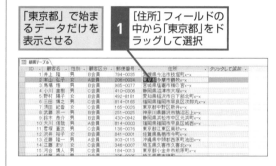

2 [ホーム] タブをクリック

3 [選択] をクリック

4 ["東京都"で始まる]をクリック

「東京都」で始まるレコードが抽出された

[フィルターの実行]が有効になる

Q182　365 2019 2016 2013　お役立ち度 ★★

フィルターを解除したい

A [フィルターの実行] ボタンをオフにします

フィルターを解除してすべてのレコードを表示するには、[フィルターの実行] ボタンをオフにします。ただし、フィルターの条件はテーブルに保存されているため、再度 [フィルターの実行] ボタンをオンにすれば、同じ条件でフィルターが実行されます。

[フィルターの実行]をクリックしてオフにする

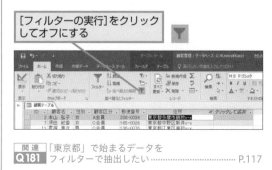

関連 「東京都」で始まるデータを
Q181 フィルターで抽出したい ………………… P.117

Q183　365 2019 2016 2013　お役立ち度 ★★

フィルターを完全に解除したい

A [すべてのフィルターのクリア] を実行します

完全にフィルターを解除するには、以下のように操作します。テーブルに保存されているフィルターの条件は完全に消去されます。

1 [ホーム] タブをクリック

2 [詳細設定]をクリック

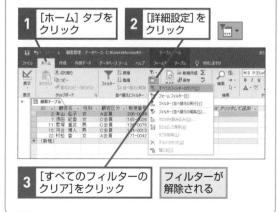

3 [すべてのフィルターのクリア]をクリック

フィルターが解除される

Q184 [365] [2019] [2016] [2013]　お役立ち度 ★★★

「A会員またはB会員」という条件で抽出したい

A フィールドセレクターのメニューから条件を指定します

フィールドセレクターに表示される（▼）をクリックすると、フィールドに入力されているデータが一覧表示されます。そこからデータを選択するだけで、簡単に抽出を行えます。初期状態ではすべてのデータにチェックマークが付いているので、除外するデータのチェックマークをはずすか、または［(すべて選択)］をクリックしてすべてのチェックマークをはずしてから、抽出するデータだけにチェックマークを付けるといいでしょう。　➡抽出……P.449

ワザ064を参考に、データシートビューでテーブルを表示しておく

1 ［顧客区分］フィールドのここをクリック

2 ［A会員］と［B会員］にチェックマークを付ける

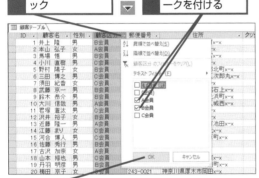

3 ［OK］をクリック

［A会員］と［B会員］のレコードが抽出された

Q185 [365] [2019] [2016] [2013]　お役立ち度 ★★★

抽出結果をさらに別の条件で絞り込みたい

A 複数のフィールドで抽出を実行します

抽出を行った後、別のフィールドで抽出を実行すると、最初の抽出結果からデータが絞り込まれます。例えば、ワザ184で［顧客区分］フィールドから「A会員またはB会員」を抽出した後で以下のように操作を行い、［性別］フィールドから［女］を抽出すると、「A会員またはB会員」のレコードから［女］のレコードが抽出されます。なお、顧客区分にかかわらず［女］だけを抽出したいときは、あらかじめワザ182を参考にフィルターを解除してから、［性別］フィールドで［女］を抽出しましょう。　➡フィルター……P.452

ワザ184を参考に、［A会員］と［B会員］を抽出しておく

1 ［性別］のここをクリック

2 ［女］にチェックマークを付ける

3 ［OK］をクリック

［女］のレコードが抽出された

「A会員またはB会員」で、なおかつ「女」を抽出できた

条件をまとめて指定して抽出するには

A [フォームフィルター] で抽出条件を複数指定できます

[フォームフィルター] を使用すると、複数の抽出条件を組み合わせた複雑な抽出が行えます。指定したすべての条件に合致するレコードを抽出するAND条件や、指定した複数の条件のうちいずれかの条件に合致

するレコードを抽出するOR条件、さらにAND条件とOR条件を組み合わせた条件も指定できます。ここでは、「女かつA会員、または、女かつB会員」という条件で抽出する例を紹介します。

➡フィルター……P.452
➡フォーム……P.452

> ワザ064を参考に、データシートビューでテーブルを表示しておく

1 [ホーム] タブをクリック

2 [詳細設定（高度なフィルターオプション）]をクリック

3 [フォームフィルター]をクリック

> フォームフィルターが表示された

4 [性別] のここをクリック

5 [女]を選択

6 [顧客区分] のここをクリック

7 [A会員] をクリック

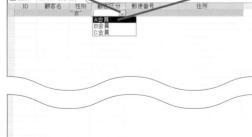

8 [または]をクリック

> [または]タブが表示された

9 操作4〜7を参考に[女]と[B会員]を選択

10 [フィルターの実行]をクリック

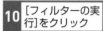

> 設定した条件でフィルターが実行され、[女]で[A会員]または[B会員]のデータが抽出された

右端タブ: Accessの基本／データベース・ファイル／テーブル／クエリ／フォーム／レポート／関数／マクロ／データ連携・共有／管理・セキュリティ

Q187 [365] [2019] [2016] [2013]

並べ替えやフィルターの条件を保存するには

A [クエリとして保存]を実行します

データシートビューで行った抽出の条件は、テーブルを保存すると一緒に保存されます。しかし、保存されるのは最後に実行した抽出の条件だけです。次に別の条件で抽出を行うと、前に行った条件は破棄されてしまいます。実行した条件を確実に残すには、クエリとして保存します。保存したクエリを実行すれば、いつでも最新のレコードから同じ条件で抽出を行えます。ここではワザ186の抽出を行ったあとで、クエリとして保存する手順を紹介します。 ➡抽出……P.449

ワザ186を参考に、フィルターを実行しておく

1 [ホーム]タブをクリック

2 [詳細設定(高度なフィルターオプション)]をクリック

3 [フィルター/並べ替えの編集]をクリック

クエリのデザインビューのような画面が表示された

4 [ホーム]タブをクリック

5 [詳細設定]をクリック

6 [クエリとして保存]をクリック

[クエリとして保存]ダイアログボックスが表示された

7 クエリの名前を入力

クエリとして保存

クエリ名：
女性AB会員

[OK] [キャンセル]

8 [OK]をクリック

フィルターの条件がクエリとして保存された

関連 Q186 条件をまとめて指定して抽出するには ………… P.119

STEP UP! 本格的な並べ替えや抽出にはクエリを利用しよう

テーブルでは、並べ替えや抽出はレコード単位でしか行えず、保存できる条件も最後に実行した条件だけです。常に同じ条件で並べ替えや抽出を行うには、第4章で紹介するクエリを利用しましょう。クエリでは不要なフィールドを省いて、必要なフィールドだけを見やすく表示できます。テーブルの並べ替えや抽出の機能は、その場で気になったデータを見るために利用するといいでしょう。

データシートの表示設定

ここでは、データシートビューでデータを見やすく表示したり、フィールドの表示／非表示を切り替えたりするための操作を取り上げます。

Q188 `365` `2019` `2016` `2013`　　　　　　　　　　　　　　　　お役立ち度 ★★★

横にスクロールすると左にあるフィールドが見えなくなって不便

⒜［フィールドの固定］を使用すると列を固定表示できます

多数のフィールドがあるデータシートを横にスクロールすると、レコードを区別するための氏名や商品名などのデータが見えなくなってしまい不便です。そのようなときは列を固定すると、その列を常にデータシートの左端に表示したままにできます。なお、左端以外の列を固定すると、その列はデータシートの左端に移動します。

➡データシート……P.450
➡フィールド……P.451
➡レコード……P.454

ワザ064を参考に、データシートビューでテーブルを表示しておく

固定したい列を選択する

1 ここにマウスポインターを合わせる

マウスポインターの形が変わった　↓　**2** ここまでドラッグ

列が選択された

3 ［ホーム］タブをクリック　　**4** ［その他］をクリック

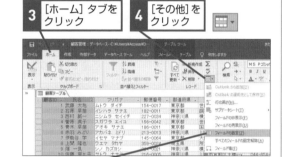

5 ［フィールドの固定］をクリック

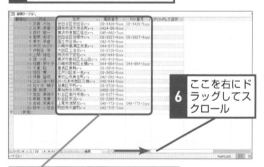

固定を設定した列以外がスクロールされていることを確認しておく

6 ここを右にドラッグしてスクロール

Q189 `365` `2019` `2016` `2013`　　お役立ち度 ★★☆

列の固定を解除したい

A ［すべてのフィールドの固定解除］を実行します

列の固定を解除するには、［ホーム］タブの［レコード］グループにある［その他］ボタンをクリックし、［すべてのフィールドの固定解除］をクリックします。データシートの左端以外の列を固定していた場合、固定を解除しても列は左端に移動したままなので、フィールドセレクターをドラッグして手動で元の位置に戻す必要があります。　→フィールド……P.451

1 ［ホーム］タブをクリック

2 ［その他］をクリック

3 ［すべてのフィールドの固定解除］をクリック

4 ここを右にドラッグしてスクロール

すべての列がスクロールされていることを確認しておく

関連
Q188 横にスクロールすると左にあるフィールドが見えなくなって不便……P.121

Q190 `365` `2019` `2016` `2013`　　お役立ち度 ★★☆

特定のフィールドを非表示にしたい

A ［フィールドの非表示］を実行します

データシートビューでは、フィールドの表示／非表示を簡単に切り替えられます。不要なフィールドを一時的に非表示にしてテーブルを印刷したいときなどに便利です。　→データシート……P.450

ワザ064を参考に、データシートビューでテーブルを表示しておく

非表示にしたい列を選択する

1 ここにマウスポインターを合わせる

マウスポインターの形が変わった ↓

2 ここまでドラッグ

列が選択された

3 ［ホーム］タブをクリック

4 ［その他］をクリック

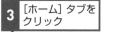

5 ［フィールドの非表示］をクリック

選択していたフィールドが非表示になった

関連
Q192 フィールドを再表示するには……P.123

[クリックして追加] 列が邪魔

A [クリックして追加] 列を非表示にしましょう

データシートの右端にある [クリックして追加] を非表示にすると、誤操作によるフィールドの追加を防げます。非表示にするには、[クリックして追加] の列内をクリックしてカーソルを表示しておき、[ホーム] タブの [レコード] グループにある [その他] をクリックして [フィールドの非表示] をクリックします。

1 [クリックして追加] の列内をクリック

カーソルが表示された

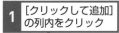

2 [ホーム] タブをクリック

3 [その他] をクリック

4 [フィールドの非表示] をクリック

[クリックして追加] 列が非表示になった

フィールドを再表示するには

A [フィールドの再表示] を実行します

存在するはずのフィールドがデータシートに表示されていない場合、そのフィールドが非表示に設定されています。[列の再表示] ダイアログボックスを開き、非表示になっているフィールドにチェックマークを付けると再表示できます。

非表示になっている列を表示させる

ワザ064を参考に、データシートビューでテーブルを表示しておく

1 [ホーム] タブをクリック

2 [その他] をクリック

3 [フィールドの再表示] をクリック

[列の再表示] ダイアログボックスが表示された

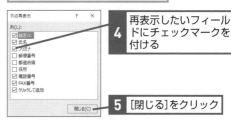

4 再表示したいフィールドにチェックマークを付ける

5 [閉じる]をクリック

チェックマークを付けたフィールドが再表示された

右側タブ：
Accessの基本 / データベース / ファイル / テーブル / クエリ / フォーム / レポート / 関数 / マクロ / データ連携・共有 / 管理・セキュリティ

Q193 365 2019 2016 2013　お役立ち度 ★★★

データシートの既定の
文字を大きくしたい

A [Accessのオプション]で
フォントサイズを指定します

既存のテーブルや今後作成するテーブルのデータシートの文字のサイズをすべて変更するには、オプションの設定を変更します。この設定はクエリのデータシートにも有効です。なお、個別に文字のサイズを変更したテーブルやクエリは、オプションの設定が無効になります。

ワザ032を参考に、[Accessのオプション]
ダイアログボックスを表示しておく

1 [データシート]をクリック

2 [サイズ]のここをクリックして文字のサイズを変更

3 [OK]をクリック

Q194 365 2019 2016 2013　お役立ち度 ★★

特定のデータシートの
文字を大きくしたい

A 特定のデータシートを開いて
フォントサイズを変更します

特定のテーブルでフォントのサイズを変更したい場合は、データシートビューを開いて[フォントサイズ]を変更します。文字のサイズの変更時に長いテキストのフィールドの文字列が選択されていると、選択した文字列のフォントサイズが変わることがあるので、選択しないように注意してください。

1 [ホーム]タブをクリック

2 [フォントサイズ]のここをクリック

3 文字のサイズを選択

文字のサイズが変更された

閉じるときにテーブルのレイアウトを保存するか確認する画面が表示されるので、保存する場合は[はい]をクリックする

Q195 365 2019 2016 2013　お役立ち度 ★★★

文字の配置を設定するには

A [ホーム]タブのボタンで
文字配置を設定できます

標準のデータの配置は、数値や日付／時刻が右揃え、文字列が左揃えになります。[ホーム]タブにある[左揃え][中央揃え][右揃え]ボタンを使用すると、フィールド単位で文字の配置を変更できます。

1 [顧客ID]フィールドを選択

2 [ホーム]タブをクリック

3 [中央揃え]をクリック

中央揃えになった

関連 Q194 特定のデータシートの文字を大きくしたい …… P.124

テーブル操作のトラブル解決

Accessでは、データの整合性を保つために入力できるデータに制約が生じ、思い通りに作業が進まないことがあります。ここでは、そのような問題を解決しましょう。

Q196　365 2019 2016 2013　　　　　　　お役立ち度 ★★★

リンクテーブルが開かない

A リンク先を更新しましょう

リンクテーブルを開こうとしたときに「(データベースファイル名) が見つかりませんでした。」という内容のダイアログボックスが表示される場合は、リンク先のデータベースの場所やファイル名が変更されています。ワザ690を参考に、[リンクテーブルマネージャ]ダイアログボックスを表示して、リンク先を更新しましょう。なお、リンク先のデータベースが削除されている場合、リンクテーブルは開けません。

➡ダイアログボックス……P.449

➡リンクテーブル……P.454

リンクが切れているときは以下のようなダイアログボックスが表示される

1 [OK]をクリック　　リンク先を更新しておく

Q197　365 2019 2016 2013　　　　　　　お役立ち度 ★★☆

ロックできないというエラーが表示されてテーブルが開かない

A ロックしているユーザーが
　　テーブルを閉じるのを待ちましょう

複数のユーザーが、双方で同じテーブルをロックすることはできません。他のユーザーがロックしているテーブルは、参照するだけならワザ727を参考に[既定のレコードロック]を[すべてのレコード]以外に変更すると、すぐにテーブルを開けます。データを更新したい場合は、他のユーザーがテーブルを閉じるのを待ちましょう。

➡テーブル……P.450

➡レコード……P.454

他のユーザーにテーブルがロックされている場合は以下のようなダイアログボックスが表示されることがある

1 [OK]をクリック　　[既定のレコードロック]を変更するとテーブルを開ける

Q198

`365` `2019` `2016` `2013`

お役立ち度 ★★★

デザインビューで開いたら読み取り専用のメッセージが表示された

A そのテーブルを基とするクエリや
フォームを閉じましょう

テーブルをデザインビューで開こうとしたときに読み取り専用で開くことを促される場合は、そのテーブルのデータを表示するクエリやフォームが開いているか、他のユーザーがテーブルをロックするかしています。クエリやフォームを閉じてから開くか、他のユーザーがテーブルを閉じるのを待ってから開きましょう。

➡デザインビュー……P.450

[はい] をクリックすると、読み取り専用で
デザインビューが開くが、編集できない

[いいえ]をクリックすると、テーブルを
開く操作がキャンセルされる

関連
Q727 複数のユーザーが同じレコードを
同時に編集したら困る……………………………… P.439

Q199

`365` `2019` `2016` `2013`

お役立ち度 ★★★

デザインビューで開いたらデザインの変更ができないと表示された

A リンクテーブルのデザインは
変更できません

リンクテーブルでは、デザインの変更を行えません。データシートビューからデザインビューに切り替えると、読み取り専用になります。また、ナビゲーションウィンドウから直接デザインビューを開こうとすると、図のようなメッセージが表示されます。リンクテーブルのデザインを変更したい場合は、リンクテーブルの保存先のデータベースを開いて変更しましょう。

[はい] をクリックすると、読み取り専
用でデザインビューが開くので、編集
内容を保存できない

[いいえ] をクリックすると、テーブルの
デザインビューを開く操作がキャンセル
される

関連
Q196 リンクテーブルが開かない ……………………… P.125

Q200

`365` `2019` `2016` `2013`

お役立ち度 ★★★

「値が重複している」と表示されてレコードを保存できない

A 重複のない値を入力し直します

レコードの保存時に「インデックス、主キー、またはリレーションシップで値が重複しているので、テーブルを変更できませんでした。」という内容のダイアログボックスが表示される場合があります。これは、[主キー] フィールドまたは [インデックス] プロパティに [はい（重複なし）] が設定されているフィールドに、同じテーブル内の他のレコードと重複する値を入力しているために、レコードを保存できない状態を表しています。[OK] をクリックしてダイアログボックスを閉じ、該当のフィールドに重複しないデータを入力し直しましょう。入力を取り消したい場合は Esc キーを押します。

➡インデックス……P.445

重複データを入力していてテーブルを変更でき
ないというダイアログボックスが表示された

| **1** [OK]を
クリック | 重複しているフィールド
を修正する |

関連
Q156 インデックスって何？……………………………… P.106

Access の基本

データベース
ファイル

テーブル

クエリ

フォーム

レポート

関数

マクロ

データ連携・共有

管理・セキュリティ

Q201 365 2019 2016 2013　　お役立ち度 ★★☆

「値を入力してください」と表示されてレコードを保存できない

A 未入力のフィールドに　データを入力しましょう

レコードの保存時に「'（オブジェクト名.フィールド名）'フィールドに値を入力してください。」という内容のダイアログボックスが表示される場合は、そのフィールドの［値要求］プロパティに［はい］が設定されており、未入力のままではレコードを保存できません。［OK］をクリックしてダイアログボックスを閉じ、指定されたフィールドにデータを入力しましょう。入力を取り消したい場合は Esc キーを押します。

［値要求］を設定しているフィールドに入力することを要求するダイアログボックスが表示された

1 ［OK］をクリック　｜　フィールドにデータを入力する

関連 **Q155** フィールドの入力漏れを防ぎたい ………………… P.106

Q202 365 2019 2016 2013　　お役立ち度 ★★☆

エラーメッセージが表示されてレコードを保存できない

A 入力規則に沿ったデータを　入力し直しましょう

テーブルの［入力規則］プロパティの設定に違反するデータを入力すると、レコードを保存できません。エラーメッセージをよく読み、適切なデータを入力し直しましょう。［入力規則］プロパティは、テーブルプロパティとフィールドプロパティの両方にありますが、レコードを保存できないときはテーブルプロパティの［入力規則］プロパティの設定に違反するデータを入力したことが原因です。

エラーメッセージが表示された

1 ［OK］をクリック　｜　エラーメッセージの内容を確認してデータを入力し直す

関連 **Q153** フィールドに入力するデータを制限したい …… P.105

関連 **Q207** 次のフィールドに移動できない …………………… P.129

Q203 365 2019 2016 2013　　お役立ち度 ★★☆

新規入力行が表示されない

A ロックされている可能性があります

全レコードをロックした状態でテーブルを開いているユーザーがいると、後からそのテーブルを開いたユーザーのデータシートビューに新規入力行が表示されず、［新しい（空の）レコード］ボタン（🔲）は無効になります。その場合、他のユーザーがテーブルを閉じれば、入力できる状態になります。

他のユーザーがロックした状態の場合、新しいレコードが表示されない

801	福岡支店	092-601-xxxx
802	佐賀支店	0952-24-xxxx
803	長崎支店	095-824-xxxx
804	大分支店	097-536-xxxx
805	熊本支店	096-383-xxxx
806	宮崎支店	0985-24-xxxx
807	鹿児島支店	099-286-xxxx
808	那覇支店	098-866-xxxx

レコード: 14 4 47 / 47 ▶ ▶ ▶ ▼フィルターなし 検索

Q204 365 2019 2016 2013　お役立ち度 ★★

リレーションシップが原因で
レコードを保存できない

A 整合性を維持できるデータを
　結合フィールドに入力しましょう

レコードの保存時に「テーブル'（オブジェクト名）'にリレーションシップが設定されたレコードが必要なので〜」、または「リレーションシップが設定されたレコードが"（オブジェクト名）'にあるので〜」という内容のダイアログボックスが表示されることがあります。入力中のテーブルと「（オブジェクト名）」テーブルのリレーションシップで参照整合性が設定されているにもかかわらず、整合性を維持できないデータを入力していることが原因です。[OK]をクリックしてダイアログボックスを閉じ、結合フィールドに整合性を保てるようなデータを入力し直しましょう。整合性を保てるデータとは、お互いのテーブルに共通するデータのことです。　➡リレーションシップ……P.454

入力したデータが正しくないことを確認
するダイアログボックスが表示された

1 [OK]を
クリック　　参照整合性を維持できる
　　　　　　データを入力し直す

Q205 365 2019 2016 2013　お役立ち度 ★★

次のレコードに移動できない

A まずは現在のレコードを
　保存しましょう

現在のレコードを保存できないと、次のレコードに移動できません。ワザ200 〜ワザ204を参考に、保存できない理由を確認しましょう。

Q206 365 2019 2016 2013　お役立ち度 ★★

データを編集できない

A 状況に応じて対処しましょう

データを編集できない場合はいくつかの原因が考えられます。まず、特定のフィールドだけ編集できない場合は、編集不可のフィールドを編集しようとしています。例えば、オートナンバー型のフィールドは、手動で変更できません。編集しようとすると、ステータスバーに「編集できません。」と表示されます。

選択したレコードのすべてのフィールドが編集できない場合は、レコードセレクターを確認しましょう。レコードセレクターにロックのアイコン（ ⊘ ）が表示されている場合は、そのレコードが他のユーザーによってロックされています。他のユーザーの編集が終わらないとそのレコードを編集できませんが、別のレコードは編集できます。

テーブル内のすべてのレコードが編集できず、新規入力行も表示されない場合は、他のユーザーによってテーブル自体がロックされています。他のユーザーがテーブルを閉じるのを待ちましょう。

　➡オートナンバー型……P.446
　➡テーブル……P.450
　➡フィールド……P.451
　➡レコード……P.454

1 オートナンバー型のデータを編集

このコントロールはオートナンバー型の 'ID' フィールドに連結しているため、編集できません。

編集できないというメッセージがここに表示される

Q207 `365` `2019` `2016` `2013` お役立ち度 ★★☆

次のフィールドに移動できない

A まずは現在のフィールドを 正しく入力しましょう

[定型入力] プロパティや [入力規則] プロパティの設定に従わないデータを入力すると、そのフィールドのデータを確定できないため、次のフィールドに移動できません。表示されるダイアログボックスを確認して、正しいデータを入力し直しましょう。正しいデータが分からない場合は、Esc キーを押せば入力を取り消せます。

また、数値型のフィールドに文字列を入力したときなど、データ型に合わないデータを入力した場合も次のフィールドに移動できません。表示されるメニューから [新しい値を入力する] をクリックして、データを入力し直しましょう。

➡ダイアログボックス……P.449

> データ型に合わないデータを入力すると
> スマートタグのメニューが表示される

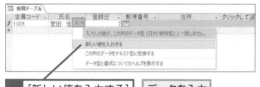

| **1** | [新しい値を入力する] を選択 | データを入力し直す |

Q208 `365` `2019` `2016` `2013` お役立ち度 ★★★

レコードを削除できない

A レコードがロックされている 可能性があります

他のユーザーが全レコードをロックした状態でテーブルを開いていると、後からそのテーブルを開いたユーザーはレコードを削除できません。削除しようとすると、ステータスバーに「レコードは削除できません。データは読み取り専用です。」と表示されます。その場合、他のユーザーがテーブルを閉じれば、レコードを削除できるようになります。

レコードセレクターにロックのアイコン（ ◎ ）が表示されているレコードは、他のユーザーにそのレコードがロックされているため、削除できません。削除しようとすると、「ロックされているので、更新できませんでした。」という内容のダイアログボックスが表示されます。その場合、他のユーザーがレコードの編集を終えれば削除できます。 ➡レコード……P.454

> 削除できないというメッセージが
> ここに表示される

STEP UP! テーブルの使い勝手がよくなる設計の決め手

ユーザーにとって使いやすいテーブルとは、手間をかけずに正確にデータを入力できるテーブルです。そのようなテーブルを設計するには、入力するデータに応じて、適切なデータ型とフィールドプロパティを設定することが大切です。

データ型は、入力するデータを正確に格納できるものを選びましょう。例えば内線番号を格納するフィールドに、数値型ではなく短いテキストを設定すれば、「0123」のような「0」で始まるデータを「0」付きのまま格納できます。また、フィールドプロパティは、ユーザーの使いやすさを配慮して設定しましょう。[既定値] [IME入力モード] [ふりがな] [住所入力支援] など、ユーザーの入力作業を軽減する項目が豊富に用意されているので、これらを上手に利用しましょう。

Q209 `365` `2019` `2016` `2013`

お役立ち度 ★ ★ ★

レコードに「#Deleted」が表示されてしまう

A テーブルを開き直すと 「#Deleted」の行が消えます

開いているテーブルのレコードを削除クエリで削除したときなどに、削除したレコードに「#Deleted」と表示されることがあります。テーブルをいったん閉じて、開き直すと「#Deleted」が表示されている行が消えます。

➡テーブル……P.450
➡レコード……P.454

テーブルを開き直すと「#Deleted」の行は消える

Q210 `365` `2019` `2016` `2013`

お役立ち度 ★ ★ ★

レコードの削除時に「削除や変更を行えない」と表示される

A 参照整合性を維持できないからです

レコードを選択して Delete キーを押すと、「リレーションシップが設定されたレコードがテーブル'（オブジェクト名）'にあるので、レコードの削除や変更を行うことはできません。」という内容のダイアログボックスが表示されることがあります。これは、レコードを削除すると別のテーブルにあるレコードとの整合性が維持できなくなるということを表しています。整合性を保つためには削除すべきではありませんが、どうしても削除したい場合は、参照整合性を解除するか、連鎖削除を設定します。

参照整合性が設定されているため、レコードを削除できなという内容のダイアログボックスが表示された

1 [OK]をクリック

削除する場合は、参照整合性を解除するか、連鎖削除を設定して、同様の操作を行う

Q211 `365` `2019` `2016` `2013`

お役立ち度 ★ ★ ★

オートナンバー型が連番にならない

A レコードの削除や入力の 取り消しをすると欠番になります

既存のレコードを削除すると、そのレコードのオートナンバー型の番号は欠番になります。また、新しいレコードの入力の途中で Esc キーを押して入力を取り消すと、新しいレコードに振られるはずだった番号も欠番になります。なお、オートナンバー型のフィールド

の［新規レコードの値］プロパティに［ランダム］が設定されていたり、［フィールドサイズ］プロパティに［レプリケーションID型］が設定されている場合、そのフィールドは最初から連番になりません。

➡オートナンバー型……P.446

関連 Q120　オートナンバー型って何に使うの？ ……………P.87

オートナンバー型のフィールドの欠番を詰めたい

A フィールドの切り取りと 貼り付けを行います

テーブルのデザインビューでオートナンバー型のフィールドに対して、切り取りと貼り付けを実行すると、既存のレコードの連番を1から振り直し、欠番を詰められます。なお、テーブルのレコードをすべて削除した場合は、ワザ717を参考にデータベースの最適化を実行すると、新しいレコード番号を「1」から始められます。　　　　　　　➡最適化……P.447

オートナンバー型の連番に欠番があることを確認しておく

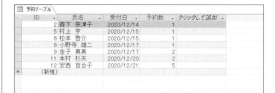

ワザ064を参考に、デザインビューでテーブルを表示しておく

1 オートナンバー型の行セレクターをクリック

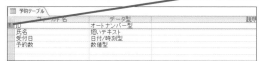

2 [ホーム] タブをクリック

3 [切り取り]をクリック

フィールドを削除してもいいか確認するダイアログボックスが表示された

4 [はい]をクリック

主キーが削除されることを確認するダイアログボックスが表示された

5 [はい]をクリック

次の行のフィールドのフィールド名が選択されていることを確認する

6 [貼り付け]をクリック

切り取ったフィールドが貼り付けられた

ワザ114を参考に、貼り付けたフィールドを主キーに設定する

主キーが設定され、行セレクターに主キーのアイコンが表示された

ワザ064を参考に、データシートビューで表示しておく

7 テーブルを保存するかどうか確認するダイアログボックスが表示されるので[はい]をクリック

オートナンバー型のフィールドの連番が振り直された

関連 Q717 データベースのファイルサイズがどんどん大きくなってしまう …… P.433

オートナンバー型の数値を「1001」から始めたい

A 追加クエリを利用すると 指定した番号から開始できます

「オートナンバー型の受注番号を1001から振り始めたい」というように、オートナンバー型の数値を特定の数値から始めたいことがあります。レコードが未入力のテーブルであれば、追加クエリを使用することで開始番号を指定できます。ここでは例として、[受注テーブル]の[受注番号]フィールドの開始番号を「1001」に設定します。クエリの操作はワザ243も参考にしてください。

→追加クエリ……P.450

1 追加クエリに使用する「1001」から 始まるテーブルを作成する

[受注テーブル]にあるオートナンバー型の[受注番号]フィールドの開始番号を「1001」に設定する

あらかじめ[受注テーブル]を作成しておく

ワザ107を参考に、デザインビューでテーブルを作成しておく

1 フィールド名に[受注番号]と入力

2 データ型で[数値型]を選択

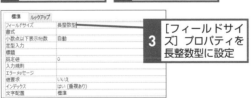

3 [フィールドサイズ]プロパティを長整数型に設定

4 [上書き保存]をクリック

[名前を付けて保存]ダイアログボックスが表示された

ここでは変更しない

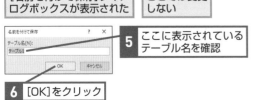

5 ここに表示されているテーブル名を確認

6 [OK]をクリック

主キーを設定するかを確認するダイアログボックスが表示された

一時テーブルに主キーを設定する必要はない

7 [いいえ]をクリック

ワザ064を参考に、データシートビューで表示しておく

8 オートナンバーの開始番号「1001」を入力

テーブルを閉じておく

2 追加クエリを作成する

データを追加するクエリを作成する

1 [作成]タブをクリック

2 [クエリデザイン]をクリック

新規クエリがデザインビューで表示された

[テーブルの表示]ダイアログボックスが表示されたら、ワザ243を参考に、①で作成したテーブルを追加しておく

[テーブルの表示]ダイアログボックスは閉じていい

3 [受注番号]にマウスポインターを合わせる

マウスポインターの形が変わった

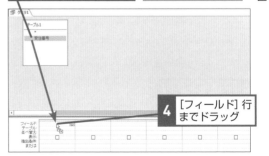

4 [フィールド]行までドラッグ

[受注番号] フィールド
を追加できた

[レコードの追加] 行
を表示する

5 [クエリツール] の [デザイン]
タブをクリック

6 [追加] を
クリック

[追加] ダイアログボックスが
表示された

7 [カレントデー
タベース]
をクリック

8 ここをクリッ
クして [受注テ
ーブル] を選択

9 [OK] を
クリック

[レコードの追加] 行が
表示された

[レコードの追加] 行に
[受注番号] と表示され
ていることを確認

フィールド名が一致しないときは、
[レコードの追加] 行をクリックして
対応するフィールドを選択する

---

3 追加クエリを実行して
[受注テーブル] にデータを追加する

開始番号を設定す
るための追加クエ
リを作成できた

追加クエリを実行して、[受
注テーブル] の [受注番号]
フィールドに設定したい開
始番号「1001」を追加する

1 [実行]をクリック

レコードを追加することを確認する
ダイアログボックスが表示された

2 [はい]を
クリック

クエリを保存せずに
閉じる

3 ['クエリ1'を閉じ
る]をクリック

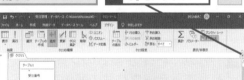

クエリを保存するかどうか確認する
ダイアログボックスが表示された

4 [いいえ]を
クリック

[受注テーブル] を開くと [受注番号] フィールドが
「1001」から始まっていることが確認できる

今後、[受注テーブル] の [受注番号] フィールドの
値が「1002、1003、……、」と振られる

| 関連
| Q243 | 選択クエリを作成したい P.148

Access の基本 | ファイル | データベース | テーブル | クエリ | フォーム | レポート | 関数 | マクロ | データ連携・共有 | 管理・セキュリティ

リレーションシップの設定

複数のテーブルを組み合わせて使用するにはリレーションシップの知識が必須です。ここではリレーションシップに関する疑問を解決しましょう。

Q214 `365` `2019` `2016` `2013`　　　　　　　　　　　　　　お役立ち度 ★★★

リレーションシップって何？

A テーブル同士の
　　関連付けのことです

Accessのようなリレーショナルデータベースでは、データベース内に複数のテーブルを用意し、それらを連携させてデータを有効活用します。テーブルを連携させるための関連付けを「リレーションシップ」と呼びます。リレーションシップによって、テーブル同士

をどのように結び付けるかを定義できます。
リレーションシップの種類には、「一対多リレーションシップ」「一対一リレーションシップ」「多対多リレーションシップ」などがあります。詳しくはワザ215〜ワザ217を参照してください。

→リレーションシップ……P.454

Q215 `365` `2019` `2016` `2013`　　　　　　　　　　　　　　お役立ち度 ★★★

一対多リレーションシップって何？

A 1件のレコードが複数のレコードと
　　結合するテーブル間の関係です

一対多リレーションシップとは、一方のテーブルの1件のレコードが、他方のテーブルの複数のレコードと結合する関係で、もっとも一般的なリレーションシップです。前者のテーブルを一側テーブル、後者のテーブルを多側テーブルと呼びます。通常、一側テーブル

の主キーのフィールドと、多側テーブルの主キーでないフィールドが結合します。これらのフィールドを「結合フィールド」と呼びます。
レコードの結合は親子関係に例えることができ、一側テーブルのレコードを親レコード、多側テーブルのレコードを子レコードと呼びます。

●一対多リレーションシップの例

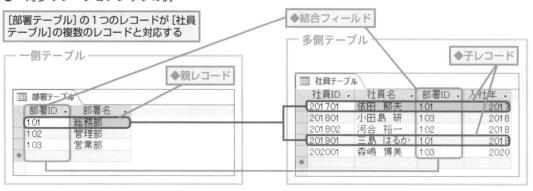

Q216 365 2019 2016 2013

お役立ち度 ★★★

一対一リレーションシップって何？

A 1件のレコードが1件のレコードと結合するテーブル間の関係です

一対一リレーションシップとは、一方のテーブルの1件のレコードが、他方のテーブルの1件のレコードと結合する関係です。通常、双方の主キーのフィールド同士が「結合フィールド」となって結合します。

一対一といっても2つのテーブルのレコードには親子関係が成立します。例えば社員レコードを一般情報と個人情報の2つのテーブルに分けて管理する場合、主となる一般情報のレコードを親レコード、従となる個人情報のレコードを子レコードと見なします。

→主キー……P.448

●一対一リレーションシップの例

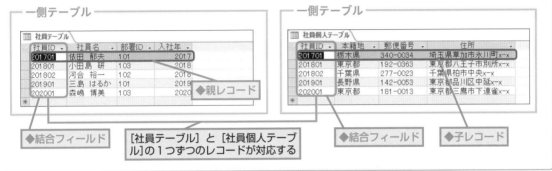

◆結合フィールド　[社員テーブル]と[社員個人テーブル]の1つずつのレコードが対応する　◆結合フィールド　◆子レコード

Q217 365 2019 2016 2013

お役立ち度 ★★★

多対多リレーションシップって何？

A 共通する多側テーブルを介した一側テーブル同士の関係です

多対多リレーションシップは、「結合テーブル」を介した2つのテーブルの関係です。2つが直接多対多の関係で結ばれるわけではありません。通常、2つのテーブルは結合テーブルと一対多の関係で結合しており、

結合テーブルは一対多のうちの多側に当たります。以下の例では、[受注テーブル]と[受注明細テーブル]、[商品テーブル]と[受注明細テーブル]が一対多の関係にあり、[受注明細テーブル]を結合テーブルとして、[受注テーブル]と[商品テーブル]が多対多の関係になります。　→リレーションシップ……P.454

●多対多リレーションシップの例

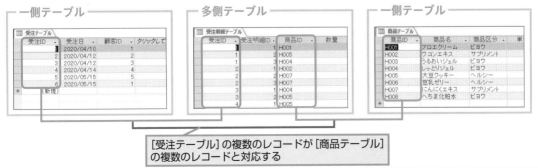

[受注テーブル]の複数のレコードが[商品テーブル]の複数のレコードと対応する

複数のテーブルを設計するには

A ルールに従って項目を整理します

データベースを作成するときは、どのような項目を管理するのかを洗い出し、それらの項目からなる表をイメージします。そしてその表を、次のルールに従って整理します。

- ・計算で求められる項目は削除する
- ・繰り返し部分は別のテーブルに分割する

分割する際は、お互いのテーブルを結び付けるための共通のフィールドを用意します。それらのフィールドを結合フィールドとしてリレーションシップを設定することで、分割したデータを結合して利用できます。

➡テーブル……P.450

●データベースで管理する項目を検討する

社員ID	社員名	部署名	内線	生年月日	年齢
1	松井	総務部	1111	1974/5/17	46
2	南	営業部	3333	1982/5/12	38
3	坂上	管理部	2222	1986/8/10	34
4	小野田	総務部	1111	1990/6/25	30

社員管理データベースで[社員ID] [社員名] [部署名] [内線] [生年月日] [年齢]を管理したい

●計算で求められる項目は削除する

社員ID	社員名	部署名	内線	生年月日	年齢
1	松井	総務部	1111	1974/5/17	46
2	南	営業部	3333	1982/5/12	38
3	坂上	管理部	2222	1986/8/10	34
4	小野田	総務部	1111	1990/6/25	30

[年齢]は[生年月日]から計算で求められるので、フィールドは用意しない

●繰り返し入力されている項目を分割してリレーションシップで結ぶ

社員ID	社員名	部署名	内線	生年月日
1	松井	総務部	1111	1974/5/17
2	南	営業部	3333	1982/5/12
3	坂上	管理部	2222	1986/8/10
4	小野田	総務部	1111	1990/6/25

繰り返し入力されている[部署名] [内線番号]は別のテーブルで管理する

◆社員テーブル

社員ID	社員名	部署ID	生年月日
1	松井	B01	1974/5/17
2	南	B03	1982/5/12
3	坂上	B02	1986/8/10
4	小野田	B01	1990/6/25

◆部署テーブル

部署ID	部署名	内線
B01	総務部	1111
B02	管理部	2222
B03	営業部	3333

リレーションシップ

2つのテーブルを結ぶために[部署ID]を両方に用意して、リレーションシップを作成する

Q219 [365] [2019] [2016] [2013]　　　　サンプル　お役立ち度 ★★★

リレーションシップを作成したい

A [リレーションシップ] ウィンドウでフィールドをドラッグします

リレーションシップを作成するには、[リレーションシップ] ウィンドウにテーブルを追加して結合フィールド同士を結合線で結びます。　➡結合線……P.447

データベースファイルを開いておく

1 [データベースツール]タブをクリック

2 [リレーションシップ]をクリック

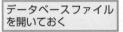

[リレーションシップ]ウィンドウが表示された

[テーブルの表示]ダイアログボックスが表示された

3 [テーブル]タブをクリック

4 リレーションシップを設定したいテーブルを選択

5 [追加]をクリック

リレーションシップウィンドウにテーブルが追加された

6 操作3〜5を参考にテーブルを追加

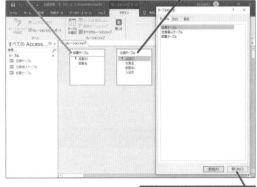

7 [閉じる]をクリック

8 [部署テーブル]の[部署ID]にマウスポインターを合わせる

マウスポインターの形が変わった

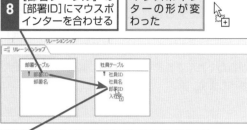

9 [社員テーブル]の[部署ID]までドラッグ

[リレーションシップ]ダイアログボックスが表示された

10 ここに[一対多]と表示されていることを確認

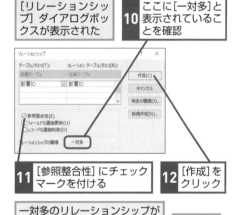

11 [参照整合性]にチェックマークを付ける

12 [作成]をクリック

一対多のリレーションシップが作成された

◆結合線

13 [閉じる]をクリック

レイアウトの保存に関するダイアログが表示された

14 [はい]をクリック

リレーションシップが保存される

Q220 `365` `2019` `2016` `2013` お役立ち度 ★★★

［テーブルの表示］ダイアログボックスを表示するには

A ［テーブルの表示］ボタンをクリックします

現在のデータベースで初めてリレーションシップを作成する場合、［テーブルの表示］ダイアログボックスが自動で表示されますが、2回目以降の場合は手動で表示します。　→リレーションシップ……P.454

ワザ219を参考に、［リレーションシップ］ウィンドウを表示しておく

1 ［リレーションシップツール］の［デザイン］タブをクリック

2 ［テーブルの追加］をクリック

［テーブルの表示］ダイアログボックスが表示される

Q221 `365` `2019` `2016` `2013` お役立ち度 ★★

リレーションシップの設定を変更したい

A 結合線をダブルクリックします

［リレーションシップ］ダイアログボックスには、［参照整合性］などのチェックボックスや［結合の種類］ボタンがあります。設定済みのリレーションシップでこれらの設定を変更したいときは、結合線をダブルクリックします。なお、結合フィールド自体を変更したい場合は、ワザ223を参考にいったんリレーションシップを解除してから、正しいフィールドでリレーションシップを作成し直しましょう。

ワザ219を参考に、［リレーションシップ］ウィンドウを表示しておく

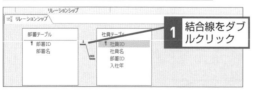

1 結合線をダブルクリック

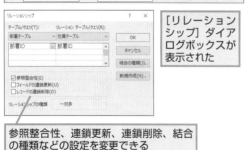

［リレーションシップ］ダイアログボックスが表示された

参照整合性、連鎖更新、連鎖削除、結合の種類などの設定を変更できる

Q222 `365` `2019` `2016` `2013` お役立ち度 ★★★

リレーションシップを印刷するには

A リレーションシップレポートを作成します

［リレーションシップレポート］機能を使用すると、［リレーションシップ］ウィンドウに表示されている内容をレポートとして印刷できます。データベースの構造を文書にまとめたいときなどに便利です。

ワザ219を参考に、［リレーションシップ］ウィンドウを表示しておく

1 ［リレーションシップツール］の［デザイン］タブをクリック

2 ［リレーションシップレポート］をクリック

レポートが作成され、印刷プレビューが表示された

3 ［印刷］をクリック

Q223 365 2019 2016 2013 お役立ち度 ★★

リレーションシップを解除したい

A 結合線をクリックして Delete キーで削除します

結合線を選択して Delete キーを押すと、結合線が削除され、リレーションシップが解除されます。[リレーションシップ] ウィンドウにテーブルが残りますが、そのままでも問題ありません。邪魔になるようならテーブルをクリックして Delete キーを押すとそのテーブルを非表示にできます。

| 1 結合線をクリック | 2 Delete キーを押す |

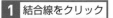

リレーションシップを削除するか確認するダイアログボックスが表示された

3 [はい] をクリック

リレーションシップが解除され、結合線が非表示になった

テーブルをクリックして Delete キーを押すと、テーブルを非表示にできる

Q224 365 2019 2016 2013 お役立ち度 ★★

作成したはずのリレーションシップが表示されない

A テーブルが非表示になっています

作成したはずのリレーションシップが表示されていない理由は、[リレーションシップ] ウィンドウでテーブルが非表示になるように設定されているからです。以下のように操作すれば、非表示のテーブルとリレーションシップを再表示できます。再度テーブルを非表示にしたいときは、テーブルを選択して Delete キーを押します。

リレーションシップが表示されていないことを確認しておく

1 [リレーションシップツール] の [デザイン]タブをクリック

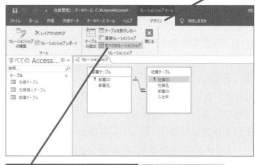

2 [すべてのリレーションシップ]をクリック

▦ すべてのリレーションシップ

すべてのリレーションシップが表示された

Q225 365 2019 2016 2013 お役立ち度 ★★

テーブル間の関係を見やすく表示するには

A テーブルの配置やサイズを調整します

複数のリレーションシップを設定したときに結合線が重なり合ってテーブル間の関係が分かりづらいときは、テーブルのタイトルバーをドラッグして、結合線が重ならない位置に移動しましょう。また、フィールド名が途中までしか表示されない場合や、スクロールさせないとすべてのフィールドが表示されない場合は、テーブルの境界線をドラッグしてサイズを変更しましょう。　→テーブル……P.450

Q226 [365] [2019] [2016] [2013]　　　　お役立ち度 ★★

フィールドをドラッグする方向に決まりはあるの？

A 決まりはありませんが 一対一の場合は注意が必要です

一対多の関係のリレーションシップを作成するときは、どちらのテーブルからドラッグを開始した場合でも、一側テーブルが親、多側テーブルが子と判断されます。しかし、一対一の場合はテーブルの構造から親子関係を判断できないため、親側のテーブルから子側のテーブルに向かってドラッグすることで、親子関係を指定します。

例えば［社員テーブル］と［社員個人テーブル］のうち、［社員テーブル］のレコードを親レコードにしたいのであれば、［社員テーブル］から［社員個人テーブル］に向かってドラッグします。［リレーションシップ］ダイアログボックスでは、［テーブル/クエリ］欄に親側のテーブル、［リレーションシップテーブル/クエリ］欄に子側のテーブルが表示されます。

リレーションシップにはレコード間でデータの整合性を保つための「参照整合性」という設定がありますが、それを設定した場合、親レコードを入力しないと子レコードを入力できません。リレーションシップの作成時に親子関係を反対にしてしまうと、社員個人情報を入力してからでないと社員情報が入力できなくなり不便になるので、親子関係を意識してリレーションシップを作成しましょう。参照整合性について詳しくは、ワザ227、ワザ228も参考にしてください。

リレーションシップウィンドウにテーブルを追加しておく

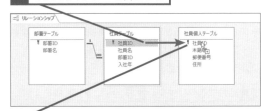
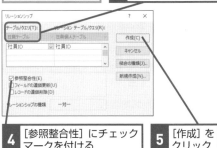

Q227 [365] [2019] [2016] [2013]　　　　お役立ち度 ★★

参照整合性を設定できる条件は？

A データ型やフィールドサイズ などに条件があります

［リレーションシップ］ダイアログボックスで参照整合性を設定するには、2つのテーブルの結合フィールドが次の条件を満たさなければなりません。なお、オートナンバー型のフィールドと数値型のフィールドを結合する場合は、互いのフィールドサイズを長整数型にすることで参照整合性を設定できます。

- 少なくとも一方に主キーか［インデックス］プロパティで［はい（重複なし）］が設定されている
- データ型が同じ
- 数値型の場合はフィールドサイズが同じ
- 2つのテーブルが同じデータベース内にある

➡データ型……P.450

Q111 データ型にはどんな種類があるの？ ……………P.82

Q228 `365` `2019` `2016` `2013`　　　　　　　　　　　　お役立ち度 ★★☆

参照整合性を設定すると何ができるの?

A テーブル間のレコードの整合性を維持できます

参照整合性とは、リレーションシップを作成した2つのテーブル間で、レコードの整合性を保つための仕組みです。レコードの整合性が保たれているということは、すべての子レコードに対して親レコードが存在するということです。[リレーションシップ] ダイアログボックスで [参照整合性] をオンにしてリレーションシップを作成すると、レコードの整合性が保たれるように、Accessが次の3項目を自動管理してくれます。
➡参照整合性……P.448

●多側テーブルの入力の制限

多側テーブルの結合フィールドに、一側テーブルにないデータ入力すると、エラーとなり、親レコードのない子レコードが発生することを防げます。

> 一側の [部署テーブル] にない [部署ID] を入力するとエラーが表示される

●一側テーブルの更新の制限

多側テーブルと結合している一側テーブルの結合フィールドのデータを変更すると、エラーとなり、子レコードの親がなくなることを防げます。

> 「総務部」のレコードが [社員テーブル] に存在する場合、「総務部」の [部署ID] を変更するとエラーが表示される

●一側テーブルの削除の制限

多側テーブルと結合している一側テーブルのレコードを削除しようとすると、エラーとなり、子レコードの親がなくなることを防げます。

> 「総務部」のレコードが [社員テーブル] に存在する場合、「総務部」のレコードを削除するとエラーになる

Q229 `365` `2019` `2016` `2013`　　　　　　　　　　　　お役立ち度 ★★☆

「参照整合性を設定できません」というエラーが表示される

A 既存のレコードを確認しましょう

「このリレーションシップを作成して、参照整合性を設定できません。」と表示される場合、多側テーブルの結合フィールドに、一側テーブルに存在しないデータが入力されている可能性があります。多側テーブルの結合フィールドをチェックし、該当のデータを入力し直すか、未入力の状態にすれば、参照整合性を設定できます。
➡参照整合性……P.448

> 既存のレコードに矛盾がある場合、以下のダイアログボックスが表示される

Q230 365 2019 2016 2013　お役立ち度 ★★★

連鎖更新って何？

A 一側のレコードの更新を 多側に反映する仕組みです

連鎖更新とは、一側テーブルの［主キー］フィールドの値を変更すると、多側テーブルの対応する値も自動的に変更される機能です。これによりテーブル間の参照整合性を保つことができます。参照整合性を設定すると、レコードの入力、更新、削除時にレコードの整合性が維持されるようにAccessが自動的に管理してくれるようになります。大変便利ですが、実務上困ることもあります。例えば、部署が増えたので［部署ID］を英字混じりにすることになった場合、参照整合性が設定されていると［部署ID］を変更できません。そのようなときは［連鎖更新］を設定すれば、一側の［部署テーブル］の［部署ID］を変更できるようになり、同時に対応する多側の［社員テーブル］の［部署ID］も自動的に更新できます。

ただし、連鎖更新を常に設定していると、意図せずに他のテーブルのデータが変わってしまう危険があります。連鎖更新は必要なときだけ一時的に設定するようにしましょう。

➡主キー……P.448
➡テーブル……P.450
➡レコード……P.454

関連 Q113　主キーって何？……………………… P.83
関連 Q214　リレーションシップって何？………………… P.134

ワザ221を参考に、［リレーションシップ］ダイアログボックスを表示しておく

1 ［フィールドの連鎖更新］にチェックマークを付ける
2 ［OK］をクリック

3 一対多の一側のテーブルを表示
ここでは［部署ID］を変更する

4 ［部署ID］のデータを変更

5 多側のテーブルを表示

［部署ID］のデータが自動的に更新された

Q231 365 2019 2016 2013　お役立ち度 ★★

「ロックできませんでした」というエラーが表示される

A テーブルが開いていないか 確認しましょう

テーブルが開いていると参照整合性の設定が行えず、「テーブル'（テーブル名）'は…ロックできませんでした。」というエラーメッセージが表示されます。テーブルを閉じてから設定しましょう。テーブルが閉じているのにメッセージが表示される場合は、他のユーザーがテーブルをロックしている可能性があります。他のユーザーがテーブルを閉じるのを待ってから設定しましょう。

➡参照整合性……P.448

連鎖削除って何?

A 親レコードを削除すると子レコードも削除される仕組みです

参照整合性の管理を緩和する仕組みとして、連鎖更新の他に連鎖削除があります。例えば、社員が退職するときに連鎖削除を設定すると、[社員テーブル]のレコードを削除できるようになり、同時に対応する[社員個人テーブル]の子レコードも自動削除できます。ただし、連鎖削除を常に設定していると、意図せずに他のテーブルのレコードを削除してしまう危険があります。連鎖削除は必要なときだけ一時的に設定するようにしましょう。　　➡参照整合性……P.448

ワザ221を参考に、[リレーションシップ]
ダイアログボックスを表示しておく

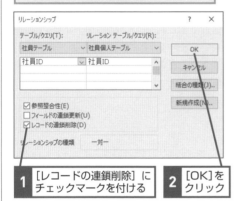

1 [レコードの連鎖削除]にチェックマークを付ける

2 [OK]をクリック

3 一対多の一側のテーブルを表示　　[社員ID]が「200801」のレコードを選択して削除する

4 削除したい行を選択

5 Delete キーを押す

レコードを削除してもいいか確認するダイアログボックスが表示された

Microsoft Access
このリレーションシップには参照整合性の連鎖削除が設定されているため、このテーブル、およびリレーション テーブルの関連レコードから 1 件のレコードが削除されます。
これらのレコードを削除してもよろしいですか?
[はい(Y)]　[いいえ(N)]　[ヘルプ(H)]

6 [はい]をクリック

7 多側のテーブルを表示　　[社員ID]が「200801」のレコードが自動的に削除された

社員ID	本籍地	郵便番号	住所
201701	栃木県	340-0034	埼玉県草加市氷川町x-x
201802	千葉県	277-0023	千葉県柏市中央x-x
201901	長野県	142-0053	東京都品川区中延x-x
202001	東京都	181-0013	東京都三鷹市下連雀x-x

STEP UP! 土台をしっかり作り込めば後の作業がラクになる

データベースの作成でもっとも大切なことは、テーブルをきちんと作り込むことです。フォームやレポートをどんなに飾っても、土台がもろければほころびが出るもの。思い通りのデータベースを作成するには、最初にじっくり時間をかけて、テーブルの設計やフィールドの設定を練りましょう。データベースを使うだけの立場のユーザーも、「自分には関係ない」と考えるのは早計です。テーブルの構造やフィールドプロパティの知識があれば、使い勝手を上げるための工夫を凝らせます。そして「困った!」に出会ったときに、落ち着いて対処できるはずです。

クエリの基本操作

クエリをマスターすれば、データベースに蓄積したデータを自在に活用できます。ここではクエリの基本操作を取り上げます。

Q233 [365] [2019] [2016] [2013]　　　　　　　　　お役立ち度 ★★★

クエリにはどんな種類があるの?

A 選択クエリ、クロス集計クエリ、アクションクエリなどがあります

クエリとは、テーブルのデータを操作するオブジェクトです。クエリには、下の表のようにさまざまな種類があります。最も使用頻度が高いのは、レコードの抽出やグループ集計を行う「選択クエリ」です。他に、クロス集計を行う「クロス集計クエリ」、テーブルのレコードを一括更新する「アクションクエリ」、より高度な処理に使用する「SQLクエリ」があります。クエリの種類は、ナビゲーションウィンドウに表示されるアイコンで区別できます。また、クエリのデザインビューを表示しているときは、[クエリツール] の [デザイン] タブの [クエリの種類] グループにあるボタンから、クエリの種類を確認できます。　➡クエリ……P.447

●クエリの種類

クエリの分類		アイコン	説明
選択クエリ			テーブルのデータを表示する。集計クエリ、オートルックアップクエリ、パラメータークエリ、重複クエリ、不一致クエリも含まれる（ワザ 243 を参照）
クロス集計クエリ			2 次元の縦横集計を実行する（ワザ 345 を参照）
アクションクエリ	テーブル作成クエリ		抽出したレコードから新規テーブルを作成する（ワザ 359 を参照）
	更新クエリ		既存のテーブルのデータを更新する（ワザ 366 を参照）
	追加クエリ		既存のテーブルにレコードを追加する（ワザ 362 を参照）
	削除クエリ		既存のテーブルからレコードを削除する（ワザ 373 を参照）
SQL クエリ	ユニオンクエリ		複数のテーブルのレコードを縦に連結する（ワザ 380 を参照）
	パススルークエリ		SQL サーバーなどのデータベースに接続してデータを取り出す
	データ定義クエリ		SQL ステートメントでテーブルの構造を定義する

クエリにはどんなビューがあるの?

A デザイン、データシート、SQLの3つのビューがあります

クエリには、データシートビュー、デザインビュー、SQLビューの3つのビューが用意されています。データシートビューは、クエリのデータを表示する画面です。クエリの種類によっては、データの入力に使用することもできます。デザインビューは、クエリの設計画面です。表示するフィールド、抽出や並べ替えの条件、計算式、集計項目など、さまざまな設定を行えます。SQLビューは、「SQL」と呼ばれるデータベース用のプログラミング言語でクエリの定義を行います。

クエリのビューを切り替えるには、[ホーム] タブの [表示] グループにある [表示] の下の [▼] ボタンをクリックします。するとビューの種類が一覧表示されるので、その中から目的のビューをクリックします。または、ステータスバーの右端にあるビューの切り替えボタンを使用して切り替えることもできます。

◆データシートビュー
データの表示と入力ができる

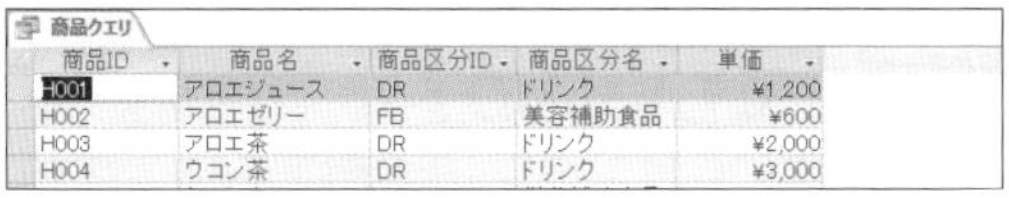

◆デザインビュー
クエリを設計できる

◆SQLビュー
SQLを入力できる

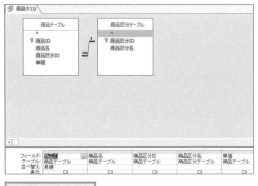

クエリのデザインビューの画面構成を知りたい

A フィールドリストとデザイングリッドから構成されます

クエリのデザインビューは、クエリの設計画面です。選択クエリ、クロス集計クエリ、アクションクエリの設計に使用します。クエリの作成時に基になるテーブルやクエリを指定しますが、そのフィールドの一覧がフィールドリストに表示されます。デザイングリッドでは、クエリに表示するフィールドをフィールドリストから選択したり、並べ替えや抽出条件、計算式などを指定したりします。デザイングリッドで指定できる内容は、クエリの種類によって変わります。

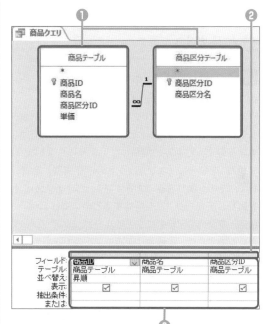

●デザインビューの各部の説明

	名称	機能
❶	フィールドリスト	テーブルやクエリのフィールド一覧が表示される
❷	列セレクター	デザイングリッドで列を選択するときに使用する
❸	デザイングリッド	クエリの実行結果に表示するフィールドや、並べ替え、抽出条件などの設定を行う

右側のサイドタブ: Access の基本 / データベース / ファイル / テーブル / クエリ / フォーム / レポート / 関数 / マクロ / データ連携・共有 / 管理・セキュリティ

Q236 `365` `2019` `2016` `2013` お役立ち度 ★★★

クエリとテーブルでデータシートビューに違いはあるの？

A プロパティに違いがあります

クエリもテーブルも、データシートビューでレコードの入力、検索、置換、抽出、並べ替えなどの操作ができます。ただし、クエリのフィールドプロパティはテーブルほど充実しておらず、IME入力モードなどを設定できないので、効率よく入力するには別途フォームを用意したほうがいいでしょう。また、クエリで抽出や並べ替えを行う場合、デザインビューで定義するのが本来のやり方です。

Q237 `365` `2019` `2016` `2013` お役立ち度 ★★★

クエリを削除していいか分からない

A クエリに依存するオブジェクトがあるかどうか確認しましょう

クエリを削除すると、そのクエリを基に作成したフォームやレポートのデザインビュー以外のビューが開けなくなるので、むやみに削除しないようにしましょう。ワザ721を参考に［オブジェクトの依存関係］を実行して、そのクエリを基にするオブジェクトがないことを確認してからクエリを削除するといいでしょう。その際、ワザ720を参考にファイルをバックアップしてから削除すれば、削除後に復旧できるので安心です。

➡オブジェクト……P.446

| ワザ721を参考に、［オブジェクトの依存関係］作業ウィンドウを表示しておく | **1** ［このオブジェクトに依存するオブジェクト］をクリック |

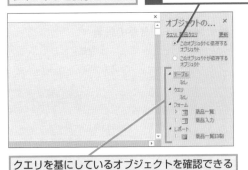

クエリを基にしているオブジェクトを確認できる

Q238 `365` `2019` `2016` `2013` お役立ち度 ★★★

クエリにテーブルと同じ名前を付けたい

A 同じ名前は付けられません

フォームやレポートにはテーブルと同じ名前を設定できますが、クエリにはテーブルと同じ名前を付けられません。「商品テーブル」と「商品クエリ」、「T_商品」と「Q_商品」というように、クエリには「クエリ」や「Q_」などの文字を付けて、テーブルと区別するといいでしょう。

クエリにテーブルと同じ名前を付けようとすると、以下のようなダイアログボックスが表示される

| **1** ［OK］をクリック | クエリ名を入力し直す |

Q239 `365` `2019` `2016` `2013` お役立ち度 ★★★

クエリの名前って変更してもいいの？

A 一部のオブジェクトで修正が必要になることもあります

クエリ名の変更は、通常そのクエリを基に作成したフォームやレポートに自動で反映されます。ただし、変更したクエリ名をDCount関数など定義域集計関数の引数やマクロのアクションの引数に指定している場合、関数やマクロにエラーが表示されることがあります。エラーが発生したときは、関数やマクロの引数のクエリ名を手動で修正しましょう。

➡アクション……P.445

➡関数……P.446

➡マクロ……P.452

関連
Q068 オブジェクトの名前を変更したい………………P.63

Q240 | 365 | 2019 | 2016 | 2013 | お役立ち度 ★★★

入力テーブルが見つからないというエラーが表示されて
クエリが開かない

A デザインビューで要因となる
テーブルを確認しましょう

クエリを開こうとしたときに、「入力テーブルまたは
クエリ'（オブジェクト名）'が見つかりませんでした。」
という内容のダイアログボックスが表示される場合
は、そのクエリの基になるテーブルやクエリが削除さ
れている可能性があります。その場合、クエリのデー
タシートビューを開けません。デザインビューで開く
ことはできるので、必要に応じて基になるテーブルや
クエリを設定し直しましょう。

➡デザインビュー……P.450

クエリの基になるデータが存在しないことを
確認するダイアログボックスが表示される

1 [OK]をクリック

基になるテーブルやクエリが削除されていないか
確認しておく

Q241 | 365 | 2019 | 2016 | 2013 | お役立ち度 ★★★

操作できないというエラーが
表示されてクエリが開かない

A テーブルのデザインビューが
開いていないか確認しましょう

クエリを開こうとしたときに、「テーブル'（オブジェク
ト名）'はほかのユーザーが排他的に開いているか、す
でにユーザーインターフェイスを介して……。」という
内容のダイアログボックスが表示される場合は、クエ
リの基になるテーブルがデザインビューで開いていな
いか確認します。テーブルのデザインビューを閉じれ
ば、クエリのデータシートビューを表示できます。テー
ブルのデザインビューを開いていない場合は、他の
ユーザーがそのテーブルのデザインビューを開いてい
ることが考えられます。その場合、そのユーザーがテー
ブルを閉じるのを待ちましょう。

クエリの基になるテーブルのデザインビューが開い
ている場合、ダイアログボックスが表示される

1 [OK]をクリック

テーブルのデザインビュー
を閉じておく

Q242 | 365 | 2019 | 2016 | 2013 | お役立ち度 ★★★

実行確認が表示されて
クエリが開かない

A アクションクエリを
実行しようとしています

標準の設定でアクションクエリを表示しようとすると、
データシートビューが開かずに、アクションクエリの
処理が実行されます。通常、実行確認のメッセージが
表示されるので、クエリを実行しないときは［いいえ］
をクリックします。［はい］をクリックすると、テーブ
ルのデータが変更されてしまう可能性があるので注意
してください。　　　➡アクションクエリ……P.445

アクションクエリを実行しようとすると、クエ
リの基になるテーブルのデータを変更するか確
認するダイアログボックスが表示される

アクションクエリ
を実行する場合は
［はい］をクリック
する

実行していいか分からない
場合は［いいえ］をクリック
して、デザインビューでクエ
リの内容を確認する

選択クエリの作成と実行

クエリには複数の種類がありますが、ほとんどのクエリは選択クエリを基に作成します。選択クエリをマスターすることが、クエリのマスターにつながります。

Q243　365 2019 2016 2013　お役立ち度 ★★★

選択クエリを作成したい

A 基になるテーブルと　フィールドを指定します

クエリにはたくさんの種類がありますが、選択クエリは最もよく使用されるクエリで、テーブルや他のクエリからフィールドを選択して表示する働きをします。選択クエリを作成するには、新しいクエリのデザインビューで、データの取得元となるテーブルまたはクエリと、フィールドを指定します。

→選択クエリ……P.449

> **1** [作成] タブをクリック
> **2** [クエリデザイン] をクリック

> 新規クエリのデザインビューが表示された

> [テーブルの表示] ダイアログボックスが表示された

> クエリを基にしてクエリを作成する場合は[クエリ]タブをクリックする

> **3** [テーブル] タブをクリック
> **4** 追加したいテーブルをクリック

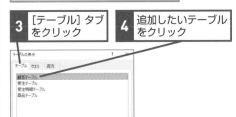

> **5** [追加] をクリック

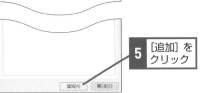

> フィールドリストがデザインビューに追加された

> 操作3 〜 5を繰り返せば複数のテーブルを追加できる

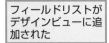

> **6** [閉じる] をクリック

> **7** 追加したいフィールドにマウスポインターを合わせる

> マウスポインターの形が変わった

> **8** デザイニンググリッドにドラッグ

> フィールドが追加された

> 操作7 〜 8と同様に他のフィールドも追加しておく

> クエリを保存する場合は、[クイックアクセスツールバー] にある [上書き保存] をクリックし、クエリに名前を付ける

Q244
365 | 2019 | 2016 | 2013 　　　　お役立ち度 ★★★

デザインビューから
クエリを実行したい

A [実行] ボタンを使用します

クエリのデザインビューが開いているときは、[実行]
ボタンをクリックしてクエリを実行できます。

➡デザインビュー……P.450

ワザ234を参考に、
デザインビューでク
エリを表示しておく

1 [クエリツール] の [デザイン] タブをクリック

2 [実行] を
クリック

クエリが実行
された

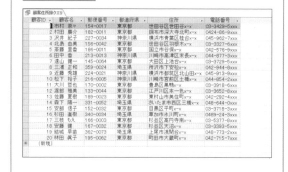

Q245
365 | 2019 | 2016 | 2013 　　　　お役立ち度 ★★★

[表示] と [実行] の
機能って何が違うの?

A 選択クエリの場合は同じです

[クエリツール] の [デザイン] タブの [結果] グルー
プには、[表示] ボタンと [実行] ボタンがあります。
選択クエリでは、どちらをクリックしても、データシー
トビューにクエリの結果が表示されます。しかし、ア
クションクエリの場合は、[表示] ボタンで実行対象
のデータの表示、[実行] ボタンでアクションクエリ
の実行となります。

Q246
365 | 2019 | 2016 | 2013 　　　　お役立ち度 ★★★

閉じているクエリを
実行したい

A クエリをダブルクリックします

ナビゲーションウィンドウで実行したいクエリをダブ
ルクリックすると、クエリが実行されます。選択クエ
リの場合は、実行するとデータシートビューが開いて、
クエリの結果が表示されます。

➡ナビゲーションウィンドウ……P.451

ナビゲーションウィンドウでクエリを
ダブルクリックすると実行できる

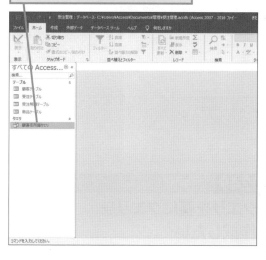

関連
Q054 ナビゲーションウィンドウが表示されない……P.57

Q247
365 | 2019 | 2016 | 2013 　　　　お役立ち度 ★★☆

時間がかかるクエリの
実行を途中でやめたい

A Ctrl + Break キーを押します

レコードが大量にある場合やテーブルがリンクテー
ブルの場合、[実行] ボタンをクリックしてから実行
結果が表示されるまでに時間がかかることがありま
す。クエリの実行を途中で中止するには、Ctrl + Break
キーを押します。キーボードに Break キーがない場合、
Break キーの代わりになるキー操作はメーカーによって
異なるため、メーカーのサポートページなどを確認し
てください。

Access の基本

ファイル

データベース

テーブル

クエリ

フォーム

レポート

関数

マクロ

データ連携・
共有

管理・
セキュリティ

Q248 365 2019 2016 2013　お役立ち度 ★★★

フィールドリストを移動・サイズ変更・削除するには

A ドラッグで移動とサイズ変更、Delete キーで削除できます

フィールド数が多い場合やフィールド名が長い場合は、フィールドリストの枠をドラッグしてサイズを拡大しましょう。複数のフィールドリストを使用する場合などは、タイトルバーをドラッグすると、見やすい位置に移動できます。フィールドリストが不要になったときは、タイトルバーをクリックして選択し、Delete キーを押して削除します。

フィールドリストの周囲をドラッグしてサイズを変更できる

Q249 365 2019 2016 2013　お役立ち度 ★★★

クエリを基にクエリを作成したい

A [テーブルの表示] ダイアログボックスでクエリを指定します

クエリは、テーブルとクエリのどちらのオブジェクトからも作成できます。クエリから作成する場合は、[テーブルの表示] ダイアログボックスの [クエリ] タブからクエリを選択します。もしくは、[両方] タブを使用して、テーブルとクエリの一覧から基にするオブジェクトを選択してもいいでしょう。

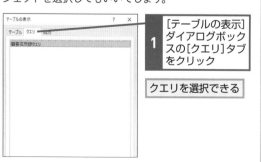

1 [テーブルの表示] ダイアログボックスの[クエリ]タブをクリック

クエリを選択できる

Q250 365 2019 2016 2013　お役立ち度 ★★★

後からフィールドリストを追加できないの？

A [テーブルの表示] ダイアログボックスから追加できます

後からフィールドリストを追加するには、以下のように操作して [テーブルの表示] ダイアログボックスを表示し、必要なテーブルまたはクエリを指定します。

ワザ234を参考に、デザインビューでクエリを表示しておく

1 [クエリツール]の[デザイン]タブをクリック　　**2** [テーブルの追加]をクリック

[テーブルの表示] ダイアログボックスが表示される

Q251 365 2019 2016 2013　お役立ち度 ★★★

クエリに追加したフィールドを変更するには

A フィールドの一覧から選択し直します

デザイングリッドにフィールドを配置すると、[テーブル] 行にテーブル名、[フィールド] 行にフィールド名が表示されます。配置したフィールドを変更するには、（⌄）をクリックしてテーブル名やフィールド名を指定し直します。　　➡テーブル……P.450

ここをクリックしてフィールドを選択できる

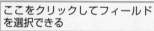

関連　後からフィールドリストを
Q250　追加できないの？ ………………………………… P.150

Q252
365　2019　2016　2013

フィールドリストの先頭にある「*」って何?

A 全フィールドを意味します

デザイングリッドに「*」を追加すると、全フィールド
を表示するクエリを簡単に作成できます。基のテーブ
ルやクエリのフィールド構成を変更した場合でも、常
に現在の全フィールドを表示できます。なお、通常「*」
は抽出や並べ替えの設定と併せて使用します。その場
合、抽出や並べ替え用のフィールドを別途追加して、
そのフィールドがデータシートで重複表示されないよ
うに［表示］行のチェックマークをはずします。

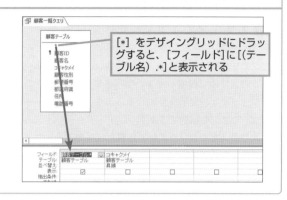

［*］をデザイングリッドにドラッグすると、［フィールド]に［(テーブル名).*]と表示される

Q253
365　2019　2016　2013

全フィールドをまとめて追加するには

A タイトルバーをダブルクリックすると全フィールドを選択できます

フィールドリストのタイトルバーをダブルクリックす
ると、全フィールドを選択し、一気にデザイングリッ
ドに追加できます。［*］をドラッグした場合と異なり、
各フィールドが別々の列に追加されるので、列ごとに
抽出や並べ替えの設定ができます。

→フィールドリスト……P.452

1 フィールドリストのタイトルバーをダブルクリック

全フィールドが選択された

Q254
365　2019　2016　2013

追加したフィールドを削除するには

A フィールドを選択して Delete キーで削除します

不要になったフィールドは、クエリから削除しましょ
う。クエリでフィールドを削除しても、基のテーブル
のフィールドはそのまま残ります。

→フィールド……P.451

1 列セレクターをクリック

フィールドが選択された

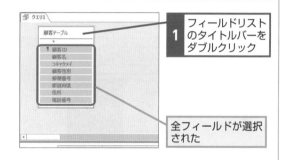

フィールド:	顧客ID	顧客名	電話番号	郵便番号
テーブル:	顧客テーブル	顧客テーブル	顧客テーブル	顧客テーブル
並べ替え:				
表示:	☑	☑	☑	☑
抽出条件:				
または:				

2 Delete キーを押す　　フィールドが削除される

関連 Q255　フィールドの順序を入れ替えるには …………… P.152

Q255 365 2019 2016 2013　お役立ち度 ★★★

フィールドの順序を入れ替えるには

A デザインビューで列を移動します

デザイングリッドに配置したフィールドの順序は、そのクエリを基に作成するフォームやレポートのフィールドの並び順に影響します。順序を変えたいときは、デザインビューで列を移動しましょう。データシートビューでも列を移動できますが、データシート上のみの入れ替えとなり、クエリの定義としてのフィールドの順序は変わりません。

ワザ234を参考に、デザインビューでクエリを表示しておく

1 列セレクターをクリック

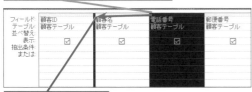

列のフィールドがすべて選択された

2 ここまでドラッグ

列が入れ替えられた

関連 Q253 全フィールドをまとめて追加するには ………… P.151

関連 Q254 追加したフィールドを削除するには ………… P.151

Q256 365 2019 2016 2013　お役立ち度 ★★☆

いつの間にかフィールドリストが空になってしまった

A 基になるテーブルやクエリを削除したことが原因です

クエリの基になるテーブルやクエリを削除すると、フィールドリストが空になり、クエリを実行できなくなります。データベースファイルのバックアップがあれば、削除されたテーブルやクエリをバックアップしたデータベースファイルからインポートすることで、再びクエリを実行できるようになります。

フィールドリストが空になった

基になるテーブルやクエリをインポートすれば再び実行できるようになる

Q257 365 2019 2016 2013　お役立ち度 ★★☆

デザインビューの文字が見えづらい

A [Accessのオプション] でフォントサイズを変更しましょう

デザインビューの文字が見えづらいときは、文字のサイズを調整しましょう。[Accessのオプション] ダイアログボックスの [オブジェクトデザイナー] を表示し、[クエリデザインのフォント] の [サイズ] 欄でフォントサイズを指定できます。フォントサイズの変更は、SQLビューにも反映されます。

関連 Q032 Access全体の設定を変更するには ………… P.47

Q258 365 2019 2016 2013 お役立ち度 ★★★

複数の値を別のレコードとして表示するには

A [（フィールド名）.Value] を デザイングリッドに追加します

複数値を持つフィールドの場合、フィールドリストに「（フィールド名）.Value」フィールドが表示されます。これを使用すると、同じレコードの複数の値を別のレコードとして表示できます。以下の手順のテーブルでは、社員ごとに［資格名］フィールドに複数の資格が入力されています。クエリで［フィールド］行に［資格名.Value］フィールドを配置すると、同じ社員の複数の資格が別レコードとなり、「簿記1級」の社員、「簿記2級」の社員という具合に、資格ごとに社員を表示できます。

➡ フィールド……P.451

> ［社員テーブル］の取得資格ごとに並べ替えて
> 社員のリストを表示する

> ワザ243を参考にデザインビューでクエリを
> 作成し、［社員テーブル］を追加しておく

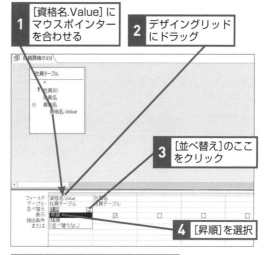

> 1 ［資格名.Value］に マウスポインター を合わせる

> 2 デザイングリッド にドラッグ

> 3 ［並べ替え］のここ をクリック

> 4 ［昇順］を選択

> ワザ234を参考に、データシート
> ビューで表示しておく

> 資格ごとに社員を表示できた

Q259 365 2019 2016 2013 お役立ち度 ★★☆

特定のフィールドでデータの入力や編集ができない

A オートナンバー型や演算 フィールドには入力できません

オートナンバー型のフィールドや、計算結果を表示する演算フィールドのデータは、データシートビューで編集できません。ステータスバーに編集できないことを確認できるメッセージが表示されます。

➡ オートナンバー型……P.446

関連
Q120 オートナンバー型って何に使うの？ ……………P.87

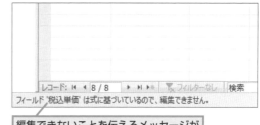

> 編集できないことを伝えるメッセージが
> ステータスバーに表示される

Q260　365　2019　2016　2013

お役立ち度 ★★★

クエリのデータシートビューでデータを入力・編集できない

A クエリの種類や設定によっては入力や編集が行えません

集計クエリ、クロス集計クエリ、ユニオンクエリの場合、データシートビューでデータを編集できません。また、選択クエリは通常だと編集可能ですが、[レコードセット] プロパティに [スナップショット] が設定されている場合は、データは表示専用になるため編集できません。　→スナップショット……P.448

この他、テーブルが編集できない状態の場合、テーブルを基に作成したクエリも編集できません。テーブルでデータを編集できない原因については、ワザ206を参考にしてください。

		レコード: I◀ ◀ 20 / 20
このレコードセットは更新できません。		

編集できないクエリのデータを編集しようとすると、更新できないことを伝えるメッセージが表示される

Q261　365　2019　2016　2013

お役立ち度 ★★★

選択クエリのデータシートビューでデータの入力・編集を禁止したい

A [レコードセット] プロパティに[スナップショット] を設定します

選択クエリのデータシートビューでデータを編集すると、基のテーブルのデータも変更されます。クエリからテーブルのデータを編集できないようにするには、

[レコードセット] プロパティに [スナップショット] を設定して、クエリでの編集を禁止します。初期設定では [レコードセット] プロパティに [ダイナセット] が設定されており、その場合、編集は禁止されません。　→ダイナセット……P.449

ワザ234を参考に、デザインビューでクエリを表示しておく

1 クエリの何もないところをクリック

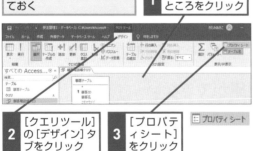

2 [クエリツール]の [デザイン] タブをクリック

3 [プロパティシート]をクリック

[プロパティシート] が表示された

4 ここに [選択の種類:クエリプロパティ]と表示されていることを確認

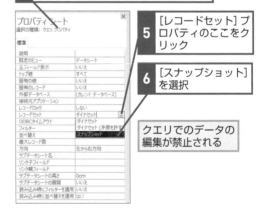

5 [レコードセット] プロパティのここをクリック

6 [スナップショット]を選択

クエリでのデータの編集が禁止される

Q262 365 2019 2016 2013 お役立ち度 ★★☆

入力モードが自動で切り替わらない

A プロパティの種類によっては クエリに引き継がれません

テーブルのデザインビューでフィールドに設定した[書式][定型入力][標題]などのプロパティは、テーブルでの設定がクエリでも有効になります。しかし、[IME入力モード][ふりがな][住所入力支援]など

のプロパティは、クエリでは有効になりません。ただし、クエリで有効にならないこれらのプロパティは、このクエリを基に作成したフォームでは有効になるので、これらのプロパティを利用してより便利に入力したい場合は、フォームを作成しましょう。

➡IME……P.444

Q263 365 2019 2016 2013 お役立ち度 ★★☆

重複するデータは表示されないようにしたい

A [固有の値] プロパティを 設定しましょう

クエリの[固有の値]プロパティで[はい]を選択すると、クエリに表示されるレコードに同じデータが複数ある場合、そのうち1件しか表示されなくなります。もともと1件しかないデータは、そのまま表示されます。初期設定では、[固有の値]プロパティで[いいえ]が選択されています。例えば[顧客テーブル]から[都道府県]フィールドを抜き出すと、初期設定では顧客レコードの数だけ都道府県が表示されるので、同じ都道府県が重複して表示されます。[固有の値]プロパティに[はい]を設定すると重複データが省かれるので、「どの都道府県に顧客がいるか」を調べたいような場合に便利です。

➡レコード……P.454

ワザ261を参考に、プロパティシートを表示しておく

1 ここに[選択の種類:クエリプロパティ]と表示されていることを確認

2 [固有の値]プロパティのここをクリック

3 [はい]を選択

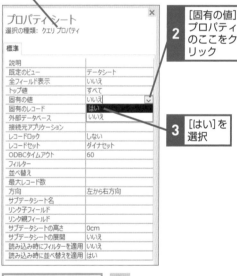

ワザ244を参考にクエリを実行する | 実行

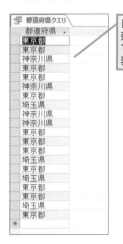

レコードに「東京都」や「神奈川県」が複数回入力されている場合に、1件のみ表示されるようにする

重複していたデータが1件ずつ残して省略された

フィールドの計算

テーブルのデータを使用して自由に計算できる点が、クエリの便利なところです。ここではデータの計算に関するワザを解説します。

Q264 365 2019 2016 2013　お役立ち度 ★★★

クエリで計算したい

A 演算フィールドを作成します

テーブルのデータを加工してクエリに表示するには、以下の構文で演算フィールドを作成します。

演算フィールド名: 式

式にフィールド名を使うときは、半角角かっこ「[ ]」で囲みます。「演算フィールド名」を省略すると、「式1」のような名前が自動で表示されます。

➡演算フィールド……P.446

> ワザ243を参考にデザインビューでクエリを作成し、テーブルの[伝票番号][金額][送料]を追加しておく

1 フィールドに「合計:[金額]+[送料]」と入力

> ワザ244を参考にクエリを実行する　⚠実行

> クエリに計算結果を表示できた　　[合計]がフィールド名として表示された

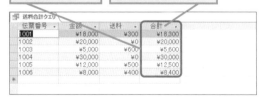

Q265 365 2019 2016 2013　お役立ち度 ★★★

演算フィールドの式には何が使えるの?

A 演算子や関数を使用できます

演算フィールドの式には、演算子や関数を使用できます。1つの式に複数の演算子がある場合は、優先度の高い演算子から先に計算されます。

● 演算子とかっこ類の優先順位の例

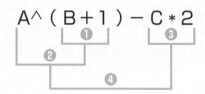

$$A \wedge (B+1) - C * 2$$

※各アルファベットはフィールド名を表します

❶ ( ) で囲まれた式

❷ ^ (べき乗)

❸ * (乗算) や / (除算)

❹ + (加算) や - (減算)

Q266 365 2019 2016 2013　お役立ち度 ★★★

長い式を見やすく入力するには

A 列幅を広げるか [ズーム] を利用しましょう

[フィールド] 行に長い式を入力するときは、列セレクターの右境界線をドラッグして列の幅を広げるか、ワザ299を参考に [ズーム] ダイアログボックスを表示して式を入力しましょう。

Q267 〔365〕〔2019〕〔2016〕〔2013〕　お役立ち度 ★★☆

演算フィールドに基の
フィールド名を付けたい

A ［標題］プロパティを
利用しましょう

演算フィールドの名前として、式の中で使用している フィールド名を付けるとエラーになります。例えば「カイインメイ:StrConv([カイインメイ],4+16)」のように入力すると、「カイインメイ:」が原因でエラーになります。同じ名前を付けたいときは、「フリガナ:StrConv([カイインメイ],4+16)」のように別のフィールド名で演算フィールドを作成し、［標題］プロパティに「カイインメイ」を設定すれば、データシートのフィールドセレクターに「カイインメイ」と表示できます。

ワザ261を参考に、プロパティシートを
表示しておく

1 演算フィールドの列セレクターをクリック　｜　列のフィールドがすべて選択された

2 ［標準］タブをクリック

3 ［標題］プロパティに「カイインメイ」と入力

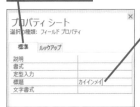

ワザ244を参考に
クエリを実行する　[!実行]

フィールドセレクターに「カイインメイ」
と表示できた

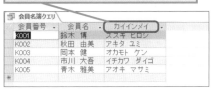

Q268 〔365〕〔2019〕〔2016〕〔2013〕　お役立ち度 ★★☆

計算結果に「¥」記号を付けて
通貨表示にしたい

A ［書式］プロパティで
［通貨］を設定しましょう

通貨型のフィールドを対象に行った計算結果が、通貨のスタイルで表示されるとは限りません。例えば「[金額]*[個数]」のように整数と掛け合わせた結果は通貨のスタイルになりますが、「[金額]*0.1」のように小数と掛け合わせた結果は通貨のスタイルになりません。通貨のスタイルにしたい場合は、［書式］プロパティで書式を指定します。　→データ型……P.450

計算結果を通貨スタイルで表示したい

ワザ261を参考に、プロパティ
シートを表示しておく

1 計算結果のフィールドをクリック　**2** ［標準］タブをクリック

3 ［書式］プロパティのここをクリック

4 ［通貨］を選択

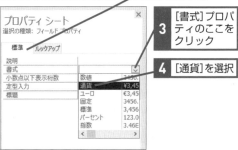

ワザ244を参考に
クエリを実行する　[!実行]

計算結果の前に「¥」が
表示された

Q269 365 2019 2016 2013　お役立ち度 ★★★

「閉じかっこがありません」という エラーで式を確定できない

A かっこの入力漏れや全角／半角を チェックしましょう

「閉じかっこがありません」という内容のエラーが出て式を確定できないときは、「）」や「］」などの閉じかっこの入力漏れを確認しましょう。入力されている場合でも、閉じかっこが全角だと入力漏れと見なされるので注意してください。

関連 Q264 クエリで計算したい……………………………… P.156

Q270 365 2019 2016 2013　お役立ち度 ★★☆

「不適切な値が含まれている」 というエラーで式を確定できない

A 「"」「#」の入力漏れや 値をチェックしましょう

「指定した式に、不適切な文字列が含まれています。」や「指定した式に、不適切な日付の値が含まれています。」というダイアログボックスが表示されるときは、文字列データを囲む「"」や日付を囲む「#」の閉じ忘れを確認しましょう。また、「"」や「#」が半角で入力されているかどうか、あり得ない日付が入力されていないかも確認しましょう。

Q271 365 2019 2016 2013　お役立ち度 ★★★

「引数の数が一致しない」という エラーで式を確定できない

A 関数の引数を正しい構文で 入力し直しましょう

「指定した式に含まれる関数で、引数の数が一致しません。」というダイアログボックスが表示される場合は、関数の引数が正しい構文で入力されていないことが原因です。引数の入力漏れや省略できない引数を省略していないかを確認しましょう。　➡関数……P.446
➡引数……P.451

Q272 365 2019 2016 2013　お役立ち度 ★★★

「構文が正しくない」という エラーで式を確定できない

A 式の全角／半角や「,」の入力 漏れをチェックしましょう

「構文が正しくありません。」という内容のダイアログボックスが表示される場合は、演算子やデータを区切るスペースが全角で入力されていないか、関数の引数を区切る「,」を入力し忘れていないかなどを確認しましょう。また、演算子の前後にデータを入力し忘れていないかなど、入力した式の構文も確認しましょう。

[指定した式の構文が正しくありません。]というダイアログボックスが表示された

| 1 [OK]をクリック | 式を確認して修正しておく |

Q273 365 2019 2016 2013　お役立ち度 ★★★

「未定義関数」のエラーが出て データシートを表示できない

A 関数名のスペルミスや 全角／半角をチェックしましょう

クエリをデータシートビューで表示するときに「式に未定義関数があります。」というダイアログボックスが表示されてデータシートを表示できないときは、演算フィールドの関数名が正しいスペルで入力されているか、きちんと半角で入力されているかを確認しましょう。　➡データシート……P.450

[式に未定義関数'○○'があります。]というダイアログボックスが表示された

1 [OK]をクリック

演算フィールドの関数名が正しく入力されているか確認しておく

Q274 [365] [2019] [2016] [2013]　お役立ち度 ★★★

「循環参照」のエラーで
データシートを表示できない

🅐 演算フィールド名を変更しましょう

クエリをデータシートビューで表示するときに「循環参照を発生させています。」というダイアログボックスが表示されたときは、式の中で使用しているフィールド名を演算フィールド名として設定しています。演算フィールドには式の中で使用しているフィールド名と同じ名前は付けられないので変更しましょう。

[○○が循環参照を発生させています。]というダイアログボックスが表示された

Microsoft Access ×

⚠ クエリ定義の SELECT で指定されている別名 'カイインメイ' が循環参照を発生させています。

OK　　ヘルプ(H)

1 [OK]を　｜　式を確認して修正
クリック　　｜　しておく

関連　演算フィールドに
Q267　基のフィールド名を付けたい P.157

Q275 [365] [2019] [2016] [2013]　お役立ち度 ★★★

計算結果に「#エラー」と
表示されてしまう

🅐 値に問題があるとエラーになります

演算フィールドに設定した式の構文が正しくても、フィールドに入力されている値に問題があると、演算フィールドに「#エラー」と表示されます。例えば8けたの数字を日付に変換する式で元データのけた数が足りなかったり、割り算の式で割る数のフィールドに0が入力されている場合にエラーになります。どのようなエラーが出るかを想定し、Iif関数やNz関数で場合分けするなど、エラー表示が出ないような式を作成することが大切です。

演算フィールドに入力した式が正しくても
[#エラー]が表示される場合もある

生年月日変換クエリ
会員名	生年月日文	生年月日
鈴木 翔	19810325	1981/03/25
秋田 由美	19931120	1993/11/20
岡本 健	197009	#エラー
市川 大吾	19870403	1987/04/03
青木 雅美		#エラー

Q276 [365] [2019] [2016] [2013]　お役立ち度 ★★☆

計算結果に何も表示されない

🅐 未入力の場合の対処をしましょう

テーブルのデータが未入力だと、計算結果が未入力の状態になることがあります。例えば「合計:[金額]＋[手数料]」が設定された演算フィールドでは、[手数料]フィールドが未入力だと、[合計]フィールドがNullになります。このような場合は、ワザ625で紹介するNz関数を使用すると、Nullを0と見なして計算結果を表示できます。　➡Null値……P.444

Q277 [365] [2019] [2016] [2013]　お役立ち度 ★★☆

計算結果に誤差が出てしまう

🅐 データ型を見直しましょう

数値型の単精度浮動小数点型のフィールドは2進数で数値を扱いますが、2進数は小数を正確に計算できません。そのため、小数部分に誤差が出ることがあります。誤差が出ないようにするには、テーブルの構成を根本的に見直し、数値型の長整数型か、通貨型のデータ型を使用しましょう。例えば「kg」単位で小数を入力するフィールドは、「g」単位の整数で入力するようにすれば誤差は出ません。また、小数で入力したい場合でも小数点第4位までの範囲なら通貨型を使用すれば誤差は出ません。通貨型のフィールドの[書式]プロパティに[数値]を指定すれば、「¥」記号を表示しないようにできます。

[販売キロ数]フィールドが数値型の単精度浮動小数点型だと、「金額:[販売キロ数]*[キロ当単価]」の計算結果に誤差が出る

販売金額クエリ
ID	販売キロ数	キロ当単価	金額
1	3.5	¥1,000	3500
2	3.2	¥1,000	3200.00004768372
3	5.7	¥800	4559.99984741211
4	1.6	¥1,200	1920.00002861023
* (新規)			

クエリの基になるテーブルをデザインビューで表示し、データ型、フィールドサイズを変更しておく

関連　データ型にはどんな種類があるの？ P.82
Q111

レコードの並べ替え

データシートに思い通りの順序でレコードを表示するには、並べ替えのテクニックが必須です。ここでは並べ替えの方法や、よく起こる問題の解決方法を解説します。

Q278 [365] [2019] [2016] [2013]　お役立ち度 ★★★

並べ替えを設定したい

A [並べ替え] 行で [昇順] または [降順] を指定します

クエリの各フィールドに対して、昇順または降順の並べ替えを設定できます。昇順とは、数値の小さい順、日付の古い順、文字のシフトJISコード順で、降順はその逆です。複数の列に並べ替えを設定する場合は、左の列の並べ替えが優先されます。

| [配属コード] フィールドを昇順、[入社日] フィールドを降順に並べ替える | ワザ243を参考に、デザインビューでクエリを作成しておく |

| テーブルを追加し、[配属コード] [入社日] フィールドを追加しておく | **1** [配属コード] フィールドの [並べ替え] 行で [昇順] を選択 |

| **2** 同様に [入社日] フィールドの [並べ替え] 行で [降順] を選択 |

| ワザ244を参考にクエリを実行する | 実行 |

| 指定した順序でレコードが並べ替えられた |

関連 Q284　任意の順序で並べ替えたい ……………… P.162

Q279 [365] [2019] [2016] [2013]　お役立ち度 ★★★

レコードが五十音順に並ばない

A ふりがなのフィールドを用意して並べ替えましょう

短いテキストのフィールドを昇順で並べ替えると、以下の順で並べ替えが行われます。

空白 → 記号 → 数字 → 英字 → カタカナ／ひらがな → 漢字

英字はアルファベット順、カタカナとひらがなは五十音順に並べ替わりますが、漢字はシフトJISコード順になります。五十音順で並べ替えたい場合は、あらかじめふりがなのフィールドを用意しておき、そのフィールドを基準に並べ替えましょう。

関連 Q278　並べ替えを設定したい ……………………… P.160

Q280 [365] [2019] [2016] [2013]　お役立ち度 ★★★

入力した順序で並べ替えたい

A オートナンバー型のフィールドを用意しましょう

入力順に並べ替える必要がある場合は、テーブルにオートナンバー型のフィールドを用意し、フィールドサイズを長整数型にしておきます。すると入力順に連番が振られます。そのフィールドを並べ替えの基準に設定すれば、入力した順序で並べ替えられます。

関連 Q118　フィールドサイズって何？ ………………………… P.86

右に表示する列の
並べ替えを優先したい

A 非表示のフィールドで
並べ替えを行います

複数の列に並べ替えを設定する際に、右に表示する
列の並べ替えを優先したいときは、優先順位の低い
フィールドを表示したい位置と最右列の2カ所に配置
します。最右列のフィールドで並べ替えと列の非表示
を設定します。

> [社員名] [入社日] [配属コード] の順にフィー
> ルドを表示し、[配属コード] フィールドを昇順、
> [入社日] フィールドを降順に並べ替える

> ワザ243を参考に、デザインビューで
> クエリを作成しておく

> テーブルを追加し、[社員名]　│　最右列にもう1つ
> [入社日] [配属コード]フィー　│　[入社日] フィールド
> ルドを追加しておく　　　　　│　を追加しておく

> **1** [配属コード]フィー　│　**2** 最右列の [入社日] フィ
> 　　 ルドの [並べ替え] 行　│　　　 ールドの [並べ替え] 行
> 　　 で[昇順]を選択　　　 │　　　 で[降順]を選択

> **3** [入社日] フィールドの [表示] 行の
> 　　 チェックマークをはずす

> ワザ244を参考に　
> クエリを実行する

> [配属コード] を昇順、[入社日]
> を降順で並べ替えられた

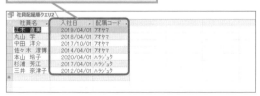

レコードが数値順に並ばない

A テキスト型の数値を実際の数値に
変換してから並べ替えましょう

短いテキストのフィールドに入力された数字で並べ
替えを行うと、「1、11、12、2、21……」のように並
び、数値の大きさの順になりません。数値の大きさ順
に並べ替えるには、まずVal関数を使用して数値デー
タに変換した演算フィールドを作成します。その演算
フィールドを並べ替えの基準にすれば、フィールドが
数値順に並びます。数値に変換した演算フィールドを
データシートに表示したくない場合は、[表示] 行の
チェックボックスをクリックしてチェックマークをは
ずします。　　　　　　　　　　　　➡関数……P.446

> **Val(数字の文字列)**
> [数字の文字列] を数値に変換する

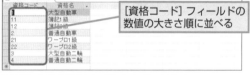

> [資格コード] フィールドの
> 数値の大きさ順に並べる

> ワザ234を参考に、デザインビューで
> クエリを表示しておく

> **1** [フィールド] 行に「Val
> 　　 ([資格コード])」と入力

> **2** [並べ替え] 行で　│　**3** [表示] 行のチェック
> 　　 [昇順]を選択　　　│　　　 マークをはずす

> ワザ244を参考に　
> クエリを実行する

> 数値順でレコードが
> 並べ替えられた

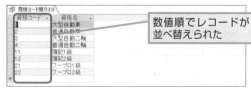

関連
Q278　並べ替えを設定したい……………………………… P.160

右側タブ：Accessの基本 / データベース / ファイル / テーブル / クエリ / フォーム / レポート / 関数 / マクロ / 共有 / データ連携・管理・セキュリティ

「株式会社」を省いた会社名で並べ替えたい

A 「カブシキガイシャ」を削除してから並べ替えます

会社名のふりがなで並べ替えを行うと、「株式会社」が先頭にある会社名が連続するため、目的の会社を探しづらくなります。「カブシキガイシャ」を削除してから並べ替えると、固有名詞の部分を基準に並べ替えを行えます。「カブシキガイシャ」を削除するには、Replace関数で「カブシキガイシャ」を長さ0の文字列「""」に置き換えます。 ➡長さ0の文字列……P.450

Replace(文字列 , 検索文字列 , 置換文字列)
[文字列] の中の [検索文字列] を [置換文字列] に置換する

[フリガナ] フィールドから「カブシキガイシャ」を削除し、並べ替えをする

取引先名	フリガナ	電話番号
石見製菓株式会社	イワミセイカカブシキガイシャ	042-369-xxxx
株式会社青井金属	カブシキガイシャアオイキンゾク	06-5657-xxxx
株式会社加藤商会	カブシキガイシャカトウショウカイ	03-5577-xxxx
株式会社田中電気	カブシキガイシャタナカデンキ	03-3698-xxxx
株式会社森食品	カブシキガイシャモリショクヒン	044-478-xxxx
橘薬品株式会社	タチバナヤクヒンカブシキガイシャ	042-563-xxxx

ワザ243を参考に、デザインビューでクエリを作成しておく

テーブルを追加し、[取引先名] [電話番号] フィールドを追加しておく

1 [フリガナ] フィールドの代わりに、[フィールド] 行に「トリヒキサキメイ: Replace([フリガナ],"カブシキガイシャ","")」と入力

フィールド	取引先名	トリヒキサキメイ: Replace([フリガナ],"カブシキガイシャ","")	電話番号
テーブル	取引先テーブル		取引先テーブル
並べ替え		昇順	
表示	☑	☑	☑
抽出条件			
または			

2 [並べ替え] 行で [昇順] を選択

ワザ244を参考にクエリを実行する

「カブシキガイシャ」が取り除かれた [フリガナ] フィールドを元に並べ替えられた

取引先名	トリヒキサキ	電話番号
株式会社青井金属	アオイキンゾク	06-5657-xxxx
石見製菓株式会社	イワミセイカ	042-369-xxxx
株式会社加藤商会	カトウショウカ	03-5577-xxxx
橘薬品株式会社	タチバナヤクヒ	042-563-xxxx
株式会社田中電気	タナカデンキ	03-3698-xxxx
株式会社森食品	モリショクヒン	044-478-xxxx

任意の順序で並べ替えたい

A Switch関数を使用して並べ替えの順序を指定します

並べ替えの基準にする項目数が少ないときは、Switch関数で項目に数値を割り振り、その数値を基準に並べ替えると、簡単に任意の順序で並べ替えられます。操作1で長い式が入力しにくいときは、ワザ299を参考に [ズーム] ダイアログボックスを利用すると入力しやすくなります。 ➡関数……P.446

Switch(条件 1, 値 1, 条件 2, 値 2, …)
[条件 1] が成り立つときは [値 1]、[条件 2] が成り立つときは [値 2] を返す

[区分] フィールドをパン、ケーキ、ドリンクの順に並べる

ワザ243を参考に、デザインビューでクエリを作成しておく

[区分] [商品名] [単価] フィールドを追加しておく

1 最右列の [フィールド] 行に「Switch([区分]="パン",1,[区分]="ケーキ",2,[区分]="ドリンク",3)」と入力

フィールド	区分	商品名	単価	式1: Switch([区分]="
テーブル	商品テーブル	商品テーブル	商品テーブル	
並べ替え				昇順
表示	☑	☑	☑	☐
抽出条件				
または				

2 [並べ替え] 行で [昇順] を選択

ワザ244を参考にクエリを実行する

パン、ケーキ、ドリンクの順に並べ替えられた

区分	商品名	単価	式1
パン	ロールパン	¥150	1
パン	クロワッサン	¥200	1
ケーキ	エクレア	¥120	2
ケーキ	シュークリーム	¥100	2
ドリンク	ミルク	¥150	3
ドリンク	コーヒー	¥200	3

デザイングリッドで関数を入力したフィールドの [表示] 行のチェックマークをはずしておけば、[式1] フィールドを非表示にできる

関連 **Q299** クエリの長い式を入力しやすくしたい …………… P.171

Access の基本　データベース　ファイル　テーブル　クエリ　フォーム　レポート　関数　マクロ　データ連携・共有　管理・セキュリティ

多数の項目を任意の順序で並べ替えたい

A 並べ替え順を定義したテーブルを利用します

多数の項目を昇順や降順ではなく任意の順序で並べ替えたい場合は、並べ替え順を定義したテーブルを別途用意し、そのテーブルを使用して並べ替えを行います。ここでは［会員テーブル］のレコードを都道府県の北から順に並べ替える例を紹介します。

➡テーブル……P.450

都道府県の並べ替え順を定義した［都道府県テーブル］を用意しておく

［並べ替え順］フィールドに都道府県の並び順の数値を入力しておく

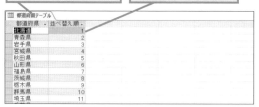

ワザ243を参考に、デザインビューでクエリを作成し、［都道府県テーブル］と［会員テーブル］を追加しておく

［テーブルの表示］をダイアログボックスの［閉じる］をクリックして閉じておく

1 ［都道府県テーブル］の［都道府県］フィールドをクリック

マウスポインターの形が変わった

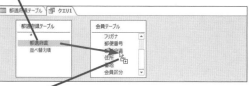

2 ［会員テーブル］の［都道府県］フィールドまでドラッグ

結合線で結ばれた

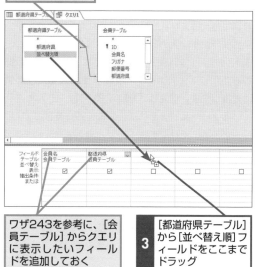

ワザ243を参考に、［会員テーブル］からクエリに表示したいフィールドを追加しておく

3 ［都道府県テーブル］から［並べ替え順］フィールドをここまでドラッグ

［並べ替え順］フィールドが追加された

4 ［並べ替え順］フィールドの［並べ替え］行で［昇順］を選択

ワザ244を参考にクエリを実行する

［都道府県］テーブルで設定した順で都道府県ごとに並べ替えられた

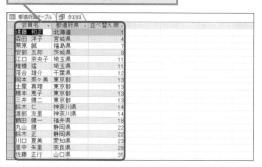

デザイングリッドで［並べ替え順］フィールドの［表示］行のチェックマークをはずしておけば、［並べ替え順］フィールドを非表示にできる

Access の基本
データベース ファイル
テーブル
クエリ
フォーム
レポート
関数
マクロ
データ連携・共有
管理・セキュリティ

Q286 365 2019 2016 2013　お役立ち度 ★☆☆

未入力のデータが先頭に並ぶのが煩わしい

A Nz関数を使用してNull値を最大値に変換します

昇順で並べ替えを行うと、Null（未入力の状態）が先頭に並びます。入力済みのデータは昇順で並べ替え、未入力のデータは末尾に並ぶようにするには、Nz関数を使用して未入力のデータが末尾に来るような値に変換します。例えば「1級、2級、3級」と入力されているフィールドであれば、Nullを99に変換すれば、Nullが末尾に並びます。　➡Null値……P.444

Nz(値 , 変換値)
[値] が Null の場合は [変換値] を返し、Null でない場合は [値] を返す。[変換値] を省略した場合は、長さ0の文字列を返す

［英語検定］フィールドが未入力のレコードを末尾になるよう並べ替えたい

ワザ243を参考にデザインビューでクエリを作成し、[社員名][英語検定]フィールドを追加しておく

1 最右列に「Nz([英語検定],"99")」と入力

2 [並べ替え] 行で[昇順]を選択　｜　ワザ244を参考にクエリを実行する　実行

［英語検定］フィールドが未入力のレコードが末尾に表示された

関数を入力したフィールドの[表示] 行のチェックマークをはずしておけば、[式1] フィールドを非表示にできる

Q287 365 2019 2016 2013　お役立ち度 ★★★

得点を基準に順位を表示したい

A DCount関数で現在の得点より大きい得点の数を数えます

［得点］フィールドの降順に並べ替えたレコードに順位を付けるには、現在のレコードの［得点］より高い得点のレコードの数をDCount関数で数えます。同点は同順位になります。　➡関数……P.446

DCount(フィールド名 , テーブル名 , 条件式)
[テーブル名] から [条件式] を満たすレコードの [フィールド名] のデータ数をカウントする

ワザ243を参考に、デザインビューでクエリを作成しておく

1 「順位: DCount("得点","成績テーブル","得点>" & [得点])+1」と入力　｜　テーブルを追加し、[氏名][得点] フィールドを追加しておく

2 [得点]フィールドの[並べ替え]行で[降順]を選択

ワザ244を参考にクエリを実行する　実行

順位が表示された　｜　同点は同順位になる

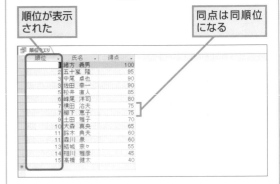

関連 Q288 成績ベスト5を表示したい…………………………… P.165
関連 Q289 ベスト5の抽出を解除してすべてのレコードを表示したい………………… P.166

成績ベスト5を表示したい

A [トップ値] を指定します

[トップ値] の機能を使用すると、データシートの「上から5行分」や「下から10行分」を抜き出せます。[トップ値] を設定するには、[デザイン] タブの [戻る] 欄で抜き出すレコードの数を指定します。並べ替えと同時に設定すれば、「上位5件」や「下位10件」だけを表示できます。上位や下位の基準になるフィールド

で並べ替えを設定しないと、正確にデータを抜き出せないので注意してください。なお、[戻る] に指定した末尾の順位に同順の複数のレコードが存在する場合、それらのレコードはすべて表示されます。例えば得点の上位5件を表示するクエリで、5位に同じ得点が3件ある場合、全部で7件のレコードが表示されます。

→トップ値……P.450

[得点] フィールドの成績のいい順にトップ5のレコードを取り出したい

成績テーブ				
受験番号	氏名	フリガナ	得点	クリックして追加
1001	柳下　恵子	ヤギシタ ケイコ	75	
1002	森川　泉	モリカワ イズミ	60	
1003	峰尾　洋司	ミネオ ヨウジ	80	
1004	高橋　健太	タカハシ ケンタ	40	
1005	緒方　義男	オガタ ヨシオ	100	
1006	土田　雅子	ツチダ マサコ	70	
1007	佐田　幸一	サダ コウイチ	90	
1008	松井　直人	マツイ ナオト	85	
1009	相川　雅彦	アイカワ マサヒコ	45	

ワザ243を参考に、[テーブルの表示] ダイアログボックスを表示しておく

1 [成績テーブル] をクリック

2 [追加]をクリック

クエリに [成績テーブル] が追加された

3 [閉じる]をクリック

4 氏名フィールドにマウスポインターを合わせる

5 ここまでドラッグ

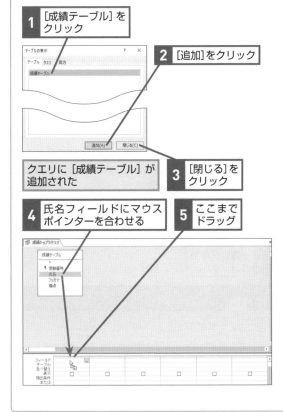

フィールドが追加された

操作4～5と同様に [得点] フィールドも追加しておく

6 [得点] フィールドの [並べ替え] 行で [降順] を選択

7 [クエリツール]の[デザイン]タブをクリック

8 [戻る] のここに「5」と入力

ワザ244を参考にクエリを実行する

成績のトップ5のレコードだけ表示できた

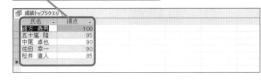

成績トップ5クエリ	
氏名	得点
緒方　義男	100
五十嵐　隆	95
中尾　卓也	90
佐田　幸一	90
松井　直人	85

関連　ベスト5の抽出を解除して
Q289　すべてのレコードを表示したい……………… P.166

Q289 [365] [2019] [2016] [2013]　お役立ち度 ★★★

ベスト5の抽出を解除して
すべてのレコードを表示したい

A [トップ値] の設定を 初期値の [すべて] に戻します

[トップ値] で指定した「上位5件」や「下位5件」の抽出を解除して、すべてのレコードを表示するには、次の手順のように [クエリツール] の [デザイン] タブにある [戻る] から [すべて] を選択します。データシートビューで表示すると、すべてのレコードが表示されます。　　　　　　　　　　➡トップ値……P.450

すべてのレコードを表示したい

ワザ234を参考に、デザインビューで
クエリを表示しておく

1 [クエリツール]の[デザイン]タブをクリック

2 [戻る] のここをクリック

3 [すべて]をクリック

ワザ244を参考に クエリを実行する	すべてのレコードが 表示された

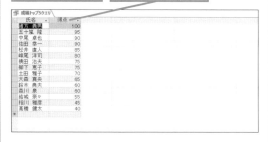

関連 Q288	成績ベスト5を表示したい……………………… P.165

Q290 [365] [2019] [2016] [2013]　お役立ち度 ★★★

デザインビューで設定したとおり
に並べ替えられない

A データシートビューで並べ替えの 設定を解除しましょう

クエリのデータシートビューで並べ替えを実行して上書き保存すると、次に開いたときも同じ並び順でレコードが表示されます。デザインビューで設定した並べ替えの順序に戻すには、データシートビューで並べ替えを解除して上書き保存します。

データシートビューで並べ替えを実行 すると、フィールドセレクターのアイ コンに矢印が付く	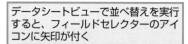

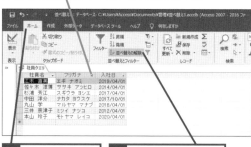

1 [ホーム] タブをクリック

2 [並べ替えの解除] をクリック

データシートの並べ替えが解除されて、デザインビューで設定された並び順に戻る

3 上書き保存をクリック

関連 Q279	レコードが五十音順に並ばない………………… P.160

売り上げの累計を計算したい

A DSum関数で現在行以前のレコードの売り上げを合計します

[主キー] フィールドなど、値が重複しないフィールドで並べ替えたクエリでは、DSum関数を使用して特定のフィールドの累計を表示できます。例えば [ID] フィールドを昇順で並べ替えたクエリの場合、現在のレコードの [ID] より小さいレコードの数値データをDSum関数で合計すると、累計が求められます。

DSum(フィールド名 , テーブル名 , 条件式)
[テーブル名] から [条件式] を満たすレコードの [フィールド名] のデータ数を合計する

CCur(値)
[値] を通貨型に変換する

ワザ243を参考に、デザインビューでクエリを作成しておく

テーブルを追加し、[ID] [売上]フィールドを追加しておく

1 「累計: CCur(DSum("売上","売上テーブル","ID<=" & [ID]))」と入力

2 [ID]フィールドの[並べ替え]行で[昇順]を選択

ワザ244を参考にクエリを実行する

累計を表示できた

STEP UP! データ型を操る2つのワザ

ワザ291では累計計算を行うために、DSum関数を使用しました。DSum関数の戻り値は文字列として返されるため、[書式] プロパティを使用しても、通貨のスタイルで表示できません。戻り値を通貨のスタイルで表示するには、2つの方法が考えられます。1つはワザ291で行ったように、DSum関数の戻り値をCCur関数で通貨型のデータに変換する方法です。そうすれば、自動的に通貨のスタイルで表示されます。もう1つは裏ワザとなりますが、「DSum("売上","売上テーブル","ID<=" & [ID])*1」のように、DSum関数の戻り値に「1」を掛けます。するとDSum関数の結果が数値と見なされて掛け算が行われ、結果も数値となります。結果が数値であれば、[書式] プロパティに [通貨] を設定して通貨のスタイルで表示できます。

ワザ243を参考にデザインビューでクエリを作成し、[ID] [売上]フィールドを追加しておく

1 「DSum("売上","売上テーブル","ID<=" & [ID])*1」と入力

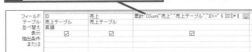

ワザ261を参考に、プロパティシートを表示しておく

2 [書式] プロパティで [通貨] を選択

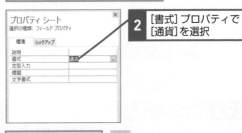

ワザ244を参考にクエリを実行する

売り上げの累計に「¥」を表示できた

レコードの抽出

データベースに蓄積したデータを自在に取り出すには、指定する抽出条件のワザが効果を発揮します。ここでは、レコードの抽出に役立つワザを解説します。

Q292 365 2019 2016 2013

お役立ち度 ★★★

指定した条件を満たすレコードを抽出したい

A [抽出条件] 行に抽出条件を入力します

クエリで抽出を行うには、抽出対象のフィールドの [抽出条件] 行に抽出条件を入力します。以下の表を参考に、フィールドのデータ型に応じて適切な条件を設定してください。文字列を囲む「"」、日付や時刻を囲む「#」を入力しなかった場合は、フィールドのデータ型に応じて「"」や「#」が自動的に付加されます。

→データ型……P.450

●抽出条件の設定方法

データ型	設定方法	設定例
数値型、通貨型、オートナンバー型	数値をそのまま入力	123
短いテキスト、長いテキスト	文字列を半角の「"」で囲んで入力	" 営業部 "
日付 / 時刻型	日付や時刻を半角の「#」で囲んで入力	#2020/12/25#
Yes/No 型	半角で「True」「Yes」や「False」「No」などと入力	True

> [会員区分] フィールドに「プラチナ」と入力されているレコードを抽出する

> ワザ243を参考に、デザインビューでクエリを作成しておく

> テーブルを追加し、[会員名][会員区分]フィールドを追加しておく

1 [会員区分] フィールドの [抽出条件] 行に「"プラチナ"」と入力

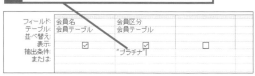

> ワザ244を参考にクエリを実行する

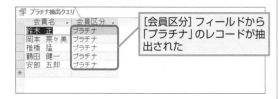

> [会員区分] フィールドから「プラチナ」のレコードが抽出された

Q293 365 2019 2016 2013

お役立ち度 ★★★

データシートのフィルターとクエリはどう使い分けたらいい?

A クエリのレコードを定義するには条件をデザインビューで指定します

クエリでは、デザインビューで抽出条件を設定できる他に、データシートビューでもワザ181 〜ワザ186と同様の操作で抽出条件を設定できます。ただし、デー

タシートビューでの抽出は、クエリの実行結果から簡易的に抽出を行うものです。クエリのレコードそのものを定義するには、デザインビューで抽出条件を設定しましょう。

→抽出……P.449

Q294
365 | 2019 | 2016 | 2013　お役立ち度 ★★★

複数の条件をすべて満たすレコードを抽出したい

A 複数のフィールドの[抽出条件]行に抽出条件を入力します

クエリでは複数の抽出条件を指定できますが、抽出条件をどこに入力するかによって、複数の条件の意味が変わります。複数の条件をすべて満たすレコードを抽出したいときは、同じ[抽出条件]行に複数の条件を入力します。例えば、[会員区分]フィールドの[抽出条件]行に「"プラチナ"」、[DM希望]フィールドの[抽出条件]行に「True」を指定すると、「会員区分がプラチナ、かつ、DM希望がTrue」のレコードが抽出されます。このように、複数の条件をすべて満たすレコードを抽出する条件を「AND条件」と呼びます。

> [会員区分]フィールドが「プラチナ」、[DM希望]フィールドが「True」のレコードを抽出する

> ワザ243を参考に、デザインビューでクエリを作成しておく

> テーブルを追加し、[会員名][会員区分][DM希望]フィールドを追加しておく

1 [会員区分]フィールドの[抽出条件]行に「"プラチナ"」と入力

2 [DM希望]フィールドの[抽出条件]行に「True」と入力

> ワザ244を参考にクエリを実行する　[実行]

> 複数の条件を満たすレコードを抽出できた

Q295
365 | 2019 | 2016 | 2013　お役立ち度 ★★★

複数のうちいずれかの条件を満たすレコードを抽出したい

A 抽出条件を異なる行に入力します

複数の条件のうち少なくとも1つを満たすレコードを抽出したいときは、[抽出条件]行と[または]行を使用して、複数の条件を異なる行に入力します。同じフィールドに複数の抽出条件を指定した場合、クエリをいったん閉じて開き直すと、[または]行に入力した抽出条件が消え、[抽出条件]行の設定が「"東京都" or "神奈川県"」のように変わります。

> [都道府県]フィールドに「東京都」または「神奈川県」を含むレコードを抽出する

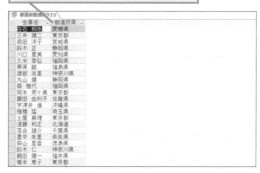

> ワザ243を参考に、デザインビューでクエリを作成しておく

> テーブルを追加し、[会員名][都道府県]フィールドを追加しておく

1 [都道府県]フィールドの[抽出条件]行に「"東京都"」と入力

2 [または]行に「"神奈川県"」と入力

> 「"」は半角で入力する　ワザ244を参考にクエリを実行する　[実行]

> [都道府県]フィールドに「東京都」または「神奈川県」を含むレコードを抽出できた

Q296

365 2019 2016 2013　　お役立ち度 ★★★

「○以上」や「○より大きい」という条件で抽出したい

A 比較演算子を使用して抽出条件を指定します

抽出条件で比較演算子を使用すると、「以上」「以下」「より大きい」「等しくない」などの条件を設定できます。例えば、「>=2000」と設定すると2000以上のデータを、「>=#2020/12/01#」と設定すると2020/12/1以降のデータを抽出できます。比較演算子をAnd演算子やOr演算子と組み合わせれば、同じフィールドに複数の条件を指定することも可能です。例えば、「>=2000 And <3000」と設定すると、2000以上3000未満のデータを抽出できます。　➡演算子……P.446

●比較演算子

種類	演算子の意味
<	より小さい
<=	以下
>	より大きい
>=	以上
=	等しい
<>	等しくない

ワザ234を参考に、デザインビューでクエリを表示しておく

1 ［抽出条件］行に「>=2000」と入力

フィールド:	商品ID	商品名	単価
テーブル:	商品テーブル	商品テーブル	商品テーブル
並べ替え:			
表示:	☑	☑	☑
抽出条件:			>=2000
または:			

ワザ244を参考に、クエリを実行する　［実行］

単価2,000円以上の商品が抽出された

商品ID	商品名	単価
H003	アロエ茶	¥2,000
H004	ウコン茶	¥3,000
H007	ダイエットクッキー	¥5,000

関連	指定した条件を満たす
Q292	レコードを抽出したい ……………………… P.168

Q297

365 2019 2016 2013　　お役立ち度 ★★☆

「○○でない」という条件で抽出したい

A <>演算子を使用します

「○○でない」という条件を設定したいときは、<>演算子を使用します。例えば「東京都でない」という条件は「<>"東京都"」で表せます。

Q298

365 2019 2016 2013　　お役立ち度 ★★★

「○以上○以下」という条件で抽出したい

A Between And演算子を使用して抽出条件を指定します

「20歳以上29歳以下」や「1,000円以上1,999円以下」というように、「○以上○以下」という条件で抽出したいときは、Between And演算子を「Between 開始条件 And 終了条件」の形式で［抽出条件］行に入力します。　➡Between And演算子……P.444

［入会日］フィールドが「2020/5/1 ～ 2020/5/31」のレコードを抽出する

ワザ243を参考に、デザインビューでクエリを作成しておく	テーブルを追加し、［会員名］［入会日］フィールドを追加しておく

フィールド:	会員名	入会日
テーブル:	会員テーブル	会員テーブル
並べ替え:		
表示:	☑	
抽出条件:		Between #2020/05/01# And #2020/05/31#
または:		

1 ［入会日］フィールドの［抽出条件］行に「Between #2020/05/01# And #2020/05/31#」と入力

ワザ244を参考にクエリを実行する　［実行］

特定の期間内の入会日のレコードを抽出できた

会員名	入会日
渡部 友里	2020/05/06
丸山 健	2020/05/06
森 雅代	2020/05/12
岡本 菜々美	2020/05/16
藤田 由利子	2020/05/16
宇津井 進	2020/05/20
椎橋 猛	2020/05/24

Q299 `365` `2019` `2016` `2013` お役立ち度 ★★★

クエリの長い式を
入力しやすくしたい

A [ズーム] ダイアログボックスを
利用しましょう

[フィールド] 行や [抽出条件] 行に入力する式が列に収まらないときは、列セレクターの右境界線をドラッグすると、列の幅を広げられます。また式が非常に長い場合は、以下の手順のように [ズーム] ダイアログボックスを使用すると、より広いスペースで入力できます。　　　　　　　　➡フィールド……P.451

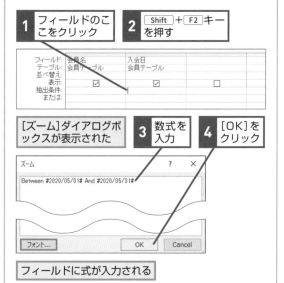

1	フィールドのここをクリック	2	`Shift`＋`F2`キーを押す

[ズーム]ダイアログボックスが表示された

3	数式を入力	4	[OK]をクリック

フィールドに式が入力される

Q300 `365` `2019` `2016` `2013` お役立ち度 ★★☆

長さ0の文字列を抽出したい

A 「""」を条件として抽出します

データシートの見た目は未入力のように見えても、実際には長さ0の文字列の「""」が入力されていることがあります。例えば、関数や計算式の結果のフィールドに長さ0の文字列が入力されたり、外部からインポートしたデータに長さ0の文字列が含まれているケースが考えられます。長さ0の文字列を抽出するには、[抽出条件] 行に半角で「""」と入力します。
➡長さ0の文字列……P.450

Q301 `365` `2019` `2016` `2013` お役立ち度 ★★☆

未入力のデータだけを
抽出したい

A 「Is Null」を条件として抽出します

未入力の抽出条件は「Is Null」、入力済みの抽出条件は「Is Not Null」で表せます。例えば [携帯電話] フィールドが未入力のレコードを抽出するには、[携帯電話] フィールドの [抽出条件] 行に半角で「Is Null」と入力します。また、[携帯電話] フィールドにデータが入力されているレコードを抽出するには、[携帯電話] フィールドの [抽出条件] 行に半角で「Is Not Null」と入力します。

[抽出条件]行に「Is Null」と入力すると、未入力のデータがあるレコードを抽出できる

Q302 `365` `2019` `2016` `2013` お役立ち度 ★★★

「*」や「?」を抽出したい

A 角かっこで囲んで
抽出条件を指定します

「*」や「?」は抽出条件の中でワイルドカードとして扱われますが、「[ ]」の中に入れれば文字と見なされます。例えば「*」を含む文字列は「*[*]*」、また「?」で終わる文字列は「*[?]」という条件で表せます。なお、ワイルドカードについてはワザ303で詳しく解説します。　　　　　➡ワイルドカード……P.454

[抽出条件]行に「*[*]*」と入力すると、「*」を含む文字列のデータがあるレコードを抽出できる

「*[*]*」と入力すると「Like "*[*]*"」に変わる

Q303 [365] [2019] [2016] [2013]　お役立ち度 ★★★

「○○で始まる」という条件で抽出したい

A ワイルドカードを使用して抽出条件を指定します

ワイルドカードを使用すると、「○○で始まる」や「○○を含む」など、あいまいな条件で抽出を行えます。例えば「福岡市で始まる」という条件は、"福岡市*" で表せます。"福岡市*" を入力して確定すると、自動的にLike演算子が補われ、「Like "福岡市*"」のように表示されます。ワイルドカードはいずれも半角で入力してください。

●ワイルドカードの種類

種類	ワイルドカードの意味
*	0 文字以上の任意の文字列
?	任意の 1 文字
#	任意の 1 けたの数字
[ ]	[] 内のいずれかの文字
[!]	[] 内のいずれの文字も含まない
[-]	[] 内で指定した範囲の文字

[住所]フィールドが「福岡市」で始まるレコードを抽出する

ワザ243を参考に、デザインビューでクエリを作成しておく

テーブルを追加し、[会員名][住所]フィールドを追加しておく

1 [住所]フィールドの[抽出条件]行に "福岡市*" と入力

[Like "福岡市*"] と表示された

ワザ244を参考にクエリを実行する ！実行

「福岡市で始まる」という条件でレコードを抽出できた

関連 **Q302** 「*」や「?」を抽出したい P.171

Q304 [365] [2019] [2016] [2013]　お役立ち度 ★★★

カ行のデータだけを抽出したい

A 「"[カ-ゴ]*"」を抽出条件に指定します

半角角かっこ「[ ]」の中に2つの文字をハイフン「-」で結んで入力すると、文字の範囲を指定できます。例えば、ア行で始まる氏名を抽出したいときは[抽出条件]行に「"[ア-オ]*"」のように入力します。ただし、カ行のように濁音がある行は抽出条件に注意が必要です。[抽出条件]行に「"[カ-コ]*"」と入力すると「ゴ」で始まる氏名が漏れてしまうので、「"[カ-ゴ]*"」のように指定しましょう。ちなみに「-」を抜いて「"[カゴ]*"」とすると、「カまたはゴで始まる文字列」という条件になります。また先頭に「!」を付けて「"[!カゴ]*"」とすると、「カまたはゴ以外の文字で始まる文字列」という条件になります。

[フリガナ]フィールドで「カ行」で始まるレコードのデータを抽出して昇順で並べる

ワザ243を参考に、デザインビューでクエリを作成しておく

テーブルを追加し、[会員名][フリガナ]フィールドを追加しておく

1 [フリガナ]フィールドの[並べ替え]行で[昇順]を選択

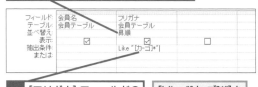

2 [フリガナ]フィールドの[抽出条件]に「"[カ-ゴ]*"」と入力

[Like "[カ-ゴ]*"]と表示された

ワザ244を参考にクエリを実行する ！実行

カ行のレコードだけを抽出できた

複数のデータが入力された
フィールドを抽出したい

A 抽出したい値を
［抽出条件］行に入力します

複数の値を持つフィールドをデザイングリッドに配置して、その［抽出条件］行に項目名を入力すると、指定した項目名を含むレコードがすべて抽出されます。例えば［抽出条件］行に「"S002"」と入力すると、「S001, S002」「S002」「S002, S003」などをフィールドに含むレコードが抽出されます。　→抽出……P.449

［仕入先ID］フィールドに「S002」を含むすべてのレコードを抽出する

ワザ243を参考に、デザインビューでクエリを作成し、［商品名］［仕入先ID］フィールドを追加しておく

ワザ306を参考に、複数値を持つ［仕入先ID.Value］フィールドを追加しておく

1 ［仕入先ID.Value］フィールドの［抽出条件］行に「"S002"」と入力

2 ［表示］行のチェックマークをはずす

ワザ244を参考にクエリを実行する　実行

複数値を持つフィールドのデータを抽出できた

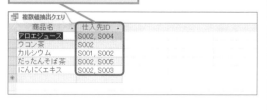

複数のデータが入力された
フィールドで1項目ずつ抽出したい

A ［（フィールド名）.Value］の列に
抽出条件を設定します

複数値を持つフィールドの場合、フィールドリストに「.Value」の名前を付加したValueフィールドが表示されます。例えば「仕入先ID」フィールドに複数の値が入力されている場合、「仕入先ID」の下層に「仕入先ID.Value」が表示されます。このValueフィールドをデザイングリッドに配置すると、複数値が別々のレコードとしてクエリに表示されます。その［抽出条件］行に項目名を入力すれば、指定した値に一致するレコードを抽出できます。

［仕入先ID］フィールドに「S002」と入力されているレコードを抽出する

ワザ243を参考に、デザインビューでクエリを作成しておく

テーブルを追加し、［商品名］フィールドを追加しておく

1 ［仕入先ID.Value］をデザイングリッドにドラッグ

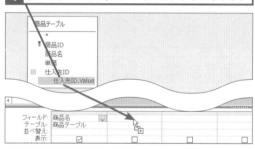

2 ［仕入先ID.Value］フィールドの［抽出条件］行に「"S002"」と入力

ワザ244を参考にクエリを実行する　実行

「S002」に一致するレコードが抽出された

Accessの基本 / データベースファイル / テーブル / クエリ / フォーム / レポート / 関数 / マクロ / データ連携・共有 / 管理・セキュリティ

Q307 [365] [2019] [2016] [2013]　お役立ち度 ★★★

平均以上のデータを抽出したい

A DAvg関数を使用して抽出条件を指定します

DAvg関数を使用すると、特定のフィールドの数値の平均を求められます。これを抽出条件として使用すれば、平均以上のデータを抽出できます。

> **DAvg(フィールド名 , テーブル名)**
> [テーブル名] で指定したテーブルに含まれる [フィールド名] で指定したフィールドの平均を求める

[成績テーブル]に入力されている得点を基にして、平均値以上の得点を取った生徒の氏名を得点の高い順に表示させる

成績テーブル 受験番号	氏名	フリガナ	得点	クリックして追
1001	柳下　恵子	ヤギシタ ケイコ	75	
1002	森川　泉	モリカワ イズミ	60	
1003	峰尾　洋司	ミネオ ヨウジ	80	
1004	髙橋　健太	タカハシ ケンタ	40	
1005	緒方　義男	オガタ ヨシオ	100	
1006	土田　雅子	ツチダ マサコ	70	
1007	佐田　幸一	サダ コウイチ	90	
1008	松井　直人	マツイ ナオト	85	
1009	相川　雅彦	アイカワ マサヒコ	45	
1010	五十嵐　隆	イガラシ タカシ	95	
1011	中尾　卓也	ナカオ タクヤ	90	
1012	横田　治夫	ヨコタ ハルオ	75	
1013	鈴木　典代	スズキ ノリオ	60	
1014	結城　奈々	ユウキ ナナ	55	
1015	大森　真央	オオモリ マオ	65	

ワザ243を参考に、デザインビューでクエリを作成しておく

テーブルを追加し、[氏名] [得点] フィールドを追加しておく

1 [得点] フィールドの [並べ替え] 行で [降順] を選択

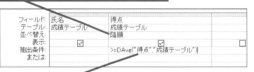

フィールド:	氏名	得点	
テーブル:	成績テーブル	成績テーブル	
並べ替え:		降順	
表示:	☑	☑	□
抽出条件:		>=DAvg("得点","成績テーブル")	
または:			

2 [得点] フィールドの [抽出条件] 行に「>=DAvg("得点","成績テーブル")」と入力

ワザ244を参考にクエリを実行する 実行

平均以上抽出クエリ 氏名	得点
緒方　義男	100
五十嵐　隆	95
中尾　卓也	90
佐田　幸一	90
松井　直人	85
峰尾　洋司	80
横田　治夫	75
柳下　恵子	75

平均値以上の得点を抽出し、生徒の氏名を表示できた

Q308 [365] [2019] [2016] [2013]　お役立ち度 ★★★

抽出条件をその都度指定したい

A パラメータークエリを作成します

クエリを実行するたびに抽出条件を指定できるクエリを「パラメータークエリ」と呼びます。パラメータークエリを作成するには、[抽出条件] 行にメッセージとして表示したい文字列を半角の角かっこ「[ ]」で囲んで入力します。設定したメッセージは、クエリの実行時に [パラメーターの入力] ダイアログボックスに表示されるので、分かりやすい内容にしましょう。なお、メッセージ文にフィールド名を含めても構いませんが、フィールド名だけをメッセージ文として使うことはできません。　　→パラメータークエリ……P.451

都道府県の入力を求め、入力された都道府県名で[会員テーブル]から会員を抽出するパラメータークエリを作成する

ワザ243を参考に、デザインビューでクエリを作成しておく

テーブルを追加し、[会員名] [都道府県] フィールドを追加しておく

1 [都道府県] フィールドの [抽出条件] 行に「[都道府県を入力してください]」と入力

フィールド:	会員名	都道府県	
テーブル:	会員テーブル	会員テーブル	
並べ替え:			
表示:	☑	☑	□
抽出条件:		[都道府県を入力してください]	
または:			

ワザ244を参考にクエリを実行する 実行

[パラメーターの入力]ダイアログボックスが表示された

2 都道府県を入力

3 [OK]をクリック

都道府県クエリ 会員名	都道府県
三井　健二	東京都
岡本　菜々美	東京都
土屋　真理	東京都
橋本　恵子	東京都

入力した都道府県を含むレコードが抽出された

関連 Q310　あいまいな条件のパラメータークエリを作成したい…………………………………… P.175

条件が入力されないときは
すべてのレコードを表示したい

A ［または］に「［メッセージ文］Is Null」という条件を入力します

［パラメーターの入力］ダイアログボックスで条件を入力せずに［OK］をクリックしたときは、データシートにレコードが1件も表示されません。条件が指定されなかったときに、すべてのレコードを表示するようにするには、デザイングリッドの［または］行に「［メッセージ文］Is Null」という条件を入力します。クエリをいったん閉じて開き直すと、［または］行に入力した抽出条件が末尾のフィールドに移動しますが、差し支えありません。　⇒パラメータークエリ……P.451

> 都道府県の入力を求め、入力されなかった場合はすべてのレコードが表示されるパラメータークエリを作成する

> ワザ243を参考に、デザインビューでクエリを作成しておく

> テーブルを追加し、［会員名］［都道府県］フィールドを追加しておく

1 ［都道府県］フィールドの［抽出条件］行に「［都道府県を入力してください］」と入力

フィールド:	会員名	都道府県	
テーブル:	会員テーブル	会員テーブル	
並べ替え:			
表示:	☑	☑	☐
抽出条件:		[都道府県を入力してください]	
または:		[都道府県を入力してください] Is Null	

2 ［都道府県］フィールドの［または］行に「［都道府県を入力してください］Is Null」と入力

> ワザ244を参考にクエリを実行する
実行

> 都道府県の入力を促す［パラメーターの入力］ダイアログボックスが表示された

3 ［OK］をクリック

> すべてのレコードが表示された

> 都道府県クエリ2
> | 会員名 | 都道府県 |
> |---|---|
> | 白石 和也 | 愛媛県 |
> | 三井 健二 | 東京都 |
> | 森田 洋子 | 宮城県 |

あいまいな条件のパラメーター
クエリを作成したい

A 抽出条件にワイルドカードを使用します

［パラメーターの入力］ダイアログボックスに入力された文字列をキーワードとして、「キーワードを含む」「キーワードで始まる」というような抽出条件を設定するには、Like演算子とワイルドカードを組み合わせて条件を設定します。

> 会員名の一部を抽出条件としてデータを抽出し、会員名と会員区分を表示するパラメータークエリを設定する

> ワザ243を参考に、デザインビューでクエリを作成しておく

> テーブルを追加し、［会員名］［会員区分］フィールドを追加しておく

1 ［会員名］フィールドの［抽出条件］行に「Like "*" & [氏名の一部を入力してください] & "*"」と入力

フィールド:	会員名		会員区分
テーブル:	会員テーブル		会員テーブル
並べ替え:			
表示:	☑		☑
抽出条件:	Like "*" & [氏名の一部を入力してください] & "*"		
または:			

> ワザ244を参考にクエリを実行する
実行

> ［パラメーターの入力］ダイアログボックスが表示された

2 氏名の一部を入力

3 ［OK］をクリック

> 入力した氏名に該当するレコードが抽出された

> 氏名クエリ
> | 会員名 | 会員区分 |
> |---|---|
> | 橋本 恵子 | シルバー |
> | 橋本 綱紀 | ゴールド |

関連 Q308 抽出条件をその都度指定したい…………… P.174

Access の基本｜データベースファイル｜テーブル｜クエリ｜フォーム｜レポート｜関数｜マクロ｜共有データ連携・｜管理・セキュリティ

Q311 365 2019 2016 2013 複数のパラメーターの入力順を指定したい

お役立ち度 ★★★

A [クエリパラメーター]で 入力順を設定します

[クエリパラメーター]ダイアログボックスを使用すると、パラメーターの入力順と各パラメーターのデータ型を指定できます。

なお、通常[パラメーターの入力]ダイアログボックスでデータ型に合わないデータを入力すると、間違った条件のまま抽出が実行され、エラーが表示されたり、間違った結果が表示されたりします。しかし[クエリパラメーター]ダイアログボックスでデータ型を指定しておけば、間違ったデータ型のデータを入力したときに、[パラメーターの入力]ダイアログボックスが再表示され、条件の入力をやり直すことができるので便利です。

➡パラメータークエリ……P.451

会員区分と入会した期間の入力を求め、該当する会員を表示するパラメータークエリを設定する

ワザ243を参考に、デザインビューでクエリを作成しておく

テーブルを追加し、[会員名][入会日][会員区分]フィールドを追加しておく

1 [入会日]フィールドの[抽出条件]行に「Between [入会日始まり] And [入会日終わり]」と入力

2 [会員区分]フィールドの[抽出条件]行に「[会員区分入力]」と入力

3 [クエリツール]の[デザイン]タブをクリック

4 [パラメーター]をクリック

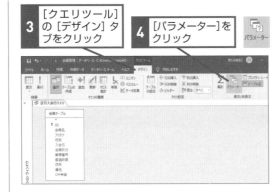

[クエリパラメーター]ダイアログボックスが表示された

5 メッセージ文をパラメーターの表示順に入力

6 各パラメーターのデータ型を選択

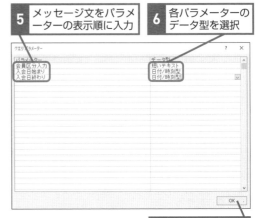

7 [OK]をクリック

ワザ244を参考にクエリを実行する

実行

会員区分の入力を求めるダイアログボックスが表示された

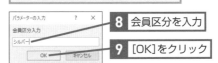

8 会員区分を入力

9 [OK]をクリック

入会日の始まり、終わりを求めるダイアログボックスが表示された

10 入会日の始まりを入力

11 [OK]をクリック

12 入会日の終わりを入力

13 [OK]をクリック

会員区分と入会日の複数の条件を満たすレコードが表示された

Q312 `365` `2019` `2016` `2013`　お役立ち度 ★★★

パラメータークエリでYes/No型のフィールドを抽出できない

A Yesは「-1」、Noは「0」と入力します

Yes/No型のフィールドに対する条件として、[パラメーターの入力]ダイアログボックスに「Yes」「No」や「True」「False」と入力すると、エラーになってしまいます。Yesの条件で抽出したいときは「-1」、Noの条件で抽出したいときは「0」と入力します。

➡False……P.444

➡True……P.445

> ワザ311を参考にクエリを実行すると、[パラメーターの入力]ダイアログボックスが表示された

> 「0」と入力すると、Noのレコードが抽出される

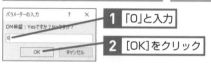

1 「0」と入力

2 [OK]をクリック

> Yes/No型のフィールドで「No」のレコードが表示された

Q313 `365` `2019` `2016` `2013`　お役立ち度 ★★★

パラメータークエリで「Yes」や「No」と入力して抽出したい

A [クエリパラメーター]でデータ型を設定しておきます

ワザ311で紹介した[クエリパラメーター]ダイアログボックスで、パラメーターを指定するフィールドのデータ型として[Yes/No型]を設定しておくと、[パラメーターの入力]ダイアログボックスに「Yes」「No」や「True」「False」を入力してレコードを抽出できます。

> [データ型]で[Yes/No型]を選択するとパラメータークエリで「Yes」「No」を入力できる

Q314 `365` `2019` `2016` `2013`　お役立ち度 ★★☆

設定していないのにパラメーターの入力を要求されてしまう

A 存在しないフィールドをクエリに追加していないか確認しましょう

パラメータークエリの設定をしたつもりがないのに、クエリを実行すると[パラメーターの入力]ダイアログボックスが表示されることがあります。その場合、テーブルに存在しないフィールドがデザイングリッドに追加されている可能性があります。例えば[会員テーブル]から[退会日]フィールドを削除した後で、[退会日]フィールドを含む選択クエリを実行すると、「会員テーブル.退会日」と表示された[パラメーターの入力]ダイアログボックスが表示されます。[キャンセル]をクリックして、クエリのデザインビューで存在しないフィールドがないかを確認し、不要なフィールドは削除しましょう。

パラメータークエリの抽出条件を削除した場合でも、ワザ311で紹介した[クエリパラメーター]ダイアログボックスの設定は残ります。そのようなクエリを実行すると、[クエリパラメーター]ダイアログボックスで設定されているパラメーターが表示されます。ワザ311を参考に[クエリパラメーター]ダイアログボックスを表示して、設定内容を削除しましょう。

> 設定していないのにパラメーターの入力を要求された

1 [キャンセル]をクリック

> ワザ234を参考に、デザインビューでクエリを表示しておく

フィールド	会員名	フリガナ	入会日	式1: 会員テーブル.退会日
テーブル	会員テーブル	会員テーブル	会員テーブル	
並べ替え				
表示	☑	☑	☑	☑
抽出条件				
または				

> デザイングリッドに、基のテーブルに存在しないフィールドがあれば削除する

関連 Q311 複数のパラメーターの入力順を指定したい…… P.176

Q315 365 2019 2016 2013

テーブル内にある重複したデータを抽出したい

A [重複クエリウィザード] を使用すると簡単です

[重複クエリウィザード] を使用すると、簡単に重複データを抽出できます。テーブルにレコードが二重登録されていないか調べたいときなどに利用します。ここでは例として、[懸賞応募テーブル] に同一人物のレコードが重複していないかを調べます。このときポイントになるのは、どのようなデータを重複と見なすのか、きちんと考えることです。ここでは、氏名と電話番号の両方が一致するデータを重複と見なします。つまり、氏名が同じでも電話番号が異なれば重複とは見なさないということです。

なお、クエリのデータシートに表示される内容は、操作11 ～ 12のクエリの結果にフィールドを追加する画面での指定によって変わります。操作11でフィールドを指定すると、そのフィールドの値が表示されます。この手順の例では [ID] フィールドを指定しているので、二重登録されているレコードの「氏名、電話番号、ID」が表示され、「田中哲、03-3455-xxxx、5」「田中哲、03-3455-xxxx、3」のように2組表示されます。操作12でフィールドを指定しない場合は、「田中哲、03-3455-xxxx、2」のように「氏名、電話番号、重複件数」が表示されます。　　　→重複クエリ……P.450

懸賞応募者のテーブルで、氏名と電話番号が同じなら重複データと見なす

氏名が同じでも電話番号が異なれば重複データと見なさない

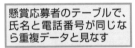

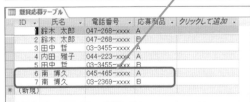

1 [作成] タブをクリック

2 [クエリウィザード] をクリック

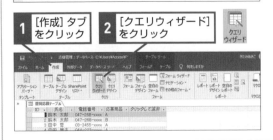

[新しいクエリ]ダイアログボックスが表示された

3 [重複クエリウィザード]をクリック

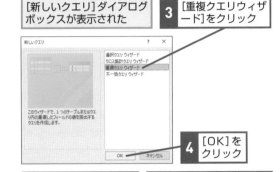

4 [OK]をクリック

5 表示したいオブジェクトの種類を選択

6 重複データを調べたいオブジェクトを選択

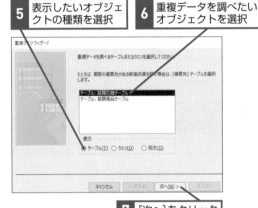

7 [次へ]をクリック

重複を調べたいフィールドを選択する

8 [氏名]フィールドを選択

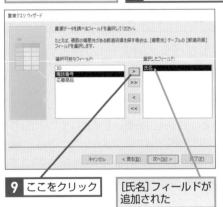

9 ここをクリック

[氏名]フィールドが追加された

動画で見る

10 操作8～9と同様に [電話番号]フィールドを追加

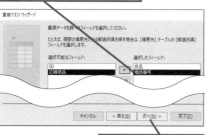

11 [次へ]をクリック

クエリの結果に表示したいフィールドを追加する

12 操作8～9と同様に [ID]フィールドを追加

13 [次へ]をクリック

14 クエリ名を入力

15 [クエリを実行して結果を表示する]をクリック

16 [完了]をクリック

クエリの結果が表示され、二重登録の疑いがあるフィールドが抽出された

氏名	電話番号	ID
田中 哲	03-3455-xxxx	5
田中 哲	03-3455-xxxx	3
鈴木 太郎	047-268-xxxx	2
鈴木 太郎	047-268-xxxx	1

Q316 365 2019 2016 2013

抽出条件でデータ型が一致しないというエラーが表示される

A データ型に応じた抽出条件を指定し直しましょう

クエリを実行するときに「抽出条件でデータ型が一致しません」というエラーが表示される場合は、抽出対象のフィールドのデータ型に合わない条件が設定されています。例えば、数値型や日付/時刻型、Yes/No型のフィールドに「A101」のような文字列の条件を設定すると、このようなエラーが発生します。また、自分では正しく「>10」や「True」などの条件を設定したつもりでも、条件が全角で入力されていると文字列と見なされてエラーが発生するので、全角と半角の違いに気を付けましょう。エラーが発生した場合は[OK]をクリックしてダイアログボックスを閉じ、ワザ292を参考にデータ型に応じた適切な条件を入力し直しましょう。

➡データ型……P.450

「データ型が一致しない」というエラーが表示される場合は、抽出条件のデータの種類を確認する

1 [OK]をクリック

2 クエリを右クリック

3 [デザインビュー]をクリック

デザインビューでクエリが表示された

抽出条件が全角文字で入力されていた

4 抽出条件を半角で入力し直す

正しく抽出されるようになる

データベース / Accessの基本 / ファイル / テーブル / クエリ / フォーム / レポート / 関数 / マクロ / データ連携・共有 / 管理・セキュリティ

Q317　365 2019 2016 2013　お役立ち度 ★★★

存在するはずの日付や数値が抽出されない

A 日付の時刻部分や数値の小数部分に注意しましょう

日付/時刻型のフィールドで存在するはずの日付が抽出できない場合は、日付データに時刻データが含まれている可能性があります。例えば「2020/08/01 12:00:00」というデータは「#2020/08/01#」という抽出条件では抽出できません。条件を「>=#2020/08/01# And <#2020/08/02#」のように入力すれば、「2020/08/01」のデータを漏れなく抽出できます。同様に、数値の抽出を行うときは小数部分に注意しましょう。

Q318　365 2019 2016 2013　お役立ち度 ★★★

ルックアップフィールドに存在するはずのデータが抽出されない

A キー列の値を抽出条件に指定してみましょう

テーブルでルックアップフィールドを設定したときに、[ルックアップウィザード]で[キー列を表示しない]にチェックマークを付けると、フィールドには表示されているデータではなく、キー列のデータが保存されます。その場合、表示されているデータを抽出条件に指定しても抽出できません。基のテーブルで主キーの値を調べ、それを抽出条件に指定しましょう。

[総務部][管理部]などリストに表示される値を抽出条件にしても抽出できないことがある

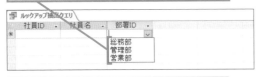

基のテーブルで主キーの値（ここでは[部署名]ではなく[部署ID]フィールドのデータ）を調べ、その値を抽出条件に指定すると抽出できる

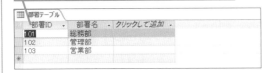

Q319　365 2019 2016 2013　お役立ち度 ★★★

存在するはずのデータが抽出されない

A 定型入力が設定されていないか確認しましょう

[定型入力]の機能を使用して入力したデータを抽出する場合は、リテラル文字が保存される設定になっているかによって、条件の指定に注意が必要です。リテラル文字とは、郵便番号の「-」や電話番号の「()」などのことです。

例えば、テーブルの[郵便番号]フィールドに[定型入力]プロパティが設定されているとします。リテラル文字が保存されない設定の場合は、データシートに「123-4567」と表示されていても、実際にテーブルに保存されているのは「1234567」です。したがって抽出条件を「1234567」の形式で指定しないと抽出されません。リテラル文字が保存される設定の場合は、「123-4567」の形式で抽出条件を指定します。なお、リテラル文字の保存については、ワザ147を参考に判断してください。

Q320　365 2019 2016 2013　お役立ち度 ★★

存在するはずの未入力のデータが抽出されない

A Nullと長さ0の文字列、空白の違いに注意しましょう

何も入力されていないフィールドはワザ301のように半角の「Is Null」という抽出条件で抽出できますが、短いテキストや長いテキストのフィールドの場合、何も入力されてないように見えても長さ0の文字列「""」や空白（スペース）が入力されていることがあります。長さ0の文字列は、[抽出条件]行に半角の「""」と入力すると抽出できます。空白（スペース）の数は分からないので、とりあえず「Like " *"」という条件を使用して空白で始まるデータがあるかどうかを確認しましょう。

→Like演算子……P.444

→Null値……P.444

→長さ0の文字列……P.450

複数のテーブルを基にしたクエリ

複数のテーブルを組み合わせて利用できることは、Accessならではのメリットです。ここでは、複数のテーブルからクエリを作成して1つの表にまとめるワザを紹介します。

Q321 [365] [2019] [2016] [2013]　　　お役立ち度 ★★★

複数のテーブルに保存されたデータを1つの表にまとめたい

A クエリに複数のテーブルを
追加すると1つの表になります

複数のテーブルに格納されたデータを1つの表にまとめるにはクエリを使用します。このようなクエリを作成する具体的な方法は、ワザ322以降を参照してください。　　→テーブル……P.450

次の2つのテーブルのレコードを商品
区分IDで関連付けて1つにまとめる

◆商品テーブル

◆商品区分テーブル

| 1 | [作成] タブをクリック | 2 | [クエリデザイン] をクリック |

[テーブルの表示] ダイアログボックスが
表示された

| 3 | [商品テーブル]をクリック | 4 | Ctrl キーを押しながら [商品区分テーブル]をクリック |

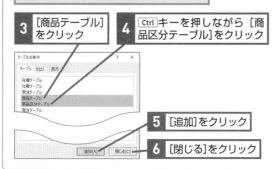

| 5 | [追加]をクリック |
| 6 | [閉じる]をクリック |

[商品テーブル] と [商品区分テーブル] の
フィールドリストが追加された

ワザ322を参考に、結合フィールドを指定しておく

ワザ243を参考に、フィールドを追加しておく

| 7 | [並べ替え]行で[昇順]を選択 |

| 8 | [クエリツール]の[デザイン]タブをクリック |

| 9 | [実行]をクリック |

クエリを実行すると、結合フィールドに
指定した [商品区分ID] に同じ値を持つ
レコードが統合された

📋 結合クエリ

商品ID	商品名	商品区分名
H001	アロエジュース	ドリンク
H002	アロエゼリー	美容補助食品
H003	アロエ茶	ドリンク
H004	ウコン茶	ドリンク
H005	カルシウム	栄養補助食品
H006	コエンザイムQ10	栄養補助食品
*		

Q322 [365] [2019] [2016] [2013]　お役立ち度 ★★★

クエリで複数の
テーブルを利用したい

A 複数のテーブルを追加して
　　結合します

クエリを作成するときに［テーブルの表示］ダイアログボックスで複数のテーブルを追加すると、複数のテーブルのデータを組み合わせたクエリを作成できます。リレーションシップが設定されている場合や2つのテーブルに以下の条件を満たすフィールドがある場合は、自動的にテーブル同士が結合線で結ばれます。

- **フィールド名とデータ型が同じ**
- **フィールドサイズが同じ**
- **少なくとも一方のフィールドが主キー**

例外として、オートナンバー型はフィールドサイズが長整数型である数値型のフィールドと結合します。また、短いテキストの場合はフィールドサイズが異なっても結合します。上記の条件を満たすフィールドが存在しない場合は、自動で結ばれないので、結合フィールドをドラッグして手動で結合してください。

> ワザ243を参考に、デザインビューでクエリを作成し、［社員テーブル］［受注テーブル］を追加しておく

1 ［社員テーブル］の［社員ID］に　マウスポインターを合わせる

2 ［受注テーブル］の　［受注担当者］までドラッグ

マウスポインターの形が変わった

> 結合線が表示された

関連
Q321　複数のテーブルに保存されたデータを
1つの表にまとめたい ………………………… P.181

Q323 [365] [2019] [2016] [2013]　お役立ち度 ★☆☆

レコードの並び順がおかしい

A 並び順は保証されないので
　　並べ替えを設定しましょう

複数のテーブルを基にするクエリの場合、どのテーブルのフィールドが並べ替えの基準になるか明確な決まりはありません。そのため、レコードを入力後にクエリを開き直すと、意図しない順序でレコードが並んでいることがあります。目的通りの順序でレコードを表示するには、ワザ278を参考に正しく並べ替えの設定を行いましょう。

Q324 [365] [2019] [2016] [2013]　お役立ち度 ★★★

同じデータが何度も
表示されてしまう

A テーブルが結合線で
　　結ばれていないからです

クエリに追加した複数のテーブルが結合線で結ばれていないと、データシートには各テーブルのレコード数を掛け合わせた数のレコードが表示されてしまいます。レコード同士を正しく組み合わせて表示するには、テーブル同士を共通のフィールドで結合しましょう。

> フィールドを結合しない
> ままクエリを実行する

> 各テーブルのレコード数を掛け合わせた
> 数だけレコードが表示された

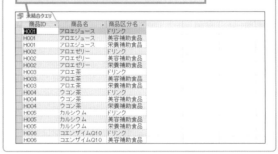

オートルックアップクエリって何？

A 一側テーブルのデータが自動表示されるクエリです

テーブル間の結合が一対多のリレーションシップの関係にある場合、クエリのデータシートビューで多側テーブルの結合フィールドにデータを入力すると、対応する一側テーブルのデータが自動表示されます。このようなクエリを「オートルックアップクエリ」と呼びます。オートルックアップクエリでは、結合フィールドを多側テーブルから配置しないと、一側テーブルのデータを正しく自動表示できないので注意してください。

➡ルックアップ……P.454

> ワザ321を参考に、クエリに複数のテーブルを追加しておく

> ここではリレーションシップが設定されているため、自動的に結合線が結ばれている

◆多側テーブル　　◆一側テーブル

1 [商品ID] にマウスポインターを合わせる

2 デザイングリッドにドラッグ

3 操作1 〜 2と同様に [商品名] フィールドを追加

4 多側テーブルの [商品区分ID] にマウスポインターを合わせる

5 デザイングリッドにドラッグ

> 結合フィールドは多側テーブルから追加する

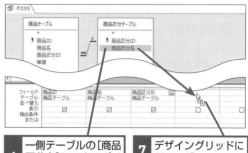

6 一側テーブルの[商品区分名]にマウスポインターを合わせる

7 デザイングリッドにドラッグ

> 必要に応じて並べ替えを設定しておく

> ここでは [商品ID] フィールドを昇順に並び替える

8 [商品ID] フィールドの [並べ替え]行で[昇順]を選択

> ワザ244を参考にクエリを実行する　　！実行

9 結合フィールドにデータを入力

10 Enter キーを押す

> オートルックアップによって、対応する一側テーブルのデータが自動入力された

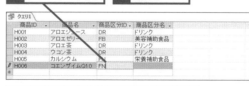

関連
Q215 一対多リレーションシップって何？ …………… P.134

右端縦: Access の基本／データベース・ファイル／テーブル／クエリ／フォーム／レポート／関数／マクロ／データ連携・共有／管理・セキュリティ

Q326 [365] [2019] [2016] [2013]　お役立ち度 ★★★

データを編集したら
他のレコードも変わってしまった

A 一側テーブルのデータは
編集しないようにしましょう

オートルックアップクエリは、基本的に多側テーブル
のレコードを入力するためのクエリです。一側テーブ
ルから配置したフィールドは、参照するためのものと
考えましょう。一側テーブルの同じデータが複数のレ
コードに表示されるため、1カ所でデータを編集する
と複数のレコードで表示が変わってしまいます。一側
テーブルのデータは編集しないようにしましょう。な
お、このような失敗を防ぐには、クエリを基にフォー
ムを作成し、ワザ401を参考に参照用のフィールドの
編集を禁止しておきましょう。

オートルックアップクエリを設定している場合、
一側テーブルのフィールドを編集すると、他のレ
コードも変更されてしまう

ここでは[ドリンク]を[飲料水]に変更する

1 ここをクリック

商品ID	商品名	商品区分ID	商品区分名
H001	アロエジュース	DR	ドリンク
H002	アロエゼリー	FB	美容補助食品
H003	アロエ茶	DR	ドリンク
H004	ウコン茶	DR	ドリンク
H005	カルシウム	FN	栄養補助食品

2 「飲料水」と入力　**3** Enter キーを押す

商品ID	商品名	商品区分ID	商品区分名
H001	アロエジュース	DR	飲料水
H002	アロエゼリー	FB	美容補助食品
H003	アロエ茶	DR	ドリンク
H004	ウコン茶	DR	ドリンク
H005	カルシウム	FN	栄養補助食品
H006	コエンザイムQ10	FN	栄養補助食品

[ドリンク]と表示されていたレコードが
すべて[飲料水]に変わった

商品ID	商品名	商品区分ID	商品区分名
H001	アロエジュース	DR	飲料水
H002	アロエゼリー	FB	美容補助食品
H003	アロエ茶	DR	飲料水
H004	ウコン茶	DR	飲料水
H005	カルシウム	FN	栄養補助食品

関連 Q401　特定のフィールドのデータを
変更されないようにしたい ………………………… P.224

Q327 [365] [2019] [2016] [2013]　お役立ち度 ★★★

オートルックアップクエリで一側
テーブルのデータが自動表示されない

A 一側テーブルの結合フィールドに
入力しているからです

オートルックアップクエリでは、ワザ325を参考に結
合フィールドを必ず多側テーブルから配置します。同
じフィールドが一側テーブルにもありますが、一側
テーブルから配置した場合は、結合フィールドにデー
タを入力しても対応する一側テーブルのデータは自動
的に表示されません。また、入力したレコードを保存
できないことがあるなど、トラブルの原因になるので、
必ず多側テーブルから配置しましょう。

Q328 [365] [2019] [2016] [2013]　お役立ち度 ★★★

オートルックアップクエリに
新規レコードを入力できない

A 多側の結合フィールドを追加します

オートルックアップクエリでは、多側テーブルの結合
フィールドが配置されていないと、新規レコードが
入力できないことがあります。多側テーブルの結合
フィールドをクエリに追加しましょう。

Q329 [365] [2019] [2016] [2013]　お役立ち度 ★★★

オートルックアップクエリで
新規レコードを保存できない

A 結合フィールドに入力しましょう

オートルックアップクエリで新規レコードを保存する
ときに、「フィールド（フィールド名）とキーが一致
しているレコードをテーブル（テーブル名）で探すこ
とができません。」という内容のダイアログボックス
が表示されて保存できないことがあります。テーブル
では結合フィールドが未入力のままでも保存できます
が、オートルックアップクエリの既定の設定では結合
フィールドが未入力のままでは保存できません。なお、
ワザ331を参考にテーブル間に右外部結合を設定すれ
ば、結合フィールドが未入力のままでも保存できます。

Q330 [365] [2019] [2016] [2013]

結合線が重なって見づらい

A タイトルバーをドラッグして
テーブルの配置を調整しましょう

複数のテーブルを基に作成するクエリでは、結合線が重なってテーブル同士の関係が分かりにくくなることがあります。そのようなときには、結合線が重ならないように配置を調整しましょう。フィールドリストを移動するには、タイトルバーの部分をドラッグします。

➡結合線……P.447

> フィールドリストのタイトルバーをドラッグして移動できる

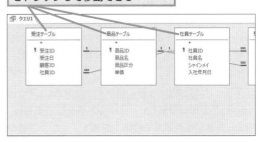

Q331 [365] [2019] [2016] [2013]

結合したらデータが表示されなくなった

A 結合プロパティを
変更してみましょう

複数のテーブルを基にしたクエリに、存在するはずのデータが表示されないときは、結合プロパティを変更してみましょう。通常の結合は内部結合と呼ばれ、データシートに表示されるのはお互いのテーブルの結合フィールドが一致するレコードだけです。外部結合に変更すると、どちらか一方のテーブルのすべてのレコードを表示できます。外部結合では、結合線に矢印が表示されます。詳しくは、ワザ334を参照してください。

➡結合線……P.447

> ワザ234を参考に、デザインビューでクエリを表示しておく

> ここでは内部結合を右外部結合に変更し、[社員テーブル]のすべてのレコードを表示できるようにする

> **1** 結合線をダブルクリック

> [結合プロパティ]ダイアログボックスが表示された

> **2** [3:'社員テーブル'の全レコードと'役職テーブル'の同じ結合フィールドのレコードだけを含める]をクリック

> **3** [OK]をクリック

> 結合線に矢印が表示された

> ワザ244を参考にクエリを実行する

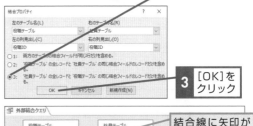

> すべてのレコードが表示された

複数のテーブルを基にしたクエリ ● できる **185**

Q332 [365] [2019] [2016] [2013]　お役立ち度 ★★★

同じ名前のフィールドを
計算式に使うにはどうすればいい?

A テーブル名を明記するか
新しい名前を付けましょう

クエリの基になる複数のテーブルに同じ名前のフィールドがある場合、そのフィールドを計算式で使用するときは「[テーブル名].[フィールド名]」の形式でテーブル名を明記します。同じ名前のフィールドをデザイングリッドに配置し、「新しいフィールド名:[フィールド名]」の形式で新しいフィールド名を設定すれば、設定した名前を計算式で使用できます。また、このクエリを基に別のクエリを作成する場合にも、設定したフィールド名は新しいクエリで使用できて便利です。

●テーブル名を明記する場合

両方のテーブルに[数量]
フィールドが存在する

計算式で[数量]フィールドを指定するときは、
「[在庫テーブル].[数量]」のようにテーブル名も
明記する

●新しいフィールド名を付ける場合

同じ名前のフィールドが2つあるので
異なる名前を設定する

「新しいフィールド名:[フィールド名]」の形式でフィールド名を設定する

設定したフィールド名は計算式で利用できる

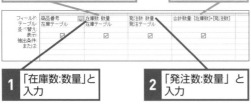

1 「在庫数:数量」と入力

2 「発注数:数量」と入力

関連
Q331　結合したらデータが表示されなくなった ……… P.185

Q333 [365] [2019] [2016] [2013]

2つのテーブルのうち、一方に
しかないデータを抽出したい

A [不一致クエリウィザード] を
使用すると簡単です

[不一致クエリウィザード]を使うと、2つのテーブルを比べて、一方にしかないデータを簡単に抽出できます。例えば[商品テーブル]と[受注テーブル]を比べて[商品テーブル]にしかない[品番]フィールドを抽出すると、売れていない商品を調べられます。不一致クエリは、外部結合の仕組みを利用して作成されます。外部結合の勉強になるので、ウィザード完了後にクエリのデザインビューを確認するといいでしょう。

➡不一致クエリ……P.452

[商品テーブル]にあって[受注テーブル]
にない品番の商品(レコード)を抽出する

◆商品テーブル

◆受注テーブル

ワザ315を参考に、[新しいクエリ]ダイアログ
ボックスを表示しておく

1 [不一致クエリウィザード]
をクリック

2 [OK]を
クリック

サンプル　お役立ち度 ★★★

Accessの基本
データベース・ファイル
テーブル
クエリ
フォーム
レポート
関数
マクロ
データ連携・共有
管理・セキュリティ

レコードを抽出するオブジェクトを選択する

3 [テーブル]を
クリック

4 [テーブル:商品テーブル]
をクリック

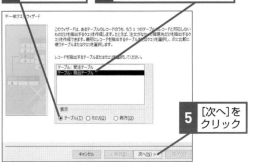

5 [次へ]を
クリック

比較対象のオブジェクトを選択する

6 [テーブル]
をクリック

7 [テーブル:受注テーブル]
をクリック

8 [次へ]を
クリック

9 両方のオブジェクトで比較する
フィールド([品番])をクリック

10 ここをクリック　　　<=>　　　**11** [次へ]をクリック

12 ここを
クリック

クエリの結果に表示する[品番][商
品名][単価]フィールドが[選択し
たフィールド]に追加された

13 [次へ]をクリック

14 クエリ名を入力

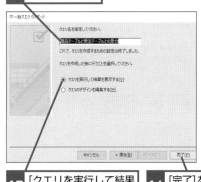

15 [クエリを実行して結果
を表示する]をクリック

16 [完了]を
クリック

[商品テーブル]にあって[受注テーブル]
にない品番のデータが抽出された

商品テーブルと受注テーブルとの差分

品番	商品名	単価
A001	大型断熱物置	¥220,000
K001	大型木造物置	¥188,000
*		

関連　テーブル内にある重複した
Q315　データを抽出したい................................ P.178

複数のテーブルを基にしたクエリ ● できる　**187**

Access の基本 / ファイル / データベース / テーブル / クエリ / フォーム / レポート / 関数 / マクロ / データ連携・管理 / 共有 / セキュリティ

外部結合にはどのような種類があるの?

A 左外部結合と右外部結合があります

ワザ331のように、クエリのデザインビューで結合線をダブルクリックしたときに表示される[結合プロパティ]ダイアログボックスには、3つの選択肢があります。選択肢は、上から順に内部結合、左外部結合、右外部結合となります。それぞれの違いと抽出されるデータの例は次のとおりです。

なお、Accessではクエリのデザインビューに配置したテーブルの位置とは関係なく、一側テーブルを左のテーブル、多側テーブルを右のテーブルと呼びます。

[結合プロパティ]ダイアログボックスを表示しておく

内部結合を設定できる

左外部結合を設定できる

右外部結合を設定できる

◆一側テーブル(役職テーブル)

役職ID	役職
A	部長
B	部長補佐
C	課長
D	係長

◆多側テーブル(社員テーブル)

社員ID	社員名	役職ID
1001	田中	A
1002	南	C
1003	佐々木	D
1004	新藤	D
1005	岡田	
1006	小林	

●内部結合

内部結合は、両方のテーブルの結合フィールドの値が一致するレコードだけが取り出されます。[社員テーブル]と[役職テーブル]の例では、役職に就いている社員のレコードだけが取り出されます。

役職	役職ID	社員名
部長	A	田中
課長	C	南
係長	D	佐々木
係長	D	新藤

一側テーブルと多側テーブルが矢印のない結合線で結ばれている

●左外部結合

左外部結合は、一側テーブルのすべてのレコードと多側テーブルの結合フィールドの値が一致するレコードが取り出されます。[役職テーブル]と[社員テーブル]の例では、内部結合のレコードに加え、役職が用意されているものの、該当社員がいない役職データが取り出されます。

役職	役職ID	社員名
部長	A	田中
部長補佐	B	
課長	C	南
係長	D	佐々木
係長	D	新藤

一側テーブルから多側テーブルに向かう矢印が表示される

●右外部結合

右外部結合は、多側テーブルのすべてのレコードと一側テーブルの結合フィールドの値が一致するレコードが取り出されます。[役職テーブル]と[社員テーブル]の例では、内部結合のレコードに加え、役職に就いていない社員データが取り出されます。

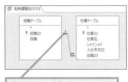

役職	役職ID	社員名
部長	A	田中
課長	C	南
係長	D	佐々木
係長	D	新藤
		岡田
		小林

多側テーブルから一側テーブルに向かう矢印が表示される

関連 **Q331** 結合したらデータが表示されなくなった……… P.185

データの集計

データベースに蓄積したデータを集計すると、データの傾向を把握でき、データ分析に役立ちます。ここでは集計のテクニックを見ていきましょう。

Q335 365 2019 2016 2013　お役立ち度 ★★★

グループごとに集計したい

A グループ化するフィールドと集計方法を指定します

グループごとの集計（グループ集計）を行うには、デザイングリッドに［集計］行を表示します。集計対象のフィールドで集計の種類を指定すると、同じデータをグループ化して、グループごとに集計できます。集計の種類は［合計］［平均］［カウント］などから選択するだけで、計算式を入力する必要はありません。実際には、自動的に対応する関数が使用されて計算が行われます。なお、［集計］行を非表示にすると、集計は解除されます。　➡集計……P.448

●都道府県を基準に金額を合計する

都道府県	金額
東京都	¥1,000
神奈川県	¥500
東京都	¥800
千葉県	¥1,200
千葉県	¥400
神奈川県	¥1,000
東京都	¥600

都道府県	金額
東京都	¥2,400
神奈川県	¥1,500
千葉県	¥1,600

●グループ集計を行う方法

```
ワザ243を参考に、デザインビューでクエリを作成しておく
```
```
テーブルを追加し、［都道府県］［金額］フィールドを追加しておく
```

1 ［クエリツール］の［デザイン］タブをクリック
2 ［集計］をクリック　Σ 集計

3 集計したいフィールドの［集計］行のここをクリック

デザイングリッドに［集計］行が表示された

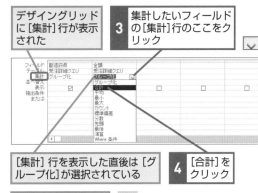

［集計］行を表示した直後は［グループ化］が選択されている

4 ［合計］をクリック

ワザ244を参考にクエリを実行する　! 実行

データシートビューで表示しておく

都道府県ごとに金額を合計できた

都道府県	金額の合計
埼玉県	¥133,200
神奈川県	¥178,300
東京都	¥540,300

●主な集計の種類

集計の種類	対応する関数
合計	Sum
平均	Avg
最小	Min
最大	Max
カウント	Count

関連 Q336 集計結果のフィールドに名前を設定したい…… P.190

関連 Q337 計算結果を集計したい…………………… P.190

Q336 365 2019 2016 2013　お役立ち度 ★★★

集計結果のフィールドに名前を設定したい

A 集計するフィールドの前に「フィールド名:」を入力します

グループ集計を行うと、集計したフィールドには自動的に「数量の合計」のような名前が付けられます。任意の名前を設定するには、デザイングリッドの[フィールド]行に「新しいフィールド名:集計対象のフィールド名」の形式で名前を入力します。

> 都道府県を基準に金額を合計し、[合計金額]というフィールド名で表示する

> ワザ243を参考に、デザインビューでクエリを作成しておく

> テーブルを追加し、[都道府県][金額]フィールドを追加しておく

> ワザ335を参考に、デザイングリッドに[集計]行を表示しておく

> **1** 合計を表示させたいフィールドの[集計]行で[合計]を選択

フィールド:	都道府県	金額		
テーブル:	受注詳細クエリ	受注詳細クエリ		
集計:	グループ化	合計		
並べ替え:				
表示:	☑	☑	☐	
抽出条件:				
または:				

> **2** 「合計金額:金額」と入力

フィールド:	都道府県	合計金額:金額		
テーブル:	受注詳細クエリ	受注詳細クエリ		
集計:	グループ化	合計		
並べ替え:				
表示:	☑	☑	☐	
抽出条件:				
または:				

> ワザ244を参考にクエリを実行する　実行

> データシートビューで表示しておく

> [合計金額]というフィールド名で集計できた

都道府県別集計	
都道府県	合計金額
埼玉県	¥133,200
神奈川県	¥178,300
東京都	¥540,300

関連 Q335 グループごとに集計したい P.189

Q337 365 2019 2016 2013　お役立ち度 ★★★

計算結果を集計したい

A 演算フィールドの[集計]行で集計方法を指定します

演算フィールドも集計できます。例えば、デザイングリッドの[フィールド]欄に「合計金額:[単価]*[数量]」と入力すると、[単価]フィールドと[数量]フィールドを掛け合わせた結果を集計できます。クエリを保存して開き直すと、「合計金額:SUM([単価]*[数量])」のように関数式が表示されます。

➡演算フィールド……P.446

> テーブルの商品の「単価×数量」で金額を計算し、商品区分ごとの合計金額を求める

> ワザ243を参考に、デザインビューでクエリを作成し、テーブルを追加して[商品区分]フィールドを追加しておく

> ワザ335を参考に、デザイングリッドに[集計]行を表示しておく

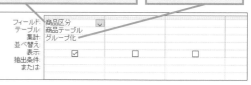

フィールド:	商品区分			
テーブル:	商品テーブル			
集計:	グループ化			
並べ替え:				
表示:	☑	☐	☐	
抽出条件:				
または:				

> **1** 「合計金額:[単価]*[数量]」と入力
> **2** [集計]行で[合計]を選択

フィールド:	商品区分	合計金額:[単価]*[数量]		
テーブル:	商品テーブル			
集計:	グループ化	合計		
並べ替え:				
表示:	☑	☑	☐	
抽出条件:				
または:				

> ワザ244を参考にクエリを実行する　実行

> 商品区分ごとの合計金額を集計できた

区分別集計	
商品区分	合計金額
サプリメント	¥271,300
ビヨウ	¥347,400
ヘルシー	¥233,100

関連 Q335 グループごとに集計したい P.189

Q338
365 2019 2016 2013 　　　　　　　　　　お役立ち度 ★★☆

レコード数を正しくカウントできない

**A データが必ず入力されている
フィールドをカウントしましょう**

[集計] 行で [カウント] を選択すると、フィールドの
データがカウントされますが、Null値はカウントの対
象になりません。レコード数をカウントしたいときは、
データが必ず入力されている主キーのようなフィール
ドをカウントするようにしましょう。

→Null値……P.444

Q339
365 2019 2016 2013 　　　　　　　　　　お役立ち度 ★★☆

2段階のグループ化を行いたい

**A 優先順位の高いフィールドを
左から順に配置します**

2段階のグループ化を行うには、グループ化するフィー
ルドのうち、優先順位の高いフィールドを左から順に
配置します。例えば左から順に [商品区分] と [顧客
性別] のフィールドを配置すると、商品区分と顧客性
別ごとに集計できます。

商品区分と注文した顧客の性別ごとに、
受注数量の合計を求める

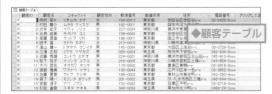

◆顧客テーブル

◆受注テーブル

◆受注明細テーブル

◆商品テーブル

ワザ243を参考に、デ
ザインビューでクエリ
を作成しておく

ワザ335を参考に、デ
ザイングリッドに [集
計] 行を表示しておく

テーブルを追加し、グループ化す
るフィールドを [商品区分] [顧
客性別] の順に配置しておく

1 「合計数量:
数量」と入力

フィールド:	商品区分	顧客性別	合計数量: 数量
テーブル:	商品テーブル	顧客テーブル	受注明細テーブル
集計:	グループ化	グループ化	合計
並べ替え:			
表示:	☑	☑	☑
抽出条件:			
または:			

2 合計を表示したいフィールド
の[集計]行で[合計]を選択

ワザ244を参考に
クエリを実行する

実行

商品区分と顧客性別
ごとに集計できた

◆2段階の集計クエリ
[商品区分]と[顧客性別]ごとの集計
値が縦に並ぶ

Q340 `365` `2019` `2016` `2013`　お役立ち度 ★★★

日付のフィールドを月ごとに
グループ化して集計したい

A 日付のフィールドから「月」を
取り出してグループ化します

日付を月ごとにグループ化するには、Format関数で日付から「月」を取り出してグループ化します。複数年のデータの場合は、レコードを正しく並べ替えるために「年」と「月」の両方を取り出します。

Format(データ , 書式)
[データ] を指定した [書式] に変換した文字列を返す

日ごとの受注金額の
合計を求める

ワザ243を参考に、デザインビューでクエリを作成し、受注金額の[データ]フィールドがあるテーブルまたはクエリを追加しておく

ワザ335を参考に、デザイングリッドに[集計]行を表示しておく

1 「月: Format([受注日],"yyyy¥年mm¥月")」と入力

2 「受注金額:金額」と入力

3 [月]フィールドの[並べ替え]行で[昇順]を選択

4 [受注金額]フィールドの[集計]行で[合計]を選択

ワザ244を参考にクエリを実行する

月ごとにグループ化して集計できた

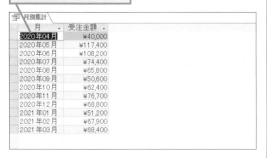

Q341 `365` `2019` `2016` `2013`　お役立ち度 ★★★

数値のフィールドを
一定の幅で区切って集計したい

A Partition関数で数値を
区切ってからグループ化します

定価の価格帯や年齢の年代別に集計を行いたいときは、Partition関数で定価や年齢を一定の幅で区切ってグループ化します。例えば、以下の手順のように最小値を「1000」、最大値を「5999」、間隔を「1000」と指定すると、単価が「1500」の場合は「1000:1999」、「2200」の場合は「2000:2999」にグループ分けされます。　➡関数……P.446

Partition(数値 , 最小値 , 最大値 , 間隔)
[最小値] から [最大値] までの範囲を [間隔] で区切った中で、[数値] が含まれる範囲を「X:Y」の形で返す

1,000円以上5,999円以下の単価を1,000円区切りでグループ化し、売上数量の合計を求める

ワザ243を参考にデザインビューでクエリを作成し、[単価][数量]フィールドがあるテーブルまたはクエリを追加しておく

ワザ335を参考に、デザイングリッドに[集計]行を表示しておく

1 「価格帯:Partition ([単価],1000,5999,1000)」と入力

2 「数量の合計:数量」と入力

3 [価格帯]フィールドの[並べ替え]行で[昇順]を選択

4 [数量の合計]フィールドの[集計]行で[合計]を選択

ワザ244を参考にクエリを実行する

価格帯別に集計できた

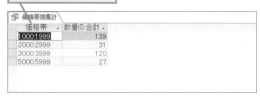

グループ化した数値を見やすく表示したい

A Replace関数を使用します

Partition関数では、一定の幅で区切った数値の範囲を「1000:1999」「2000:2999」の形式で表示します。より分かりやすく「1000 〜 1999」「2000 〜 2999」と表示するには、Replace関数を使用して「:」を「〜」で置き換えます。

> **Replace(文字列 , 検索文字列 , 置換文字列)**
> [文字列] の中の [検索文字列] を [置換文字列] に置換する

> 1,000円〜 5,999円までの単価の商品を1,000円区切りでグループ化し、売上数量の合計を求める

> ワザ243を参考にデザインビューでクエリを作成し、[単価][数量] フィールドがあるテーブルまたはクエリを追加しておく

> ワザ335を参考に、デザイングリッドに[集計]行を表示しておく

1 「価格帯:Replace (Partition([単価],1000, 5999, 1000),":"," 〜 ")」と入力

2 「数量の合計:数量」と入力

3 [価格帯] フィールドの[並べ替え]行で[昇順]を選択

4 [数量の合計]フィールドの[集計]行で[合計]を選択

> ワザ244を参考にクエリを実行する　実行

> 商品が1,000円区切りでグループ化され、グループごとの数量が集計できた

価格帯別集計2

価格帯	数量の合計
1000〜1999	139
2000〜2999	31
3000〜3999	120
5000〜5999	27

関連 Q335　グループごとに集計したい ……………………… P.189

集計結果を抽出したい

A [抽出条件] 行に条件を入力します

集計結果から特定の行だけを抽出するには、抽出対象のフィールドの [抽出条件] 行に抽出条件を入力します。例えば、社員ごとの売上金額を集計するクエリで [売上金額] フィールドに「>=200000」という条件を設定すると、20万円以上の売り上げがあった社員だけを抜き出せます。

> 売上金額を社員名ごとに集計するクエリを作成する

> ワザ243を参考にデザインビューでクエリを作成し、[社員名][金額] フィールドがあるテーブルまたはクエリを追加しておく

> ワザ335を参考に、[集計] 行を表示しておく

1 [売上金額]フィールドの[集計]行で[合計]を選択

2 [売上金額] フィールドの [抽出条件] 行に「>=200000」と入力

> ワザ244を参考にクエリを実行する　実行

> 抽出条件によって、売上金額が20万円以上のレコードだけが抽出された

集計結果の抽出

社員名	売上金額
会田　浩介	¥225,000
樋口　舞子	¥223,100

関連 Q344　抽出結果を集計したい ……………………… P.194

Q344 [365] [2019] [2016] [2013] お役立ち度 ★★☆

抽出結果を集計したい

A [集計] 行で [Where条件] を 選択して抽出条件を指定します

あらかじめ抽出を行って、抽出したレコードを対象に集計するには、抽出対象のフィールドの [集計] 行で [Where条件] を選択して抽出条件を指定します。[Where条件] を選択したフィールドは、自動的に [表示] のチェックマークがはずれ、データシートに表示されません。

> 売上金額を社員名ごとに集計するが、対象を商品区分「サプリメント」の売上金額に絞る

> ワザ243を参考に、デザインビューでクエリを作成しておく

> テーブルを追加し、[社員名] [商品区分] フィールドを追加しておく

> ワザ335を参考に、デザイニンググリッドに [集計] 行を表示しておく

1 「売上金額: 金額」と入力

2 [売上金額] フィールドの [集計] 行で [合計] を選択

3 [商品区分] フィールドの [集計] 行で [Where条件] を選択

4 [商品区分] フィールドの [抽出条件] 行に "サプリメント" と入力

5 [表示] にチェックマークが付いていないことを確認

> ワザ244を参考にクエリを実行する

実行

抽出結果の集計

社員名	売上金額
会田　浩介	¥64,400
前島　哲	¥64,200
中根　優奈	¥27,800
八木　正道	¥50,400
樋口　舞子	¥64,500

> 「サプリメント」の売上金額のみを集計できた

Q345 [365] [2019] [2016] [2013]

クロス集計クエリを作成したい

A [クロス集計クエリウィザード] を 使用すると簡単です

[クロス集計クエリウィザード] を使用すると、クロス集計に関する詳しい知識がなくても、ウィザードの流れに沿って設定を進めるだけで、簡単にクロス集計クエリを作成できます。なお、クロス集計クエリの基になるテーブルやクエリは、ウィザードの中で1つしか指定できません。複数のテーブルを基にクロス集計したいときは、あらかじめ複数のテーブルから選択クエリを作成し、それを基にクロス集計を行いましょう。

→ウィザード……P.446
→クロス集計……P.447

> ◆クロス集計クエリ
> [社員名] ごと、[商品区分] ごとの集計値が2次元で表示される

受注詳細クエリのクロス集計

社員名	合計 金額	サプリメント	ビヨウ	ヘルシー
会田　浩介	¥225,000	¥64,400	¥68,800	¥91,800
前島　哲	¥155,100	¥64,200	¥54,600	¥36,300
中根　優奈	¥127,000	¥27,800	¥68,000	¥31,200
八木　正道	¥121,600	¥50,400	¥44,800	¥26,400
樋口　舞子	¥223,100	¥64,500	¥111,200	¥47,400

> ワザ315を参考に、[新しいクエリ] ダイアログボックスを表示しておく

1 [クロス集計クエリウィザード] をクリック

2 [OK] をクリック

動画で見る

Access の基本
データベース
ファイル
テーブル
クエリ
フォーム
レポート
関数
マクロ
データ連携・共有
管理・セキュリティ

[クロス集計クエリウィザード]が表示された

3 表示するオブジェクトの種類を選択

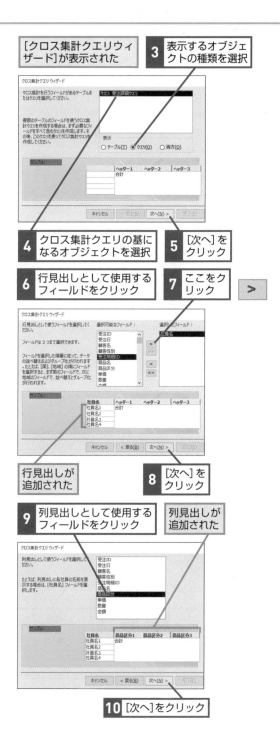

4 クロス集計クエリの基になるオブジェクトを選択

5 [次へ]をクリック

6 行見出しとして使用するフィールドをクリック

7 ここをクリック

>

行見出しが追加された

8 [次へ]をクリック

9 列見出しとして使用するフィールドをクリック

列見出しが追加された

10 [次へ]をクリック

11 集計するフィールドをクリック

12 集計方法をクリック

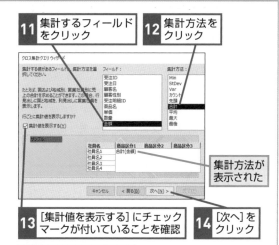

集計方法が表示された

13 [集計値を表示する]にチェックマークが付いていることを確認

14 [次へ]をクリック

15 クエリの名前を入力

16 [クエリを実行して結果を表示する]をクリック

17 [完了]をクリック

クロス集計表が表示された

社員名	合計 金額	サプリメント	ビョウ	ヘルシー
富田 浩介	¥225,000	¥64,400	¥68,800	¥91,800
前島 哲	¥155,100	¥64,200	¥54,600	¥36,300
中根 優奈	¥127,000	¥27,800	¥68,000	¥31,200
八木 正道	¥121,600	¥50,400	¥44,800	¥26,400
樋口 舞子	¥223,100	¥64,500	¥111,200	¥47,400

関連 **Q347** クロス集計クエリを手動で作成したい ………… P.196

関連 **Q349** クロス集計クエリの列見出しに「<>」が表示される ……………………………… P.197

Q346 `365` `2019` `2016` `2013`　　お役立ち度 ★★☆

クロス集計クエリの合計値を
各行の右端に表示したい

A データシートビューで合計の列を ドラッグして移動します

[クロス集計クエリウィザード]の最後から2番目（ワザ345の操作11〜13）の画面で［集計値を表示する］にチェックマークを付けると、クロス集計表に行ごとの合計値が表示されます。行見出しのすぐ右隣に表示された合計値は、データシートビューでフィールドをドラッグして移動できます。

ワザ345を参考に、クロス集計表を作成しておく	**1** 合計値のフィールドの列セレクターにマウスポインターを合わせる

マウスポインターの形が変わった　↓	**2** そのままクリック

フィールドを選択できた	**3** 選択したフィールドのここにマウスポインターを合わせる

4 ここまでドラッグ	移動先に太線が表示される

合計値の列を移動できた

関連 Q345 クロス集計クエリを作成したい ……………………… P.194

Q347 `365` `2019` `2016` `2013`　　お役立ち度 ★★★

クロス集計クエリを
手動で作成したい

A 集計クエリを基に作成します

クロス集計クエリは［クロス集計クエリウィザード］で作成する方法以外に、集計クエリを基に手動で作成する方法もあります。［クロス集計クエリウィザード］を使用する場合、基になるテーブルやクエリを1つしか選べませんが、手動で作成する場合は複数のテーブルやクエリを使用できます。

社員名と商品区分ごとに売上金額をクロス集計する	ワザ243を参考に、デザインビューでクエリを作成しておく

テーブルを追加し、[社員名][商品区分][金額]フィールドを追加しておく	ワザ335を参考に、デザイングリッドに[集計]行を表示しておく

1 合計を表示したいフィールドの[集計]行で[合計]を選択

2 [クエリツール]の[デザイン]タブをクリック	**3** [クロス集計]をクリック

[行列の入れ替え]行が表示された	**4** 行見出しとして使用するフィールドの[行列の入れ替え]行で[行見出し]を選択

5 列見出しとして使用するフィールドの[行列の入れ替え]行で[列見出し]を選択	**6** 集計を行いたいフィールドの[行列の入れ替え]行で[値]を選択

ワザ244を参考にクエリを実行する	クロス集計クエリが実行される

Q348　365 2019 2016 2013　お役立ち度 ★★★

手動で作成したクロス集計クエリに合計列を追加したい

A 合計を設定したフィールドを行見出しとして使用します

クロス集計クエリの作成後に合計列を追加するには、クロス集計クエリの［行列の入れ替え］行で［値］を設定したフィールドをデザイングリッドに追加します。そのフィールドの［集計］行で［合計］、［行列の入れ替え］行で［行見出し］を選択します。

ワザ345を参考に、クロス集計クエリで表を作成しておく

行ごとの合計を表示させる

社員別区分別集計3

社員名	サプリメント	ビヨウ	ヘルシー
会田　浩介	¥64,400	¥68,800	¥91,800
前島　哲	¥64,200	¥54,600	¥36,300
中根　優奈	¥27,800	¥68,000	¥31,200
八木　正道	¥50,400	¥44,800	¥26,400
樋口　舞子	¥64,500	¥111,200	¥47,400

ワザ234を参考に、デザインビューでクロス集計クエリを表示しておく

1「合計金額:金額」と入力

フィールド:	社員名	商品区分	金額の合計 金額	合計金額 金額
テーブル:	受注詳細クエリ	受注詳細クエリ	受注詳細クエリ	受注詳細クエリ
集計:	グループ化	グループ化	合計	合計
行列の入れ替え:	行見出し	列見出し	値	行見出し
並べ替え:				
抽出条件:				
または:				

2［合計金額］フィールドの［集計］行で［合計］を選択

3［合計金額］フィールドの［行列の入れ替え］行で［行見出し］を選択

ワザ244を参考にクエリを実行する　実行

行ごとの合計を表示できた

社員別区分別集計3

社員名	合計金額	サプリメント	ビヨウ	ヘルシー
会田　浩介	¥225,000	¥64,400	¥68,800	¥91,800
前島　哲	¥155,100	¥64,200	¥54,600	¥36,300
中根　優奈	¥127,000	¥27,800	¥68,000	¥31,200
八木　正道	¥121,600	¥50,400	¥44,800	¥26,400
樋口　舞子	¥223,100	¥64,500	¥111,200	¥47,400

関連 Q347　クロス集計クエリを手動で作成したい ………… P.196

Q349　365 2019 2016 2013　お役立ち度 ★★☆

クロス集計クエリの列見出しに「<>」が表示される

A ［行見出し］が未入力のレコードの集計結果です

クロス集計クエリの列見出しに「<>」が表示されることがあります。これは、［列見出し］として指定したフィールドに未入力のレコードがあることが原因です。例えば［都道府県］フィールドを［列見出し］として配置した場合、「<>」が表示された列には都道府県が入力されていないレコードの集計結果が表示されます。これを表示したくない場合は、［都道府県］フィールドに入力済みのレコードだけを抽出する「Is Not Null」という条件を設定します。

列見出しに「<>」と表示されないようにする

区分別都道府県別集計

商品区分	<>	埼玉県	神奈川県	東京都
サプリメント	¥40,300	¥34,100	¥77,900	¥119,000
ビヨウ		¥71,800	¥49,400	¥226,200
ヘルシー	¥4,800	¥27,300	¥51,000	¥150,000

ワザ234を参考に、デザインビューでクロス集計クエリを表示しておく

フィールド:	商品区分	都道府県	金額の合計 金額
テーブル:	受注詳細クエリ	受注詳細クエリ	受注詳細クエリ
集計:	グループ化	グループ化	合計
行列の入れ替え:	行見出し	列見出し	値
並べ替え:			
抽出条件:		Is Not Null	
または:			

1［都道府県］フィールドの［抽出条件］行に「Is Not Null」と入力

ワザ244を参考にクエリを実行する　実行

「<>」と表示されていた列が表示されなくなった

区分別都道府県別集計

商品区分	埼玉県	神奈川県	東京都
サプリメント	¥34,100	¥77,900	¥119,000
ビヨウ	¥71,800	¥49,400	¥226,200
ヘルシー	¥27,300	¥51,000	¥150,000

関連 Q345　クロス集計クエリを作成したい ……………………… P.194

Q350 `365` `2019` `2016` `2013`　お役立ち度 ★★★

クロス集計クエリの列見出しの順序を変えたい

A フィールドを表示する順番で [クエリ列見出し] に指定します

クロス集計クエリには、[クエリ列見出し] というプロパティがあります。このプロパティに、列見出しの文字列を表示したい順に半角の「,」で区切って入力すると、列の並び順を変更できます。

→クロス集計クエリ……P.447

列見出しの順序を変更し、商品区分の[ビヨウ] [ヘルシー] [サプリメント]の順に表示する

ワザ345を参考にクロス集計クエリを作成しておく

ワザ261を参考に、プロパティシートを表示しておく

1 デザイングリッドの[商品区分]列をクリック

2 [クエリ列見出し]プロパティに "ビヨウ", "ヘルシー ","サプリメント"と入力

ワザ244を参考にクエリを実行する ！実行

指定した順序で列見出しを表示できた

Q351 `365` `2019` `2016` `2013`　お役立ち度 ★★☆

クロス集計クエリの見出しのデータを絞り込みたい

A 表示するフィールドだけを [クエリ列見出し] に指定します

[クエリ列見出し] プロパティを使用すると、クロス集計クエリから不要な列を非表示にできます。例えば、ワザ350を参考に [クエリ列見出し] プロパティに「"ビヨウ","サプリメント"」と入力すると、「ビヨウ」と「サプリメント」以外の列が非表示になります。

→クロス集計クエリ……P.447

ワザ261を参考に、プロパティシートを表示し、デザイングリッドで見出しを絞り込みたいフィールドを選択しておく

プロパティシートの[クエリ列見出し]プロパティに商品区分名を入力すると、その商品区分名のデータが絞り込まれる

Q352 `365` `2019` `2016` `2013`　お役立ち度 ★★★

クロス集計クエリの行ごとの合計が合わない

A いずれかのフィールドを非表示にしているからです

ワザ351のようにクロス集計クエリの [クエリ列見出し] プロパティで列見出しに表示する項目を絞り込んでも、行ごとの合計はすべてのデータが対象になるので、合計が合わなくなります。行ごとの合計を表示するときは、[クエリ列見出し] プロパティで列見出しを絞るのは控えましょう。列見出しのフィールドの [抽出条件] 行や [または] 行に、列見出しに表示したい項目を抽出条件として設定すれば、列見出しを絞ることができます。

Q353 [365] [2019] [2016] [2013]　お役立ち度 ★★★

集計結果の空欄に「0」を表示したい

A [書式] プロパティでNull値の書式を設定します

クロス集計クエリでは、集計対象のデータがない項目は空欄になります。空欄に0を表示するには、書式を変更します。フィールドの [書式] プロパティは、「正の数値の書式;負の数値の書式;0の書式;Nullの書式」の形式で設定できます。[行列の入れ替え] 行で [値] を指定したフィールドの [書式] プロパティに「¥¥#,##0;"-¥"#,##0;¥¥0;¥¥0」のように入力すると、空欄に「¥0」を表示できます。

空欄のフィールドに「¥0」を表示する

顧客名	サプリメント	ビヨウ	ヘルシー
安藤 健		¥37,200	¥10,500
安部 信子	¥7,600	¥3,000	¥6,600
遠山 健一	¥25,300	¥20,200	¥32,400
近藤 秀雄	¥11,300	¥18,000	¥17,100
結城 早苗		¥42,600	¥14,700

ワザ261を参考に、プロパティシートを表示しておく

1　「¥0」を表示したいフィールドをクリック

フィールド:	顧客名	商品区分	金額の合計 金額
テーブル:	受注詳細クエリ	受注詳細クエリ	受注詳細クエリ
集計:	グループ化	グループ化	合計
行列の入れ替え:	行見出し	列見出し	値
並べ替え:			
抽出条件:			
または:			

プロパティシートにクリックしたフィールドのプロパティが表示された

プロパティ シート
選択の種類: フィールド プロパティ
標準　ルックアップ
説明
書式　　　　　　¥"#,##0;¥¥0;¥¥0
小数点以下表示桁数
定型入力
標題

2　[書式] プロパティに「¥¥#,##0;"-¥"#,##0;¥¥0;¥¥0」と入力

ワザ244を参考にクエリを実行する　　実行　　空欄のフィールドに「¥0」を表示できた

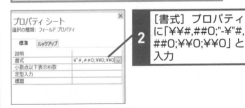

顧客名	サプリメント	ビヨウ	ヘルシー
安藤 健	¥0	¥37,200	¥10,500
安部 信子	¥7,600	¥3,000	¥6,600
遠山 健一	¥25,300	¥20,200	¥32,400
近藤 秀雄	¥11,300	¥18,000	¥17,100

Q354 [365] [2019] [2016] [2013]　お役立ち度 ★★★

クロス集計クエリのパラメーターの設定がうまくいかない

A [クエリパラメーター] ダイアログボックスで設定しましょう

クロス集計クエリの [抽出条件] 行にパラメーターを設定しても、パラメーターであることが正しく認識されません。クロス集計クエリをパラメータークエリとして実行したい場合は、必ずワザ311を参考に [クエリパラメーター] ダイアログボックスで設定を行ってください。

Q355 [365] [2019] [2016] [2013]　お役立ち度 ★★★

列見出しに見覚えのないデータが表示されてしまう

A ルックアップフィールドを列見出しに指定しています

ルックアップフィールドの場合、データシートに表示されているデータと、実際にフィールドに保存されている値が異なることがあります。そのようなフィールドをクロス集計クエリの列見出しに使用すると、データシートに表示されているデータではなく、実際に保存されている値が列見出しに表示されてしまいます。そのようなときは、ルックアップの基になるテーブルをクエリに追加し、表示したいデータが実際に保存されているフィールドを列見出しとして使用しましょう。

STEP UP!　ピボットテーブルやピボットグラフを作成したい

Access 2010まではクエリにピボットテーブルビューとピボットグラフビューがありましたが、Access 2013でこれらの機能は廃止されました。Accessで蓄積したレコードをピボットテーブルやピボットグラフで分析したいときは、ワザ696を参考にデータをExcelにエクスポートしましょう。Excelでは、どのバージョンでもピボットテーブルやピボットグラフがサポートされています。

アクションクエリの作成と実行

アクションクエリの機能を覚えると、テーブルのデータを一括処理できるようになります。面倒な処理を自動で実行できるので大変便利です。

Q356 365 2019 2016 2013　お役立ち度 ★★★

アクションクエリって何？

A テーブルのデータに対して一括処理を行うクエリです

アクションクエリは、指定したテーブルのデータに対して、一括処理を行うクエリです。テーブル作成クエリ、追加クエリ、更新クエリ、削除クエリの4種類があります。追加クエリ、更新クエリ、削除クエリの場合、正しく作成しないとテーブルのデータが意図せず失われる危険があるので、テーブルをバックアップしてから実行するようにしましょう。

→アクションクエリ……P.445

Q357 365 2019 2016 2013　お役立ち度 ★★☆

アクションクエリを実行できないときは

A 無効モードを解除してから実行しましょう

無効モードを解除しないと、既存のアクションクエリも新規のアクションクエリも実行できません。アクションクエリが実行できないときは、ステータスバーにメッセージが表示されます。なお、無効モードについて詳しくはワザ047を参照してください。

> ステータスバーにアクションクエリを実行できないという内容のメッセージが表示される

無効モードのため、アクションまたはイベントはブロックされました。

> セキュリティの警告の [コンテンツの有効化] をクリックして無効モードを解除しておく

Q358 365 2019 2016 2013　お役立ち度 ★★☆

アクションクエリを実行したい

A 開いて実行する方法と閉じたまま実行する方法があります

アクションクエリは、以下のようにデザインビューとナビゲーションウィンドウのどちらからも実行できます。選択クエリとは異なり、デザインビューで [表示] ボタンをクリックしても、アクションクエリを実行できないので注意してください。

●デザインビューから実行する方法

> ワザ234を参考に、デザインビューでクエリを表示しておく

> **1** [実行] をクリック

> 確認のダイアログボックスが表示されたら [はい] をクリックする

●ナビゲーションウィンドウから実行する方法

> **1** ナビゲーションウィンドウに表示されているアクションクエリをダブルクリック

> 確認のダイアログボックスが表示されたら [はい] をクリックする

テーブル作成クエリを作成したい

A テーブルからレコードを取り出して新しいテーブルとして保存します

選択クエリからテーブル作成クエリを作成すると、選択クエリで抽出したレコードをまるごと新しいテーブルとして保存できます。特定のレコードを現在のテーブルから切り分けて管理したいときに便利です。

> [会員テーブル]の[退会]フィールドの値が「Yes」であるレコードを新しく[退会者テーブル]を作成して保存する

◆会員テーブル

ID	会員名	会員区分	退会
1	白石 和也	ゴールド	☐
2	三井 健二	シルバー	☑
3	森田 洋子	シルバー	☐
4	鈴木 正	プラチナ	☐
5	川口 夏美	ゴールド	☐
6	久米 幸弘	シルバー	☑
7	栗原 誠	シルバー	☐

↓

◆退会者テーブル

ID	会員名	会員区分	退会
2	三井 健二	シルバー	☑
6	久米 幸弘	シルバー	☑

> テーブル作成クエリの基になるテーブルの内容を確認しておく

> ワザ243を参考に、[会員テーブル]を追加し、[*]（全フィールド）と[退会]フィールドを追加しておく

フィールド:	会員テーブル*	退会	
テーブル:	会員テーブル	会員テーブル	
並べ替え:			
表示:	☑	☑	☐
抽出条件:		Yes	
または:			

1 [退会]フィールドの[抽出条件]行に「Yes」と入力　　半角で入力する

---

2 [退会]フィールドの[表示]行のチェックマークをはずす

フィールド:	会員テーブル*	退会	
テーブル:	会員テーブル	会員テーブル	
並べ替え:			
表示:	☑	☐	☐
抽出条件:		Yes	
または:			

3 [クエリツール]の[デザイン]タブをクリック

4 [テーブルの作成]をクリック

> [テーブルの作成]ダイアログボックスが表示された

5 [カレントデータベース]をクリック　　**6** 作成するテーブルの名前を入力

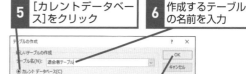

7 [OK]をクリック

> ワザ244を参考にクエリを実行する　　[実行]

> レコードをテーブルに新規追加するか確認するダイアログボックスが表示された

8 [はい]をクリック

> 新しいテーブルが作成された

関連 Q356 アクションクエリって何？ P.200

Q360 365 2019 2016 2013

お役立ち度 ★★★

作成されたテーブルの設定がおかしい

A 主キーやフィールドプロパティの設定は反映されません

テーブル作成クエリで作成されたテーブルには、基のテーブルの主キーやフィールドプロパティの設定は反映されません。必要に応じて各設定を行ってください。例えば、作成されたテーブルでYes/No型のデータは、Yesが「-1」、Noが「0」と表示されますが、フィールドプロパティの[ルックアップ]タブの[表示コントロール]で[チェックボックス]を選択すると、通常の状態になります。

1 [退会]フィールドをクリック

2 フィールドプロパティの[ルックアップ]タブをクリック

テーブル作成クエリの実行結果のテーブルでは、Yes/No型の[退会]フィールドのデータが[-1]と表示される

ワザ064を参考にテーブルをデザインビューで表示しておく

3 [表示コントロール]で[チェックボックス]を選択

ワザ064を参考に、データシートビューで表示しておく

[退会]フィールドがチェックボックスで表示された

関連
Q359 テーブル作成クエリを作成したい……………… P.201

Q361 365 2019 2016 2013

お役立ち度 ★★★

新しく作成するテーブルの名前を変更したい

A [追加新規テーブル]プロパティでテーブル名を変更します

テーブル作成クエリで新しく作成するテーブルの名前や、追加クエリの追加先のテーブルを変更するには、クエリの[プロパティシート]を開いて、[追加新規テーブル]プロパティで変更します。

→アクションクエリ……P.445
→テーブル作成クエリ……P.450

ワザ261を参考に、クエリのプロパティシートを表示しておく

1 [追加新規テーブル]プロパティにテーブル名を入力

新しく作成するテーブルの名前が変更される

関連
Q359 テーブル作成クエリを作成したい……………… P.201

追加クエリを作成したい

A テーブルからレコードを取り出して 目的のテーブルに追加します

選択クエリから追加クエリを作成すると、選択クエリで抽出したレコードを既存のテーブルに保存できます。特定の条件に合致するレコードを自動で追加できるので便利です。　　　　→追加クエリ……P.450

◆商品テーブル

商品ID	商品名	単価
H001	アロエクリーム	¥5,200
H002	ウコンエキス	¥2,500
H003	うるおいジェル	¥3,000
H004	しっとりジェル	¥3,000

◆新商品検討テーブル

商品ID	商品名	単価	追加決定
K001	コエンザイムQ10	¥3,000	☐
K002	コラーゲン	¥3,600	☑
K003	マルチビタミン	¥2,500	☑
K004	ベータカロチン	¥2,500	☐

[新商品検討テーブル] で [追加決定] にチェックマークを付けた商品を [商品テーブル] に追加する

↓

◆商品テーブル

商品ID	商品名	単価
H001	アロエクリーム	¥5,200
H002	ウコンエキス	¥2,500
H003	うるおいジェル	¥3,000
H004	しっとりジェル	¥3,000
K002	コラーゲン	¥3,600
K003	マルチビタミン	¥2,500

ワザ243を参考に、デザインビューでクエリを作成しておく

[新商品検討テーブル] を追加し、[商品ID][商品名][単価][追加決定]フィールドを追加しておく

1 [追加決定] フィールドの [抽出条件] 行に「Yes」と入力

2 [クエリツール]の[デザイン]タブをクリック

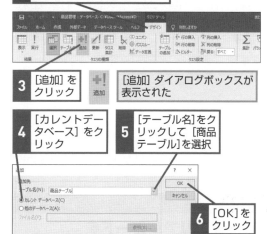

3 [追加] をクリック

[追加] ダイアログボックスが表示された

4 [カレントデータベース] をクリック

5 [テーブル名]をクリックして [商品テーブル]を選択

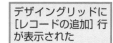

6 [OK]をクリック

デザイングリッドに [レコードの追加] 行が表示された

追加先のテーブルにあるフィールド名が自動表示された

ワザ244を参考にクエリを実行する

実行

レコードの追加を確認するダイアログボックスが表示された

7 [はい]をクリック

指定したテーブルにレコードが追加された

Q363 [365] [2019] [2016] [2013] お役立ち度 ★★☆

［レコードの追加］行に
フィールド名が自動表示されない

A ［レコードの追加］行で
フィールドを選択しましょう

追加クエリの追加元のフィールド名と追加先のフィールド名が異なる場合、［レコードの追加］行に追加先のテーブルのフィールド名が自動表示されません。その場合、［レコードの追加］行の（▽）をクリックして表示されるリストから追加先のテーブルのフィールドを選択します。　　　　　　→レコード……P.454

1 ［レコードの追加]行のここをクリック　▽

2 追加先のフィールドを選択

Q364 [365] [2019] [2016] [2013] お役立ち度 ★★☆

追加クエリでレコードを
追加できない

A 主キーの重複や入力規則、
データ型などをチェックしましょう

追加クエリでエラーが発生すると、発生したエラーの種類がエラーメッセージに表示されます。型変換エラーと表示された場合、［はい］をクリックするとクエリが実行されてレコードが追加されますが、該当のフィールドはNullになります。それでは困る場合は［いいえ］をクリックして、デザインビューで［フィールド］と［レコードの追加］のデータ型が同じになるように修正しましょう。

キー違反と入力規則違反は、主に追加するデータの内容に原因があります。これらのエラーの場合、［はい］をクリックしてもレコードを追加できないので、［いいえ］をクリックして追加クエリの実行を中止します。続いて追加元と追加先のテーブルを開き、追加先と［主キー］フィールドの値が同じレコードを追加しようとしていないか、追加先に設定された入力規則に違反するデータを追加しようとしていないかを確認しましょう。

Q365 [365] [2019] [2016] [2013] お役立ち度 ★★☆

追加先のレコードに特定の値や
計算結果を表示したい

A ［フィールド］行に値や
計算式を入力します

追加クエリでレコードを追加するときに、追加元のテーブルのフィールドの値ではなく、特定の値や計算結果を追加することもできます。それには、［フィールド］行に値や計算式、［レコードの追加］行に追加先のフィールド名を指定します。

ワザ234を参考に、デザインビューで追加クエリを表示しておく	ワザ362を参考に、デザイングリッドに［レコードの追加］行を表示しておく

［入社年月日］フィールドに
「2021/04/01」と追加する

1 ［レコードの追加]行で
［入社年月日]を選択

2 「#2021/04/
01#」と入力

レコードを追加したテーブルをデータシートビューで表示しておく

入社年月日を「2021/04/01」として
新入社員のレコードが追加された

関連 Q362 追加クエリを作成したい ……………………………………… P.203

更新クエリを作成したい

A 更新したいフィールドに 計算式を設定します

更新クエリを使用すると、特定の条件に合致するレコードのフィールドをまとめて変更できます。選択クエリを更新クエリに変更すると、[レコードの更新] 行が表示されるので、更新データや更新式を入力します。

[商品区分] が [サプリメント] の [単価] を
一律プラス100円する

◆商品テーブル

商品ID	商品名	商品区分	単価
H001	アロエクリーム	ビヨウ	¥5,200
H002	ウコンエキス	サプリメント	¥2,500
H003	うるおいジェル	ビヨウ	¥3,000
H004	しっとりジェル	ビヨウ	¥3,000
H005	大豆クッキー	ヘルシー	¥1,800
H006	豆乳ゼリー	ヘルシー	¥1,500
H007	にんにくエキス	サプリメント	¥3,800
H008	へちま化粧水	ビヨウ	¥4,500

↓

◆商品テーブル

商品ID	商品名	商品区分	単価
H001	アロエクリーム	ビヨウ	¥5,200
H002	ウコンエキス	サプリメント	¥2,600
H003	うるおいジェル	ビヨウ	¥3,000
H004	しっとりジェル	ビヨウ	¥3,000
H005	大豆クッキー	ヘルシー	¥1,800
H006	豆乳ゼリー	ヘルシー	¥1,500
H007	にんにくエキス	サプリメント	¥3,900
H008	へちま化粧水	ビヨウ	¥4,500

ワザ243を参考に、デザインビューでクエリを作成しておく

[商品テーブル] を追加し、[単価] [商品区分] フィールドを追加しておく

1 [抽出条件] 行に「サプリメント」と入力

2 [クエリツール] の [デザイン] タブをクリック

3 [更新] をクリック

デザイングリッドに [レコードの更新] 行が表示された

4 「[単価] + 100」と入力

ワザ244を参考にクエリを実行する

レコードを更新するか確認するダイアログボックスが表示された

5 [はい] をクリック

条件に当てはまるレコードが更新された

Accessの基本 データベース ファイル テーブル クエリ フォーム レポート 関数 マクロ データ連携・共有 管理・セキュリティ

Q367 [365] [2019] [2016] [2013]　お役立ち度 ★★★

更新クエリの計算式の結果は確認できないの?

Ａ 選択クエリの[フィールド]行に計算式を入力して確認します

更新クエリをデータシートビューに切り替えても、[レコードの更新]行に入力した計算式の結果は表示されません。事前に計算式の結果を確認するには、選択クエリの[フィールド]行に計算式を入力して、データシートビューで確認します。なお、入力した計算式は、更新クエリの実行前に削除してください。

➡更新クエリ……P.447

[レコードの更新]行に入力した
計算式の結果は表示されない

ワザ234を参考に、デザインビューで
更新クエリを表示しておく

1 「[単価]+100」と入力

ワザ234を参考に、データシートビューで
表示しておく

[式1]に計算式の結果
が表示された

デザインビューに戻して、操作1で入力した式を削除しておく

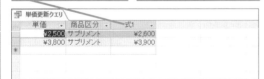

Q368 [365] [2019] [2016] [2013]　お役立ち度 ★★☆

特定のフィールドを同じ値で書き換えたい

Ａ [レコードの更新]行に値を入力します

更新クエリの[レコードの更新]行に文字列や日付、数値を入力すると、指定したフィールドに同じ値を一括入力できます。文字列は「"」、日付は「#」で囲み、数値はそのまま入力します。例えば[商品区分]フィールドの「ヘルシー」を一括して「健康食品」に更新したいときなどに役立ちます。

なお、Yes/No型のフィールドを追加して、[レコードの更新]欄に「No」と入力すると、そのフィールドにあるすべてのチェックマークを一括してはずせます。

➡更新クエリ……P.447

「ヘルシー」と入力されているレコードを
「健康食品」に更新する

ワザ234を参考に、デザインビューで
更新クエリを表示しておく

ワザ366を参考に
[レコードの更新]
行を表示しておく

1 [レコードの更新]行に
「"健康食品"」と入力

2 [抽出条件]行に
「"ヘルシー"」と入力

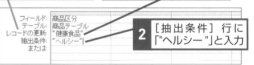

「ヘルシー」が「健康食品」
に置き換えられた

関連 Q366 更新クエリを作成したい ………………………………… P.205

関連 Q366 更新クエリを作成したい ………………………………… P.205

別のテーブルのデータを基にテーブルを更新したい

A テーブルを結合してから更新するフィールドを指定します

別のテーブルにあるデータと一致するデータをまとめて更新できます。例えば、人事異動の対象社員とそれぞれの異動先をまとめた［異動テーブル］で、［社員テーブル］を更新したいときに役立ちます。それには更新クエリに2つのテーブルを追加してフィールドを結合します。［フィールド］行に更新される側のフィールド、［レコードの更新］行に新しいデータが入力されているフィールドを指定します。

◆社員テーブル

社員ID	社員名	入社年月日	部署ID
200901	夏目　浩二	2009/4/1	102
200902	松田　奈央子	2009/4/1	101
201001	近藤　孝也	2010/4/1	103
201201	相沢　守	2012/4/1	103
201401	杉本　愛美	2014/4/1	101
201502	緒方　浩平	2015/4/1	102
201601	高橋　晴彦	2016/4/1	103
201701	橘　智成	2017/4/1	103
201702	澤村　麻衣	2017/4/1	102
201801	依田　郁夫	2018/4/1	101
201901	小田島　研	2019/4/1	103

◆異動テーブル

社員ID	部署ID
201201	102
201701	101
201801	102

［異動テーブル］のデータを基に［社員テーブル］の所属部署を更新する。該当する［社員ID］の社員の［部署ID］を、［異動テーブル］にあるデータに書き換える

ワザ243を参考に、デザインビューでクエリを作成し、［社員テーブル］と［異動テーブル］を追加しておく

1 ［社員テーブル］の［社員ID］にマウスポインターを合わせる

2 ［受注テーブル］の［社員ID］までドラッグ　　マウスポインターの形が変わった

結合線が表示される

3 ［社員テーブル］の［部署ID］にマウスポインターを合わせる

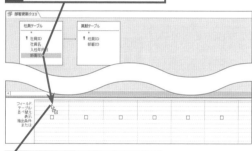

4 デザイングリッドにドラッグ

［部署ID］フィールドが追加された

ワザ366を参考に［レコードの更新］行を表示しておく

5 ［レコードの更新］行に「［異動テーブル］！［部署ID］」と入力

ワザ244を参考にクエリを実行する　　！実行

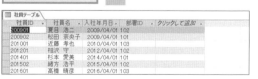

［異動テーブル］のデータを基に［社員テーブル］の［所属ID］が更新された

Accessの基本／ファイル／データベース／テーブル／クエリ／フォーム／レポート／関数／マクロ／データ連携・共有／管理・セキュリティ

Q370 365 2019 2016 2013 お役立ち度 ★★☆

特定のフィールドのデータを
すべて削除したい

A [レコードの更新] 行に「Null」を入力します

更新クエリの [フィールド] 行に削除対象のフィールドを指定し、[レコードの更新] 行に「Null」と入力すると、特定のフィールドのデータを一括で削除することができます。　→更新クエリ……P.447

[商品区分] フィールドのデータをすべて削除する

ワザ234を参考に、デザインビューでクエリを表示しておく

1 [レコードの更新] 行に「Null」と入力

フィールド	商品区分
テーブル	商品テーブル
レコードの更新	Null
抽出条件	
または	

ワザ244を参考にクエリを実行する

フィールドのデータがすべて削除された

Q371 365 2019 2016 2013 お役立ち度 ★☆☆

複数の値を扱う
アクションクエリを作成したい

A 選択クエリからレコードをコピー／貼り付けしましょう

テーブル作成クエリで、複数の値を持つフィールドを含めるとエラーになります。あらかじめテーブル構造のみのテーブルを作成しておき、選択クエリの結果をコピーして、テーブルに貼り付けるといいでしょう。
追加クエリの場合もエラーになるので、追加クエリを使わずに、選択クエリの結果をコピーして追加先のテーブルに貼り付けましょう。
更新クエリで複数の値を持つフィールドの値を更新するには、デザイングリッドに [フィールド名.Value] フィールドを追加して、[抽出条件] 行に更新対象のデータ、[レコードの更新] 行に更新後のデータを入力します。

Q372 365 2019 2016 2013 お役立ち度 ★★☆

更新クエリでレコードを
更新できない

A 主キーの重複や入力規則、データ型などをチェックしましょう

更新クエリを実行したときに、エラーが発生することがあります。[主キー] フィールドの値が更新の結果重複してしまう場合、[入力規則] プロパティの規則に違反するデータで更新しようとした場合、データ型が合わない場合などがエラーの主な原因です。エラーメッセージにエラーの種類と件数が表示されるので、それを手掛かりにエラーの原因を探りましょう。

ここに表示される内容を参考にエラーの原因を確認する

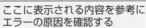

削除クエリを作成したい

A 削除するレコードの条件を指定します

削除クエリを作成すると、テーブルからレコードを一括削除できます。抽出条件を指定したときは条件に合致するレコードが削除され、指定しなかったときはすべてのレコードが削除されます。ここでは、[社員テーブル]から退社した社員を一括で削除する削除クエリを作成します。

> 退社した社員のレコードを[社員テーブル]から削除する

◆社員テーブル

社員ID	社員名	退社年月日
200901	夏目 浩二	
200902	松田 奈央子	
201001	近藤 孝也	2021/3/31
201201	相沢 守	
201401	杉本 愛美	2021/3/31
201502	緒方 浩平	
201601	高橋 晴彦	

↓

社員ID	社員名	退社年月日
200901	夏目 浩二	
200902	松田 奈央子	
201201	相沢 守	
201502	緒方 浩平	
201601	高橋 晴彦	

> ワザ243を参考に、デザインビューでクエリを作成しておく

> [社員テーブル]を追加し、[*]（全フィールド）と[退社年月日]フィールドを追加しておく

1 [退社年月日]の[抽出条件]行に「Is Not Null」と入力

フィールド:	社員テーブル.*	退社年月日		
テーブル:	社員テーブル	社員テーブル		
並べ替え:				
表示:	☑	☑	☐	
抽出条件:		Is Not Null		
または:				

2 [クエリツール]の[デザイン]タブをクリック

3 [削除]をクリック

> デザイングリッドに[レコードの削除]行が表示された

> [*]フィールドに[From]、抽出条件のフィールドに[Where]が設定された

フィールド:	社員テーブル.*	退社年月日	
テーブル:	社員テーブル	社員テーブル	
レコードの削除:	From	Where	
抽出条件:		Is Not Null	
または:			

> ワザ244を参考にクエリを実行する

> レコードを削除するか確認するダイアログボックスが表示された

4 [はい]をクリック

> 条件に合致するレコードが削除され、[退社年月日]フィールドに日付の入力されたレコードが削除された

関連 Q359 テーブル作成クエリを作成したい・・・・・・・・・・・・・・・ P.201

関連 Q362 追加クエリを作成したい・・・・・・・・・・・・・・・・・・・・・・・ P.203

関連 Q366 更新クエリを作成したい・・・・・・・・・・・・・・・・・・・・・・・ P.205

Access の基本｜データベース｜ファイル｜テーブル｜クエリ｜フォーム｜レポート｜関数｜マクロ｜データ連携・共有｜管理・セキュリティ

Q374 365 2019 2016 2013　お役立ち度 ★★★

アクションクエリの対象のデータを事前に確認したい

A いったんデザインビューを開いてデータシートビューに切り替えます

実行対象のレコードをデータシートビューで確認したい場合は、ナビゲーションウィンドウでダブルクリックせずに、デザインビューで開いてからデータシートビューに切り替えましょう。ナビゲーションウィンドウでアクションクエリをダブルクリックすると、実行されてしまうので注意してください。

1 ナビゲーションパネルでアクションクエリを右クリック

2 [デザインビュー]をクリック

ダブルクリックすると実行されてしまうため注意する

3 [クエリツール]の[デザイン]タブをクリック

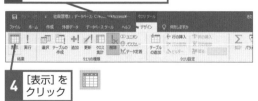

4 [表示]をクリック

アクションクエリの実行対象になるレコードが表示された

Q375 365 2019 2016 2013　お役立ち度 ★★★

削除クエリでレコードを削除できない

A キー違反かロック違反が原因です

削除クエリの実行時に「削除できません。」という内容のダイアログボックスが表示される場合は、キー違反かロック違反が原因です。キー違反は削除対象のテーブルが、参照整合性が設定されているリレーションシップの一側テーブルに当たる場合に発生します。削除するレコードが多側テーブルの親レコードになっている場合、レコードを削除すると参照整合性が維持できなくなるため、削除できません。参照整合性を解除すれば削除できますが、レコードの整合性が崩れてしまいます。

ロック違反は、削除しようとしたレコードを別のユーザーがロックしているときに発生します。この場合は、別のユーザーがロックを解除するのを待てば、レコードを削除できます。　　　　➡削除クエリ……P.447

Q376 365 2019 2016 2013　お役立ち度 ★★☆

指定外のデータまで削除されてしまった

A 連鎖削除が設定されているからです

削除クエリの対象になるテーブルが、参照整合性と連鎖削除が設定されているリレーションシップの一側テーブルに当たる場合、レコードを削除すると、多側テーブルのレコードが連動して削除されてしまいます。一側と多側の双方のテーブルから削除したいという意図がない限り、通常は連鎖削除の設定を解除しておくようにしましょう。詳しくは、ワザ232を参照してください。　　　　➡削除クエリ……P.447
➡リレーションシップ……P.454

関連
Q232 連鎖削除って何？ ……………………………… P.143

SQLクエリの作成と実行

ここではSQLクエリという特別なクエリを取り上げます。SQLの種類や意味、SQLクエリの作成方法を覚えましょう。

Q377 365 2019 2016 2013

お役立ち度 ★★★

SQLステートメントって何?

A リレーショナルデータベースで使用される操作言語です

SQLは「Structured Query Language」の略で、リレーショナルデータベースで使用される標準的な操作言語です。また、SQLステートメントは、SQLで作成した命令文のことです。Accessでは、デザインビューでクエリを作成すると、自動的にSQLステートメントが生成されます。SQLビューに切り替えれば、自動的に生成されたSQLステートメントを確認できます。

➡SQL……P.445
➡SQLクエリ……P.445

●クエリのデザインビュー

●クエリのSQLビュー

予約語とテーブル名の間は半角スペースを入れる

テーブルとフィールド名は「.」(ピリオド)を入力する

次の予約語を入力するときは改行する

SQLステートメントを終了する場合は「;」(セミコロン)を入力する

●選択クエリのSQLの例

SELECT 商品テーブル . 商品名 , 商品テーブル . 単価
FROM 商品テーブル
WHERE 商品テーブル . 商品区分 ID="DR"
ORDER BY 商品テーブル . 単価 DESC;

<意味>
商品テーブルから [商品ID] フィールドが「DR」であるレコードの [商品名] [単価] フィールドを取り出して、[単価] の降順に並べ替える

●SQLステートメントでよく使う予約語

予約語	役割
SELECT	取り出すフィールドを指定する
FROM	レコードを取り出すテーブルやクエリを指定する
WHERE	レコードの抽出条件を指定する
ORDER BY	並べ替えの基準となるフィールドを、優先順位の高い順に指定する
ASC	昇順で並べ替える (省略可)
DESC	降順で並べ替える
INNER JOIN	内部結合するテーブルやクエリを指定する
ON	結合する条件を指定する
UNION	テーブルやクエリを結合する

関連 Q378 SQLクエリでできることは? ……………………… P.212

関連 Q379 SQLステートメントでユニオンクエリを定義するには ……………… P.212

関連 Q380 ユニオンクエリを作成したい ……………………… P.213

Q378 | 365 | 2019 | 2016 | 2013 | お役立ち度 ★★★

SQLクエリでできることは？

A デザインビューで作成できない 複雑なクエリを定義できます

Accessでは、ほとんどのクエリをデザインビューで作成できますが、SQLで記述しなければ作成できないクエリもあります。そのようなクエリをSQLクエリと呼びます。SQLクエリの中でもっとも使用頻度が高いのはユニオンクエリです。ユニオンクエリは、以下の図のように複数のテーブルのフィールドを1つに統合するクエリです。また、ワザ233で紹介したように、SQLクエリにはパススルークエリとデータ定義クエリもあります。

➡ SQL……P.445
➡ SQLクエリ……P.445

●会員名簿テーブル

会員NO	会員名	フリガナ	メールアドレス	登録日
K001	鈴木　慎吾	スズキ　シンゴ	s_suzuki@xxx.jp	20/01/10
K002	山崎　祥子	ヤマザキ　ショウコ	yamazaki@xxx.xx	20/05/06
K003	篠田　由香里	シノダ　ユカリ	shinoda@xxx.com	20/09/12
K004	西村　由紀	ニシムラ　ユキ	nishimura@xxx.xx	20/12/13

●新規会員テーブル

会員NO	会員名	Eメール	入会日
N001	金沢　紀子	kanazawa@xxx.com	20/07/04
N002	山下　雄介	yamasita@xxx.jp	20/07/05
N003	渡辺　友和	watanabe@xx.xx.jp	20/07/08

◆ユニオンクエリの結果

会員NO	会員名	メールアドレス	登録日
K001	鈴木　慎吾	s_suzuki@xxx.jp	20/01/10
K002	山崎　祥子	yamazaki@xxx.xx	20/05/06
K003	篠田　由香里	shinoda@xxx.com	20/09/12
K004	西村　由紀	nishimura@xxx.xx	20/12/13
N001	金沢　紀子	kanazawa@xxx.com	20/07/04
N002	山下　雄介	yamasita@xxx.jp	20/07/05
N003	渡辺　友和	watanabe@xx.xx.jp	20/07/08

2つのテーブルをつなげて1つにする

異なる名前のフィールドをつなげることもできる

関連 Q233 クエリにはどんな種類があるの？ ……………… P.144
関連 Q377 SQLステートメントって何？ ………………… P.211

Q379 | 365 | 2019 | 2016 | 2013 | お役立ち度 ★★☆

SQLステートメントでユニオンクエリを定義するには

A 「SELECT」「UNION SELECT」 それぞれにフィールドを指定します

ユニオンクエリは、複数のテーブルのレコードを縦につなげた表を作成する働きをします。SELECTで1つ目のテーブルのフィールドを指定し、UNION SELECTで2つ目以降のテーブルのフィールドを指定します。SELECTとUNION SELECTで、結合するフィールドの数と順序を揃える必要があります。データシートビューに表示されるフィールド名は、通常はSELECTで指定したフィールドの名前になります。異なる名前のフィールドをつなげるときは、ASを使用して名前を変えます。例えば、「納入先ID AS ID」と記述すると、[納入先ID]フィールドが「ID」というフィールド名に変わります。

➡ ユニオンクエリ……P.453

●ユニオンクエリの構文の例

```
SELECT    テーブル名1.フィールド名1, テーブル名
1.フィールド名2… ↵
FROM      テーブル名1 ↵
UNION SELECT   テーブル名2.フィールド名1,
テーブル名2.フィールド名2… ↵
FROM      テーブル名2;
```

●ユニオンクエリの例

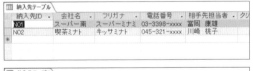

異なる名前のフィールドを縦に結合できる

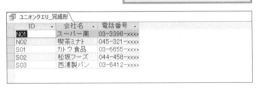

ユニオンクエリを作成したい

A SQLビューでSQLステートメントを入力します

ユニオンクエリを作成するには、クエリのSQLビューで定義するSQLステートメントを入力します。

ここでは、[納入先テーブル]の[納入先ID][会社名][電話番号]のフィールドと[仕入先テーブル]の[仕入先ID][会社名][電話番号]を組み合わせて、[ID][会社名][電話番号]のフィールドを持つユニオンクエリを作成します。　→ユニオンクエリ……P.453

●入力するSQLステートメント

SELECT 納入先テーブル.納入先ID AS ID, 納入先テーブル.会社名, 納入先テーブル.電話番号
FROM 納入先テーブル
UNION SELECT 仕入先テーブル.仕入先ID AS ID,仕入先テーブル.会社名,仕入先テーブル.電話番号
FROM 仕入先テーブル;

●ユニオンクエリの作成方法

[納入先テーブル][仕入先テーブル]のレコードを縦につなげる

◆納入先テーブル

◆仕入先テーブル

1 [作成]タブをクリック

2 [クエリデザイン]をクリック

[テーブルの表示]ダイアログボックスが表示された

3 テーブルを追加せずに[閉じる]をクリック

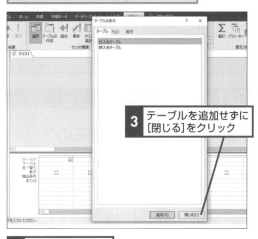

4 [クエリツール]の[デザイン]タブをクリック

5 [ユニオン]をクリック

SQLビューに切り替わった

6 SQLステートメントを入力

ワザ244を参考にクエリを実行する

実行

2つのテーブルを縦に結合できた

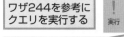

関連 SQLステートメントで
Q379 ユニオンクエリを定義するには……P.212

第5章 データ入力を助ける フォームのワザ

フォームの基本操作

フォームはデータを見やすく、入力しやすくするための画面です。ここでは、フォームでできることと、フォームの使い方を理解しましょう。

Q381 365 2019 2016 2013　　　　　　　　　　　お役立ち度 ★★★

フォームでは何ができるの?

A さまざまな形でデータを 表示できます

フォームはデータをさまざまな形で表示することができます。1つのレコードを1画面にカード形式で表示する「単票形式」、一覧で見やすく表示する「表形式」、テーブルと同じ形式で表示する「データシート形式」、明細書や納品書のように表示する「帳票形式」といった種類があります。また、ボタンを配置したメニューや、フォームやレポートをタブで切り替えるナビゲーションなど、使用目的によってさまざまな形式のフォームを作成できます。　　　　→ フォーム……P.452

●単票形式

1レコード分のデータを表示する

●表形式

複数レコードのデータを表示する

●帳票形式

帳簿や伝票のような形式で表示する

●メニュー

ボタンでよく使うフォームなどを簡単に開ける

●タブによるナビゲーション

タブによって表示内容を切り替えられる

関連 **Q424** フォームを作成したい…………………………… P.237

フォームにはどんなビューがあるの？

A フォームビュー、デザインビュー、
レイアウトビューがあります

フォームには、データの入力や表示をするための
[フォームビュー]、データを表示しながらフォームの
レイアウトなど見た目の変更を行うのに便利な [レイ
アウトビュー]、フォームの設計や機能の詳細設定を
行うための [デザインビュー] などがあります。作業
内容によってこれらのビューを切り替えます。ビュー
を切り替えるには、リボンの [ホーム] タブで [表示]
ボタンの（▼）をクリックし、一覧からビューを選択
します。　　　　　　　　　　　➡ビュー……P.451

1 [ホーム] タブを
クリック

2 [表示] を
クリック

表示
▼

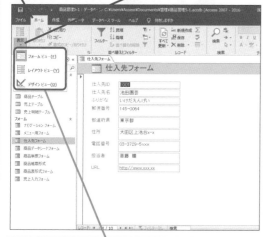

一覧に表示されたボタンをクリックすると
ビューを切り替えられる

◆フォームビュー
フォームのデータが表示され、データの
表示と入力ができる画面

◆レイアウトビュー
フォームのレイアウトなど
見た目の変更を行う画面

◆デザインビュー
フォームの設計や機能の設定などを
行う画面

右端縦タブ：Accessの基本／データベース／ファイル／テーブル／クエリ／フォーム／レポート／関数／マクロ／データ連携・共有／管理・セキュリティ

フォームの構成を知りたい

A 5つのセクションで構成されています

フォームのデザインビューは、5つの「セクション」という領域で構成されています。フォームの上部や下部に表示される「フォームヘッダー」「フォームフッター」、印刷時に各ページの先頭と最後に印刷される「ページヘッダー」「ページフッター」、レコードを表示するための「詳細」があります。また、フォームビューの各部の名称は以下です。画面と表で確認しておきましょう。

➡ フッター……P.452
➡ ヘッダー……P.452

●フォームビューの画面構成

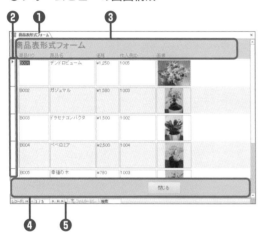

●フォームビューの各部の名称

	名称	機能
❶	タブ	フォームの名前が表示される
❷	レコードセレクター	レコードの状態が表示される。クリックすることによりレコードを選択できる
❸	フォームヘッダー	フォームの上部に表示される領域。フォームのタイトルやフォームを操作するコマンドボタンなど、各レコードに共通する内容を表示したいときに利用する
❹	フォームフッター	フォームの下部に表示される領域。金額の合計など各レコードに共通する内容を表示したいときに利用する
❺	移動ボタン	レコードを移動したり、現在のレコード番号やレコードの総数を表示したりするためのボタンの集まり

●デザインビューの画面構成

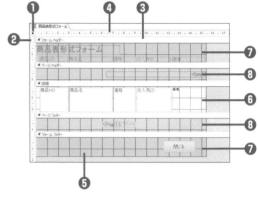

●デザインビューの各部の名称

	名称	機能
❶	フォームセレクター	クリックしてフォームを選択できる
❷	セクションセレクター	クリックしてセクションを選択できる。各セクションに1つ配置されている
❸	セクションバー	セクションの名称が表示される領域。各セクションに1つ配置されている
❹	ルーラー	フォームの設計時に目安となる目盛り。画面上部と左部に配置されている
❺	グリッド	コントロールのサイズや配置を調整するときに目安となる格子線
❻	詳細	1件分のレコードを表示するための領域。フォームビューに切り替えたとき、単票フォームでは1回だけ表示され、帳票フォームではレコードの数だけ繰り返し表示される
❼	フォームヘッダー／フォームフッター	フォームの上部と下部に表示される領域で、フォームのタイトルやフォームを操作するコマンドボタンなど、各レコードに共通する内容を表示したいときに利用する
❽	ページヘッダー／ページフッター	フォームの印刷時に各ページの最初と最後に印刷される領域。フォームビューの画面には表示されない

関連 フォームヘッダー／フッターを
Q438 表示するには ……………………………… P.245

左側縦書きタブ: Accessの基本／ファイル／データベース／テーブル／クエリ／フォーム／レポート／関数／マクロ／データ連携・共有／管理・セキュリティ

コントロールって何？

A ラベルやコマンドボタンなど
　　フォーム上に配置する部品です

コントロールとは、フォームやレポート（第6章参照）に配置し、任意の文字を表示したり、テーブルやクエリのデータを表示・入力したりするのに利用できる部品です。フォームの見栄えをよくするものや、効率的に入力を行うのに便利なものなど、さまざまなものが用意されています。例えば、任意の文字を表示するための［ラベル］、データの表示や入力のための［テキストボックス］、選択肢からクリックするだけでデータの入力ができる［コンボボックス］などがあります。

➡コントロール……P.447

●コントロールの例

◆ラベル
任意の文字列を表示する

◆テキストボックス
データの表示や入力をする

◆添付ファイル
添付された画像などのデータを表示する

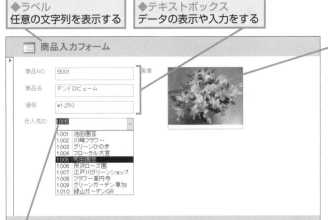

◆コンボボックス
用意された項目から入力内容を選ぶ

◆コマンドボタン
クリックすると所定の動作をする

●フォームとテーブルやクエリとの関係

◆フォーム

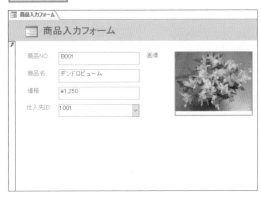

フォームのコントロールに入力したデータを、テーブルの対応するフィールドに保存できる

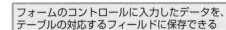

◆テーブルやクエリ

テーブルやクエリのデータを、フィールドと対応するコントロールに表示できる

右側タブ：
Accessの基本
データベース
ファイル
テーブル
クエリ
フォーム
レポート
関数
マクロ
データ連携・共有
管理・セキュリティ

左側縦書きナビ: Accessの基本 ファイル / データベース / テーブル / クエリ / フォーム / レポート / 関数 / マクロ / データ連携・共有 / 管理・セキュリティ

フォームやコントロールはどこで設定するの？

A [プロパティシート] で
設定の確認や変更ができます

Accessには、フォームやコントロールのいろいろな設定をするプロパティが用意されています。例えば、コントロールの横幅は [幅] プロパティで設定します。プロパティは「プロパティシート」を表示して確認、設定できます。

プロパティシートはデザインビュー、レイアウトビューで表示でき、プロパティシートには、現在選択されているフォームやコントロールに対するプロパティが表示され、設定変更できます。表示されるプロパティは [書式] [データ] [イベント] [その他] の4つのタブに内容別にまとめられていて、[すべて] タブには、4つのタブのすべてのプロパティが一覧表示されます。

→プロパティシート……P.452

●デザインビューの場合

> ワザ382を参考に、デザインビューでフォームを表示しておく

1 [フォームデザインツール] の [デザイン]タブをクリック

2 プロパティを設定するコントロールをクリック

3 [プロパティシート]をクリック

> プロパティシートが表示された

> ここを左にドラッグすると [プロパティシート]の幅を広げられる

> 操作2でクリックしたコントロールが選択された

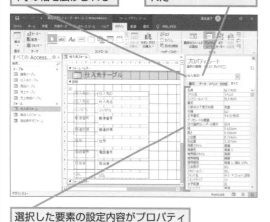

> 選択した要素の設定内容がプロパティシートに表示される

●レイアウトビューの場合

> ワザ382を参考に、レイアウトビューでフォームを表示しておく

1 [フォームレイアウトツール] の [デザイン]タブをクリック

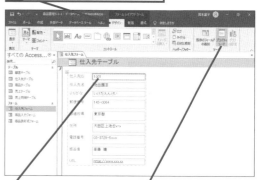

2 プロパティを設定するコントロールをクリック

3 [プロパティシート]をクリック

> プロパティシートが表示された

> 操作2でクリックしたコントロールが選択された

> レイアウトビューで設定できる内容が表示された

> デザインビューと同様に幅の変更やウィンドウ表示ができる

Q386 365 2019 2016 2013 お役立ち度 ★★★

単票形式でフォームビューが開かない

A [既定のビュー] を [単票形式] にします

フォームをダブルクリックしても単票形式でフォームビューが開かない場合は、フォームの [既定のビュー] プロパティを確認してください。[既定のビュー] プロパティで設定されているビューがダブルクリックによって表示されるビューになります。ここで [単票フォーム] を選択すると、単票形式でフォームビューを開けるようになります。　→単票……P.449

> ワザ385を参考にデザインビューでフォームを開き、プロパティシートを表示しておく

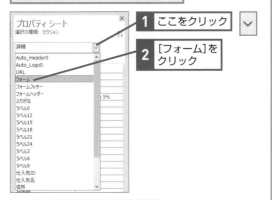

> 1 ここをクリック
> 2 [フォーム]を クリック

> [フォーム]が選択され、フォームのプロパティが表示された

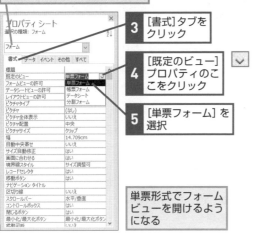

> 3 [書式]タブを クリック
> 4 [既定のビュー] プロパティのここをクリック
> 5 [単票フォーム]を 選択

> 単票形式でフォームビューを開けるようになる

Q387 365 2019 2016 2013 お役立ち度 ★★★

データシートビューを利用したい

A [データシートビューの許可] を [はい] にします

フォームのビューを切り替えるときやビューの一覧を表示したときに、切り替えたいビューが一覧に表示されないことがあります。その場合は、フォームの [○○ビューの許可] プロパティの設定を確認してください。例えば、データシートビューをビューの一覧に表示させるには、[データシートビューの許可] を [はい] に設定します。　→ビュー……P.451

> 1 [ホーム] タブを クリック
> 2 [表示] を クリック

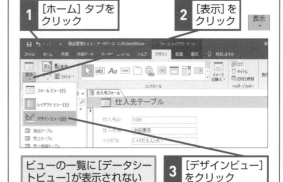

> ビューの一覧に[データシートビュー]が表示されない
> 3 [デザインビュー] をクリック

> ワザ385を参考に、プロパティシートを表示しておく

> 4 ここをクリックしてプロパティシートで[フォーム]を選択

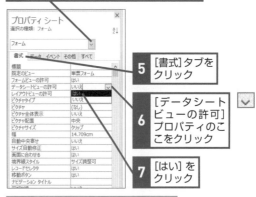

> 5 [書式]タブを クリック
> 6 [データシートビューの許可] プロパティのここをクリック
> 7 [はい] を クリック

> ビューの一覧にデータシートビューが表示されるようになる

Access の基本　データベース　ファイル　テーブル　クエリ　フォーム　レポート　関数　マクロ　データ連携・共有　管理・セキュリティ

フォームの入力

フォームには、データを効率的かつ間違いなく入力するためにいろいろな機能が用意されています。ここでは、フォームの入力・編集について解説します。

Q388 365 2019 2016 2013　お役立ち度 ★★★

前後のレコードを表示するには

A 移動ボタンを使いましょう

フォームの画面左下にある［移動ボタン］を使用すると、前後のレコードを表示できます。1つずつ前や後ろのレコードを表示するには、［前のレコード］ボタン、［次のレコード］ボタンを使用し、先頭へは［先頭レコード］ボタン、最後へは［最終レコード］ボタンを使用します。また、［カレントレコード］には現在のレコードと全レコード数が表示されます。このボックスに表示したいレコード番号を直接入力して Enter キーを押すと、指定したレコードにジャンプできます。

➡フォーム……P.452
➡レコード……P.454

◆先頭レコード
先頭のレコードに移動できる

◆カレントレコード
現在のレコードと全レコード数が表示される

◆新しい（空の）レコード
新しいレコードを追加できる

レコード: ｜◀ 1 / 13 ▶ ▶｜ ▶※ フィルターなし

◆前のレコード
前のレコードに移動できる

◆次のレコード
次のレコードに移動できる

◆最終レコード
最後のレコードに移動できる

Q389 365 2019 2016 2013　お役立ち度 ★★★

新しくレコードを追加したい

A ［新しい（空の）レコード］ボタンをクリックします

新しくレコードを追加したい場合は、［移動ボタン］の［新しい（空の）レコード］ボタン（▶）をクリックし、新規入力画面を表示します。また、リボンの［ホーム］タブの［レコード］グループにある［新規作成］ボタンをクリックしても新規入力画面を表示できます。

1 ［新しい（空の）レコード］をクリック　　▶

レコード: ｜◀ 1 / 13 ▶ ▶｜ ▶※ フィルターなし 検索

新しいレコードが追加され、新しいレコードに移動した

レコード: ｜◀ 14 / 14 ▶ ▶｜ ▶※ フィルターなし 検索

Q390 365 2019 2016 2013　お役立ち度 ★★★

入力を取り消すには

A Esc キーを押して取り消します

フォームの入力を取り消したい場合は Esc キーを使います。現在カーソルがあるフィールドのデータの入力途中で Esc キーを押すと、そのフィールドの入力が取り消されます。さらに Esc キーを押すと、同じレコードのすべてのフィールドの入力が取り消されます。なお、現在のレコードにオートナンバー型のフィールドがある場合、Esc キーで入力を取り消すと、採番された番号が欠番になります。

➡オートナンバー型……P.446

Q391 365 2019 2016 2013 お役立ち度 ★★★

フィールド間を移動するには

A [Tab]キーや[Shift]＋[Tab]キーなどで
移動できます

フォームでデータを入力するときに、フィールド間で
移動するには、キーボードを使うと便利です。次の
フィールドに移動するには[Tab]キー、前のフィールド
に戻るには[Shift]＋[Tab]キーを使います。[↑][↓][→]
キーでも移動できます。一気に先頭のフィールドに移
動するには[Home]キー、最後のフィールドに移動するに
は[End]キーを押します。なお、[Home]キーと[End]キー
は、入力欄にカーソルが表示されていない状態で有効
です。　　　　　　　　　　　**➡フィールド……P.451**

●移動に関連するキーボード操作

操作	キー
次のフィールド	[Tab]、[↓]、[→]
前のフィールド	[Shift] ＋ [Tab]、[↑]、[←]
先頭のフィールド	[Home]
最後のフィールド	[End]

Q392 365 2019 2016 2013 お役立ち度 ★★★

直前に入力したレコードが
いちばん後ろに表示されない

A 基となるテーブルやクエリの並び順で
表示されるためです

フォームからレコードを入力し、いったん閉じて再度
開くと、最後に入力したレコードが、いちばん後ろ
のレコードに表示されないことがあります。これは、
フォームのレコードソースとなっているテーブル、ク
エリの並べ替え順になるためです。
例えば、仕入先テーブルで［仕入先ID］順に並んで
いる場合、仕入先フォームから仕入先IDが「1020」
のレコードを入力し、次に仕入先IDが「1015」のレコー
ドを入力した場合、仕入先ID順で自動的に並べ替えが
行われ、仕入先IDが「1020」のレコードが最後に表
示されます。

関連 Q388 前後のレコードを表示するには ………………… P.220

Q393 365 2019 2016 2013 お役立ち度 ★★★

レコードが保存される
タイミングはいつ？

A 次のレコードに移動するタイミング
などで自動保存されます

最後のフィールドで[Tab]キーを押して次のレコードに
移動すると、その時点でレコードが自動的にテーブル
に保存されます。次のレコードに移動する必要がない
場合は、レコードセレクターをクリックするか、リボ
ンの[ホーム]タブの[レコード]グループにある[保存]
ボタンをクリックするか、[Shift]＋[Enter]キーを押す
と、現在のレコードが表示されたまま、入力中のレコー
ドを保存できます。なお、レコードの入力中にフォー
ムを閉じても、入力中のレコードは自動的に保存され
ます。　　　　　　　　　　　**➡レコード……P.454**

> [保存]をクリックすると入力中の
> レコードを保存できる

Q394 365 2019 2016 2013 お役立ち度 ★★★

既存のレコードを選択したい

A レコードセレクターをクリックします

レコードを削除したり、レコード全体をコピーしたり
したい場合など、レコードを選択したいときは、レコー
ドセレクターをクリックします。レコードが選択され
ると、レコードセレクターが黒く反転します。

1 レコードセレクターをクリック

仕入先フォーム

仕入先フォーム

仕入先ID	1001
仕入先名	池田園芸
ふりがな	いけだえんげい

> レコードが選択され、レコード
> セレクターが黒く反転した

Q395　365 2019 2016 2013　お役立ち度 ★★★

既存のレコードを変更するには

A まずは変更したいレコードを表示しましょう

すでに入力済みのレコードを変更するには、まずはワザ388を参考に［次のレコード］［前のレコード］などの移動ボタンを使用して、目的のレコードに移動します。次に変更するフィールドに移動してデータを変更します。　➡フィールド……P.451

データを変更したいレコードに移動する

1 ［次のレコード］をクリック

2 変更したいデータの入力されたフィールドをクリック

3 フィールドを修正

仕入先ID	1002
仕入先名	川崎フラワー
ふりがな	かわさきふらわー
郵便番号	213-0013
都道府県	神奈川県
住所	川崎市高津区末長x−x
電話番号	044-877-3xxx
担当者	山崎 恵介

レコードセレクターのアイコンが変わった

変更内容は、別のレコードに移動するか Shift ＋ Enter キーを押すと保存される

Q396　365 2019 2016 2013　お役立ち度 ★★★

既存のレコードを削除したい

A 削除したいレコードを選択し、Delete キーを押します

レコードを削除したいときは、削除するレコードに移動し、レコードセレクターをクリックしてレコードを選択してから、Delete キーを押します。削除を確認するメッセージが表示されたら、間違いがないか確認し、削除を実行してください。削除したレコードは元に戻せないため注意が必要です。

1 レコードセレクターをクリック

2 Delete キーを押す

仕入先ID	1001
仕入先名	池田園芸
ふりがな	いけだえんげい
郵便番号	145-0064

削除の確認メッセージが表示された

3 ［はい］をクリック

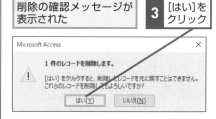

Microsoft Access

⚠ 1 件のレコードを削除します。

［はい］をクリックすると、削除したレコードを元に戻すことはできません。これらのレコードを削除してもよろしいですか？

［はい(Y)］　［いいえ(N)］

レコードが削除されて次のレコードが表示された

仕入先ID	1002
仕入先名	川崎フラワー
ふりがな	かわさきふらわー
郵便番号	213-0013
都道府県	神奈川県

レコード: 1 / 12

レコード数が1件少なくなった

データを効率よく入力できる機能を知りたい

A ふりがなや定型入力など入力支援機能があります

フォームには、データを効率よくテーブルに入力するための入力支援機能があります。例えば、ふりがなを自動で表示する［ふりがな］プロパティ、郵便番号から住所を自動入力できる［住所入力支援］プロパティ、入力パターンを表示する［定型入力］プロパティ、規則に合ったデータが入力されるように制御する［入力規則］プロパティなどがあります。

これらの機能は、コントロールの［プロパティシート］の［データ］タブまたは［その他］タブで設定が可能です。また、入力支援機能はテーブルでも設定できます。テーブル側で設定をすれば、そのテーブルを基に作成されたフォームにも反映されるので、フォームで再度設定する必要はありません。入力支援機能の詳細については、ワザ146、ワザ147、ワザ167などを参照してください。

◆ふりがな
［氏名］を入力すると［ふりがな］も自動的に入力される

◆定型入力
郵便番号を入力するため「数字3けた-数字4けた」の形式をあらかじめ指定

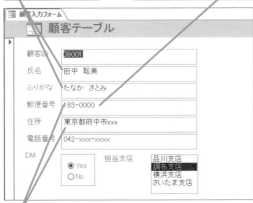

◆住所入力支援
郵便番号を入力すると住所の一部が自動的に入力される

関連 テーブルとフォームに共通する
Q470 プロパティはどこで設定するの？ P.262

データを順序よく入力したい

A タブオーダーで入力順を調整しましょう

フォーム上で Tab キーか Enter キーを押すと次のフィールドにカーソルを移動できます。カーソルが移動する順番を指定したいときは、［タブオーダー］ダイアログボックスで順番を変更しましょう。［タブオーダー］ダイアログボックスの［タブオーダーの設定］の一覧でフィールドを選択し、移動したい場所までドラッグします。　➡タブオーダー……P.449

ワザ382を参考に、デザインビューでフォームを表示しておく

1 ［フォームデザインツール］の［デザイン］タブをクリック

2 ［タブオーダー］をクリック

［タブオーダー］ダイアログボックスが表示された

3 ［詳細］をクリック

4 ここをクリックして順番を入れ替えたいフィールドを選択

ドラッグ中はマウスポインターの形が変わる

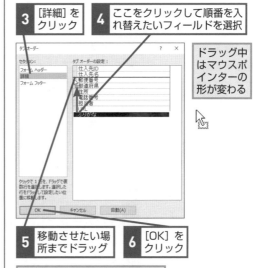

5 移動させたい場所までドラッグ

6 ［OK］をクリック

カーソルの移動順を変更できた

サイドタブ: Accessの基本／データベース／ファイル／テーブル／クエリ／フォーム／レポート／関数／マクロ／データ連携・共有／管理・セキュリティ

Q399 365 2019 2016 2013　　　お役立ち度 ★★★

Tab キーのカーソル移動を現在のレコードの中だけにしたい

A [Tabキー移動] プロパティを
[カレントレコード] に設定します

Tab キーなどを押してフォーム上でフィールドを移動する際、最後のフィールドの次の移動先は、次のレコードの先頭のフィールドになります。キーボード操作でカーソル移動を現在のレコードの中だけにしたい場合は、フォームの [プロパティシート] にある [Tabキー移動] プロパティを [カレントレコード] に設定してください。　　　　　　　　➡レコード……P.454

ワザ387を参考にデザインビューでフォームを表示し、プロパティシートで[フォーム]を選択しておく

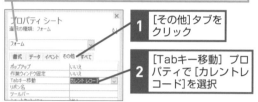

1 [その他]タブをクリック

2 [Tabキー移動] プロパティで [カレントレコード]を選択

同じレコード内だけでカーソルが移動するようになった

Q400 365 2019 2016 2013　　　お役立ち度 ★★★

入力しないテキストボックスにカーソルが移動して面倒

A [タブストップ] プロパティで
設定変更します

フォームに配置されるテキストボックスの中には、データを入力しないものもあります。入力しないテキストボックスにカーソルが移動すると目的のフィールドにカーソルを移動させるのが面倒です。カーソルが移動しないように設定するには、テキストボックスの [タブストップ] プロパティを [いいえ] に設定してください。キーボード操作でカーソルが移動しなくなります。なお、マウスでクリックすれば、カーソルを表示できます。　　　　　➡タブストップ……P.449

[仕入先名参照] テキストボックスにカーソルが移動しないようにする

ワザ387を参考にデザインビューでフォームを表示し、プロパティシートで[仕入先名参照]を選択しておく

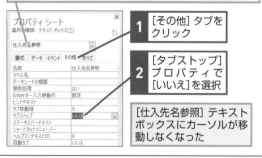

1 [その他] タブをクリック

2 [タブストップ] プロパティで [いいえ]を選択

[仕入先名参照] テキストボックスにカーソルが移動しなくなった

Q401 365 2019 2016 2013　　　お役立ち度 ★★★

特定のフィールドのデータを変更されないようにしたい

A [使用可能]プロパティや[編集ロック]
プロパティの設定を変更します

特定のフィールドのデータを変更されないようにするには、コントロールの [使用可能] プロパティを [いいえ]、[編集ロック]プロパティを[はい]に設定します。例えば、[顧客ID] に対する [氏名] を他のテーブルから参照して表示するときのように、クエリで他のテーブルのフィールドを参照している場合、誤ってデータが変更されることを防ぐのに役立ちます。

[氏名]フィールドが変更されないように設定する

ワザ387を参考にデザインビューでフォームを表示し、プロパティシートで[氏名]を選択しておく

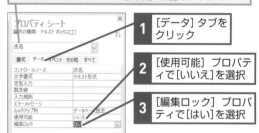

1 [データ] タブをクリック

2 [使用可能] プロパティで[いいえ]を選択

3 [編集ロック] プロパティで[はい]を選択

データを変更できなくなった

Q402 [365] [2019] [2016] [2013] お役立ち度 ★★☆

テキストボックスのデータを
変更できない

A オートナンバー型のデータや
演算結果は変更できません

オートナンバー型のデータや演算結果が表示されているテキストボックスでは、データを変更できません。これらのテキストボックスのデータを変更しようとすると、画面左下のステータスバーに編集できないことを意味するメッセージが表示されます。ワザ400を参考に、編集できないテキストボックスにはカーソルが移動しないように設定しておくといいでしょう。

◆演算フィールド
演算結果が表示される。ここでは単価×1.1の計算結果が表示されている

◆オートナンバー型
連番が自動入力される

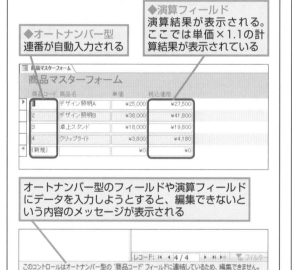

オートナンバー型のフィールドや演算フィールドにデータを入力しようとすると、編集できないという内容のメッセージが表示される

Q403 [365] [2019] [2016] [2013] お役立ち度 ★★★

フォームからのレコードの
追加や更新、削除を禁止したい

A [レコードセット] プロパティを
[スナップショット] にします

フォームからレコードを追加、更新、削除することをすべて禁止するには、[フォーム] の [レコードセット] プロパティを [スナップショット] に設定します。これにより、フォームに表示されるデータを参照用として使用できます。　　➡スナップショット……P.448

Q404 [365] [2019] [2016] [2013] お役立ち度 ★★★

フォームからのレコードの
追加と削除を禁止したい

A [更新の許可]、[追加の許可]、[削除の許可]
プロパティで設定できます

フォームではレコードの修正だけを許可し、レコードの追加や削除を禁止するには、フォームの [更新の許可] プロパティを [はい]、[追加の許可] プロパティと [削除の許可] プロパティを [いいえ] に設定します。これらのプロパティを組み合わせればレコードの修正、追加、削除のいずれかを制限できます。

ワザ387を参考にデザインビューでフォームを表示し、プロパティシートで[フォーム]を選択しておく

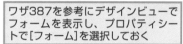

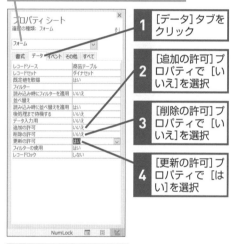

1 [データ]タブをクリック

2 [追加の許可]プロパティで [いいえ]を選択

3 [削除の許可]プロパティで [いいえ]を選択

4 [更新の許可]プロパティで [はい]を選択

レコードの追加と削除が実行できなくなる

レコードを削除しようとすると、削除できないという内容のメッセージが表示される

関連 Q401	特定のフィールドのデータを変更されないようにしたい ………………… P.224
関連 Q402	テキストボックスのデータを変更できない…… P.225
関連 Q406	画像が枠内に表示しきれない ………………… P.226

Q405 365 2019 2016 2013　お役立ち度 ★★★

OLEオブジェクト型のフィールドに画像を追加したい

A 画像ファイルをフィールドにドラッグするだけです

フォームでOLEオブジェクト型のフィールドにデータを追加するには、フィールドで右クリックして［オブジェクトの挿入］を選択する以外に、もっと簡単な方法があります。画像ファイルがあるフォルダーを表示しておき、画像ファイルをフォームのフィールド上にドラッグします。なお、この方法は、テーブルでは使用できず、フォームのみで可能な操作です。ドラッグするだけなので、簡単に画像が追加でき、便利です。
➡OLE機能……P.444

> 追加したい画像があるフォルダーを表示しておく

1 画像を選択　　マウスポインターの形が変わった

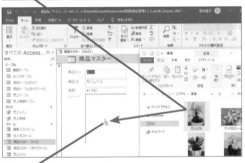

2 ここまでドラッグ

> OLEオブジェクト型のフィールドに画像が追加された

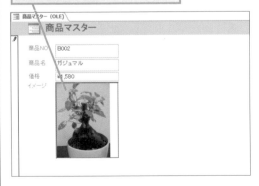

Q406 365 2019 2016 2013 サンプル お役立ち度 ★★☆

画像が枠内に表示しきれない

A ［OLEサイズ］プロパティで設定変更できます

OLEオブジェクト型のフィールドに画像データを追加すると、画像が枠に収まらないことがあります。このような場合は、コントロールの［OLEサイズ］プロパティの設定を［ズーム］か［ストレッチ］に変更します。それぞれの表示方法は以下の表のようになります。なお、添付ファイル型の場合は、［ピクチャサイズ］プロパティで設定します。
➡OLE機能……P.444

● ［OLEサイズ］プロパティと画像の表示方法

OLEサイズ	説明	表示例
クリップ	画像が実際のサイズで表示される（既定）	
ストレッチ	コントロールのサイズに合わせて拡大・縮小された画像が表示される。画像の縦横比が変更される	
ズーム	画像の縦横比を変更せずに、コントロール内に画像全体が表示されるよう拡大・縮小される	

> 画像を表示するコントロールのOLEサイズを［ズーム］に設定する

> ワザ387を参考にデザインビューでフォームを表示し、プロパティシートで画像を表示するコントロールを選択しておく

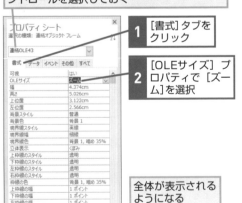

1 ［書式］タブをクリック

2 ［OLEサイズ］プロパティで［ズーム］を選択

> 全体が表示されるようになる

関連 OLEオブジェクト型のフィールドに
Q405 画像を追加したい ……………………………… P.226

添付ファイル型のフィールドにデータを追加するにはどうすればいいの?

A フィールドをダブルクリックして画像ファイルを選択します

添付ファイル型のフィールドには、画像、ExcelやWordの文書ファイル、テキストファイルなど、さまざまなファイルをデータとして複数追加できます。データを追加するには、添付ファイル型のフィールドをダブルクリックして、[添付ファイル]ダイアログボックスを表示します。ここで[追加]ボタンをクリックし、ファイルを選択して追加します。複数のファイルを添付した場合は、フィールドをクリックしたときに表示されるミニツールバーの [←] [→] ボタンで表示を切り替えられます。なお、画像以外のデータはフィールドの中でアイコンとして表示されます。

→添付ファイル型……P.450

添付ファイル型のフィールドがあるフォームを、ワザ382を参考にフォームビューで表示しておく

1 添付ファイル型のフィールドをダブルクリック

[添付ファイル] ダイアログボックスが表示された

2 [追加]をクリック

[ファイルの選択] ダイアログボックスが表示された

3 ファイルの保存先を選択

4 添付するファイルを選択

2つ目以降は Ctrl キーを押しながら選択する

5 [開く]をクリック

[添付ファイル] ダイアログボックスに戻った

6 [OK] をクリック

添付ファイル型のフィールドにファイルを添付できた

フィールドをクリックすると添付ファイルの表示を切り替えるボタンが表示される

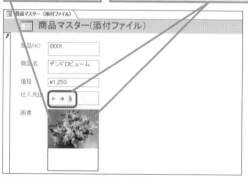

画像ファイル以外はアイコンが表示される

右サイドのタブ:
Accessの基本 / データベースファイル / テーブル / クエリ / フォーム / レポート / 関数 / マクロ / データ連携・共有 / 管理・セキュリティ

Q408　365 2019 2016 2013　　　　　　　　　　　　　　　　　お役立ち度 ★★★

ハイパーリンク型のフィールドにデータを追加するには

A URLやメールアドレスを 直接入力します

ハイパーリンク型のフィールドにデータを追加するには、フィールドにURLやメールアドレスを直接入力します。データを入力すると自動的にリンクが設定され、

データをクリックすると、ブラウザーが起動してWebページが表示されたり、メールソフトが起動してメール作成画面が表示されたりします。

➡ハイパーリンク型……P.451

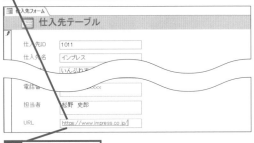

1 ハイパーリンク型のフィールドにURLを入力

自動的にハイパーリンクが設定された

2 URLをクリック

入力したURLのWebページが表示された

Q409　365 2019 2016 2013　　　　　　　　　　　　　　　　　お役立ち度 ★★★

ハイパーリンクのデータを修正したい

A ラベルをクリックして データを選択してから修正します

ハイパーリンクのデータは、フィールドをクリックするとWebページが開いたりするので選択できません。データを修正したい場合は、フィールドではなく、ラベルをクリックしてください。ラベルをクリックする

と、データが選択されるので、Delete キーでデータを削除し入力し直します。また、データ上で右クリックして、[ハイパーリンク] - [ハイパーリンクの編集]の順にクリックすると表示される [ハイパーリンクの編集] ダイアログボックスで修正することもできます。

➡ハイパーリンク型……P.451

1 ラベル[URL]をクリック

フォーム内のURLが選択された

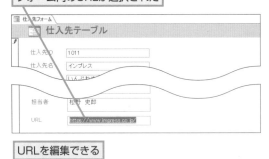

URLを編集できる

フォームの表示

データをいろいろな形で表示できるのもフォームの特徴の1つです。ここでは、フォームでデータを表示する設定について解説します。

Q410 [365] [2019] [2016] [2013]　　　　　お役立ち度 ★★★

フォームに既存のレコードが表示されない

A [データ入力用] プロパティの設定を確認してください

フォームを開いたときに、保存されているはずの既存のレコードが表示されない場合は、フォームの[データ入力用]プロパティが[はい]になっている可能性があります。フォームの[データ入力用]プロパティが[はい]になっていると、常に新規入力画面が表示され、保存済みのレコードは表示されません。また、レコードの移動もできません。

➡ フォーム……P.452
➡ レコード……P.454

既存のレコードが表示されない

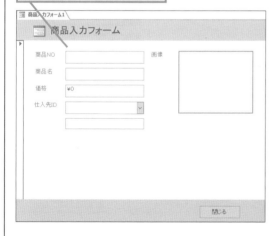

ワザ387を参考にデザインビューでフォームを表示し、プロパティシートで[フォーム]を選択しておく

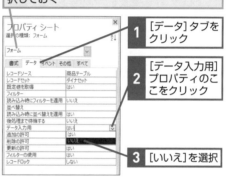

1 [データ]タブをクリック

2 [データ入力用]プロパティのここをクリック

3 [いいえ]を選択

レコードの内容がすべて表示された

Q411　365 2019 2016 2013　お役立ち度 ★★★

フォームに写真が表示されない

A ファイル形式をビットマップファイルに変換しましょう

OLEオブジェクト型のフィールドに写真などの画像ファイルを追加したとき、画像ではなくアイコンで表示されることがあります。画像が表示されるようにするためには、OLEサーバーの機能を持つソフトウェアが必要です。そのようなソフトウェアが用意できない場合は、ビットマップファイルに変換してから追加すれば画像として表示できます。

ちなみに、OLEサーバー機能を持つソフトウェアとは、フォーム上に配置したビットマップ画像をダブルクリックするとAccessの中で編集用に起動するペイントのように、OLE機能を実現するソフトウェアのことです。OLE機能とは、Windowsの機能の1つで、複数のソフトウェアが連携できる仕組みです。

→OLE機能……P.444

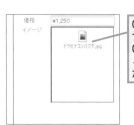

OLEサーバー機能を持つソフトウェアがないとOLEオブジェクト型のフィールドに画像ファイルがアイコンで表示される

ビットマップファイルに変換してから追加すると画像が表示される

Q412　365 2019 2016 2013　お役立ち度 ★★★

フォームにレコードが1件しか表示されない

A [既定のビュー]プロパティを[帳票フォーム]に変更します

フォームの画面に表形式でレコードを一覧表示したいのに、1件しか表示されない場合、[既定のビュー]プロパティが単票フォームになっている可能性があります。フォームの[既定のビュー]プロパティを確認し、[帳票フォーム]に変更してください。

フォームにレコードが1件しか表示されていない

仕入先表形式フォーム

仕入先ID	仕入先名	郵便番号	都道府県	住所
1001	池田園芸	145-0064	東京都	大田区上池台x-x

ワザ387を参考にデザインビューでフォームを表示し、プロパティシートで[フォーム]を選択しておく

1 [書式]タブをクリック

2 [既定のビュー]プロパティで[帳票フォーム]を選択

ワザ382を参考にフォームビューで表示しておく

レコードがすべて表示された

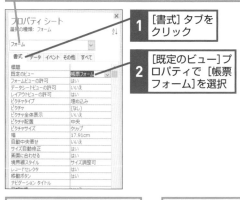

仕入先表形式フォーム

仕入先ID	仕入先名	郵便番号	都道府県	住所
1001	池田園芸	145-0064	東京都	大田区上池台x-x
1002	川崎フラワー	213-0013	神奈川県	川崎市高津区末長x-x
1003	グリーンひのき	156-0042	東京都	世田谷区羽根木x-x
1004	フローラル大宮	331-0052	埼玉県	さいたま市西区三橋x-x
1005	町田園芸	195-0062	東京都	町田市大蔵町x-x
1006	所沢ローズ園	359-0024	埼玉県	所沢市下安松x-x
1007	江戸川グリーンショップ	133-0044	東京都	江戸川区本一色x-x

Q413 [365] [2019] [2016] [2013]　お役立ち度 ★★★

1行おきの色を解除するには

A [代替の背景色] を [色なし] に設定します

表形式やデータシート形式のフォームは、行の区切りが見やすくなるように、自動的に1行おきに背景色が設定されています。これを解除するには、詳細セクションの[代替の背景色]プロパティを[色なし]に変更します。　➡データシート……P.450

1行おきの背景色を削除したい

ワザ385を参考にデザインビューでフォームを開き、プロパティシートを表示しておく

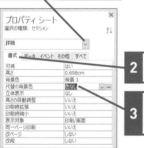

1 ここをクリックして、[詳細]を選択

2 [書式]タブをクリック

3 [代替の背景色]プロパティで[色なし]を選択

1行おきの背景色が削除された

Q414 [365] [2019] [2016] [2013]　お役立ち度 ★★★

テキストボックスに「#Name」と表示される

A [レコードソース]、[コントロールソース] プロパティを確認してください

フォームビューでテキストボックスに「#Name」とエラーが表示される場合は、テキストボックスの[コントロールソース]プロパティで間違ったフィールドを参照している可能性があります。テキストボックスにテーブルやクエリのデータを表示したい場合は、[コントロールソース]プロパティにテーブルやクエリに存在するフィールドが設定されている必要があります。フォームの[レコードソース]プロパティで、フォームに表示するデータの基となるテーブルまたはクエリが正しく設定されているかを確認し、テキストボックスの[コントロールソース]プロパティで正しいフィールドを選択し直してください。

[商品NO]に「#Name」と表示されている

ワザ385を参考にデザインビューでフォームを開き、プロパティシートを表示しておく

1 ここをクリックして、[商品NO]を選択

2 [データ]タブをクリック

3 [コントロールソース]プロパティで正しいフィールド(ここでは[商品NO])を選択

正しいデータが表示されるようになる

関連 Q410 フォームに既存のレコードが表示されない…… P.229

左側縦書きナビゲーション：Accessの基本　ファイル　データベース　テーブル　クエリ　フォーム　レポート　関数　マクロ　データ連携・共有　管理・セキュリティ

表形式のフォームにExcelの表のような罫線を引きたい

A 枠線を設定しましょう

表形式や集合形式でコントロールレイアウトが設定されているとき、コントロールとコントロールの間に枠線を表示できます。これを利用すると、Excelの表のような整った表罫線を簡単に引くことができます。

表形式のフォームに罫線を引く

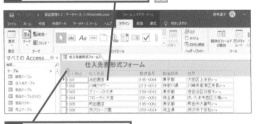

ワザ382を参考にレイアウトビューでフォームを表示しておく

1 フォームの一部をクリック

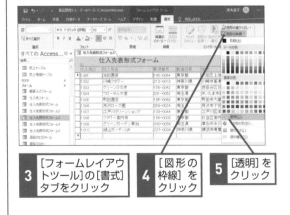

2 レイアウトセレクターをクリック

3 [フォームレイアウトツール]の[書式]タブをクリック

4 [図形の枠線]をクリック

5 [透明]をクリック

コントロールの枠線が透明になった

6 [配置] タブをクリック

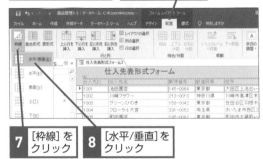

7 [枠線]をクリック

8 [水平/垂直]をクリック

ワザ382を参考に、フォームビューで表示しておく

フォームに罫線が引かれた

関連 Q413	1行おきの色を解除するには	P.231
関連 Q435	タブやタイトルバーに表示される文字列を変更したい	P.244
関連 Q436	フォームの色を変えたい	P.244
関連 Q472	フォーム上にロゴを入れたい	P.263
関連 Q473	任意の文字列をタイトルとしてフォームヘッダーに追加したい	P.263
関連 Q475	フォーム上の任意の場所に文字列を表示したい	P.264

データを検索するには

A 検索の機能を使います

フォームでデータを検索するには、[検索と置換] ダイアログボックスの [検索] タブで検索する文字列を指定します。検索対象となるフィールドや検索条件を指定できます。　　　　　　　→フィールド……P.451

1 検索したいフィールドをクリック

2 [ホーム]タブをクリック

3 [検索]をクリック

[検索と置換] ダイアログボックスが表示された

4 検索する文字列を入力

5 検索条件を選択

6 [次を検索]をクリック

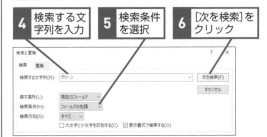

検索結果が表示された

特定の文字列を別の文字列に置き換えたい

A 置換の機能を使います

特定の文字列を別の文字列に置き換えるには、[検索と置換] ダイアログボックスの [置換] タブで検索する文字列と置換する文字列を指定します。検索対象となるフィールドや検索条件の指定もできます。

1 置換したいフィールドをクリック

2 [ホーム]タブをクリック

3 [置換]をクリック

4 検索する文字列を入力

5 置換後の文字列を入力

6 検索条件を選択

7 [次を検索]をクリック

8 対象の文字が検索されたら [置換]をクリック

[すべて置換] をクリックすると一括で置換できる

Access の基本／データベース／ファイル／テーブル／クエリ／**フォーム**／レポート／関数／マクロ／データ連携・共有／管理・セキュリティ

Q418 365 2019 2016 2013　お役立ち度 ★★★

「東京都」のレコードだけを表示したい

A 「東京都」をドラッグして選択フィルターを実行します

都道府県が「東京都」のレコードだけを抽出したい場合は、フィルターの機能を使用すれば簡単です。フォーム上のフィールドで「東京都」の文字列をドラッグして選択するだけで抽出条件とすることができます。なお、[都道府県] フィールドのように「東京都」だけが入力されている場合は、クリックしてカーソルを表示するだけで抽出条件となります。

1 抽出条件にしたい文字列（ここでは[東京都]）をドラッグして選択

仕入先ID	仕入先名	郵便番号	都道府県	住所
1 001	池田園芸	145-0064	東京都	大田区上池台x-x
1 002	川崎フラワー	213-0013	神奈川県	川崎市高津区末長x-x
1 003	グリーンひのき	156-0042	東京都	世田谷区羽根木x-x
1 004	フローラル大宮	331-0052	埼玉県	さいたま市西区三橋x-x
1 005	町田園芸	195-0062	東京都	町田市大蔵町x-x

2 [ホーム] タブをクリック　**3** [選択]をクリック

"東京都"に等しい(E)
"東京都"に等しくない(N)
"東京都"を含む(T)
"東京都"を含まない(L)

4 ["東京都"を含む]を選択

[東京都] を含むレコードのみが表示された

仕入先ID	仕入先名	郵便番号	都道府県	住所
1 001	池田園芸	145-0064	東京都	大田区上池台x-x
1 003	グリーンひのき	156-0042	東京都	世田谷区羽根木x-x
1 005	町田園芸	195-0062	東京都	町田市大蔵町x-x
1 007	江戸川グリーンショップ	133-0044	東京都	江戸川区本一色x-x
1 008	フラワー高円寺	166-0003	東京都	杉並区高円寺南x-x

[フィルターの実行] をクリックするとフィルターを解除できる

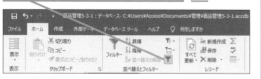

Q419 365 2019 2016 2013　お役立ち度 ★★★

フォームの画面に条件を入力したい

A フォームフィルターの機能を使います

[フォームフィルター] の機能を使用すると、フォームの画面にレコードを抽出する条件を入力できます。同じ画面に複数の条件を設定すれば、それらすべての条件を満たすレコードを抽出することもできます。さらに、画面右下にある [または] タブをクリックして別の画面に条件を入力すると、いずれかの条件を満たすレコードが抽出されます。フォームフィルターは、いくつかの条件を組み合わせて抽出するのに便利です。抽出条件に「*」などのワイルドカードを使用することもできます。

1 [ホーム] タブをクリック　**2** [高度なフィルターオプション]をクリック　**3** [フォームフィルター] をクリック

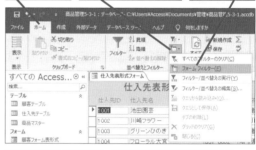

4 ここに抽出条件を入力　**5** [フィルターの実行]をクリック

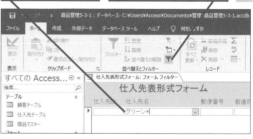

入力した抽出条件でデータが抽出された

レコードを並べ替えたい

A [昇順] ボタンや [降順] ボタンを使います

表形式やデータシート形式のフォームでレコードが一覧で表示されている場合、レコードの並び順を変更してデータを見たいときは、[昇順] ボタンと [降順] ボタンを使いましょう。複数のフィールドを基準に並べ替えることもできます。この場合、優先順位の低い並べ替えから行います。例えば、[商品名] で並べ替えてから [仕入先ID] で並べ替えると、[仕入先ID] 順→ [商品名] 順で並びます。　➡レコード……P.454

| 1 | 並べ替えたい列をクリック |

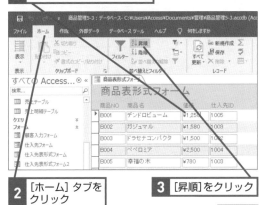

| 2 | [ホーム] タブをクリック |
| 3 | [昇順]をクリック |

A↓昇順

データが数値の小さい順で並べ替えられた

[すべての並べ替えをクリア]をクリックすると、並べ替えを解除できる

A↓Z 並べ替えの解除

関連 並べ替えや抽出を
Q423 もっと簡単に実行するには ……………………………… P.236

金額順に並べ替えができない

A 演算式が設定されているフィールドは並べ替えができません

金額順に並べ替えたくても、[昇順] ボタンと [降順] ボタンが使用できない場合があります。これは、金額を表示しているコントロールがテーブルやクエリのフィールドを参照しているのではなく、演算式が設定されているからです。デザインビューを表示すると、テキストボックスに演算式が表示されるので確認してみてください。金額順で並べ替えたい場合は、ワザ264を参考にクエリで演算フィールドを作成し、そのクエリを基にフォームを作成しましょう。

➡コントロール……P.447

演算式が設定されているフィールドは並べ替えできない

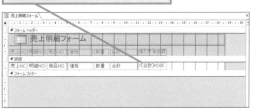

金額順で並べ替えたい場合はクエリで演算フィールドを作成して並べ替えを行い、そのクエリを基にフォームを作成し直す

Q422 [365] [2019] [2016] [2013]　　　　　　お役立ち度 ★★★

並べ替え後、フォームを開き直しても並べ替わったままになってしまう

A [読み込み時に並べ替えを適用] プロパティの設定を変更しましょう

フォームで並べ替えを行った後、フォームを開き直すと並べ替わったままで表示されます。これは [保存] ボタンをクリックしなくても、自動的に並べ替えの設定が保存されてしまうためです。フォームを開いたときに並べ替えが実行されないようにするには、フォームを閉じる前に並べ替えを解除しておきましょう。
または、フォームの [読み込み時に並べ替えを適用] プロパティを [いいえ] に設定する方法があります。これを設定しておけば並べ替えを毎回解除する必要がなくなります。　　→フォーム……P.452

[読み込み時に並べ替えを適用] プロパティを変更する

ワザ385を参考にデザインビューでフォームを開き、プロパティシートを表示しておく

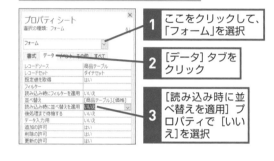

1 ここをクリックして、「フォーム」を選択

2 [データ] タブをクリック

3 [読み込み時に並べ替えを適用] プロパティで [いいえ] を選択

Q423 [365] [2019] [2016] [2013]　　　　　　お役立ち度 ★★★

並べ替えや抽出をもっと簡単に実行するには

A フィルターの機能を使います

指定したフィールドの並べ替えや、レコードの抽出を簡単に実行するには、[フィルター] 機能を使用しましょう。[ホーム] タブの [フィルター] ボタンをクリックすると表示されるメニューをクリックするだけで、フィールドごとに並べ替えや抽出を素早く実行できます。　　→フィルター……P.452

ワザ382を参考に、フォームビューでフォームを表示しておく

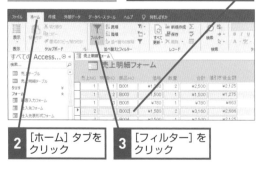

1 並べ替えや抽出の対象にしたいフィールドのデータをクリック

2 [ホーム] タブをクリック

3 [フィルター] をクリック

フィルターのメニューが表示された

[昇順で並べ替え] [降順で並べ替え] をクリックすると並べ替えができる

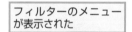

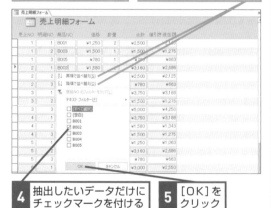

4 抽出したいデータだけにチェックマークを付ける

5 [OK] をクリック

データの抽出が完了した

フォームの作成

フォームの作成方法はいろいろあります。ここでは、フォームの作成や編集に関するワザを身に付けましょう。

Q424 365 2019 2016 2013　　　　　　　　　　お役立ち度 ★★★

フォームを作成したい

A フォームウィザードを使うと便利です

［フォームウィザード］を使用すると、表示するフィールドを選択してフォームを作成できます。フォームのレイアウトも指定できるため、いろいろな形式のフォームを作成できます。　　➡ウィザード……P.446

1 ［作成］タブをクリック
2 ［フォームウィザード］をクリック

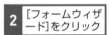

［フォームウィザード］が表示された

3 ここをクリックしてフォームの基になるテーブルまたはクエリを選択
4 ここをクリック

［選択可能なフィールド］のフィールドがすべて表示された

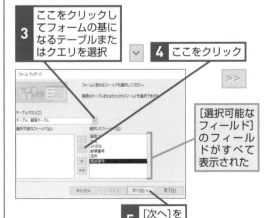

5 ［次へ］をクリック

6 作成したいフォームの形式をクリック

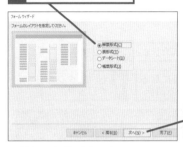

7 ［次へ］をクリック

8 フォーム名を入力

9 ［完了］をクリック

フォームが作成された

関連
Q428　自由なレイアウトでフォームを作成したい…… P.240

フォームをワンクリックで自動作成したい

A ［フォーム］ボタンをクリックします

フォームをワンクリックで自動作成するには、ナビゲーションウィンドウでフォームの基になるテーブルまたはクエリを選択し、［作成］タブの［フォーム］ボタンをクリックします。選択したテーブルまたはクエリのすべてのフィールドを配置した単票形式のフォームが自動作成されます。また、［その他のフォーム］ボタンをクリックし、一覧から［複数のアイテム］で表形式、［データシート］でデータシート形式、［分割フォーム］で分割フォームを自動作成できます。

→単票……P.449

ここでは単票形式のフォームを作成する

1 フォームの基になる
オブジェクトを選択

2 ［作成］タブを
クリック

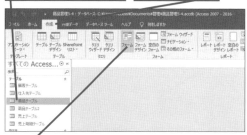

3 ［フォーム］を
クリック

選択したオブジェクトを基にした
単票形式のフォームが作成された

フォームを保存する場合は、画面右上の［閉じる］を
クリックし、フォームに名前を付ける

◆表形式のフォーム

◆データシート形式

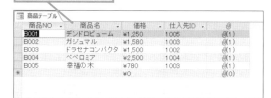

◆分割フォーム

| 関連 Q424 | フォームを作成したい | P.237 |
| 関連 Q428 | 自由なレイアウトでフォームを作成したい | P.240 |
| 関連 Q429 | デザインビューで
フィールドを追加するには | P.240 |

不要なサブフォームが作成されてしまった

A サブフォームを選択し
　　Delete キーで削除します

一対多のリレーションシップが設定されている一側
テーブルを基にフォームを自動で作成した場合、サブ
フォームが作成されてしまいます。不要な場合は、サブ
フォームをクリックして選択し、Delete キーを押し
て削除してください。削除してもレコードは削除され
ません。メイン／サブフォームについて詳しくは、ワ
ザ433を参照してください。

➡リレーションシップ……P.454

関連
Q433 メイン／サブフォームって何？ ……………… P.242

サブフォームを選択しておく

1 Delete キーを
押す

サブフォームが削除される

テキストボックスに不要なスクロールバーが表示される

A ［スクロールバー］プロパティを
　　［なし］にしましょう

フォームを作成したときに、テキストボックスに不要
なスクロールバーが表示されることがあります。スク
ロールバーを非表示にするには、プロパティシートで
テキストボックスの［スクロールバー］プロパティを［な
し］に設定します。　➡テキストボックス……P.450

テキストボックスにスクロールバーが
表示されている

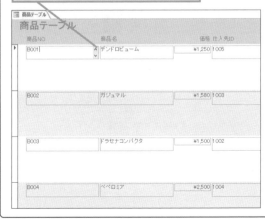

ワザ385を参考にデザインビューでフォームを
開き、プロパティシートを表示しておく

1 ［商品NO］
を選択

2 プロパティシートの［書式］
タブをクリック

3 ［スクロールバー］で
［なし］を選択

フォームビューで表示しておく

テキストボックスにスクロールバーが
表示されなくなった

Accessの基本　ファイル　データベース　テーブル　クエリ　フォーム　レポート　関数　マクロ　データ連携・共有　管理・セキュリティ

Q428 [365] [2019] [2016] [2013]　お役立ち度 ★★★

自由なレイアウトで
フォームを作成したい

A [フォームデザイン] ボタンをクリックして
デザインビューでフォームを新規作成します

[作成] タブの [フォームデザイン] ボタンをクリック
すると、デザインビューで白紙の新規フォームが表示
されます。デザインビューでは、コントロールを自由
な配置で追加できます。フォームにデータを表示する
には、フォームの [レコードソース] プロパティに基
となるテーブルまたはクエリを指定してください。

[商品テーブル]のフォームを作成する

1 [作成] タブ をクリック	**2** [フォームデザイン] をクリック

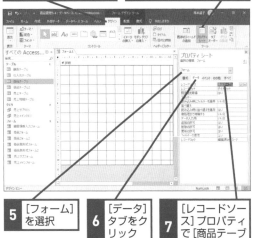

フォームが新規作成され、デザインビューで
表示された

3 [フォームデザイン ツール] の [デザイ ン]タブをクリック	**4** [プロパティシート]を クリック

5 [フォーム] を選択	**6** [データ] タブをク リック	**7** [レコードソー ス] プロパティ で [商品テーブ ル]を選択

[商品テーブル]のフィールドが追加できる
ようになった

Q429 [365] [2019] [2016] [2013]　お役立ち度 ★★★

デザインビューでフィールドを
追加するには

A フィールドリストからフォーム上に
フィールドをドラッグします

フォームの [レコードソース] プロパティにテーブル
またはクエリが設定されている場合、[デザイン] タ
ブの [既存のフィールドの追加] ボタンをクリックす
ると、[フィールドリスト] が表示されます。フィー
ルドリストには [レコードソース] プロパティで指定
したテーブルやクエリのフィールドが一覧表示されま
す。フィールドを追加するには、[フィールドリスト]
からフィールドをフォーム上にドラッグします。なお、
フィールドをダブルクリックすると縦方向に整列した
形で追加できます。　　　➡フィールドリスト……P.452

ワザ382を参考に、デザインビューで
フォームを表示しておく

1 [フォームデザイン ツール] の [デザイン]タ ブをクリック	**2** [既存のフィールド の追加]をクリック

[フィールドリス ト]が表示された	**3** 追加したいフィールドにマ ウスポインターを合わせる

マウスポインターの 形が変わった	**4** ここまで ドラッグ

フォームにフィールド が追加された	同様にして他のフィー ルドを追加しておく

Q430　365 2019 2016 2013　お役立ち度 ★★★

コントロールをきれいに整列しながらフォームを作成できないの?

A [空白のフォーム] ボタンをクリックして　レイアウトビューでフォームを新規作成します

[作成] タブの [空白のフォーム] ボタンをクリックすると、レイアウトビューで新規にフォームを作成できます。レイアウトビューでは、コントロールが自動的に整列されるので、レイアウトが整ったきれいなフォームを簡単に作成できます。

フォームにデータを表示する場合は、フォームの [レコードソース] で表示するデータの基となるテーブルまたはクエリを選択します。レイアウトビューは、編集中のフォームにデータが表示されるので、データを見ながらフォームの編集ができます。

➡ビュー……P.451

フォームが新規作成され、レイアウトビューで表示された

3 [プロパティシート] をクリック

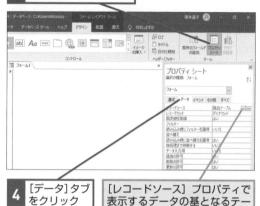

4 [データ] タブをクリック

[レコードソース] プロパティで表示するデータの基となるテーブルまたはクエリを選択する

1 [作成] タブをクリック

2 [空白のフォーム] をクリック

ワザ429を参考にフィールドリストを表示し、ドラッグしてフィールドを追加しておく

Q431　365 2019 2016 2013　お役立ち度 ★★★

添付ファイル型のフィールドで表示される FileData、FileName、FileType って何?

A 添付ファイル型データに　付属する情報です

[フィールドリスト] に表示されるフィールドで、添付ファイル型のフィールドでは階層構造でFileData、FileName、FileTypeなどが表示されます。これらはそれぞれ、画像、ファイル名、ファイルの種類のデータを持ち、それぞれをフォームに追加すると、添付ファイルの情報を一覧にして表示できます。

➡フィールドリスト……P.452

◆FileData
画像

◆FileName
ファイル名

◆FileType
ファイル形式

関連 Q407 添付ファイル型のフィールドにデータを追加するにはどうすればいいの? …… P.227

関連 Q489 添付ファイル型フィールドのデータ数をひと目で知りたい ……………………… P.275

Q432 365 2019 2016 2013 お役立ち度 ★★★

レイアウトビューでフィールドを追加するには

A フィールドリストからフォーム上にフィールドをドラッグします

レイアウトビューでフィールドを追加するには、[フィールドリスト]からフォーム上にフィールドをドラッグします。ドラッグすると自動的にフォームの左上隅にラベルとテキストボックスが横に並んで配置されます。続けてフィールドをドラッグすると、自動的に整列されて配置されます。また、1つ目のフィールドを追加したときに表示されるスマートタグをクリックして[表形式レイアウトで表示]を選択すると、ラベルとテキストボックスが縦に配置され、1行目がフィールド名、2行目以降がレコードとなるような表形式のフォームに切り替えることができます。

表形式のレイアウトに変更した場合は、2つ目以降のフィールドは横方向に整列されて配置されます。なお、複数のレコードを表示するには、フォームの[既定のビュー]プロパティの値を[帳票フォーム]に変更してください。　　　　　　　→帳票……P.449

> ワザ430を参考に、レイアウトビューでフォームを作成しておく

1 [フォームレイアウトツール]の[デザイン]タブをクリック

2 [既存のフィールドの追加]をクリック

[フィールドリスト]が表示された

3 フィールドリストからフィールドをドラッグ

スマートタグをクリックして[表形式レイアウトで表示]を選択すると、ラベルとテキストボックスが縦に表示される表形式のフォームに設定できる

> 関連 Q430 コントロールをきれいに整列しながらフォームを作成できないの？……………… P.241

Q433 365 2019 2016 2013 お役立ち度 ★★★

メイン／サブフォームって何？

A 明細行のあるフォームのことです

メイン／サブフォームとは、単票形式のフォームの中に表形式やデータシート形式のフォームを埋め込んだフォームのことです。単票形式のフォームを「メインフォーム」といい、その中に埋め込んだ表形式やデータシート形式のフォームのことを「サブフォーム」といいます。

メイン／サブフォームは、基になるテーブルが1対多のリレーションシップが設定されている場合に作成できます。例えば、日付や顧客など1回の売上情報を管理する[売上テーブル]と、売り上げた商品や個数などの明細情報を管理する[売上明細テーブル]間で一対多のリレーションシップが設定されていれば、売り上げを表示・入力できるメイン／サブフォームが作成できます。　　　　　　→リレーションシップ……P.454

◆メインフォーム

◆サブフォーム

メイン／サブフォームを作成するには

[A][フォームウィザード]を使えば作成できます

メイン／サブフォームを作成する方法はいくつかありますが、[フォームウィザード]を使用すると簡単です。メインフォームとサブフォームの基となるテーブルやクエリを指定していけば、自動的にメイン／サブフォームが作成されます。

→メイン／サブフォーム……P.453

ワザ424を参考に、[フォームウィザード]を表示しておく

1 ここをクリックしてメインフォームの基になるテーブルまたはクエリを選択

2 メインフォームに表示するフィールドを追加

3 ここをクリックしてサブフォームの基になるテーブルまたはクエリを選択

4 サブフォームを表示するフィールドを追加

5 [次へ]をクリック

6 メインフォームにしたいオブジェクトを選択

7 [サブフォームがあるフォーム]をクリック

8 [次へ]をクリック

9 [データシート]をクリック

10 [次へ]をクリック

11 フォームとサブフォームの名前を入力

12 [完了]をクリック

メイン／サブフォームを作成できた

◆メインフォーム

◆サブフォーム

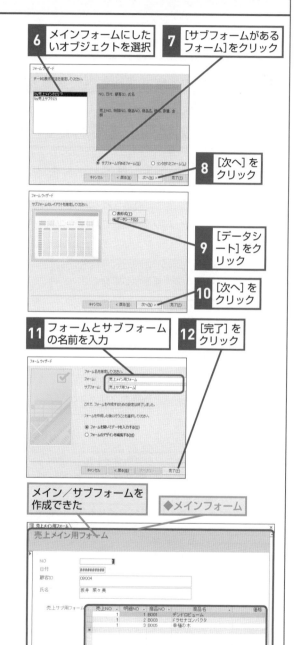

関連 **Q433** メイン／サブフォームって何？……………… P.242

フォームの作成 ● できる **243**

（右端タブ）Accessの基本　データベース　ファイル　テーブル　クエリ　フォーム　レポート　関数　マクロ　データ連携・共有　管理・セキュリティ

フォームの設定

ここでは、セクションごとの設定やフォーム全体の設定など、フォームの土台となる部分の機能や操作方法を解説します。

Q435 365 2019 2016 2013　お役立ち度 ★★★

タブやタイトルバーに表示される文字列を変更したい

A [標題] プロパティで変更しましょう

フォーム作成直後は、タブやタイトルバーには、フォーム名が表示されます。ここに表示される文字列を変更したい場合は、フォームの [標題] プロパティの文字列を変更します。

ワザ385を参考にデザインビューでフォームを開き、プロパティシートを表示しておく

1 ここをクリックして [フォーム]を選択

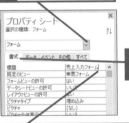

2 [書式]タブをクリック

3 [標題]プロパティに、タブやタイトルバーに表示したい文字列を入力

ワザ382を参考に、フォームビューで表示しておく

タブやタイトルバーに表示される文字列を変更できた

🔲 売上入力フォーム

売上入力フォーム

NO	1
日付	2020/02/01
顧客ID	09004
氏名	坂井 菜々美

関連 任意の文字列をタイトルとして
Q473 フォームヘッダーに追加したい P.263

Q436 365 2019 2016 2013　お役立ち度 ★★★

フォームの色を変えたい

A [背景色] プロパティで変更できます

フォームの色は、[背景色] プロパティで指定します。セクションごとに指定するため、[フォームヘッダー][詳細][フォームフッター]で別々の色を設定できます。

フォームヘッダーの色を変更する

ワザ385を参考にデザインビューでフォームを開き、プロパティシートを表示しておく

1 ここをクリックして [フォームヘッダー]を選択

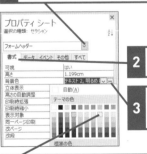

2 [書式] タブをクリック

3 [背景色] プロパティのここをクリック

4 背景色に設定したい色を選択

フォームヘッダーの色が変更される

Q437 `365` `2019` `2016` `2013`　お役立ち度 ★★★

フォームのデザインをまとめて変更したい

A テーマを適用しましょう

[テーマ]を使用すると、フォームのデザインをまとめて変更できます。テーマとは、配色とフォントの組み合わせです。選択されたテーマは、フォームだけでなくデータベース全体のオブジェクトに適用され、統一されたデザインになります。

➡オブジェクト……P.446

> ワザ382を参考に、デザインビューでフォームを表示しておく

1 [フォームデザインツール]の[デザイン]タブをクリック

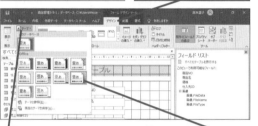

2 [テーマ]をクリック

3 設定したいフォーマットを選択

> フォームのデザインがまとめて変更される

[配色]をクリックすると配色だけを変更できる

[フォント]をクリックするとフォントだけを変更できる

関連 **Q436** フォームの色を変えたい ……………………… P.244

Q438 `365` `2019` `2016` `2013`　お役立ち度 ★★★

フォームヘッダー／フッターを表示するには

A [フォームヘッダー／フッター]をクリックしてオンにします

デザインビューでフォームヘッダーやフォームフッターは必要に応じて後から表示できます。

➡デザインビュー……P.450

> ワザ382を参考に、デザインビューでフォームを表示しておく

1 フォームのコントロールがない場所を右クリック

2 [フォームヘッダー/フッター]をクリック

> フォームヘッダー/フッターが表示された

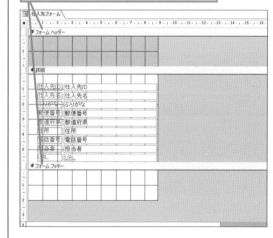

関連 **Q473** 任意の文字列をタイトルとしてフォームヘッダーに追加したい ……………………… P.263

Q439 [365][2019][2016][2013](サンプル) お役立ち度 ★★★

フォームをウィンドウで表示するには

A [ポップアップ] プロパティを [はい] にします

オブジェクトを開くと、既定ではタブ付きの形式で表示されます。メニュー画面など、特定のフォームだけをウィンドウで表示したい場合は、フォームの [ポップアップ] プロパティを [はい] に設定します。フォームがウィンドウとして、常に最前面に表示されるようになります。なお、この設定をすると、ビューを切り替えるボタンが使用できなくなるので、フォームビュー以外のビューに切り替えたい場合は、フォーム上で右クリックし、ショートカットメニューから目的のビューを選択します。

> ワザ385を参考にデザインビューでフォームを開き、プロパティシートを表示しておく

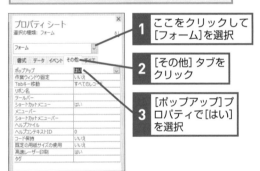

1 ここをクリックして [フォーム]を選択

2 [その他] タブをクリック

3 [ポップアップ]プロパティで[はい]を選択

> ワザ382を参考に、フォームビューで表示しておく

> フォームをウィンドウで表示できた

> ビューを切り替えるには、フォーム上で右クリックして表示されたメニューでビューを選択する

Q440 [365][2019][2016][2013] お役立ち度 ★★★

デザインビューでフォームのサイズを変更できない

A コントロールのサイズを調整しましょう

自動で作成したフォームの場合、ドラッグしてもフォームの横や縦のサイズを小さくできない場合があります。これは、ラベルなどのコントロールや図形の線がフォームの幅と高さいっぱいに作成されているためです。フォームのサイズを調整する前に、コントロールや図形のサイズを変更して、何もない余白を作成してからフォームのサイズを変更してください。

> コントロールのサイズを調整する

> ワザ382を参考に、デザインビューでフォームを表示しておく

1 ここにマウスポインターを合わせる

マウスポインターの形が変わった

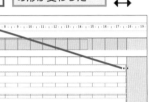

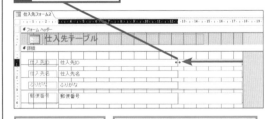

2 ここまでドラッグ

> コントロールのサイズを変更できた

> 余白ができたためフォームのサイズを変更できる

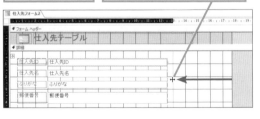

関連 Q441 フォームビューでフォームのサイズを変更できないようにしたい P.247

フォームビューでフォームの
サイズを変更できないようにしたい

A [境界線スタイル] プロパティを
　　[ダイアログ] に変更します

フォームがウィンドウで表示されているとき、フォームのサイズが自由に変更されないようにするには、フォームの [境界線スタイル] プロパティを [ダイアログ]に変更します。[ダイアログ]に変更すると、フォームビューでウィンドウサイズが変更できなくなると同時に、タイトルバーにある [最大化] ボタン、[最小化] ボタンが非表示になります。

> ワザ385を参考にデザインビューでフォームを開き、プロパティシートを表示しておく

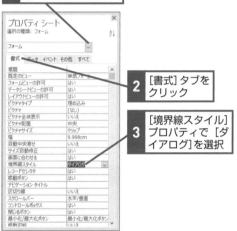

1 ここをクリックして [フォーム]を選択

2 [書式]タブをクリック

3 [境界線スタイル] プロパティで [ダイアログ]を選択

> ワザ382を参考に、フォームビューで表示しておく

> フォームビューでフォームのサイズを変更できなくなった

[最大化]ボタンと [最小化]ボタンが非表示になった

関連　[最小化] [最大化] [閉じる] ボタンを
Q443　表示したくない ……………………… P.248

レコードセレクタ、移動ボタン、
スクロールバーを表示したくない

A [レコードセレクタ] [移動ボタン]
　　[スクロール] プロパティで設定できます

ボタンだけのメニュー用フォームのように、レコードを表示しないフォームにレコードセレクター、移動ボタン、スクロールバーは不要です。これらが表示されないようにするには、フォームの [レコードセレクタ] プロパティと [移動ボタン] プロパティを [いいえ]、[スクロールバー] プロパティを [なし] に設定します。

> レコードセレクター、移動ボタン、スクロールバーを非表示にする

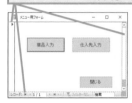

> ワザ385を参考にデザインビューでフォームを開き、プロパティシートを表示しておく

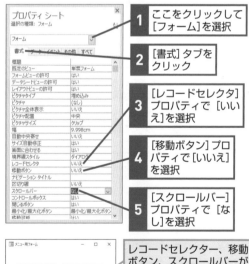

1 ここをクリックして [フォーム]を選択

2 [書式]タブをクリック

3 [レコードセレクタ] プロパティで [いいえ]を選択

4 [移動ボタン] プロパティで [いいえ]を選択

5 [スクロールバー] プロパティで [なし]を選択

レコードセレクター、移動ボタン、スクロールバーが非表示になった

関連　フォームビューでフォームのサイズを
Q441　変更できないようにしたい ……………………… P.247

Q443 [365] [2019] [2016] [2013]

お役立ち度 ★★★

[最小化] [最大化] [閉じる] ボタンを表示したくない

A [最小化/最大化ボタン] [閉じるボタン] プロパティで設定できます

フォームをウィンドウで表示するとき、[最大化] ボタンや [最小化] ボタンによってサイズ変更されたり、[閉じる] ボタンで勝手に閉じられたりできないようにするには、フォームの [最小化/最大化ボタン] プロパ

ティを [なし]、[閉じるボタン] プロパティを [いいえ] に設定します。なお、[閉じるボタン] プロパティを [いいえ] に設定しても、ボタンは非表示にならず、無効になります。設定後はフォームを閉じられなくなるので、ワザ490を参考にフォーム上に閉じるためのボタンを配置しておきましょう。　→フォーム……P.452

> ワザ385を参考にデザインビューでフォームを開き、プロパティシートを表示しておく

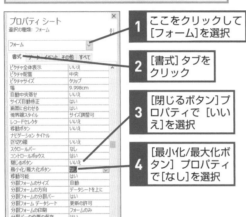

1 ここをクリックして [フォーム] を選択

2 [書式] タブをクリック

3 [閉じるボタン] プロパティで [いいえ] を選択

4 [最小化/最大化ボタン] プロパティで [なし] を選択

> ワザ382を参考に、フォームビューで表示しておく

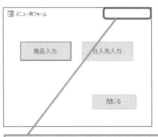

[最大化] [最小化] ボタンが非表示、[閉じる] ボタンが無効になった

関連
Q490　メニュー用のフォームにボタンを配置したい ………………………………… P.276

Q444 [365] [2019] [2016] [2013]

お役立ち度 ★★★

開いているフォーム以外の操作ができない

A [作業ウィンドウ固定] プロパティを確認しましょう

フォームの [作業ウィンドウ固定] プロパティが [はい] に設定されていると、開いているフォーム以外は操作ができなくなります。そのフォーム以外の操作をできるようにするには、[作業ウィンドウ固定] プロパティを [いいえ] に変更してください。

→フォーム……P.452

> ワザ385を参考にデザインビューでフォームを開き、プロパティシートを表示しておく

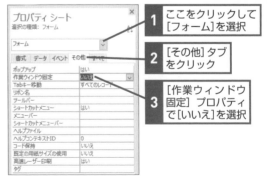

1 ここをクリックして [フォーム] を選択

2 [その他] タブをクリック

3 [作業ウィンドウ固定] プロパティで [いいえ] を選択

関連
Q440　デザインビューでフォームのサイズを変更できない ………………………………… P.246

Q445 [365] [2019] [2016] [2013]　お役立ち度 ★★★

分割フォームのデータシートの位置を変えるには

A [分割フォームの方向] プロパティで変更できます

分割フォームは、単票形式とデータシートを1つの画面に組み合わせたフォームです。単票形式で1つのレコードを見やすく表示し、データシートで全体を見渡せるので便利です。この単票形式とデータシートの分割位置を変更するには、フォームの [分割フォームの方向] プロパティを変更します。

> データシートの位置をフォームの右側に変更する

ワザ385を参考にデザインビューでフォームを開き、プロパティシートを表示しておく

1 ここをクリックして[フォーム]を選択

2 [書式] タブをクリック

3 [分割フォームの方向] プロパティで [データシートを右に] を選択

ワザ382を参考に、フォームビューで表示しておく

データシートがフォームの右側に表示された

Q446 [365] [2019] [2016] [2013]　お役立ち度 ★★★

分割フォームのデータシートからはデータを変更できないようにしたい

A [分割フォームデータシート] プロパティを [読み取り専用] にします

分割フォームでデータシートを参照専用にして、データの編集を単票形式だけに限定するには、フォームの [分割フォームデータシート] プロパティを [読み取り専用] に設定します。

ワザ385を参考にデザインビューでフォームを開き、プロパティシートを表示しておく

1 ここをクリックして[フォーム]を選択

2 [書式] タブをクリック

3 [分割フォームデータシート] プロパティで [読み取り専用] を選択

ワザ382を参考に、フォームビューで表示しておく

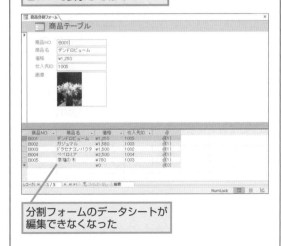

分割フォームのデータシートが編集できなくなった

Q447 [365][2019][2016][2013]　お役立ち度 ★★★

フォームに表示するデータを別のテーブルに変更できるの?

A [レコードソース] プロパティで変更できます

例えば、[商品テーブル] のデータを表示している
フォームに、別の [新商品テーブル] のデータを表示
したいという場合、[商品テーブル] と [新商品テー
ブル] が同じフィールド名で構成されていれば可能で
す。同じフィールド名を持つテーブルであれば、フォー
ムの [レコードソース] プロパティで、表示したい別
のテーブルに変更します。既存のフォームを有効活用
するのに役立ちます。

ワザ387を参考に、デザインビューで
フォームを表示し、プロパティシートで
[フォーム]を選択しておく

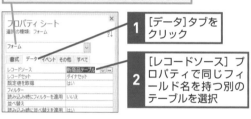

1 [データ]タブをクリック

2 [レコードソース] プロパティで同じフィールド名を持つ別のテーブルを選択

Q448 [365][2019][2016][2013]　お役立ち度 ★★★

特定のフォームでレイアウトビューを表示できないようにしたい

A [レイアウトビューの許可] プロパティを [いいえ] にします

レイアウトビューとフォームビューが間違えやすくて
紛らわしい場合、フォームの [レイアウトビューの許可]
プロパティを[いいえ]に設定すると、レイアウトビュー
を表示できなくなります。特定のフォームに対してレ
イアウトビューを表示させたくない場合に設定すると
便利です。

ワザ387を参考に、デザインビューで
フォームを表示し、プロパティシート
で[フォーム]を選択しておく

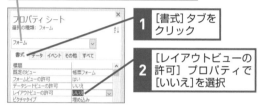

1 [書式]タブをクリック

2 [レイアウトビューの許可] プロパティで[いいえ]を選択

現在表示しているフォームでレイアウトビューが
選択できないよう設定される

Q449 [365][2019][2016][2013]　お役立ち度 ★★★

すべてのフォームでレイアウトビューを表示できないようにしたい

A [Accessのオプション] ダイアログボックスで設定します

すべてのフォームでレイアウトビューを表示できなく
する場合は、ワザ032を参考に [Accessのオプション]
ダイアログボックスを表示し、[現在のデータベース]
の一覧にある [レイアウトビューを有効にする] の
チェックマークをはずします。この設定により、フォー
ムだけでなくレポートでもレイアウトビューが表示さ
れなくなります。　→レポート……P.454

ワザ032を参考に [Access
のオプション] ダイアログボッ
クスを表示しておく

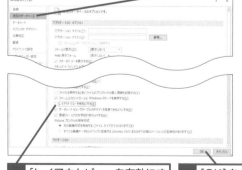

1 [現在のデータベース]をクリック

2 [レイアウトビューを有効にする]のチェックマークをはずす

3 [OK]をクリック

関連 Q448　特定のフォームでレイアウトビューを表示できないようにしたい …… P.250

フォームのレイアウト調整

フォームの見栄えは、コントロールのサイズや位置、レイアウトによって大きく左右されます。ここでは、レイアウトを調整するさまざまな方法を取り上げます。

Q450 365 2019 2016 2013　　　　　　　お役立ち度 ★★★

コントロールのレイアウトは自動調整できる?

A コントロールレイアウトの機能を使いましょう

フォームには「コントロールレイアウト」という機能が用意されています。コントロールレイアウトには、集合形式レイアウトと表形式レイアウトの2種類があります。集合形式レイアウトは、コントロールが上から順番に配置されるもので、単票形式のフォームに利用します。表形式レイアウトは、コントロールが左から順番に配置されるもので、複数のレコードを一覧で表示する場合に利用します。レイアウトビューでフォームを新規作成した場合、集合形式レイアウトが適用されます。これらの機能を利用すると、コントロールが自動で配置され、レイアウトをきれいに整えることができます。コントロールレイアウトが適用されているとき、左上にレイアウトセレクター（⊞）が表示されます。コントロールレイアウトは、[フォームデザインツール]の[配置]タブの[テーブル]グループにあるボタンで設定・解除できます。解除の詳しい方法はワザ467を参考にしてください。

●コントロールレイアウトの種類

種類	ボタン	機能
集合形式レイアウト		左側がフィールド名のラベルになり、右側にデータが表示される。単票形式のフォームを作成するのに便利
表形式レイアウト		フォームヘッダーにフィールド名のラベルが配置され、その下にデータが表示されるようになる。複数のレコードを一覧表示するフォームを作成するのに便利
コントロールレイアウトを解除		ラベル、テキストボックスなどコントロールを別々に自由に配置できるようになる

●コントロールレイアウトでない場合

周囲に黄色いハンドルが7つ表示される

ドラッグすると選択したコントロールだけサイズが変更される

◆移動ハンドル　◆サイズ変更ハンドル

●コントロールレイアウトが適用されている場合

黄色いハンドルが2つ表示される

同じ列のコントロールは同じ幅に調整される

◆レイアウトセレクター

●集合形式レイアウトの例

仕入先集合形式

仕入先ID	2001
仕入先名	森山商店
郵便番号	105-0004
担当者	西野 登

●表形式レイアウトの例

仕入先表形式

仕入先ID	仕入先名	郵便番号	担当者
2001	森山商店	105-0004	西野 登
2002	ナチュラル化粧水	248-0012	川口 英介
2003	自然派ハウスモモ	154-0017	松下 建造
2004	天然化粧品月桃	279-0031	北島 博
2005	アロマハウス波照間	231-0005	田中 康之
2006	シリウス化粧品	182-0026	谷本 綾子
2007	ラベンダーハウス	133-0043	寺田 慎吾
2008	高円寺商店	166-0004	山崎 昭
2009	ルルド化粧品	260-0852	市川 三郎
2010	華間化粧品	213-0002	加藤 敏行

Q451 [365] [2019] [2016] [2013]

デザインビューでコントロールのサイズを変更するには

A サイズ変更ハンドルをドラッグします

デザインビューでコントロールのサイズを変更するには、コントロールを選択したときに周囲に表示される7つのサイズ変更ハンドル（■）のいずれかにマウスポインターを合わせ、ドラッグします。ただし、コントロールレイアウトが適用されている場合は、サイズ

変更ハンドルが横に2つ表示され、ドラッグすると他のコントロールも一緒にサイズが変更されます。レイアウトビューの場合はワザ461を参照してください。なお、コントロール左上のハンドル（■）は移動ハンドルです。コントロールの移動はワザ453を参照してください。　　　　　　→コントロール……P.447

| ワザ382を参考に、デザインビューでフォームを表示しておく |

◆サイズ変更ハンドル

1 サイズを変更したいコントロールをクリック

◆移動ハンドル

2 ここにマウスポインターを合わせる

| マウスポインターの形が変わった |

3 ここまでドラッグ

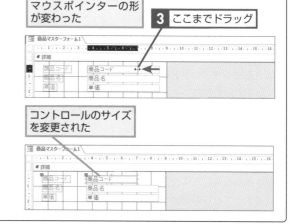

| コントロールのサイズを変更された |

Q452 [365] [2019] [2016] [2013]

デザインビューでラベルとコントロールを同時に移動するには

A コントロールの境界線をドラッグします

ラベルとコントロールを同時に移動するには、選択したコントロールの境界線をドラッグします。

| ワザ382を参考に、デザインビューでフォームを表示しておく |

1 移動したいコントロールをクリック

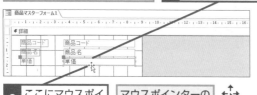

2 ここにマウスポインターを合わせる

| マウスポインターの形が変わった |

3 ここまでドラッグ　　| ラベルとコントロールの位置を同時に変更できる |

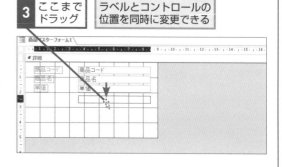

関連 Q453　デザインビューでラベルとコントロールを別々に移動するには……………………… P.253

Q453 365 2019 2016 2013　　　　お役立ち度 ★★★

デザインビューでラベルとコントロールを別々に移動するには

A 移動ハンドルをドラッグします

デザインビューで、ラベルとコントロールを別々に移動するには、コントロールの選択時に表示される移動ハンドル（■）をドラッグします。なお、コントロールレイアウトが適用されている場合は、移動ハンドルは表示されません。境界線をドラッグすると、ラベルとコントロールは一緒に移動し、別々には移動できません。　　　　➡デザインビュー……P.450

1 位置を変更したいコントロールをクリック

2 ここにマウスポインターを合わせる

マウスポインターの形が変わった

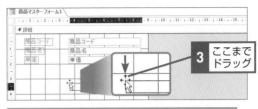

3 ここまでドラッグ

ラベルとは別にコントロールの位置が変更された

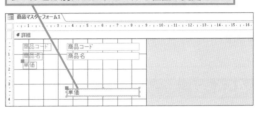

関連 **Q457** 複数のコントロールの配置をそろえたい……… P.255

Q454 365 2019 2016 2013　　　　お役立ち度 ★★★

コントロールの位置を微調整したい

A Ctrl キーを押しながらドラッグします

Ctrl キーを押しながらコントロールをドラッグすると、グリッド（縦横の罫線）に影響されず位置を微調整できます。また、［フォームデザインツール］の［配置］タブにある［サイズ変更と並び替え］の［サイズ/間隔］をクリックし、［スナップをグリッドに合わせる］をオフにすると、グリッドに影響されずにコントロールをドラッグできるようになります。

1 位置を変更したいコントロールをクリック

2 Ctrl キーを押しながらコントロールをドラッグ

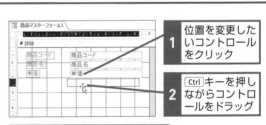

コントロールの位置をグリッドに関係なく移動できた

関連 **Q456** 複数のコントロールを選択するには …………… P.254

関連 **Q457** 複数のコントロールの配置をそろえたい……… P.255

Q455 365 2019 2016 2013

お役立ち度 ★★★

コントロールのサイズや位置に端数が付いてしまう

A Access内部の長さの単位が
センチメートルではないからです

コントロールの［幅］プロパティと［高さ］プロパティ
に数値を入力してサイズを指定したとき、数値に端数
が付き、入力した通りのサイズぴったりに変更できな
いことがあります。プロパティではセンチメートル単
位で入力しますが、Accessの内部では長さの単位を
センチメートルとしていないため、端数が付いてしま
います。

幅に「6.5」、高さに「0.5」
と入力しても、Access
内部の長さの単位がセン
チメートルでないため端
数が付く

Q456 365 2019 2016 2013

お役立ち度 ★★★

複数のコントロールを選択するには

A Shift キーを押しながら
コントロールをクリックします

複数のコントロールをまとめて移動したり、幅を調整
したりしたいときに複数のコントロールを選択する方
法は、次の4通りがあります。いずれもデザインビュー
で操作します。　→コントロール……P.447

●Shift キーを押しながら選択する方法

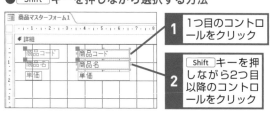

1 1つ目のコントロールをクリック

2 Shift キーを押しながら2つ目以降のコントロールをクリック

複数のコントロールが選択された

●レイアウトセレクターを利用する方法

1 レイアウトセレクターをクリック

コントロールレイアウトに含まれるすべてのコントロールが選択された

●範囲をドラッグして選択する方法

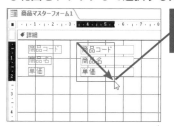

1 マウスをドラッグして範囲を選択

一部分でも選択した範囲に含まれた
すべてのコントロールが選択される

●ルーラーをクリック／ドラッグして選択する方法

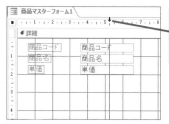

1 縦横のルーラーをクリックまたはドラッグ

クリックした場合は、直線上の列または行にあ
るすべてのコントロールが選択される

ドラッグした場合は、直線が移動した範囲に含
まれるすべてのコントロールが選択される

Q457 [365] [2019] [2016] [2013]　　お役立ち度 ★★★

複数のコントロールの配置を そろえたい

A [配置] タブの [配置] ボタンで 配置方法を選択します

複数のコントロールを左端や上端できれいにそろえたい場合は、ワザ456を参考にして複数のコントロールを選択してから、[フォームデザインツール] の [配置] タブにある [配置] ボタンをクリックし、表示されるメニューから配置を選択します。

➡コントロール……P.447

1 位置をそろえたい 複数のコントロールを選択

2 [フォームデザインツール] の [配置] タブをクリック

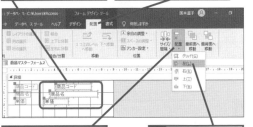

3 [配置] をクリック

4 [左] をクリック

複数のコントロールが左端にそろった

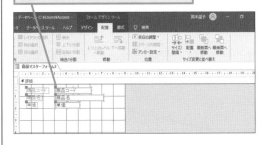

Q458 [365] [2019] [2016] [2013]　　お役立ち度 ★★★

複数のコントロールのサイズを 自動でそろえたい

A [配置] タブの [サイズ/間隔] ボタンでサイズの調整方法を選択します

サイズ変更に関するボタンやメニューを使うと、複数のコントロールのサイズを自動でそろえることができます。最も幅の広いコントロールにそろえたり、最も高さの大きいコントロールにそろえたりできます。ワザ454を参考にしてサイズをそろえたい複数のコントロールを選択してから、[フォームデザインツール] の [配置] タブにある [サイズ/間隔] ボタンをクリックし、表示されるメニューからサイズの調整方法を選択します。➡コントロール……P.447

1 サイズをそろえたい複数のコントロールを選択

2 [フォームデザインツール] の [配置] タブをクリック

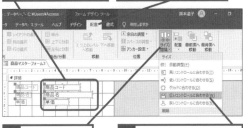

3 [サイズ/間隔] をクリック

4 [広いコントロールに 合わせる] をクリック

複数のコントロールのサイズが自動でそろった

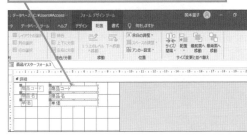

Accessの基本

データベース ファイル

テーブル

クエリ

フォーム

レポート

関数

データ連携・ 共有

管理・ セキュリティ

Q459
365 | 2019 | 2016 | 2013　　お役立ち度 ★★★

複数のコントロールの
サイズを数値でそろえたい

A [プロパティシート] の [幅] や
　　[高さ] に直接数値を入力します

コントロールのサイズは、プロパティシートの [幅][高さ] プロパティで数値を入力して指定できます。数値で指定すれば、複数のコントロールのサイズをぴったりとそろえられます。

3つのコントロールの幅を「4cm」にそろえる

ワザ385を参考にデザインビューでフォームを開き、プロパティシートを表示しておく

1 幅をそろえたい複数の
　　コントロールを選択

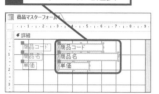

2 プロパティシートの
　　[書式] タブをクリック

3 [幅] プロパティに
　　「4」と入力

幅がそろえられた

Q460
365 | 2019 | 2016 | 2013　　お役立ち度 ★★★

複数のコントロールの間隔を
均等にそろえたい

A [配置] タブの [サイズ/間隔] ボタンで
　　間隔の調整方法を選択します

複数のコントロールの左右、上下の間隔を均等にそろえて、きれいに整列させることができます。コントロールレイアウトが適用されていないコントロールを整列したいときに便利です。

3つのコントロールの
上下の間隔を均等に
する

ワザ382を参考に、
デザインビューで表
示しておく

1 間隔をそろえたいコントロールを
　　選択

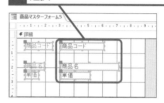

2 [フォームデザインツール]
　　の [配置] タブをクリック

3 [サイズ/間隔]
　　をクリック

4 [上下の間隔を均等にする]をクリック

上下の間隔が均等にそろえられた

関連
Q457　複数のコントロールの配置をそろえたい……… P.255

Q461 〔365〕〔2019〕〔2016〕〔2013〕　お役立ち度 ★★★

レイアウトビューでコントロールのサイズを変更するには

A コントロールの境界線をドラッグします

レイアウトビューでコントロールのサイズを変更するには、コントロールの境界線の任意の位置でドラッグします。デザインビューのようにサイズ変更ハンドルは表示されません。コントロールレイアウトが適用されているときは、他のコントロールも同時に自動的にサイズが調整されますが、オフのときはドラッグしたコントロールのみのサイズが変更され、他のコントロールのサイズは変更されません。ここでは、集合形式レイアウトの場合の操作方法を紹介します。

ワザ382を参考に、レイアウトビューでフォームを表示しておく

1 サイズを変更したいコントロールをクリックして選択

2 ここにマウスポインターを合わせる　｜　マウスポインターの形が変わった　↔

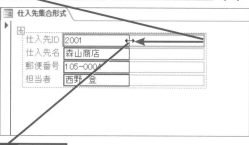

3 ここまでドラッグ

同じ列のすべてのコントロールのサイズが変更された

Q462 〔365〕〔2019〕〔2016〕〔2013〕　お役立ち度 ★★★

レイアウトビューでコントロールを移動するには

A コントロールをドラッグします

レイアウトビューでコントロールを移動するには、コントロールにマウスポインターを合わせてドラッグします。デザインビューのように移動ハンドルは表示されません。コントロールレイアウトが適用されているときは、コントロールレイアウトの領域内で移動されます。オフのときは、好きな位置に移動できます。ここでは、集合形式レイアウトの場合の操作手順を紹介します。

ワザ382を参考に、レイアウトビューでフォームを表示しておく　｜　**1** ここにマウスポインターを合わせる

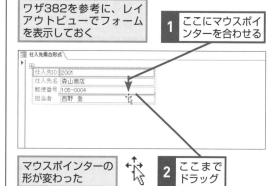

マウスポインターの形が変わった　｜　**2** ここまでドラッグ

レイアウトビューでコントロールの位置が変更された

コントロールレイアウトが適用されていないときは好きな位置に移動できる

関連　Q461　レイアウトビューでコントロールのサイズを変更するには ……………………… P.257

Q463 `365` `2019` `2016` `2013`　お役立ち度 ★★★

コントロールを表のように
整列してまとめたい

A 表形式のコントロールレイアウトを
　適用してみましょう

単票形式のフォーム上に不ぞろいで配置されているコントロールを表のようなイメージで整列してまとめるには、コントロールに集合形式のコントロールレイアウトを適用します。

> ワザ382を参考に、デザインビューで
> フォームを表示しておく

1 `Shift` キーを押しながらグループ化したいコントロールを選択

2 [フォームデザインツール]の[配置]タブをクリック

3 [集合形式]をクリック

> 選択したコントロールが
> グループ化された

> グループ化したコントロールの左上にレイアウトセレクターが表示された

Q464 `365` `2019` `2016` `2013`　お役立ち度 ★★★

コントロールの間隔を
全体的に狭くしたい

A [配置] タブの [スペースの調整]
　ボタンで間隔を選択します

コントロールレイアウトが適用されている場合に、コントロールの間隔を全体的に狭くしたり広げたりするには、[スペースの調整] ボタンを使います。[スペースの調整] ボタンは、コントロールレイアウトが適用されている場合のみ有効です。

> ワザ382を参考に、デザインビューで
> フォームを表示しておく

1 レイアウトセレクターをクリックしてコントロール全体を選択

2 [フォームデザインツール]の[配置]タブをクリック

3 [スペースの調整]をクリック

4 [狭い]をクリック

> コントロールの間隔が狭くなった

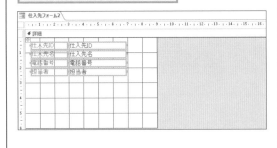

動画で見る

データを一覧で表示できるようにしたい

A コントロールに［表形式］の レイアウトを適用します

1画面に1レコードが表示される単票形式のフォームから、複数レコードが表示される表形式のフォームに変更するには、コントロールに［表形式］のレイアウトを適用します。レイアウトを変更すると、ラベルがフォームヘッダーに移動し、ラベルとデータが縦に並びます。次に複数レコードが表示されるようにフォームの［既定のビュー］プロパティを［帳票フォーム］に設定します。　→レコード……P.454

ワザ382を参考に、デザインビューでフォームを表示しておく

1 Shift キーを押しながら一覧表示したいコントロールを選択

2 ［フォームデザインツール］の［配置］タブをクリック

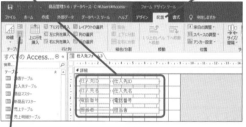

3 ［表形式］をクリック

選択したコントロールが一覧で表示された

4 ここにマウスポインターを合わせる

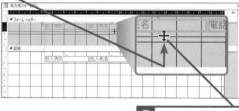

5 ここまでドラッグ

フォームヘッダーの領域を調整できた

6 操作4～5を参考に、［詳細］セクションの高さを調整

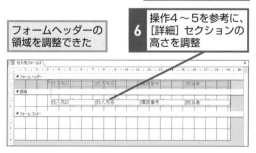

コントロールの位置やサイズを調整しておく

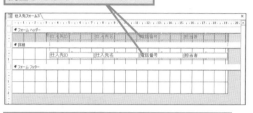

ワザ385を参考にデザインビューでフォームを開き、プロパティシートを表示しておく

7 ここをクリックして、［フォーム］を選択

8 ［書式］タブをクリック

9 ［既定のビュー］プロパティで［帳票フォーム］を選択

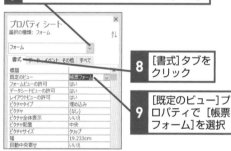

ワザ382を参考に、フォームビューで表示しておく

レコードが一覧で表示された

仕入先ID	仕入先名	電話番号	担当
2001	森山商店	03-3729-5xxx	西
2002	ナチュラル化粧水	0467-44-xxxx	川
2003	自然派ハウスモモ	03-5432-xxxx	松
2004	天然化粧品月桃	047-351-xxxx	北
2005	アロマハウス波照間	045-664-xxxx	田
2006	シリウス化粧品	042-481-xxxx	谷
2007	ラベンダーハウス	03-3652-xxxx	寺
2008	高円寺商店	03-3312-xxxx	山

右側縦タブ: Accessの基本／データベース・ファイル／テーブル／クエリ／フォーム／レポート／関数／マクロ／データ連携・共有／管理・セキュリティ

Access の基本
ファイル
データベース
テーブル
クエリ
フォーム
レポート
関数
マクロ
共有
データ連携・管理・セキュリティ

Q466 365 2019 2016 2013 お役立ち度 ★★★

集合形式のレイアウトを
2列にしたい

A 1列目の右側にドラッグするだけです

集合形式のレイアウトになっているラベルとコントロールを2列に並べたい場合は、2列目にしたいコントロールを選択し、1列目のコントロールの右側へドラッグします。以下の手順のようにピンクの挿入ラインが表示されたところでドラッグを終了すると、2列のフォームにできます。

ワザ382を参考に、デザインビューでフォームを表示しておく

1 2列目にしたいラベルとコントロールを選択

2 選択したラベルとコントロールを1列目のコントロールの右側にドラッグ

挿入ラインが表示された

3 ドラッグを終了　フォームが2列になった

Q467 365 2019 2016 2013 お役立ち度 ★★★

コントロールのサイズ変更や
移動は個別にできないの？

A コントロールレイアウトを
解除すればできます

ワザ425の手順で自動作成したフォームは、既定で集合形式のコントロールレイアウトが適用されています。見栄えはしますが、サイズの変更や移動が個別にできず、困ることがあります。コントロールレイアウトを解除すれば、コントロールを個別に移動したり、サイズを変更したりできるようになります。

ワザ382を参考に、デザインビューでフォームを表示しておく

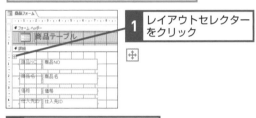

1 レイアウトセレクターをクリック

2 ［フォームデザインツール］の［配置］タブをクリック

3 ［レイアウトの削除］をクリック

コントロールレイアウトが解除された

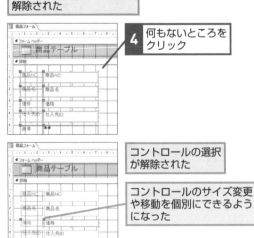

4 何もないところをクリック

コントロールの選択が解除された

コントロールのサイズ変更や移動を個別にできるようになった

Q468 [365] [2019] [2016] [2013]　お役立ち度 ★★★

集合形式のレイアウトで画像のコントロールだけ横に移動したい

A 画像のコントロールだけコントロールレイアウトを解除します

フォームが集合形式のレイアウトで、画像のコントロールだけを横に移動したいときには、画像のラベルとコントロールだけレイアウトを解除して移動します。レイアウトを解除すれば、画像のコントロールだけを自由な大きさに変更できます。

ワザ382を参考に、デザインビューでフォームを表示しておく

1 ラベルとコントロールを選択

2 選択した位置で右クリック

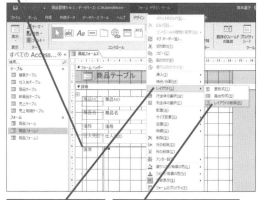

3 [レイアウト] をクリック

4 [レイアウトの削除]をクリック

画像のラベルとコントロールのセットがレイアウトから解除された

画像のコントロールだけドラッグして横に移動できる

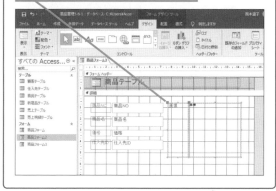

Q469 [365] [2019] [2016] [2013]　お役立ち度 ★★★

ウィンドウに合わせてテキストボックスの大きさを自動調整したい

A アンカー機能を利用します

「アンカー」機能を使用すると、指定したコントロールの配置をいつも決まった位置に表示したり、サイズを自動調整したりできます。例えば、テキストボックスのサイズをウィンドウのサイズに合わせて自動的に調整することが可能です。

ワザ382を参考に、デザインビューでフォームを表示しておく

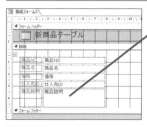

1 大きさを自動調整したいテキストボックスをクリック

2 [フォームデザインツール]の[配置]タブをクリック

3 [アンカー設定]をクリック

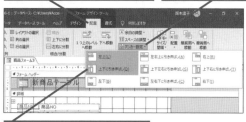

4 [上下に引き伸ばし]を選択

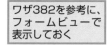

ワザ382を参考に、フォームビューで表示しておく

ウィンドウサイズに合わせてテキストボックスの高さが変更された

コントロールの設定

コントロールでは、データ入力や表示のためのさまざまな設定ができます。ここではコントロールを思いどおりに設定するワザを解説します。

Q470 365 2019 2016 2013　お役立ち度 ★★★

テーブルとフォームに共通するプロパティはどこで設定するの?

A テーブルで設定してからフォームを作れば自動的に適用できます

例えば、「ふりがな」や「住所入力支援」など入力を効率的に行うための機能は、テーブルとフォームの両方のプロパティで設定できます。このようなプロパティは、テーブルで設定した内容がフォームに継承されるので、テーブルで設定した方がいいでしょう。ただし、テーブルがリンクテーブルの場合など、テーブルで設定できない場合は、フォームで設定してください。また、テーブルでプロパティを変更すると、表示されるスマートタグにより、テーブルでの変更を既存のフォームやレポートのプロパティに反映できます。

●テーブルとフォームで共通する主なプロパティ

プロパティ	内容
書式	文字の表示形式
定型入力	データの入力時に使用する書式
既定値	フィールドにあらかじめ表示しておく値
入力規則	入力できる値の制限
エラーメッセージ	入力規則に反する値の入力時に表示するメッセージ
IME 入力モード	IME 入力モードの設定
IME 変換モード	IME 変換モードの設定
ふりがな	入力された文字列から自動的にふりがなを表示
住所入力支援	入力された郵便番号に対応する住所、住所に対応する郵便番号を表示

関連
Q167 住所を簡単に入力したい P.110

Q471 365 2019 2016 2013　お役立ち度 ★★★

コントロールに表示される緑の三角形は何?

A エラーがあることを示すエラーインジケーターです

フォームをデザインビューで表示したとき、コントロールの左上端に緑の三角形(▾)が表示されることがあります。これは、エラーインジケーターというマークで、コントロールの設定に何らかのエラーがある場合に表示されます。例えば、ラベルの場合は、付属するテキストボックスなどのコントロールがないときに表示され、他のコントロールの場合は、[コントロールソース]プロパティのフィールド名が間違っているなど、データが正しく表示できないといった場合に表示されます。該当のコントロールを選択するとスマートタグ(■)が表示され、そのコントロールに対する操作を選択できます。　→エラーインジケーター……P.446

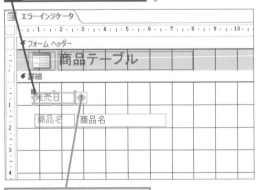

1 エラーインジケーターの表示されたコントロールをクリック

スマートタグをクリックしてエラー内容を確認し、必要な操作を選択できる

Q472 [365] [2019] [2016] [2013]　お役立ち度 ★★★

フォーム上にロゴを入れたい

A [デザイン] タブの [ロゴ] ボタンを
クリックします

自動で作成したフォームには、フォームヘッダーの左
上に既定の画像がロゴとして表示されます。白紙から
フォームを作成したときは、ロゴを手動で設定する必
要があります。以下の手順のようにロゴの変更や追加
を行いましょう。挿入した画像は [OLEサイズ] プロ
パティで [ズーム] を選択すれば枠内に収められます。

> ワザ382を参考に、デザインビューで
> フォームを表示しておく

1 [フォームデザイン
ツール] の [デザイ
ン]タブをクリック

2 [ロゴ]を
クリック　📇ロゴ

> [図の挿入]ダイアログ
> ボックスが表示された

3 ロゴの保存先
を選択

4 挿入したいロゴを選択　**5** [OK]をクリック

> [フォームヘッダー] と
> [フォームフッター] が
> 表示された

> フォームヘッダーに
> ロゴが挿入された

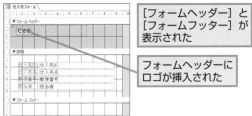

Q473 [365] [2019] [2016] [2013]　お役立ち度 ★★★

任意の文字列をタイトルとして
フォームヘッダーに追加したい

A [デザイン] タブの [タイトル]
ボタンをクリックします

フォームの上部にタイトルを表示したい場合は、[タ
イトル] を使います。[タイトル] ボタンをクリックす
るとフォームヘッダーが自動的に表示され、タイトル
用のラベルが追加されるので、表示したい文字列を入
力します。また、自動でフォームを作成したときに表
示されるタイトルも、[タイトル] をクリックすれば別
の文字列に変更できます。

> ワザ382を参考に、デザインビューで
> フォームを表示しておく

1 [フォームデザインツール]の
[デザイン]タブをクリック

2 [タイトル]をクリック　📄 タイトル

> 自動的に [フォームヘッダー] と [フォームフッター]
> が表示され、タイトル用のラベルが追加された

3 タイトルとし
て表示させた
い内容を入力

4 Enter キー
を押す

> ワザ382を参考に、フォームビューで
> 表示しておく

> フォームヘッダーにラベルが追加された

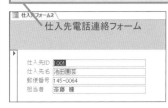

関連　フォームヘッダー／フッターを
Q438　表示するには ……………………………… P.245

Q474 [365] [2019] [2016] [2013]　　お役立ち度 ★★★

フォーム上に日付と時刻を表示したい

A [デザイン] タブの [日付と時刻] ボタンをクリックします

フォームを開いたときの日付や時刻を表示するには、[日付と時刻]を使います。[日付と時刻]ボタンをクリックすると [日付と時刻] ダイアログボックスが表示され、日付と時刻の表示形式を選択できます。日付と時刻を表示するテキストボックスがフォームヘッダーに自動的に追加されます。

> ワザ382を参考に、デザインビューでフォームを表示しておく

1 [フォームデザインツール] の [デザイン]タブをクリック

2 [日付と時刻]をクリック　　🔲 日付と時刻

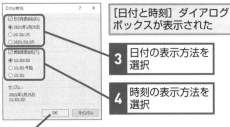

[日付と時刻] ダイアログボックスが表示された

3 日付の表示方法を選択

4 時刻の表示方法を選択

5 [OK]をクリック

> ワザ382を参考に、フォームビューで表示しておく

日付と時刻が挿入された

関連
Q476 日付や数値などの表示形式を変更したい……… P.265

Q475 [365] [2019] [2016] [2013]　　お役立ち度 ★★★

フォーム上の任意の場所に文字列を表示したい

A 文字を表示したい場所に [ラベル] を追加します

フォーム上の任意の場所に文字列を表示するには、ラベルを追加します。通常、テキストボックスなどのコントロールをフォーム上に追加すると、付属したラベルも同時に追加されますが、コントロールに付属しないラベルを追加することもできます。

> ワザ382を参考に、デザインビューでフォームを表示しておく

1 [フォームデザインツール] の [デザイン]タブをクリック

2 [ラベル]をクリック　　Aa

3 ここにマウスポインターを合わせる

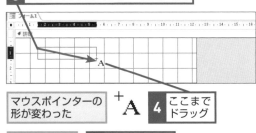

マウスポインターの形が変わった　＋A

4 ここまでドラッグ

ラベルが挿入された

5 表示させたい文字を入力

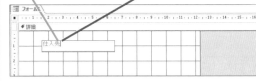

文字列が表示された

日付や数値などの表示形式を変更したい

A コントロールの［書式］プロパティで変更できます

テキストボックスなどのコントロールに表示される日付や数値などの表示形式を変更するには、コントロールの［書式］プロパティを設定します。［書式］プロパティでは、あらかじめ定義されている書式以外に書式指定文字を使い、表示形式をカスタマイズすることもできます。詳しくはワザ142～ワザ145を参考にしてください。

［税込価格］フィールドに「¥」を表示する

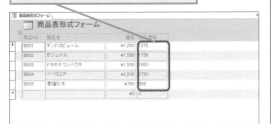

ワザ387を参考に、デザインビューでフォームを表示し、プロパティシートで［税込価格］を選択しておく

1 ［書式］タブをクリック

2 ［書式］プロパティで［通貨］を選択

ワザ382を参考に、フォームビューで表示しておく

「¥」が付いて通貨表示になった

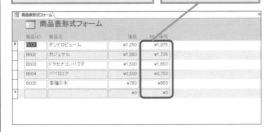

関連 先頭に「0」を補完して
Q142 「0001」と表示したい ………………………… P.99

文字に書式を設定したい

A ［書式］タブの［フォント］グループにある書式設定ボタンが使えます

コントロールに表示する文字のサイズや色、スタイルなど、書式の設定には、リボンのボタンを使うと簡単です。［フォームデザインツール］の［書式］タブにある［フォント］グループ、または［ホーム］タブにある［テキストの書式設定］グループに書式を設定するボタンが集められています。

ラベルを太字、フォントサイズを14にして目立たせる

ワザ382を参考に、デザインビューでフォームを表示しておく

1 書式を設定したいラベルを選択

2 ［フォームデザインツール］の［書式］タブをクリック

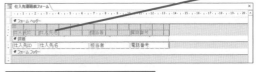

3 ［太字］をクリック **B**

4 ［フォントサイズ］のここをクリック

5 ［14］を選択

ラベルの文字に書式が設定された

右側縦見出し：Accessの基本／ファイル／データベース／テーブル／クエリ／フォーム／レポート／関数／マクロ／共有／データ連携・管理・セキュリティ

Q478　365 2019 2016 2013　　お役立ち度 ★★★

コントロールの書式を別のコントロールでも利用したい

A [ホーム]タブの[書式のコピー /貼り付け]ボタンを使いましょう

コントロールに設定している文字の配置やサイズなどの書式は、別のコントロールでも利用できます。[書式のコピー /貼り付け]ボタンを使ってコントロールの書式をコピーし、別のコントロールに貼り付けます。なお、[書式のコピー /貼り付け]ボタンをダブルクリックすると連続して書式をコピーできます。

→コントロール……P.447

ワザ382を参考に、デザインビューでフォームを表示しておく

1 書式をコピーしたいコントロールを選択

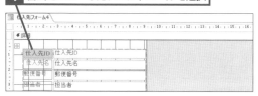

2 [ホーム]タブをクリック

3 [書式のコピー /貼り付け]をクリック

マウスポインターの形が変わった

4 ここをクリック

書式だけが貼り付けられた

同様にして他のコントロールにも書式を貼り付けておく

Q479　365 2019 2016 2013　　お役立ち度 ★★★

デザインビューにコントロールがあるのにフォームビューで表示されない

A [可視]プロパティが[いいえ]になっていないか確認しましょう

デザインビューにはコントロールがあるのにフォームビューで表示されない場合は、そのコントロールの[可視]プロパティが[いいえ]に設定されています。計算のために一時的に配置したコントロールの場合など、ユーザーに見せる必要がないコントロールには、[可視]プロパティを[いいえ]にしてフォームビューでは表示しないようにすることがあります。表示する必要がある場合は、[はい]に変更してください。

→ビュー……P.451

ワザ387を参考に、デザインビューでフォームを表示し、プロパティシートで表示したいコントロールを選択しておく

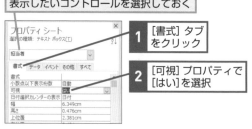

1 [書式]タブをクリック

2 [可視]プロパティで[はい]を選択

コントロールがフォームビューで表示されるようになる

コントロールの書式を別のコントロールでも常に利用したい

A [コントロールの既定値として設定]機能を使いましょう

[コントロールの既定値として設定]機能を利用すると、コントロールに設定した書式が、編集中のフォーム内に同じ種類のコントロールを追加するときに自動

的に適用されます。なお、[コントロールウィザードの使用]がオンになっていると、コントロールを配置するときにウィザード画面が表示されます。手順通り操作するには、[コントロールウィザードの使用]をオフにしておきましょう。

コントロールに設定されている書式を
既定値に設定する

ワザ382を参考に、デザインビューで
フォームを表示しておく

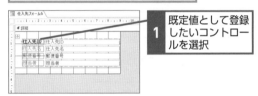

1 既定値として登録
したいコントロールを選択

2 [フォームデザインツール]の
[デザイン]タブをクリック

3 [その他]をクリック

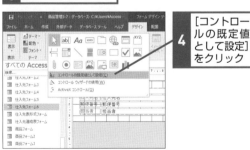

4 [コントロールの既定値
として設定]
をクリック

選択した書式でコントロールを追加する

5 [テキストボックス]をクリック `ab|`

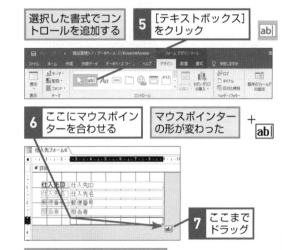

6 ここにマウスポインターを合わせる

マウスポインターの形が変わった +`ab|`

7 ここまで
ドラッグ

既定値として登録した書式の
ラベルが作成された

関連 Q477	文字に書式を設定したい ································· P.265
関連 Q478	コントロールの書式を別の
コントロールでも利用したい ·············· P.266
関連 Q481	条件を満たすデータを目立たせたい ·············· P.268

Q481 [365] [2019] [2016] [2013]

条件を満たすデータを目立たせたい

A 条件付き書式を設定しましょう

条件付き書式を使えば、都道府県が「東京都」、単価が「1500以上」のように、コントロールの値が特定の条件を満たす場合に書式を設定し、コントロールを目立たせることができます。

ワザ382を参考に、デザインビューでフォームを表示しておく

1 書式を設定したいコントロールを選択

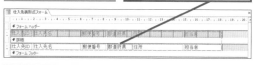

2 [フォームデザインツール]の[書式]タブをクリック

3 [条件付き書式]をクリック

[条件付き書式ルールの管理]ダイアログボックスが表示された

4 [新しいルール]をクリック

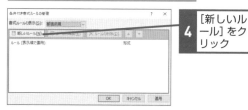

[新しい書式ルール]ダイアログボックスが表示された

[都道府県]フィールドの値が「東京都」のデータに書式を設定する

5 ここをクリックして[フィールドの値]を選択

6 ここをクリックして[次の値に等しい]を選択

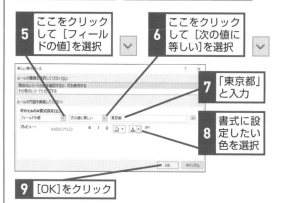

7 「東京都」と入力

8 書式に設定したい色を選択

9 [OK]をクリック

設定した条件に一致するデータに書式が設定された

10 [OK]をクリック

ワザ382を参考に、フォームビューで表示しておく

設定した条件に一致するデータに書式が設定された

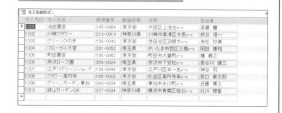

タブを使った画面をフォーム上に追加したい

A タブコントロールを配置します

タブコントロールは、フォームの画面の中にタブで切り替えられるページを作って、表示するデータをグループ化できるコントロールです。タブでページを分けることで、表示する内容ごとにページを整理できま

す。例えば、生徒のデータを入力するフォームの場合、1つ目のタブには生徒の連絡先などの情報をまとめ、2つ目のタブには成績に関する情報をまとめるといった使い方があります。　　→コントロール……P.447

ワザ382を参考に、デザインビューでフォームを表示しておく

1 [フォームデザインツール] の [デザイン]タブをクリック

2 [タブコントロール] をクリック

3 ここにマウスポインターを合わせる

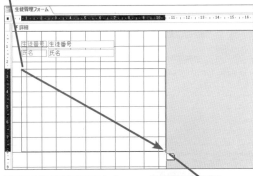

マウスポインターの形が変わった　＋

4 ここまでドラッグ

タブコントロールが追加された

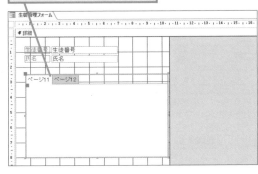

ワザ429を参考に、[ページ11] タブ内にフィールドを追加する

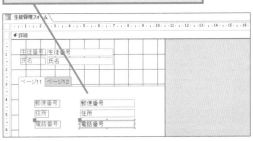

ワザ385を参考にプロパティシートを表示しておく

5 [ページ11]を選択

6 [書式] タブをクリック

7 [標題]プロパティにタブに付けたい名前を入力

ワザ382を参考に、フォームビューで表示しておく

タブの見出しが変更された

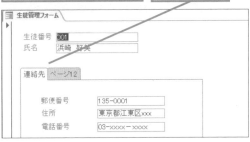

同様に他のタブにコントロールを追加して見出しを変更しておく

Q483 [365] [2019] [2016] [2013]

別のテーブルの値を一覧から選択したい

A コンボボックスウィザードで参照する テーブルを選択できます

コンボボックスを使用すると、一覧から値を選択して入力できるようになります。[コンボボックスウィザード]を使用すれば、画面の指示に従って、他のテーブルの値を一覧に表示させる設定を行いながらコンボボックスを作成できます。 →ウィザード……P.446

1 コンボボックスの挿入を開始する

ワザ382を参考に、デザインビューでフォームを表示しておく

> 1 [フォームデザインツール]の[デザイン]タブをクリック

> 2 [コントロール]グループの[その他]をクリックしてメニューを開く

> 3 [コントロールウィザードの使用]をクリックしてオンにする

> 4 [コンボボックス]をクリック

マウスポインターの形が変わった

> 5 コンボボックスを挿入したい位置をクリック

2 コンボボックスに表示する内容を設定する

[コンボボックスウィザード]が表示された

> 1 [コンボボックスの値を別のテーブルまたはクエリから取得する]をクリック

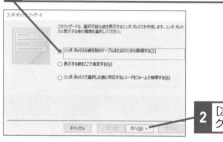

> 2 [次へ]をクリック

[仕入先テーブル]の[仕入先ID]と[仕入先名]フィールドをコンボボックスに表示して選択できるようにする

> 3 [テーブル]をクリック

> 4 テーブルを選択

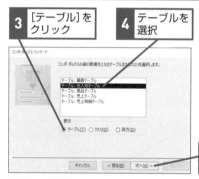

> 5 [次へ]をクリック

ここでは[仕入先ID][仕入先名]フィールドを追加する

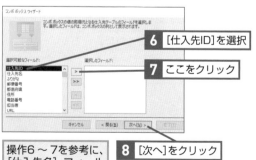

> 6 [仕入先ID]を選択

> 7 ここをクリック

> 8 [次へ]をクリック

操作6～7を参考に、[仕入先名]フィールドを[選択したフィールド]に追加する

動画で見る

3 コンボボックスの表示方法を設定する

並べ替えを設定する
画面が表示された

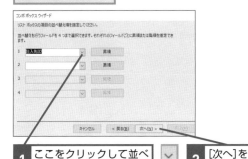

| 1 | ここをクリックして並べ替えフィールドを選択 | | 2 | [次へ]をクリック |

コンボボックスでキー列を表示するか
選択する画面が表示された

| 3 | [キー列を表示しない]のチェックマークをはずす | 主キーが設定されているフィールドが表示された |

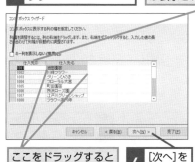

| ここをドラッグすると列の幅を調整できる | | 4 | [次へ]をクリック |

コンボボックスで選択した[仕入先ID]が
データベースの[仕入先ID]フィールドに
保存されるようにする

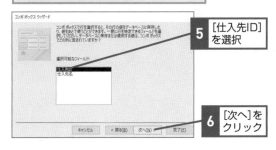

| 5 | [仕入先ID]を選択 |

| 6 | [次へ]をクリック |

4 データの保存方法を設定し作成を完了する

| 1 | [次のフィールドに保存する]をクリック | 2 | ここをクリックして[仕入先ID]を選択 |

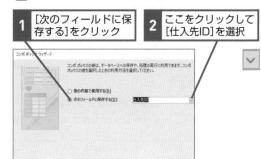

| 3 | [次へ]をクリック |

| 4 | コンボボックスのラベルに表示する文字列を入力 |

| 5 | [完了]をクリック |

ワザ382を参考に、フォーム
ビューで表示しておく

| 6 | ここをクリック |

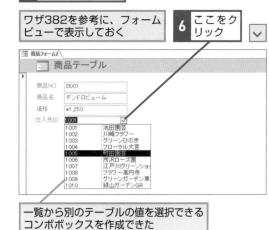

一覧から別のテーブルの値を選択できる
コンボボックスを作成できた

Access の基本
データベース
ファイル
テーブル
クエリ
フォーム
レポート
関数
マクロ
データ連携・共有
管理・セキュリティ

Q484 [365] [2019] [2016] [2013]

一覧から選択した値でレコードを検索したい

A コンボボックスウィザードで 検索機能を追加できます

コンボボックスを使用すれば、一覧から選択した値に該当するレコードを検索してフォームに表示できます。[コンボボックスウィザード]で[コンボボックスで選択した値に対応するレコードをフォームで検索する]を選択すると、レコード検索機能を持つコンボボックスを作成できます。　→コンボボックス……P.447

> ワザ382を参考に、デザインビューでフォームを表示しておく

> ワザ438を参考に、フォームヘッダーとフォームフッターを表示しておく

> ワザ483を参考にフォームヘッダー上をクリックし、[コンボボックスウィザード]を表示しておく

1 [コンボボックスで選択した値に対応するレコードをフォームで検索する]をクリック

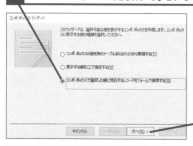

2 [次へ]をクリック

> ここでは[商品名]フィールドを追加する

3 [商品名]を選択　**4** ここをクリック

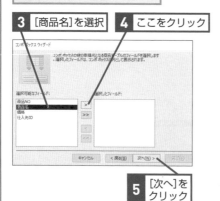

5 [次へ]をクリック

6 [キー列を表示しない]にチェックマークが付いていることを確認

> ここをドラッグすると列の幅を調整できる

7 [次へ]をクリック

8 コンボボックスのラベルに表示する文字列を入力

9 [完了]をクリック

> ワザ382を参考に、フォームビューで表示しておく

10 コンボボックスで商品名を選択

> 該当する商品名のレコードがフォームに表示される

コンボボックスウィザードで検索用の選択肢が表示されない

A フォームの [レコードソース] プロパティを設定してください

ワザ484で解説したコンボボックスウィザードの操作1の画面で [コンボボックスで選択した値に対応するレコードをフォームで検索する] が表示されない場合は、フォームの [レコードソース] プロパティが設定されていないことが原因です。いったん [コンボボックスウィザード] で [キャンセル] をクリックし、フォームの [レコードソース] プロパティでフォームの基となるテーブルまたはクエリを選択してからやり直してください。なお、[コンボボックスウィザード] をキャンセルするとコンボボックスがフォーム上に残ってしまうのでコンボボックスをクリックして選択し、Delete キーを押して削除しておきましょう。

コンボボックスウィザードが表示されたが、[コンボボックスで選択した値に対応するレコードをフォームで検索する]が表示されていない

1 キャンセルをクリック

ワザ387を参考に、プロパティシートで [フォーム]を選択しておく

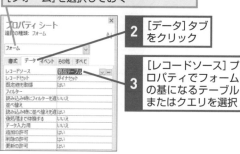

2 [データ]タブをクリック

3 [レコードソース]プロパティでフォームの基になるテーブルまたはクエリを選択

再度コンボボックスウィザードを表示する

コンボボックスで一覧以外のデータの入力を禁止したい

A [入力チェック] プロパティを [はい] に設定します

コンボボックス一覧から値を選択する以外に、値を直接入力することもできます。一覧にないデータが入力されないようにするには、コンボボックスの [入力チェック] プロパティを [はい] に設定してください。これにより、一覧にないデータの入力ができなくなります。

ここでは、[仕入先ID]という名前の [コンボボックス]の設定を変更する

ワザ385を参考にデザインビューでフォームを開き、プロパティシートを表示しておく

1 ここをクリックして、[仕入先ID]を選択

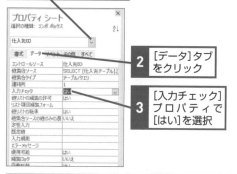

2 [データ]タブをクリック

3 [入力チェック]プロパティで[はい]を選択

ワザ382を参考に、フォームビューを表示しておく

4 一覧にないデータを入力

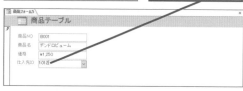

[指定した項目はリストにありません。]というダイアログボックスが表示された

5 [OK]をクリック

一覧からデータを選択し直す

Access の基本
データベースファイル
テーブル
クエリ
フォーム
レポート
関数
マクロ
データ連携・共有
管理・セキュリティ

コンボボックスの2列目の値もフォームに表示したい

A テキストボックスを追加して
コンボボックスの2列目を参照します

コンボボックスの1列目に［仕入先ID］、2列目に［仕入先名］を表示させているとき、選択後のコンボボックスに［仕入先ID］だけが表示されます。対応する2列目の［仕入先名］は選択後のコンボボックスには表示できませんが、別のテキストボックスになら表示できます。テキストボックスを追加し、［コントロールソース］プロパティにコンボボックスの2列目を参照する

式「=コンボボックス名.Column(参照する列-1)」を入力します。入力例は以下のようになります。

入力例：=仕入先ID.Column(1)

意味 ：[仕入先ID]コンボボックスの2列目を参照する

Columnの()内には参照する列を指定します。1列目は「参照する列-1」、つまり「0」として数えます。ここで紹介する［仕入先名］は2列目に当たるので「1」と指定します。

| ワザ382を参考に、デザインビューでフォームを表示しておく |

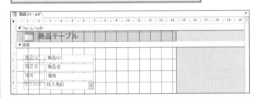

| テキストボックスを追加してラベルを削除する |

1 ［フォームデザインツール］の［デザイン］をクリック

2 ［テキストボックス］をクリック ＋ｱb｜ マウスポインターの形が変わった

3 ここにマウスポインターを合わせる

4 ここまでドラッグ

5 ラベルをクリック

6 Delete キーを押す | ラベルが削除された |

| ワザ387を参考に、プロパティシートで追加したテキストボックスを選択しておく |

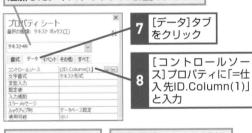

7 ［データ］タブをクリック

8 ［コントロールソース］プロパティに「=仕入先ID.Column(1)」と入力

| ワザ382を参考に、フォームビューを表示しておく | | コンボボックスの2列目の値がテキストボックスに表示された |

関連
Q484 一覧から選択した値でレコードを検索したい ………………… P.272

関連
Q488 複数の値を持つフィールドで選択できる一覧を常に表示したい ………………… P.275

Q488　365 2019 2016 2013　お役立ち度 ★★★

複数の値を持つフィールドで選択できる一覧を常に表示したい

A コントロールの種類を [リストボックス] に変更します

フォームを自動作成すると、複数の値を持つフィールドは通常コンボボックスで配置されます。コントロールの種類をリストボックスに変更すると、選択できる一覧を常に表示できるようになります。

ワザ382を参考に、デザインビューでフォームを表示しておく

1 複数の値を持つフィールドを右クリック

2 [コントロールの種類の変更]にマウスポインターを合わせる

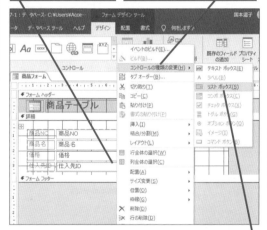

3 [リストボックス]をクリック

ワザ382を参考に、フォームビューで表示しておく

リストボックスで、データを選択できる一覧が常に表示されるようになった

関連 コンボボックスの2列目の値も
Q487 フォームに表示したい………………………… P.274

Q489　365 2019 2016 2013　お役立ち度 ★★☆

添付ファイル型フィールドのデータ数をひと目で知りたい

A [表示方法] プロパティを [クリップ] に設定します

添付ファイル型フィールドが含まれているテーブルを基にフォームを作成すると、フォームビューでは保存されているデータの画像またはアイコンが1つ表示されます。添付ファイル型フィールドには複数のデータを添付できるので、データ数をひと目で表示したい場合は、[添付ファイル] の [表示方法] プロパティを [クリップ] に設定します。

ここでは、[画像] という名前の添付ファイル型のフィールの設定を変更する

ワザ385を参考にデザインビューでフォームを開き、プロパティシートを表示しておく

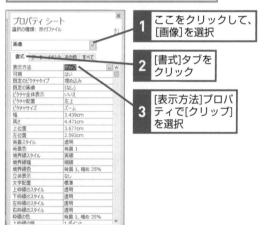

1 ここをクリックして、[画像]を選択

2 [書式]タブをクリック

3 [表示方法]プロパティで[クリップ]を選択

ワザ382を参考に、フォームビューで表示しておく

添付されているファイルの数が表示された

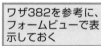

Access の基本　ファイル　テーブル　クエリ　フォーム　レポート　関数　マクロ　データ連携・共有　管理・セキュリティ

メニュー用のフォームにボタンを配置したい

A [コマンドボタンウィザード] を使うと簡単です

[コマンドボタンウィザード] を使うと、フォームの開閉やレポートの印刷などの動作を登録したボタンを作成できます。マクロやVBAなどの知識がなくてもウィザードの指示に従うだけで簡単に作成できます。ウィザードによってマクロが自動作成されてボタンに登録されます。　➡マクロ……P.452

1 ボタンを挿入する

クリックしてフォームを開くボタンを作成する

ワザ382を参考に、デザインビューでフォームを作成しておく

| 1 [フォームデザインツール] の [デザイン] タブをクリック | 2 [コントロール] グループの [その他] をクリックしてメニューを開く |

3 [コントロールウィザードの使用] をクリックしてオンにする

4 [ボタン] をクリック

マウスポインターの形が変わった

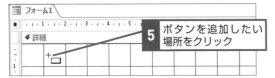

5 ボタンを追加したい場所をクリック

2 ボタンの動作を設定する

[コマンドボタンウィザード]が表示された

コマンドボタンの種類と動作を設定する

| 1 コマンドボタンの種類を選択 | 2 コマンドボタンの動作を選択 |

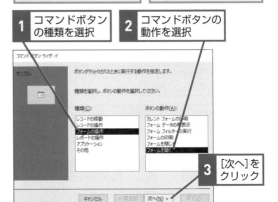

3 [次へ] をクリック

コマンドボタンをクリックしたときに開くフォームを選択する

| 4 フォームを選択 | 5 [次へ]をクリック |

表示したフォームにすべてのレコードを表示するようにする

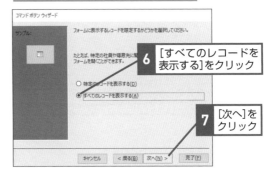

6 [すべてのレコードを表示する]をクリック

7 [次へ] をクリック

❸ ボタンの文字を設定し、作成を完了する

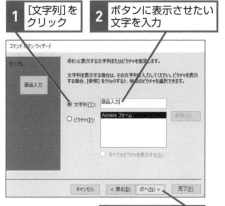

1 [文字列]を
クリック

2 ボタンに表示させたい
文字を入力

3 [次へ]をクリック

4 プロパティシートで選択す
るためのボタン名を入力

5 [完了]を
クリック

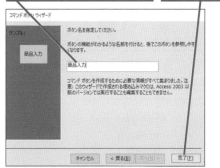

ボタンが追加
された

同様にして他のコマンド
ボタンを追加しておく

商品入力

関連
Q630 マクロで何ができるの？ P.368

ボタンのクリックを
キー操作で行いたい

A [表題] プロパティに
アクセスキーを設定します

ボタンのクリックをキー操作で行えるようにするには、ボタンの [標題] プロパティにアクセスキーを設定します。アクセスキーとは& (アンパサンド) とアルファベットの組み合わせです。Alt キーを押しながらアルファベットのキーを押すと、ボタンをクリックしたことになります。例えば、[閉じる] ボタンの [標題] プロパティに「閉じる(&C)」と設定したときは、Alt + C キーを押すと、[閉じる] ボタンをクリックすることになります。

ここでは、[閉じる] という名前のボタンの
設定を変更する

ワザ385を参考にデザインビューで
フォームを開き、プロパティシート
を表示しておく

1 ここをクリックして、
[閉じる]を選択

2 [書式]タブを
クリック

3 [標題] プロパティに
「閉じる(&C)」と入力

ワザ382を参考に、フォーム
ビューで表示しておく

Alt + C キーを押すと、[閉じる] ボタンの
クリックと同じ動作が実行される

Accessの基本
データベースファイル
テーブル
クエリ
フォーム
レポート
関数
マクロ
データ連携・共有
管理・セキュリティ

オプションボタンを使ってデータを入力したい

A [オプショングループウィザード] を使って オプショングループを追加します

オプションボタンは、複数の選択肢の中から1つを選択させるためのコントロールです。オプションボタンをフォームに配置するには、オプショングループを追加します。[オプショングループウィザード] を使用すれば、設定を行いながらオプションボタンを追加できます。なお、オプショングループで選択して保存する値は、ラベルの文字ではなく、ラベルに割り当てる数値になります。 ➡ラベル……P.453

1 オプションボタンを挿入する準備をする

| ワザ382を参考に、デザインビューでフォームを表示しておく | **1** [フォームデザインツール] の [デザイン]タブをクリック |

2 ここをクリックしてメニューを開く

3 [コントロールウィザードの使用] をクリックしてオンにする

4 [オプショングループ] をクリック

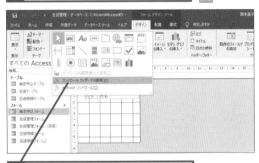

2 オプションボタンを挿入し、設定する

| マウスポインターの形が変わった | |

1 ここをクリック

[オプショングループウィザード] が表示された

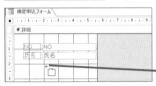

2 選択肢として表示させたい文字列を入力

3 [次へ] をクリック

選択肢の既定の値を設定できる画面が表示された

ここでは設定しない

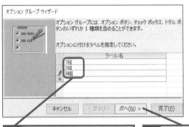

4 [既定のオプションを設定しない]をクリック

5 [次へ] をクリック

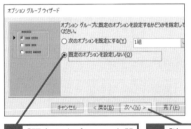

6 ラベルに対応する数値を入力

7 [次へ] をクリック

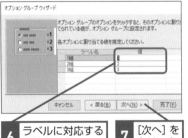

❸ データの保存先を設定し、作成を完了する

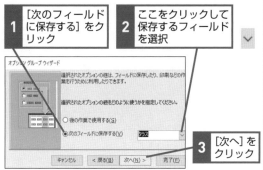

| 1 | [次のフィールドに保存する] をクリック |
| 2 | ここをクリックして保存するフィールドを選択 |

| 3 | [次へ] をクリック |

オプションボタンのプレビューが表示された

ここでオプションボタンの形式や見た目を変更できる

| 4 | [次へ] をクリック |

| 5 | オプショングループに表示させたい文字を入力 |
| 6 | [完了] をクリック |

ワザ382を参考に、フォームビューで表示しておく

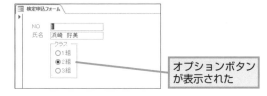

オプションボタンが表示された

ボタンが急に動作しなくなった

A 動作の対象となるオブジェクトへの参照が正しいか確認してください

ボタンをクリックするとエラーメッセージが表示され、ボタンが動作しなくなることがあります。エラーの原因は、動作の対象となるフォームやレポートなどのオブジェクト名が正しく参照されていない可能性が考えられます。このエラーは、ボタンに割り当てられているマクロやVBAの設定を表示し、正しい名前に修正することで解決できます。マクロやVBAの操作に自信がない場合は、いったんボタンを削除し、再度[コマンドボタンウィザード]でボタンを作成し直すといいでしょう。

ワザ385を参考に、デザインビューでフォームを開き、プロパティシートを表示しておく

| 1 | ボタンをクリック |

| 2 | [イベント] タブをクリック |
| 3 | [クリック時] のここをクリック |

マクロビルダーが表示された

| 4 | ここをクリック |

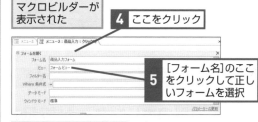

| 5 | [フォーム名]のここをクリックして正しいフォームを選択 |

| 6 | [閉じる]をクリック |

プロパティを更新するか確認するダイアログボックスが表示された

| 7 | [はい]をクリック |

Q494 `365` `2019` `2016` `2013` お役立ち度 ★★★

日付をカレンダーから選択したい

A テキストボックスの右側にあるカレンダーのアイコンをクリックします

フォームに追加された日付/時刻型のフィールドには、標準で日付選択カレンダーが表示され、カレンダーから日付をクリックするだけで日付を入力できます。カーソルを日付/時刻型のフィールドに移動すると、テキストボックスの右側に日付選択カレンダーのアイコンが表示されます。アイコンをクリックするとカレンダーが表示され、目的の日付をクリックして入力します。

➡データ型……P.450

ワザ382を参考に、フォームビューでフォームを表示しておく

1 日付/時刻型のフィールドをクリック

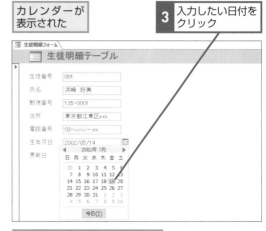

カレンダーが表示された

3 入力したい日付をクリック

カレンダーのアイコンが表示された

2 カレンダーをクリック

フィールドに日時が追加された

関連
Q495 日付入力用のカレンダーが表示されない……… P.280

Q495 `365` `2019` `2016` `2013` お役立ち度 ★★★

日付入力用のカレンダーが表示されない

A 日付/時刻型フィールドに定型入力が設定されていると表示されません

日付/時刻型フィールドに定型入力を設定すると、日付選択カレンダーは表示されなくなり、カレンダーを使った入力はできなくなります。定型入力で設定された入力パターンで手入力してください。定型入力を設定していないのにカレンダーが表示されない場合は、テーブルのデザインビューで、日付/時刻型フィールドの［日付選択カレンダーの表示］プロパティを確認します。［なし］になっていた場合は、［日付］に変更してください。

➡フィールド……P.451

関連
Q494 日付をカレンダーから選択したい………………… P.280

フィールドの値を使った演算結果をテキストボックスに表示したい

A [コントロールソース] プロパティに演算式を設定します

テキストボックスの [コントロールソース] プロパティにフィールド名を使った演算式を「=演算式」の形式で設定すると、その演算結果をテキストボックスに表示できます。演算式の入力例は以下のようになります。

入力例：= [価格] *1.1

意味　：[価格] フィールドを1.1倍する

演算式には、「+」「-」「*」「/」などの算術演算子、文字列連結演算子の「&」、関数を使用できます。フィールド名は半角の角かっこ「[ ]」で囲んで指定します。

> ワザ487を参考に、テキストボックスを追加しておく

> プロパティシートで追加したテキストボックスを選択しておく

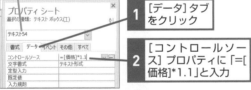

1	[データ] タブをクリック
2	[コントロールソース] プロパティに「=[価格]*1.1」と入力

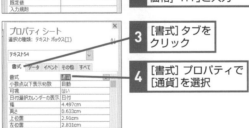

3	[書式] タブをクリック
4	[書式] プロパティで [通貨] を選択

> ワザ382を参考に、フォームビューで表示しておく

> 演算式の結果が表示された

テキストボックスに金額の合計を表示したい

A ヘッダー/フッターにテキストボックスを配置しSUM関数を設定します

表形式のフォームには複数のレコードが一覧で表示されます。例えば、各レコードの [金額] フィールドの値の合計をフォームのヘッダーやフッターに表示したい場合は、テキストボックスを [フォームヘッダー] または [フォームフッター] に追加し、[コントロールソース] プロパティにSum関数を「=Sum(フィールド名)」の形式で設定します。入力例は以下のようになります。

入力例：=Sum([金額])

意味　：[金額]フィールドの合計値を求める

なお、データシート形式のフォームで設定した場合は、フォームビューで結果を表示できません。

> ワザ438を参考に、フォームヘッダーとフォームフッターを表示しておく

> ワザ487を参考に、テキストボックスを追加しておく

> プロパティシートで追加したテキストボックスを選択しておく

1	[データ] タブをクリック
2	[コントロールソース]プロパティに「=Sum([金額])」と入力

> [書式] タブに切り替え、[書式] プロパティで[通貨]を選択する

> 金額の合計が表示された

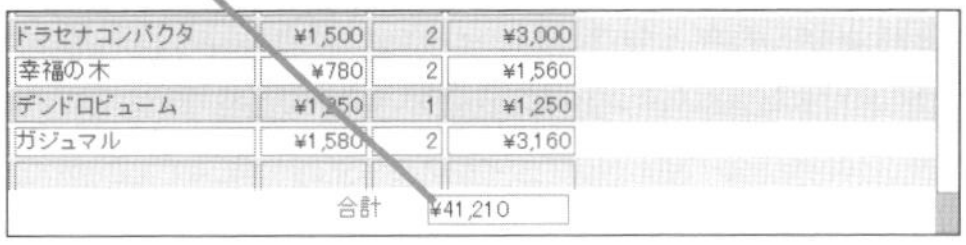

ドラセナコンパクタ	¥1,500	2	¥3,000
幸福の木	¥780	2	¥1,560
デンドロビューム	¥1,250	1	¥1,250
ガジュマル	¥1,580	2	¥3,160
		合計	¥41,210

（右側縦書き見出し）Access の基本／データベース ファイル／テーブル／クエリ／フォーム／レポート／関数／マクロ／データ連携・共有／管理・セキュリティ

Q498　365 2019 2016 2013　　お役立ち度 ★★★

演算結果を表示するテキストボックスはどこに配置すればいいの?

A　レコード内の計算かレコード間の計算かで配置場所が異なります

計算の内容がレコード内かレコード間かによって配置場所が異なります。例えば、各レコードの[金額]の8割を[割引金額]として表示したい場合は、レコード内の計算になり、詳細セクションにテキストボックスを配置します。一方、各レコードの[金額]を合計した[合計金額]を求める場合は、レコード間の計算になり、フォームフッターやヘッダーにテキストボックスを配置します。それぞれの違いを理解して正しく配置しましょう。

●フォームビューの場合

> [割引価格]の列には、[金額]の値から80%割引された値が表示されている

> [合計金額]には、[金額]の列の値を合計した値が表示されている

●デザインビューの場合

> [割引価格]のテキストボックスは、[詳細]セクションに配置されている

> [合計金額]のテキストボックスは、[フォームフッター]セクションに配置されている

Q499　365 2019 2016 2013　　お役立ち度 ★★★

サブフォームのデザインビューが単票形式になっている

A　サブフォームをデータシート形式で作成した場合は単票形式になります

フォームウィザードでメイン/サブフォームを作成するとき、サブフォームのレイアウト選択画面で[データシート]を選択した場合、サブフォームをダブルクリックして開くとデータシートで表示されますが、デザインビューでは単票形式になります。これは、サブフォームの[既定のビュー]プロパティが[データシート]になっているためです。データシート形式は、デザインビューで表示することができません。サブフォームの設定変更は単票形式のまま行ってください。

> ワザ385を参考にデザインビューでフォームを開き、プロパティシートを表示しておく

1 ここをクリックして、[フォーム]を選択

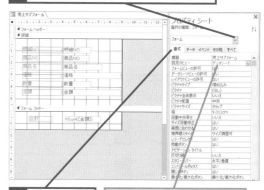

2 [書式]タブをクリック

> [既定のビュー]プロパティが[データシート]になっている

関連		
Q381	フォームでは何ができるの?	P.214
Q433	メイン/サブフォームって何?	P.242
Q434	メイン/サブフォームを作成するには	P.243

メインフォームにサブフォームの合計を表示したい

A まずはサブフォームで合計金額を
求めるテキストボックスを配置します

サブフォームの金額の合計をメインフォームに表示したい場合、サブフォームに金額の合計を表示するテキストボックスを作成し、メインフォームに配置したテキストボックスで参照します。メインフォームに配置したテキストボックスの［コントロールソース］プロパティに、「[サブフォーム名].Form![コントロール名]」の形式で入力しましょう。

入力例は以下のようになります。

入力例：=[売上サブフォーム].Form![明細合計]
意味　：[売上サブフォーム] コントロールにある
　　　　　[明細合計] コントロールの値を参照する

なお、メインフォームで合計を表示するので、サブフォームの合計を表示するテキストボックスは、［可視］プロパティを［いいえ］にして非表示にしておきましょう。　　　　　　　　➡サブフォーム……P.448

ワザ382を参考に、デザインビューで
フォームを表示しておく

ワザ438を参考に、フォームヘッダーとフォームフッターを表示しておく

ワザ487を参考に、テキストボックスを追加しておく

ワザ487を参考に、メインフォームにテキストボックスを追加する

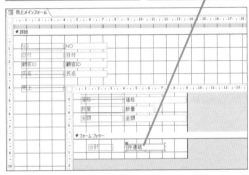

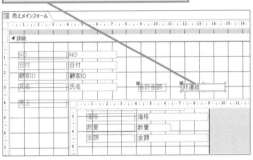

1 ここをクリックしてプロパティシートで追加したテキストボックスを選択

2 ［すべて］タブをクリック

3 ［名前］プロパティに「明細合計」と入力

4 ［コントロールソース］プロパティに「=Sum([金額])」と入力

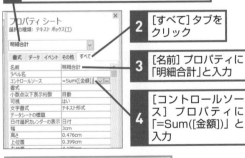

サブフォームの［金額］を合計した［明細合計］コントロールができた

プロパティシートでメインフォームに追加したテキストボックスを選択しておく

5 ［データ］タブをクリック

6 ［コントロールソース］プロパティに「=[売上サブフォーム].Form![明細合計]」と入力

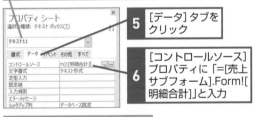

［書式］タブに切り替え、［書式］プロパティで［通貨］を選択する

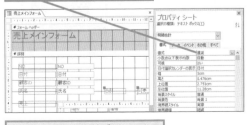

メインフォームにサブフォームの金額の合計が表示される

グラフの作成

テーブルやクエリのデータを元にフォームやレポート上にグラフを作成できます。ここでは、フォーム上にグラフを作成する基本的なワザを解説します。

Q501　365　2019　2016　2013　　　サンプル　お役立ち度 ★★★

動画で見る

フォームにグラフを作成するには NEW!

A デザインビューで［デザイン］タブの
［モダングラフの挿入］をクリックします

フォーム上にグラフを作成するには、まずグラフ化したいデータを用意しておきます。例えば、支店別商品別の売上グラフを作成したい場合は、あらかじめ支店

別商品別の売上げを集計したクエリを用意します。次に、フォームをデザインビューで新規作成し、［デザイン］タブの［モダングラフの挿入］ボタンをクリックしてグラフの種類を選択し、データソース、軸、凡例、値を指定してグラフを作成します。

［支店別商品別売上クエリ］を基に棒グラフを作成する	**1** ［作成］タブをクリック

2 ［フォームデザイン］をクリック	フォームが新規作成され、デザインビューで表示された

3 ［フォームデザインツール］の［デザイン］タブをクリック	**4** ［モダングラフの挿入］をクリック

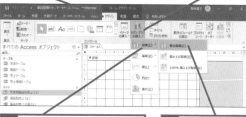

5 ［縦棒］にマウスポインターを合わせる	**6** ［集合縦棒］をクリック

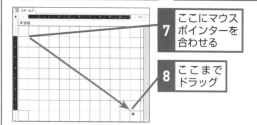

7 ここにマウスポインターを合わせる

8 ここまでドラッグ

［グラフの設定］作業ウィンドウが表示された

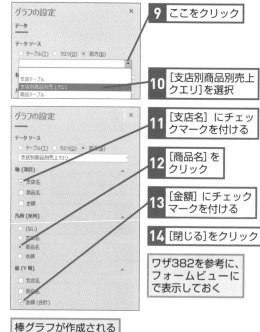

9 ここをクリック

10 ［支店別商品別売上クエリ］を選択

11 ［支店名］にチェックマークを付ける

12 ［商品名］をクリック

13 ［金額］にチェックマークを付ける

14 ［閉じる］をクリック

ワザ382を参考に、フォームビューにで表示しておく

棒グラフが作成される

関連
Q505　パーセント表示の円グラフを作成するには ····· P.286

Q502 `365` `2019` `2016` `2013`　お役立ち度 ★★★

グラフにタイトルを設定するには NEW!

A [グラフのタイトル] プロパティでタイトルにする文字を指定します

グラフ作成直後は、グラフタイトルに仮の文字列「グラフのタイトル」が表示されます。グラフのタイトル文字を変更したり、削除したりするには、プロパティシートの [書式] タブの [グラフのタイトル] でタイトル文字としたい文字列を設定します。

ワザ382を参考に、デザインビューで表示しておく

グラフを選択しておく

1 [フォームデザインツール] の [デザイン]タブをクリック

2 [プロパティシート] をクリック

[プロパティシート]が表示された

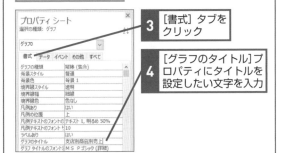

3 [書式] タブをクリック

4 [グラフのタイトル]プロパティにタイトルを設定したい文字を入力

グラフタイトルが設定された

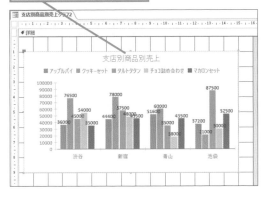

Q503 `365` `2019` `2016` `2013`　お役立ち度 ★★★

グラフの種類を変更するには NEW!

A [グラフの種類] プロパティで変更したいグラフを選択します

グラフ作成後にグラフの種類を変更したい場合は、グラフのプロパティシートを表示し、[書式] タブの [グラフの種類] をクリックし、一覧から変更したいグラフの種類を選択します。

横棒積み上げグラフに変更する

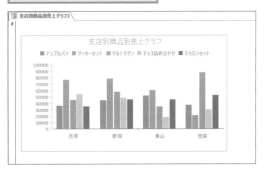

ワザ502を参考に、[プロパティシート] を表示しておく

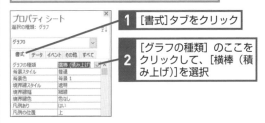

1 [書式]タブをクリック

2 [グラフの種類] のここをクリックして、[横棒（積み上げ）]を選択

ワザ382を参考に、フォームビューで表示しておく

グラフの種類が変更された

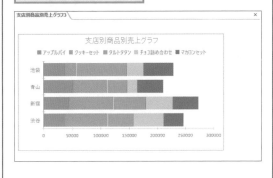

Q504 365 2019 2016 2013　お役立ち度 ★★★

グラフに項目軸ラベルと数値軸ラベルを表示するには NEW!

A [項目軸ラベル]、[プライマリ数値軸ラベル]
プロパティで設定します

グラフに項目軸ラベルと数値軸ラベルを表示するには、グラフのプロパティシートの［書式］タブの［項目軸ラベル］と［プライマリ数値軸ラベル］で表示したい文字列をそれぞれ入力します。

> ワザ502を参考に、［プロパティシート］を表示しておく

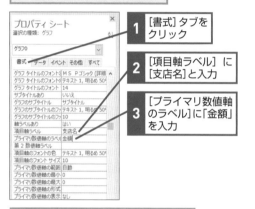

1　[書式] タブをクリック

2　[項目軸ラベル] に [支店名] と入力

3　[プライマリ数値軸のラベル] に「金額」を入力

> ワザ382を参考に、フォームビューで表示しておく

> 項目軸ラベルと数値軸ラベルが表示された

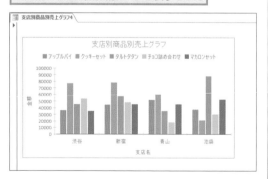

関連
Q502 グラフの種類を変更するには ………………… P.285

関連
Q503 グラフにタイトルを設定するには ……………… P.285

Q505 365 2019 2016 2013

パーセント表示の円グラフを作成するには NEW!

A 構成比率を表すクエリを用意してから
円グラフを作成します

円グラフのデータ要素をパーセント表示にしたい場合は、クエリでグラフを構成する各要素の全体に対する比率を求めておく必要があります。例えば、商品の売上構成比を示す円グラフを作成する場合、各商品の売上金額を求める集計クエリと、全商品の売上総額を求める集計クエリを用意し、2つのクエリから売上比率を求めるクエリを作成し、そのクエリを使って円グラフを作成します。

1 クエリの用意をする

> 集計クエリ「商品別売上クエリ」と「売上総合計クエリ」を基に「商品別売上比率」クエリを作成する

> ワザ337を参考に、各商品の売上合計を求める集計クエリ「商品別売上クエリ」を作成しておく

> 同様に、ワザ337を参考に全商品の売上合計を求める集計クエリ「売上総合計クエリ」を作成しておく

> ワザ243を参考に、「商品別売上クエリ」と「売上総合計クエリ」から「商品別売上比率クエリ」を作成しておく

比率は、[金額]/[総合計]で求められる

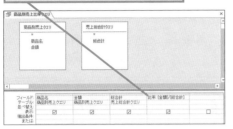

ワザ244を参考にクエリを実行して
比率を確認する

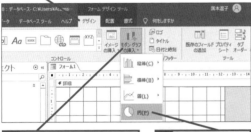

2 円グラフを作成する

ワザ501を参考にフォームを新規作成し、
デザインビューで表示しておく

1	[フォームデザインツール] の [デザイン] タブをクリック

フォームが新規作成され、デザインビューで表示された

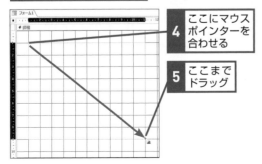

| 2 | [モダングラフの挿入] をクリック |
| 3 | [円]をクリック |

| 4 | ここにマウスポインターを合わせる |
| 5 | ここまでドラッグ |

[グラフの設定]作業ウィンドウが表示された

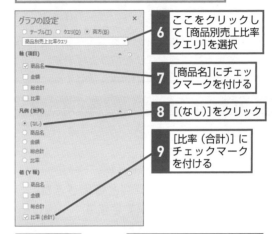

6	ここをクリックして [商品別売上比率クエリ]を選択
7	[商品名]にチェックマークを付ける
8	[(なし)]をクリック
9	[比率 (合計)] にチェックマークを付ける

| 10 | [書式]をクリック |
| 11 | [データラベルを表示] にチェックマークを付ける |

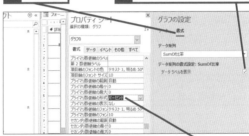

ワザ502を参考に、[プロパティシート]を表示しておく

12	[プライマリ数値軸の形式] のここをクリックして [パーセント]を選択

ワザ382を参考に、フォームビューで表示しておく

パーセンテージの円グラフが作成された

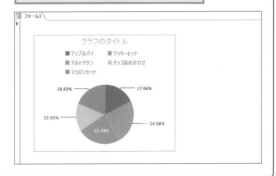

グラフの作成 ● できる **287**

Accessの基本 / データベースファイル / テーブル / クエリ / フォーム / レポート / 関数 / マクロ / データ連携・共有 / 管理・セキュリティ

Accessの基本
データベース
ファイル
テーブル
クエリ
フォーム
レポート
関数
マクロ
データ連携・共有
管理・セキュリティ

レポートの基本操作

レポートを使えば、データベースをいろいろな形式で印刷できます。ここではレポートの使い方に関する基本的なワザを取り上げます。

Q506 365 2019 2016 2013　　お役立ち度 ★★★

どんなレポートを
作成できるの？

A 単票形式や表形式などさまざまな
レイアウトで作成できます

Accessで作成できるレポートには、1件ごとに印刷できる「単票形式」、帳票の形式で印刷できる「帳票形式」、一覧で印刷できる「表形式」、定型の用紙に合わせて印刷できるはがき、ラベル、伝票などがあります。印刷する目的に合わせて、適切なレポートを選びましょう。

目的に応じたレイアウトの
レポートを作成できる

Q507 365 2019 2016 2013　　お役立ち度 ★★★

レポートには
どんなビューがあるの？

A 印刷プレビューなど全部で4種類あります

レポートには4種類のビューがあります。データを確認する[レポートビュー]、印刷イメージを表示する[印刷プレビュー]、データを表示しながらレイアウトの編集ができる[レイアウトビュー]、レポートのデザインを設定する[デザインビュー]です。[ホーム]タブで[表示]ボタンの（▼）をクリックして切り替えます。

●レポートビュー

●印刷プレビュー

●レイアウトビュー

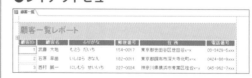

●デザインビュー

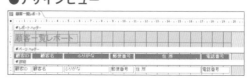

レポートの構成を知りたい

A 7つのセクションで構成されています

レポートは、7つの「セクション」という領域で構成されています。レポートの先頭と最後に印刷される「レポートヘッダー」「レポートフッター」、各ページの先頭と最後に印刷される「ページヘッダー」「ページフッター」、レコードを印刷するための「詳細」、レコードをグループ化したときに表示される「グループヘッダー」「グループフッター」があります。また、ここではデザインビューの各部の名称や機能を確認しておきましょう。

→セクション……P.449
→レポート……P.454

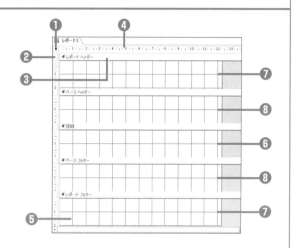

●デザインビューの各部の名称

	名称	機能
❶	レポートセレクター	クリックしてレポートを選択できる
❷	セクションセレクター	クリックしてセクションを選択できる。各セクションに1つ配置されている
❸	セクションバー	セクションの名称が表示される領域。各セクションに1つ配置されている
❹	ルーラー	レポートの設計時に目安となる目盛り。画面上部と左部に配置されている
❺	グリッド	コントロールのサイズや配置を調整するときの目安となる格子線
❻	詳細	レコードを印刷するための領域。レコードの数だけ繰り返し印刷される
❼	レポートヘッダー／レポートフッター	レポートの先頭と最後に1回だけ印刷される領域
❽	ページヘッダー／ページフッター	レポートの各ページの先頭と最後に印刷される領域

●1ページ目　　　　　　●2ページ目以降　　　　　　●最後のページ

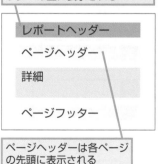

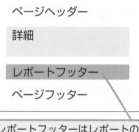

レポートヘッダーはレポートの1ページ目のみ、かつページヘッダーの上に表示される

ページヘッダーは各ページの先頭に表示される

ページフッターは各ページの末尾に表示される

レポートフッターはレポートの最後のページのみ、かつページフッターの上に表示される

Access の基本
データベースファイル
テーブル
クエリ
フォーム
レポート
関数
マクロ
データ連携・共有
管理・セキュリティ

Q509 [365] [2019] [2016] [2013]　お役立ち度 ★★★

ダブルクリックで
印刷プレビューを開きたい

A [既定のビュー] を
　　　[印刷プレビュー] に変更します

ナビゲーションウィンドウでレポートをダブルクリックすると、既定でレポートビューが表示されます。いちいち印刷プレビューに切り替えるのが煩わしいときは、レポートの [既定のビュー] プロパティを [印刷プレビュー] に変更します。

> ワザ507を参考に、デザインビューで
> レポートを表示しておく

| 1 | [レポートデザインツール] の [デザイン]タブをクリック |
| 2 | [プロパティシート]をクリック |

| プロパティシートが表示された | 3 | ここをクリックして [レポート]を選択 |

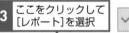

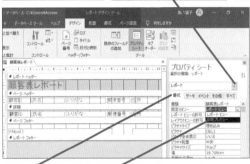

| 4 | [書式]タブをクリック |
| 5 | [既定のビュー] プロパティで [印刷プレビュー]を選択 |

> レポートを印刷プレビューで開けるようになった

Q510 [365] [2019] [2016] [2013]　お役立ち度 ★★☆

レポートを開くとパラメーターの
入力画面が表示されるのはなぜ？

A 意図せずに表示された場合は
　　　コントロールソースを確認してください

パラメーターの入力画面が表示されるのは、パラメータークエリを基にレポートを作成した場合です。意図せずにパラメーターの入力画面が表示される場合は、データを表示するテキストボックスの [コントロールソース] プロパティの設定が間違っている可能性があります。例えば、[郵便番号] フィールドのデータを表示するテキストボックスの [コントロールソース] プロパティの設定が [郵便NO] などに設定されていると、パラメーターの入力画面が表示されてしまいます。このとき、[コントロールソース] プロパティを [郵便番号] に変更すれば表示されなくなります。

| [パラメーターの入力] ダイアログボックスが表示された | ここに表示されるフィールドの [コントロールソース] プロパティを修正する |

| 1 | [キャンセル]をクリック |

| 2 | ナビゲーションバーでレポートを右クリックして [デザインビュー]をクリック | デザインビューでレポートが開いた |

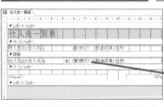

| 3 | テキストボックスをクリック |

> ワザ509を参考に、プロパティシートを表示しておく

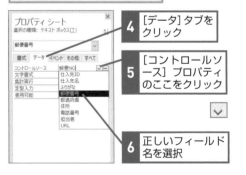

4	[データ]タブをクリック
5	[コントロールソース] プロパティのここをクリック
6	正しいフィールド名を選択

Q511 [365] [2019] [2016] [2013] お役立ち度 ★★★

印刷プレビューで複数ページを一度に表示したい

A [印刷プレビュー] タブの [2ページ] ボタンなどをクリックします

印刷プレビューで複数ページを一度に表示するには、[2ページ] ボタンか、[その他のページ] ボタンをクリックして表示されるページ数を選択します。[ズーム]

ボタンの（▼）をクリックすると、印刷プレビューの表示倍率を指定することもできます。また、画面上でクリックするごとに拡大表示と縮小表示を切り替えることができます。　➡ビュー……P.451

ワザ507を参考に、印刷プレビューでレポートを表示しておく

| 1 | [印刷プレビュー] タブをクリック |
| 2 | [2ページ] をクリック |

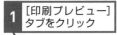

[ズーム] のここをクリックすると表示倍率を指定できる

[その他のページ] をクリックすると複数のページを表示できる

印刷プレビューで複数ページを一度に表示できた

[印刷プレビューを閉じる] をクリックすると印刷プレビュー画面を閉じられる

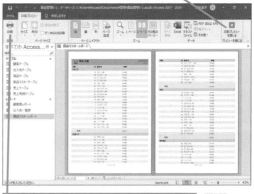

[印刷] をクリックすると印刷を実行するダイアログボックスが表示される

Q512 [365] [2019] [2016] [2013] お役立ち度 ★★☆

表形式のレポートってどんなものが作れるの？

A 複数のレコードを一覧にしたものが作成できます

表形式のレポートは、複数のレコードを一覧にしたものです。レポートではテーブルやクエリのデータを単に印刷するだけでなく、並べ替えたり、分類ごとにグループ化して集計結果を表示したり、データの大小によって色を付けたりと、目的に合わせてさまざまなバリエーションで作成できます。　➡レコード……P.454

Q513 [365] [2019] [2016] [2013] お役立ち度 ★★☆

レポートを開けない

A レポートの基となるテーブルやクエリを再設定してください

レポートの基となるテーブルまたはクエリが存在しないとき、レポートは開けません。例えば、レポートを作成した後に基のテーブルまたはクエリを削除したり、名前を変更したりした場合は、レポートを開こうとしてもエラーが表示されます。デザインビューでレポートを表示し、レポートの [レコードソース] プロパティで正しいテーブルまたはクエリを選択し直してください。　➡クエリ……P.447

レポートの作成

レポートはいろいろな方法で作成できます。ここでは、レポートを作成するときに使える便利な
ワザを紹介します。

Q514 365 2019 2016 2013

お役立ち度 ★★★

レポートを素早く作成したい

A [作成] タブの [レポート] ボタンをクリックします

レポートを素早く作成するには、[作成] タブの [レポート] ボタンを使います。ナビゲーションウィンドウでテーブルまたはクエリを選択し、[レポート] ボタンをクリックするだけで、選択されていたテーブルまたは

クエリのすべてのフィールドを配置した、表形式のレポートが自動作成されます。ロゴやタイトル、作成日時、レコード件数、ページ数も自動で設定されます。作成直後はレイアウトビューで表示されるため、表示されるデータを確認しながら、タイトルの変更や列の幅の調整などが行えます。

| 1 | レポートの基になるテーブルまたはクエリを選択 |
| 2 | [作成]タブをクリック |

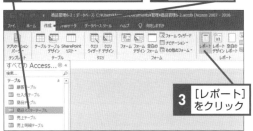

| 3 | [レポート]をクリック |

| | 選択したオブジェクトを基にレポートがレイアウトビューで表示された |
| | 必要に応じて列の幅などレイアウトを調整できる |

| | 作成したレポートを保存する |
| 4 | [閉じる]をクリック |

| | レポートの変更を保存するかどうか確認する画面が表示された |

| 5 | [はい]をクリック |

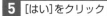

| | [名前を付けて保存] ダイアログボックスが表示された |

| 6 | レポート名を入力 |
| 7 | [OK]をクリック |

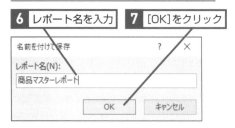

| | 作成したレポートが保存された |

関連
Q517 レイアウトビューからレポートを作成したい ………………… P.294

Q515　365 2019 2016 2013　お役立ち度 ★★★

自由なレイアウトで
レポートを作成するには

A デザインビューでレポートを
新規作成します

レポートは、自動で作成するだけでなく、白紙の状態から手動で作成することもできます。[作成] タブの [レポートデザイン] ボタンをクリックすると、白紙の新規レポートがデザインビューで開きます。白紙のレポートを用意したら、レポートに表示するデータを指定するため、レポートの [レコードソース] プロパティにテーブルまたはクエリを選択しておきます。デザインビューでは、フィールドを任意の位置に配置できるため、自由なレイアウトで作成できます。フィールドを追加する方法は、ワザ516を参照してください。

1 [作成] タブをクリック	2 [レポートデザイン] をクリック

デザインビューで白紙のレポートが作成された

3 [レポートデザインツール] の [デザイン] タブをクリック	4 [プロパティシート] をクリック

5 プロパティシートの [データ] タブをクリック	6 [レコードソース] プロパティで利用したいデータがあるテーブルかクエリを選択

関連
Q520 いろいろなレポートを作成したい ………………… P.296

Q516　365 2019 2016 2013　お役立ち度 ★★★

デザインビューで
フィールドを追加するには

A フィールドリストからレポート上に
フィールドをドラッグします

デザインビューで白紙のレポートを作成したら、フィールドを追加し、表示するデータを配置していきます。[デザイン] タブの [既存のフィールドの追加] ボタンをクリックすると、レポートを作成するときに [レコードソース] プロパティで選択したテーブルまたはクエリのフィールドリストが表示されます。フィールドリストからフィールドをレポートに追加することでデータを表示できます。フィールドは、ドラッグして任意の位置に追加できます。

ワザ515を参考に、デザインビューでレポートを作成しておく

1 [レポートデザインツール] の [デザイン] タブをクリック	2 [既存のフィールドの追加] をクリック

[フィールドリスト] が表示された	3 レポートに追加したいフィールドにマウスポインターを合わせる

マウスポインターの形が変わった	4 ここまでドラッグ

フィールドが追加された	他のフィールドも追加しておく

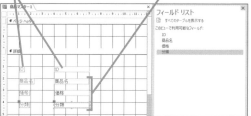

Q517　365　2019　2016　2013　　お役立ち度 ★★★

レイアウトビューから
レポートを作成したい

A ［作成］タブの［空白のレポート］
　ボタンをクリックします

［作成］タブの［空白のレポート］ボタンをクリックすると、白紙の新規レポートがレイアウトビューで開きます。追加したらワザ515と同様に、プロパティシートを表示してレポートの［レコードソース］プロパティでテーブルまたはクエリを選択しておきます。レイアウトビューではコントロールが自動で整列されるため、手間なくきれいなレポートを作成できます。

1 ［作成］タブをクリック

2 ［空白のレポート］をクリック

レイアウトビューでレポートが作成された

3 ［プロパティシート］をクリック

プロパティシートが表示された

4 ［データ］タブをクリック

5 ［レコードソース］プロパティで利用したいデータがあるテーブルかクエリを選択

関連　自由なレイアウトで
Q515　レポートを作成するには ………………………… P.293

Q518　365　2019　2016　2013　　お役立ち度 ★★★

レイアウトビューで
フィールドを追加するには

A フィールドリストにあるフィールドを
　ダブルクリックします

レイアウトビューで白紙のレポートを作成したら、［デザイン］タブの［既存のフィールドの追加］ボタンをクリックすると、［レコードソース］プロパティで設定したテーブルまたはクエリのフィールドリストが表示されます。このフィールドを、レポートにダブルクリックまたはドラッグして追加します。

レイアウトビューでフィールドを追加すると、自動的に整列された表形式のレイアウトになります。また、レイアウトビューでは実際に表示されるデータを見ながら作業できるため、列の幅の調節など、レイアウトをデータに合わせて整えたいときに便利です。

ワザ517を参考に、レイアウトビューで
レポートを作成しておく

1 ［レポートレイアウトツール］の［デザイン］タブをクリック

2 ［既存のフィールドの追加］をクリック

フィールドリストが表示された

3 追加するフィールドをダブルクリック

レポートにフィールドが追加された

同様に他のフィールドも追加しておく

Q519 365 2019 2016 2013

お役立ち度 ★★☆

Access の基本

データベース

ファイル

テーブル

クエリ

フォーム

レポート

関数

マクロ

データ連携・共有

管理・セキュリティ

添付ファイル型のフィールドを追加する方法が分からない

A 表示したい内容によって追加方法が異なります

添付ファイル型のフィールドは、フィールドリストに［フィールド名］に加えて［フィールド名.FileData］［フィールド名.FileName］［フィールド名.FileType］が表示されます。

［フィールド名］をレポートに追加した場合、複数の画像が添付されていても1つ目の画像だけが表示されるので、すべての画像を見せたい場合は［フィールド名.FileData］を追加します。また［フィールド名.FileName］を追加するとファイル名、［フィールド名.FileType］を追加すると「jpg」のようなファイルの種類が表示されます。 ➡添付ファイル型……P.450

●1つ目の画像だけを表示する方法

ワザ507を参考に、レイアウトビューでレポートを開いておく	ワザ518を参考に、フィールドリストを表示しておく

1 フィールドリストから［画像］をドラッグ

画像が追加された

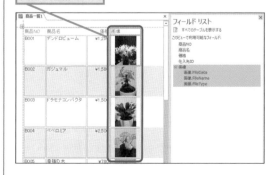

●複数の画像すべてを表示する方法

1 ［画像.FileData］をドラッグして追加	位置とサイズを整えておく

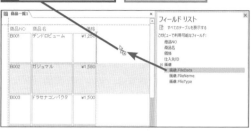

複数の画像があるフィールドでは複数のレコードとして表示された

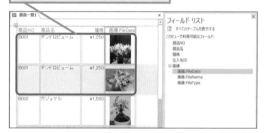

●ファイル名やファイル形式を表示する方法

［画像.FileName］を追加するとファイル名が表示された

［画像.FileType］を追加するとファイル形式が表示された

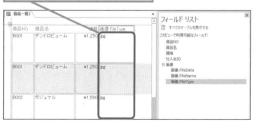

いろいろなレポートを作成したい

A [レポートウィザード] を使用しましょう

[レポートウィザード]を使用すると、表示するフィールドを選択したり、レイアウトを指定したりしてレポートを作成するだけでなく、グループ化や並べ替え、集計方法を指定して、いろいろなレポートを簡単に作成できます。**2**の操作3 〜 5のようにグループ化するフィールドを選択した場合は、グループ間隔（グループ化の単位）も指定可能です。また、フィールドの中に数値データが含まれていると、**3**の操作1の画面にあるように[集計のオプション]が表示されます。[集計のオプション]の利用方法は、ワザ522を参照してください。

➡ウィザード……P.446
➡集計……P.448

1 [レポートウィザード] を開始する

| 1 | [作成] タブをクリック |
| 2 | [レポートウィザード]をクリック |

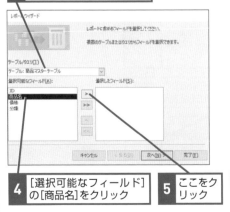

[商品マスターテーブル]の[商品名][価格][分類]フィールドを追加してレポートを作成する

| 3 | [テーブル/クエリ]で[商品マスターテーブル]を選択 |

| 4 | [選択可能なフィールド]の[商品名]をクリック |
| 5 | ここをクリック |

2 フィールドの追加を完了し、グループレベルを設定する

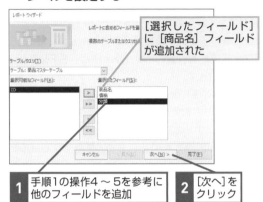

[選択したフィールド]に[商品名]フィールドが追加された

| 1 | 手順1の操作4 〜 5を参考に他のフィールドを追加 |
| 2 | [次へ]をクリック |

グループレベルを指定する

[分類]で[商品名][価格]をグループ化する

| 3 | [分類]フィールドをクリック |
| 4 | ここをクリック |

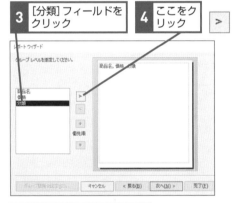

グループレベルが設定された

[グループ間隔の設定]をクリックするとグループ化の単位を設定できる

| 5 | [次へ]をクリック |

サンプル お役立ち度 ★★★

動画で見る

Accessの基本 データベース
ファイル
テーブル
クエリ
フォーム
レポート
関数
マクロ
データ連携・共有 管理・セキュリティ

3 設定を完了し、レポートを保存する

レコードの並べ替えを指定する場合は、ここをクリックして並べ替えるフィールドを選択し、昇順か降順を指定する

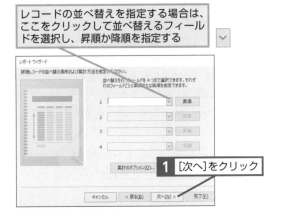

1 [次へ]をクリック

レイアウトや用紙方向を設定する

2 [ステップ]をクリック **3** [縦]をクリック

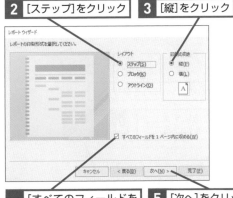

4 [すべてのフィールドを1ページ内で収める]にチェックマークを付ける

5 [次へ]をクリック

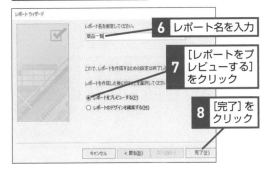

6 レポート名を入力

7 [レポートをプレビューする]をクリック

8 [完了]をクリック

レポートが作成された

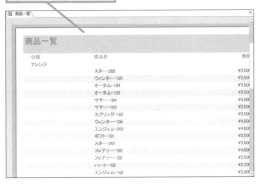

Q521 365 2019 2016 2013　お役立ち度 ★★★

レポートウィザードで
グループ化の単位を指定したい

A [グループ間隔の設定] ボタンを
クリックします

ワザ520の手順のように [レポートウィザード] でグループレベルを追加すると、そのフィールドで同じ値を持つレコードがグループ化されます。このとき、[グループ間隔の設定] ボタンをクリックすると、[グループ間隔の設定] ダイアログボックスが表示され、グループ化の単位を変更できます。グループ化の単位は、データ型によって以下の表のように変わります。

→ダイアログボックス……P.449

●データ型とグループ化の間隔

データ型	グループ間隔の単位
短いテキスト	先頭の 1 文字から 5 文字まで
日付 / 時刻型	年、四半期、月、週、日、時、分
通貨型、数値型	50 ずつ、100 ずつなどの単位

> ワザ520を参考に、レポートウィザードでグループレベルを指定する画面を表示しておく

> 価格帯を指定してグループ化する

1 [グループ間隔の設定]をクリック

2 ここをクリックしてグループ間隔に設定したい数値を選択

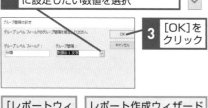

3 [OK]をクリック

> [レポートウィザード]に戻る

> レポート作成ウィザードを完了させておく

Q522 365 2019 2016 2013　お役立ち度 ★★★

レポートウィザードで集計しながら
レポートを作成したい

A [集計のオプション] で集計方法を
選択します

レポートに数値型や通貨型、Yes/No型のフィールドが含まれていて、ワザ520の手順のように [グループレベル] を設定しているときは、[レポートウィザード] に [集計のオプション] が表示されます。クリックすると [集計のオプション] ダイアログボックスが表示され、合計や平均などの集計方法を選択するだけで、グループごとの集計結果を表示できます。

> ワザ520を参考に、レポートウィザードでレコードの並べ替えの画面を表示しておく

1 [集計のオプション]をクリック

2 集計方法にチェックマークを付ける

3 [OK]をクリック

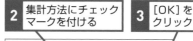

> [レポートウィザード]に戻る

> レポート作成ウィザードを完了させておく

> 指定した集計方法で集計された

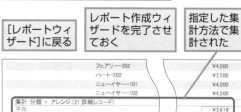

メイン／サブレポートを作成するには

🅰 単票形式のレポートに 表形式のレポートを埋め込みます

メイン／サブレポートとは、単票形式のレポートに表形式のレポートを埋め込んだものです。仕組みについては、ワザ524を参照してください。

メイン／サブレポートの作成方法はいくつかありますが、ここでは単票形式のレポートに表形式のレポートを埋め込んで、メイン／サブレポートを作成する手順を紹介します。メイン／サブレポートを作成する準備として、単票形式のレポートの基になるテーブルと、表形式のレポートの基になるテーブルに一対多のリレーションシップを設定します。次に、メインレポートとサブレポートで表示したいフィールドを組み合わせたクエリをそれぞれ作成し、それらを基に単票形式と表形式のレポートを作成しておきます。なお、このワザではメインレポートでレコードを1件ごとに印刷できるように改ページを設定しています。

➡リレーションシップ……P.454

単票形式のレポートの基になるテーブルと、表形式のレポートの基となるテーブルに一対多のリレーションシップを設定しておく

メインレポートになる単票形式のレポートを作成しておく

サブレポートになる表形式のレポートを作成しておく

ワザ507を参考に、デザインビューでメインレポートになるレポートを表示しておく

1 ナビゲーションウィンドウで表形式のサブレポートにマウスポインターを合わせる

マウスポインターの形が変わった

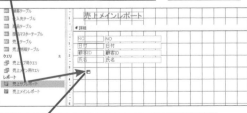

2 ここまでドラッグ

表形式のレポートが単票形式のレポートに埋め込まれた

ワザ509を参考にプロパティシートを表示し、サブレポートになるレポートを選択しておく

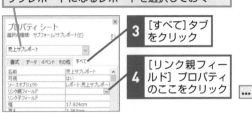

3 [すべて]タブをクリック

4 [リンク親フィールド]プロパティのここをクリック

[サブレポートフィールドリンクビルダー]ダイアログボックスが表示された

5 [親フィールド][子フィールド]に結合フィールドが表示されていることを確認

6 [OK]をクリック

改ページの位置を設定する

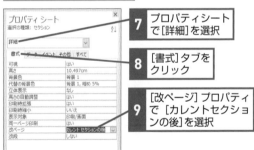

7 プロパティシートで[詳細]を選択

8 [書式]タブをクリック

9 [改ページ]プロパティで[カレントセクションの後]を選択

ワザ507を参考に、印刷プレビューで表示しておく

メイン／サブレポートを作成できた

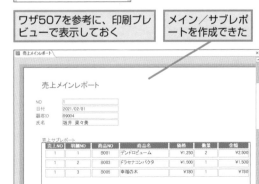

Q524　365 2019 2016 2013　お役立ち度 ★★★

メイン／サブレポートの仕組みは？

A メイン／サブレポート間に1対多のリレーションシップが設定されています

メイン／サブレポートとは、単票形式のレポート（メインレポート）に表形式のレポート（サブレポート）を埋め込んだ形式です。納品書や請求書のような明細行のある書類に使います。

納品書をメイン／サブレポートで作成したい場合、1回の売り上げに対するデータ（いつ誰が）と売上明細に関するデータ（何をどれだけ）に分け、別テーブルにしてそれぞれに共通フィールド（NO）を持たせて管理します。このフィールドを結合フィールドとして2つのテーブルに一対多のリレーションシップを設定すると、同じNOで紐づけられ、メインレポートのレコードに関連するレコードだけをサブレポートに表示できます。このとき、メインレポート側の結合フィールドを［リンク親フィールド］、サブレポート側の結合フィールドを［リンク子フィールド］といいます。それぞれのレポートに表示したいフィールドを組み合わせたクエリを用意しておくと、メイン／サブレポートが作りやすくなります。　　➡リンク……P.454

●メイン／サブレポートの仕組み

メインレポート用のテーブルとサブレポート用のテーブルには、一対多のリレーションシップを設定する必要がある

◆リンク親フィールド
メインレポート（単票形式）側の結合フィールド

◆メインレポート

◆サブレポート

◆リンク子フィールド
サブレポート（表形式）側の結合フィールド

Q525　365 2019 2016 2013　お役立ち度 ★★☆

サブレポートの項目名がメインレポートに表示されない

A 項目名をレポートヘッダーに配置します

表形式のサブレポートを作成するとき、レイアウトビューで白紙のレポートにフィールドを追加すると、自動的に表形式になりますが、これをそのままサブレポートに利用するとメイン／サブレポートで項目名が表示されません。サブレポートで項目名を表示するには、項目名をレポートヘッダーに配置する必要があります。通常の手順で表形式のレポートを作成すると、項目名はページヘッダーに作成されますが、これをレポートヘッダーに移動すれば表示されるようになります。レポートヘッダーを表示する方法は、ワザ526を参考にしてください。　　➡レポート……P.454

| ワザ507を参考に、デザインビューでサブレポートを表示しておく | ワザ526を参考に、レポートヘッダー／フッターを表示しておく |

| 1 ［ページヘッダー］の左のルーラーをクリック | すべての項目名が選択された |

| 2 項目名を右クリック | 3 ［切り取り］をクリック |

項目名が切り取られた

| 4 レポートヘッダー内で右クリック | 5 ［貼り付け］をクリック |

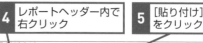

| 項目名がレポートヘッダーに貼り付けられた | ここをドラッグしてレポートヘッダーの余白をなくしておく |

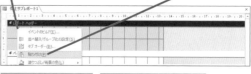

レポートの編集

レポートの見栄えを整え体裁よく見せるには、レポートに配置したコントロールを操作したり、書式を設定したりします。ここでは、レポートを編集するのに便利なワザを紹介します。

Q526 365 2019 2016 2013　お役立ち度 ★★★

レポートヘッダー／フッターはどうやって表示するの？

A デザインビューで右クリックし［レポートヘッダー／フッター］をクリックします

デザインビューでレポートを新規作成した場合、［ページヘッダー］［ページフッター］［詳細］のセクションが表示されますが、［レポートヘッダー］や［レポートフッター］は表示されません。［レポートヘッダー］や［レポートフッター］を表示するには、以下のように操作します。

> ワザ507を参考に、デザインビューでレポートを表示しておく

1 レポートの空白部分を右クリック

2 ［レポートヘッダー／フッター］をクリック

> ［レポートヘッダー］と［レポートフッター］が表示された

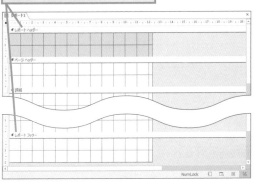

Q527 365 2019 2016 2013　お役立ち度 ★★★

レポートを選択するには

A ［レポートセレクター］をクリックします

レポート全体に対する設定を行う場合は、レポートを選択します。方法は2つあり、1つの方法は、レポートをデザインビューで開き、水平ルーラーと垂直ルーラーが交差するところにある［レポートセレクター］をクリックします。もう1つの方法はプロパティシートで［レポート］を選択します。

→プロパティシート……P.452

> ワザ509を参考にプロパティシートを表示しておく

1 レポートセレクターをクリック

◆レポートセレクター

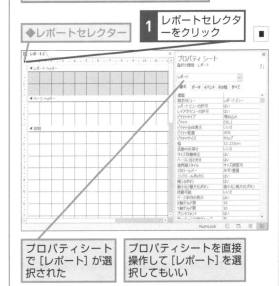

> プロパティシートで［レポート］が選択された

> プロパティシートを直接操作して［レポート］を選択してもいい

関連 Q528	セクションを選択するには	P.302
関連 Q531	コントロールを選択するには	P.303

Q528 365 2019 2016 2013　お役立ち度 ★★☆

セクションを選択するには

A 選択したいセクションの セクションバーをクリックします

セクションを選択するには、選択したいセクション名が表示されているセクションバーをクリックします。セクションが選択されると、セクションバーが黒く反転します。

> セクションバーをクリックすると
> セクションを選択できる

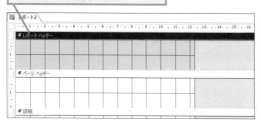

関連 Q527 レポートを選択するには ································· P.301

Q529 365 2019 2016 2013　お役立ち度 ★★☆

セクションの高さを 変更するには

A セクションの下の境界線を ドラッグします

セクションの高さを変更するには、変更したいセクションの下の境界線上にマウスポインターを合わせ、上下にドラッグします。または、セクションのプロパティシートの［書式］タブの［高さ］プロパティで、センチ単位の数値で指定できます。

> セクションバーをドラッグすると
> セクションの高さを変更できる

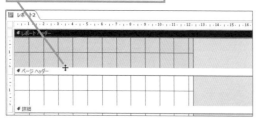

Q530 365 2019 2016 2013　お役立ち度 ★★★

ヘッダーやフッターの どちらか一方を非表示にしたい

A 非表示にしたいセクションの領域を なくします

ページヘッダー／フッターやレポートヘッダー／フッターは、セットで表示されます。ヘッダー、フッターのどちらか一方を非表示にしたい場合は、非表示にしたいセクションの下にあるセクションバーまたはレポートの下端との境界線を、領域がなくなるまで上方向にドラッグします。
➡フッター……P.452
➡ヘッダー……P.452

> ワザ507を参考に、デザインビューで
> レポートを表示しておく

1 境界線にマウスポインターを合わせる

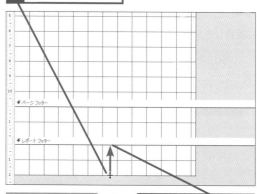

> マウスポインターの形が変わった ‡

2 上のセクションバーまでドラッグ

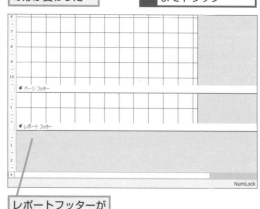

> レポートフッターが
> 非表示になった

コントロールを選択するには

A コントロールをクリックします

レポートのデザインビューやレイアウトビューでコントロールを選択するには、コントロールをクリックします。選択されたコントロールは周囲に黄色い枠が表示され、サイズ変更ハンドルが表示されます。

コントロールが独立している場合と、コントロールレイアウトが適用されコントロールが自動でドッキングしている場合とで、選択したときの表示のされ方が異なります。コントロールが選択されているときの各部の名称を確認しておきましょう。

→コントロール……P.447

●コントロールが独立している場合

> クリックして選択すると移動ハンドルと7つのサイズ変更ハンドルが表示される

◆移動ハンドル　　　　◆サイズ変更ハンドル

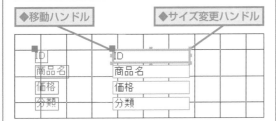

●コントロールレイアウトが適用されている場合

> クリックして選択しても移動ハンドルは表示されず、レイアウトセレクターと2つのサイズ変更ハンドルが表示される

◆レイアウトセレクター　　　◆サイズ変更ハンドル

複数のコントロールを選択するには

A 1つ目をクリック後、2つ目以降はShiftキーを押しながらクリックします

デザインビューで複数のコントロールを選択するには、1つ目のコントロールをクリックして選択した後、Shiftキーを押しながら2つ目以降のコントロールをクリックします。

それ以外の方法では、レポート上をマウスでドラッグすると、ドラッグ範囲内に含まれるコントロールをまとめて選択できます。水平／垂直ルーラー上をクリックまたはドラッグした場合は、ルーラーから伸びた直線上にあるすべてのコントロールをまとめて選択できます。なお、コントロールレイアウトが適用されている場合は、レイアウトセレクターをクリックするとすべてのコントロールを選択できます。これらの方法について詳しくは、ワザ456のフォームのコントロールを選択する手順も参照してください。

1 1つ目のコントロールをクリック

2 Shiftキーを押しながら2つ目以降のコントロールをクリック

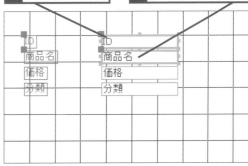

> 複数のコントロールが選択された

右側タブ:
Access の基本 / データベースファイル / テーブル / クエリ / フォーム / レポート / 関数 / マクロ / データ連携・共有 / 管理・セキュリティ

Q533 `365` `2019` `2016` `2013`　お役立ち度 ★★☆

デザインビューでコントロールのサイズを変更するには

A サイズ変更ハンドルをドラッグします

デザインビューでコントロールのサイズを変更するには、コントロールを選択してサイズ変更ハンドルにマウスポインターを合わせ、双方向の矢印（←→）になったらドラッグします。コントロールが独立している場合は左上を除く縦、横、斜めの7方向にドラッグでき、そのコントロールだけサイズが変わります。

コントロールレイアウトが適用されている場合は、左右にあるサイズ変更ハンドルをドラッグすると、同じ列にあるすべてのコントロールのサイズが変更されます。上下の辺や角にサイズ変更ハンドルは表示されませんが、マウスポインターを合わせると双方向の矢印になる箇所でドラッグすれば、サイズを変更できます。

●コントロールが独立している場合

サイズ変更ハンドルをドラッグした
コントロールだけサイズが変わる

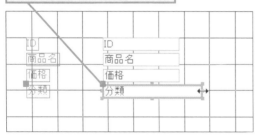

●コントロールレイアウトが適用されている場合

同じ列のすべてのコントロール
のサイズが変わる

関連 Q536 デザインビューでコントロールを移動するには …………… P.305

Q534 `365` `2019` `2016` `2013`　お役立ち度 ★★☆

レイアウトビューでコントロールのサイズを変更するには

A コントロールの境界をドラッグします

レイアウトビューでは、コントロールにデータを表示した状態でサイズを変更できます。データの長さに合わせて適切なサイズに変更できる点がメリットです。サイズ変更ハンドルは表示されませんが、境界線のどこでもマウスポインターの形が双方向の矢印（←→）になったところでドラッグしてサイズ変更できます。

コントロールレイアウトが適用されている場合は、列の幅を変更すると、同じ列のすべてのコントロールの幅が変更されます。同時に、右側にあるコントロールの位置も自動的に調整されます。

ワザ507を参考に、レイアウトビューで
レポートを表示しておく

1 コントロールの境界線
を右にドラッグ

コントロールのサイズが
変更された

右にあるコントロール
がサイズ変更に応じて
移動した

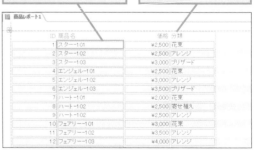

関連 Q537 レイアウトビューでコントロールを移動するには …………… P.306

Q535 | 365 | 2019 | 2016 | 2013

お役立ち度 ★★★

レポートウィザードで作成したレポートの
レイアウトを調整しやすくしたい

A コントロールレイアウトを
適用しましょう

レポートウィザードを使って作成したレポートは、項目名やデータがきれいに整列していますが、コントロールレイアウトが適用されていません。そのため、コントロールのサイズを変更したりしてレイアウトを調整するとき、コントロールを1つずつ操作しなければならず面倒です。このような場合はコントロールレイアウトを適用しましょう。コントロールがドッキングしてレイアウトの調整が楽になります。ここでは、表形式のレポートを例にコントロールレイアウトを適用する方法を解説します。　➡ウィザード……P.446

> ワザ507を参考に、デザインビューで
> レポートを表示しておく

> **1** 垂直ルーラーの目盛り上を［ページヘッダー］
> の下から［詳細］の下までドラッグ

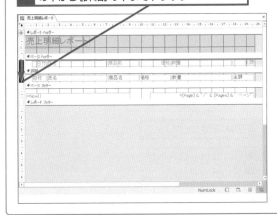

> ［ページヘッダー］と［詳細］のすべての
> コントロールが選択された

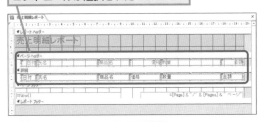

> **2** ［レポートデザインツール］の
> ［配置］タブをクリック

> **3** ［表形式］をクリック　表形式

> コントロールに表形式のコントロール
> レイアウトが適用された

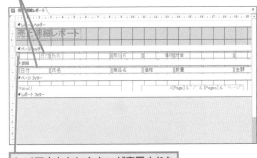

> レイアウトセレクターが表示された

Q536 | 365 | 2019 | 2016 | 2013

お役立ち度 ★★★

デザインビューでコントロールを移動するには

A コントロールの境界線または
移動ハンドルをドラッグします

デザインビューでコントロールを移動するには、コントロールを選択し、選択したコントロールの境界線にマウスポインターを合わせてドラッグすると、ラベルとコントロールが一緒に移動します。コントロールレイアウトが適用されていない場合は、ラベルとコントロールの左上の角に移動ハンドルが表示されます。この移動ハンドルをドラッグすると、ラベルとコントロールが別々に移動します。　➡ラベル……P.453

Q537 365 2019 2016 2013　お役立ち度 ★★☆

レイアウトビューで
コントロールを移動するには

A 移動したいコントロールを選択しドラッグします

レイアウトビューでは、コントロールにマウスポインターを合わせてドラッグすると移動できます。コントロールレイアウトが適用されている場合は、レイアウト内でしか移動できませんが、移動後は他のコントロールの配置が自動調整されます。コントロールレイアウトが適用されていない場合は、ドラッグで自由な位置に移動できます。ここでは表形式のレイアウトを例にコントロールの移動方法を確認しましょう。

1 移動したい列を右クリック

2 [列全体の選択]をクリック

1列分のコントロールが選択された

3 移動したいところまでドラッグ

4 ピンクの挿入ラインが表示される位置でドラッグを終了

コントロールが移動した

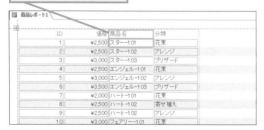

Q538 365 2019 2016 2013　お役立ち度 ★★☆

コントロールを削除するには

A コントロールを選択し Delete キーを押します

不要なコントロールを削除する場合は、コントロールを選択して Delete キーを押します。列単位、行単位でラベルとコントロールをまとめて削除したい場合は、列全体または行全体で選択してから Delete キーを押します。また、以下の手順のように、コントロールを右クリックして削除する方法を選ぶこともできます。

1 削除したい列のコントロールを右クリック

2 [列の削除]をクリック

1列分のコントロールが削除された

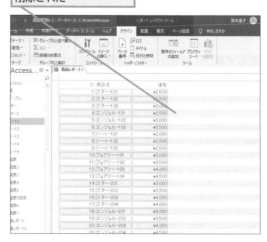

Q539 [365] [2019] [2016] [2013]　　　　　　お役立ち度 ★★★

レポートヘッダーにタイトルを表示したい

A [デザイン] タブの [タイトル] ボタンをクリックします

レポートを自動で作成した場合は、タイトルは自動で表示されますが、白紙から作成した場合は手動で追加する必要があります。デザインビューで [デザイン] タブの [タイトル] ボタンをクリックすると、レポートヘッダーにタイトル用のラベルが追加されます。そこにタイトルにしたい文字を入力しましょう。なお、すでにタイトルが設定されている場合に [タイトル] ボタンをクリックすると、タイトルが反転され、編集状態になります。　　　➡ヘッダー……P.452

| 関連 Q526 | レポートヘッダー／フッターはどうやって表示するの?……P.301 |
| 関連 Q530 | ヘッダーやフッターのどちらか一方を非表示にしたい……P.302 |

ワザ507を参考に、デザインビューでレポートを表示しておく

1 [レポートデザインツール]の[デザイン]タブをクリック
2 [タイトル]をクリック

[レポートヘッダー]にタイトルが表示された

3 タイトルを入力
4 Enter キーを押す

タイトルが表示される

Q540 [365] [2019] [2016] [2013]　　　　　　お役立ち度 ★★☆

任意の位置に文字列を表示するには

A ラベルを追加します

レポート上の任意の位置に文字列を表示するには、ラベルを追加します。デザインビューで [デザイン] タブの [コントロール] ボタンをクリックして一覧から [ラベル] をクリックし、レポート上の任意の位置でクリックします。ラベルが追加されカーソルが表示されたら、文字列を入力します。　　　➡コントロール……P.447
➡レポート……P.454

| 関連 Q542 | 数値や日付が正しく表示されない……P.308 |
| 関連 Q543 | 文字列が途中で切れてしまう……P.309 |

ワザ507を参考に、デザインビューで表示しておく

1 [コントロール] をクリック
2 [ラベル]をクリック

3 文字列を表示したい位置をクリック
4 ラベルに文字列を入力

レポートに文字列が表示される

Q541 365 2019 2016 2013　お役立ち度 ★★☆

レポートセレクターに表示される緑の三角形は何？

A エラーがあることを示すエラーインジケーターです

レポートセレクターに表示される緑のマーク（◣）は、レポートの設定にエラーがあることを示すエラーインジケーターです。ほとんどの場合は、レポートの幅が用紙に収まらないときに表示されます。用紙に収まらない原因には、用紙サイズの幅を超えた位置にコントロールを配置してしまっている可能性が考えられます。レポートセレクターをクリックするとスマートタグ（▣ ▾）が表示されるので、これをクリックすると、エラーの原因やエラーを修正するためのいくつかのメニューが表示されます。このメニューを使用すると、レイアウトを効率的に整えられます。

➡エラーインジケーター……P.446
➡スマートタグ……P.449

緑のマーク（◣）が表示されるときはレポートの設定にエラーがある

| 1 | ◣ をクリック |
| 2 | スマートタグをクリック ▣ ▾ |

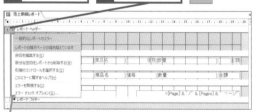

エラーを修正するのに役立つメニューが表示された

Q542 365 2019 2016 2013　お役立ち度 ★★☆

数値や日付が正しく表示されない

A テキストボックスの幅を広げます

数値や日付を表示するテキストボックスの幅がデータのサイズより狭いと、「####」と表示され、データが正しく表示されません。テキストボックスの幅を広げるか、文字サイズを小さくして、正しく表示されるように調整してください。➡テキストボックス……P.450

日付が「####」と表示されている

ワザ507を参考に、レイアウトビューでレポートを表示しておく

| 1 | [日付]テキストボックスの右端にマウスポインターを合わせる |
| | マウスポインターの形が変わった ↔ |

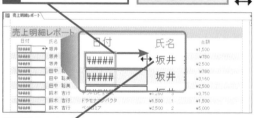

| 2 | ここまでドラッグ |

コントロールの幅が広がった

ワザ507を参考に、印刷プレビューを表示しておく　　日付が正しく表示された

文字列が途中で切れてしまう

A ［印刷時拡張］プロパティを ［はい］にしてみましょう

文字列を表示するテキストボックスの幅がデータの文字数より狭いと、文字列が途中で途切れてしまいます。テキストボックスの［印刷時拡張］プロパティを［はい］に設定すると、すべての文字列が折り返して表示されるように、自動的にテキストボックスの高さが拡張されます。　　　　　　　　　→テキストボックス……P.450

文字列が途中で切れてしまっている

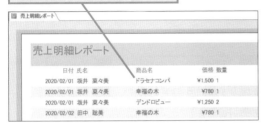

ワザ509を参考にプロパティシートを表示しておく

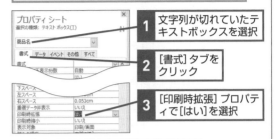

1 文字列が切れていたテキストボックスを選択

2 ［書式］タブをクリック

3 ［印刷時拡張］プロパティで［はい］を選択

ワザ507を参考に、印刷プレビューで表示しておく

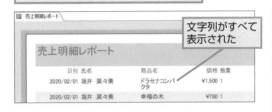

文字列がすべて表示された

レイアウトビューでコントロールの高さを変更できない

A コントロールの設定を確認しましょう

レイアウトビューでコントロールを選択し、下の境界にマウスポインターを合わせてもサイズ変更用の双方向の矢印（←→）にならず、コントロールの高さが変更できないことがあります。これはコントロールの［印刷時拡張］プロパティまたは［印刷時縮小］プロパティが［はい］になっているためです。レイアウトビューで高さを変更したい場合は、これらのプロパティを［いいえ］にしてください。ただし、高さの変更が終わったら、必要に応じて設定を戻しておきましょう。

1 ［書式］タブをクリック

［印刷時拡張］と［印刷時縮小］のいずれかが［はい］に設定されていると、レイアウトビューでコントロールの高さを変更できない

重複するデータを表示したくない

A ［重複データ非表示］を設定しましょう

テキストボックスに表示されるデータが直前のレコードと同じとき、重複するデータを非表示にできます。テキストボックスの［重複データ非表示］プロパティを［はい］に設定しましょう。同じ項目で並べ替えをしている場合に重複データを非表示にすると、すっきりと見やすいレポートになります。

1 重複データを非表示にしたいテキストボックスを選択

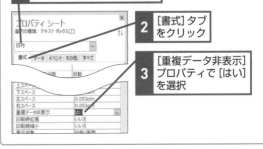

2 ［書式］タブをクリック

3 ［重複データ非表示］プロパティで［はい］を選択

条件に一致したレコードを目立たせたい

A [条件付き書式] を設定します

コントロールに [条件付き書式] を設定すると、条件に一致したレコードを目立たせられます。レコード全体を目立たせるには、[詳細] のすべてのコントロールを選択してから [条件付き書式] を設定します。設定できるのは、[太字] [斜体] [下線] [背景色] [フォント色] の5つです。　　　　→コントロール……P.447

3,000円以上購入した顧客のレコードに色を付ける

ワザ507を参考に、レイアウトビューでレポートを表示しておく

1 データ上で右クリック

2 [行全体の選択] をクリック

レポートの [日付] ～ [金額] のフィールドが選択された

3 [レポートレイアウトツール] の [書式] タブをクリック

4 [条件付き書式] をクリック

[条件付き書式ルールの管理] ダイアログボックスが表示された

5 [新しいルール] をクリック

[新しい書式ルール] ダイアログボックスが表示された

6 [条件] のここをクリックして[式]を選択

7 ここに「[金額] >=3000」と入力

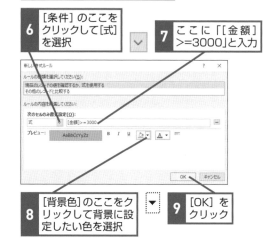

8 [背景色]のここをクリックして背景に設定したい色を選択

9 [OK] をクリック

10 [OK] をクリック

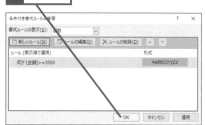

条件に一致するレコードに色が付いた

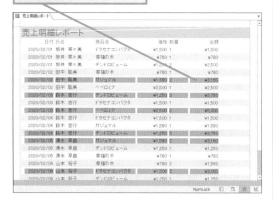

先頭ページと2ページ以降で印刷するタイトルを変更したい

A [ページヘッダー] プロパティを
　　[レポートヘッダー以外] に変更します

レポートの [ページヘッダー] プロパティを [レポートヘッダー以外] に設定すると、[レポートヘッダー] が印刷されるページでは、[ページヘッダー] は印刷されません。先頭ページと2ページ目以降で異なるタイトルを設定したい場合に利用できます。

➡ フッター……P.452

➡ ヘッダー……P.452

> ワザ507を参考に、デザインビューで
> レポートを表示しておく

> ワザ509を参考に、プロパティ
> シートを表示しておく

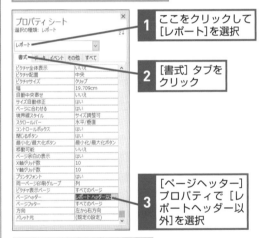

1　ここをクリックして [レポート]を選択

2　[書式] タブをクリック

3　[ページヘッダー] プロパティで [レポートヘッダー以外]を選択

> 先頭ページと2ページ以降で
> 印刷タイトルが変更された

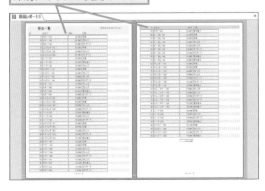

レポートのタイトルはどのセクションに配置したらいいの?

A [レポートヘッダー] または
　　[ページヘッダー] に配置します

先頭ページだけにタイトルを印刷したい場合は [レポートヘッダー] に配置し、ページごとに印刷したい場合は [ページヘッダー] に配置します。

●先頭ページだけに表示したい場合

> [レポートヘッダー] にタイトルを
> 配置した

> 先頭ページだけタイトルが印刷された

●各ページに表示したい場合

> [ページヘッダー] にタイトルを
> 配置した

> すべてのページにタイトルが印刷された

Access の基本
データベースファイル
テーブル
クエリ
フォーム
レポート
関数
マクロ
データ連携・共有
管理・セキュリティ

Q549 365 2019 2016 2013 お役立ち度 ★★☆

表の列見出しは
どのセクションに配置したらいいの?

A [ページヘッダー] または
[グループヘッダー] に配置します

各ページの先頭に表の列見出しを印刷したい場合は、[ページヘッダー] に列見出しを配置します。レコードを [分類] など特定のフィールドでグループ化しているときは、グループが切り替わるごとに列見出しを印刷した方がいいでしょう。その場合は [グループヘッダー] に列見出しを配置します。

●ページヘッダーの場合

> ページヘッダーに配置した

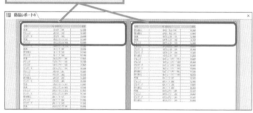

> ページごとに印刷された

●グループヘッダーの場合

> グループヘッダーに配置した

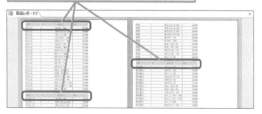

> グループが切り替わるごとに印刷された

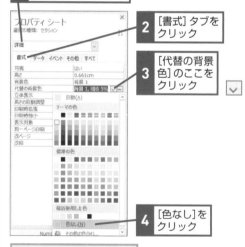

Q550 365 2019 2016 2013 お役立ち度 ★★☆

レポートの
1行おきの色を解除したい

A [代替の背景色] を [色なし] に
変更します

レポートを作成すると、自動的に1行おきに色 (表の背景色) が表示されます。この色を解除したい場合は、[詳細] セクションの [代替の背景色] プロパティを [色なし] に設定します。

> 1行おきの色を解除する

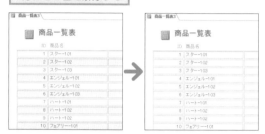

> ワザ507を参考に、デザインビューでレポートを表示しておく

> ワザ509を参考に、プロパティシートを表示しておく

1 ここをクリックして [詳細]を選択

2 [書式] タブをクリック

3 [代替の背景色] のここをクリック

4 [色なし]をクリック

> 1行おきの色が解除された

関連 Q553 コントロールの枠線を表示したくない ………… P.314

レポートヘッダーや
ページヘッダーに色を付けたい

A 色を付けたいセクションに
[図形の塗りつぶし]で色を選択します

レポートヘッダーやページヘッダーなど、各セクションの背景に色を付けたい場合は、色を付けたいセクションを選択し、[図形の塗りつぶし]で色を選択します。

> レポートヘッダーに色を付ける

> ワザ507を参考に、デザインビューで
> レポートを表示しておく

> **1** [レポートヘッダー]
> セクションを選択

> **2** [レポートデザインツール]の[書式]タブをクリック

> **3** [図形の塗りつぶし]をクリック

> **4** 色を選択

> レポートヘッダーに色が付いた

関連 レポートヘッダー／フッターは
Q526 どうやって表示するの? P.301

グループヘッダーに設定した
色が表示されないところがある

A グループヘッダーの[代替の背景色]
に色が設定されているからです

グループヘッダーに設定した色が表示されないところがあるのは、グループヘッダーの[代替の背景色]に色が設定されているためです。プロパティシートで[色なし]にすれば、すべてのグループヘッダーに指定した色が表示されます。

> ワザ507を参考に、デザインビューで
> レポートを表示しておく

> **1** [レポートデザインツール]の
> [デザイン]タブをクリック

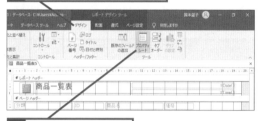

> **2** [プロパティシート]を
> クリック

> **3** ここをクリックして、[グループ
> ヘッダー 0]を選択

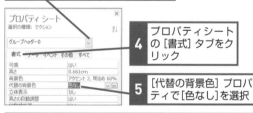

> **4** プロパティシート
> の[書式]タブをク
> リック

> **5** [代替の背景色]プロパ
> ティで[色なし]を選択

> すべてのグループヘッダーに設定した色が表示された

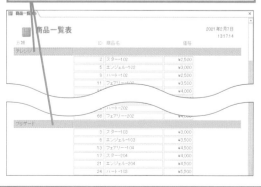

Q553 365 2019 2016 2013　お役立ち度 ★★★

コントロールの枠線を表示したくない

A [図形の枠線] を [透明] に設定します

コントロールの枠線には、既定で薄い灰色の色が付いています。この枠線を表示したくない場合は、デザインビューでコントロールを選択してから [図形の枠線] で色を [透明] に設定します。

➡コントロール……P.447

ワザ507を参考に、デザインビューでレポートを表示しておく

コントロールをすべて選択しておく

1 [レポートデザインツール]の[書式]タブをクリック

2 [図形の枠線]をクリック

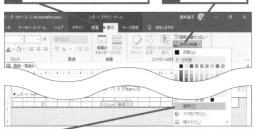

3 [透明] をクリック

印刷プレビューで表示しておく

コントロールの枠線が表示されなくなる

関連
Q550 レポートの1行おきの色を解除したい…………… P.312

Q554 365 2019 2016 2013　お役立ち度 ★★★

レコードを区切る横線を引くには

A [枠線] で [下] を選択するか、コントロールで線を追加します

レコードを区切る横線を引く方法は2種類あります。1つは、詳細セクションにあるコントロールをすべて選択し、[配置] タブの [枠線] で [下] を選択します。または、詳細セクションにコントロールの [線] を追加します。　➡レコード……P.454

● [枠線] で引く方法

ワザ507を参考に、デザインビューでレポートを表示しておく

1 ここをクリックして、コントロールをすべて選択

2 [レポートデザインツール] の [配置] タブをクリック

3 [枠線]をクリック　　4 [下]をクリック

● [コントロール] の [線] で引く方法

1 [レポートデザインツール] の [デザイン]タブをクリック

2 [コントロール] をクリック　　3 [線]をクリック

線を引きたい部分にマウスポインターを合わせ、ドラッグすると線が引かれる

2つのクエリを1枚のレポートで印刷したい

A レポートにサブレポートを2つ配置します

異なる2つのクエリの表を1枚のレポートで印刷するには、レポートにサブレポートを配置して、サブレポートの［ソースオブジェクト］プロパティに表示したい

クエリを指定します。クエリの表をそのまま1つの用紙に並べて印刷できるので便利です。［コントロールウィザードの使用］をオフにして、［サブフォーム/サブレポート］コントロールを追加することがポイントです。

→サブフォーム……P.448

> ワザ507を参考に、デザインビューでレポートを表示しておく

> ワザ509を参考に、プロパティシートを表示しておく

1 ［レポートデザインツール］の［デザイン］タブをクリック

2 ［コントロール］をクリック

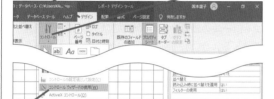

3 ［コントロールウィザードの使用］をクリックしてオフにする

4 ［コントロール］をクリック

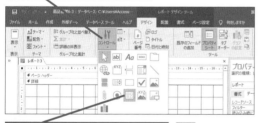

5 ［サブフォーム/サブレポート］をクリック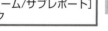

> マウスポインターの形が変わった

6 ここにマウスポインターを合わせる

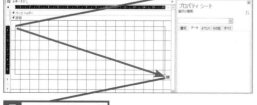

7 ここまでドラッグ

> サブフォーム/サブレポートが表示された

8 ［データ］タブをクリック

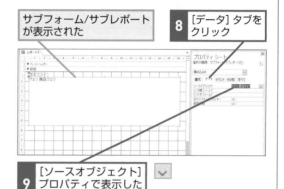

9 ［ソースオブジェクト］プロパティで表示したいクエリを選択

> ここに選択したクエリ名が表示される

10 ここをクリック

11 ［すべて］タブをクリック

12 ［標題］プロパティに印刷したい文字列を入力

> 入力した文字が表示された

13 操作3～10を参考に2つ目のクエリも追加

> 印刷プレビューで表示しておく

> 1枚のレポートに2つのクエリを表示できた

レポートの印刷

レポートは、設定方法によっていろいろな形式で印刷できます。ここでは、レポートを印刷するときのワザを取り上げます。

Q556 365 2019 2016 2013　お役立ち度 ★★★

レポートを印刷するには

A 印刷プレビューで［印刷］ボタンをクリックします

レポートを印刷するには、印刷プレビューでレポートを表示し、印刷イメージを確認します。必要に応じて用紙のサイズ、余白、用紙の向きなどを変更したら［印刷］ボタンをクリックしましょう。プリンターの［印刷］ダイアログボックスが表示されるので、印刷する範囲や部数を指定して［OK］をクリックします。

> ワザ507を参考に、印刷プレビューでレポートを表示しておく

> ［横］［縦］をクリックして印刷する方向を変更できる

> **1** ［印刷］をクリック

> プリンターの［印刷］ダイアログボックスが表示される

Q557 365 2019 2016 2013　お役立ち度 ★★★

レポート以外は印刷できないの？

A テーブルやクエリも印刷できます

テーブルやクエリのデータをそのまま印刷することも可能です。データシートビューでテーブルやクエリを開き、［ファイル］タブの［印刷］ボタンをクリックします。［印刷プレビュー］をクリックして印刷イメージを確認し、［印刷］をクリックして印刷を実行できます。

Q558 365 2019 2016 2013　お役立ち度 ★★★

余分な白紙のページが印刷されてしまう

A レポートの幅が用紙の幅を上回っています

レポートの幅が用紙のサイズを上回っている場合、余分な白紙のページが印刷されてしまうことがあります。白紙のページが印刷されないようにするには、コントロールの位置やサイズを調整して用紙のサイズに収めましょう。デザインビューのレポートセレクターにエラーインジケーターが表示されている場合は、レポートの幅が用紙に収まるようにすると表示されなくなるので、調整の目安になります。

> ワザ507を参考に、デザインビューでレポートを表示しておく

> **1** コントロールの位置やサイズを調整

> **2** ここにマウスポインターを合わせる

> エラーインジケーターが表示されている

> **3** ここまでドラッグ

> レポートのサイズを変更できた

> エラーインジケーターが表示されなくなった

> 印刷プレビューを表示すると、余分な白紙のページが印刷されなくなっていることを確認できる

Q559 `365` `2019` `2016` `2013` お役立ち度 ★★★

特定のレポートだけ
別のプリンターで印刷したい

A [ページ設定] ダイアログボックスで
[その他のプリンター] を設定します

[ページ設定] ダイアログボックスでレポートの印刷
に使用するプリンターを設定すると、そのレポートを
印刷するときだけ、指定した別のプリンターから印刷
できるようになります。　→レポート…P.454

> ワザ507を参考に、デザインビューで
> レポートを表示しておく

1 [レポートデザインツール] の
[ページ設定]をクリック

2 [ページ設定]をクリック

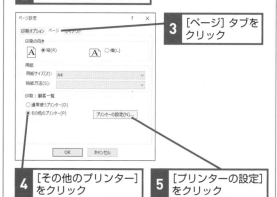

3 [ページ] タブを
クリック

4 [その他のプリンター]
をクリック

5 [プリンターの設定]
をクリック

> プリンターを設定するダイアログ
> ボックスが表示された

6 伝票を印刷できる
プリンターを選択

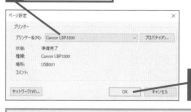

7 [OK] を
クリック

> 表示中のレポートは選択したプリンター
> で印刷されるようになる

Q560 `365` `2019` `2016` `2013` お役立ち度 ★★★

レコードを並べ替えて
印刷できないの？

A レイアウトビューで
[昇順]、[降順] ボタンが使えます

レポートでレコードを並べ替えたいときは、レイアウ
トビューで並べ替えたいフィールドを選択し、[昇順]
または [降順] ボタンをクリックします。または、[グ
ループ化、並べ替え、集計] ウィンドウで並べ替えを
追加することもできます。詳細はワザ561を参照して
ください。　→レコード……P.454

> IDフィールドを基準に昇順で並んで
> いる商品名を五十音順に並べ替える

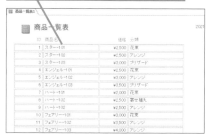

> ワザ507を参考に、レイ
> アウトビューでレポートを
> 表示しておく

1 [商品名] のフィー
ルドをクリック

2 [ホーム] タブ
をクリック

3 [昇順] を
クリック

> ワザ507を参考に、
> 印刷プレビューで
> 表示しておく

> 商品名のフィールドが五十
> 音順に並べ替えられた

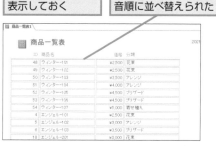

Access の基本｜データベース・ファイル｜テーブル｜クエリ｜フォーム｜レポート｜関数｜マクロ｜データ連携・共有｜管理・セキュリティ

Q561 [365] [2019] [2016] [2013]

フィールドごとにグループ化して印刷したい

A [グループ化、並べ替え、集計] ウィンドウで設定できます

フィールドを同じ値で分類したい場合、レコードをグループ化します。グループ化することで、同じ値を持つレコードをまとめられ、レポートが見やすくなります。フィールドのグループ化は [グループ化、並べ替え、集計] ウィンドウで設定します。

→レコード……P.454

商品名ごとのグループに
分けて表示する

ワザ507を参考に、レイアウトビューでレポートを表示しておく

1 [レポートレイアウトツール] の [デザイン] タブをクリック

2 [グループ化と並べ替え] をクリック

[グループ化、並べ替え、集計] ウィンドウが表示された

3 [グループの追加] をクリック

新しい [グループ化] 行が追加された

4 [商品名] をクリック

商品ごとにグループ化されて表示された

次にここを番号順に並べ替える

5 [並べ替えの追加] をクリック

6 [NO] をクリック

昇順に並べ替えられた

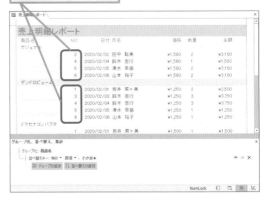

グループごとに連番を振り直して印刷したい

A [集計実行] プロパティを使うと設定できます

コントロールの [集計実行] プロパティを使うと、[コントロールソース] プロパティに設定したフィールドの現在のレコードまでの合計を計算できます。この機能を応用すれば、グループごとのレコードに連番を振ることが可能です。以下の手順のように [詳細] に新しくテキストボックスを追加し、[コントロールソース] プロパティに「=1」を入力して、[集計実行] プロパティを [グループ全体] に設定します。するとグループ単位で、上から順番に1ずつ加算されて「1、2、3……」と連番を印刷できます。　➡集計……P.448

> ワザ507を参考に、レイアウトビューでレポートを表示しておく

1 [レポートレイアウトツール] の [デザイン] タブをクリック

2 [コントロール]をクリック

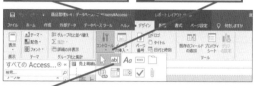

3 [テキストボックス]をクリック

4 ピンクの挿入マークが表示された位置でクリック

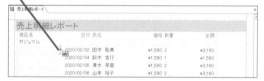

> テキストボックスが挿入された

5 挿入したテキストボックスのラベルをクリック

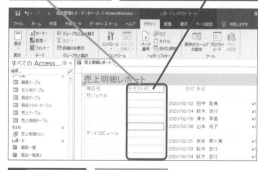

6 Delete キーを押す　　ラベルが削除される

> ワザ515を参考に、プロパティシートを表示しておく

7 ここをクリックして、挿入したテキストボックスを選択

8 [データ] タブをクリック

9 [コントロールソース] プロパティに「=1」と入力

10 [集計実行] プロパティで [グループ全体] を選択

> ワザ507を参考に、印刷プレビューを表示しておく

> グループごとに連番が表示された

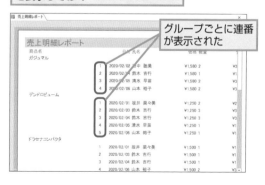

関連 **Q563** グループごとに金額の合計を印刷したい……… P.320

Access の基本／データベースファイル／テーブル／クエリ／フォーム／レポート／関数／マクロ／データ連携・共有／管理・セキュリティ

Q563 [365] [2019] [2016] [2013]　　　　　　　　　　　　　　お役立ち度 ★★★

グループごとに金額の合計を印刷したい

A [グループ化、並べ替え、集計]
　　ウィンドウで集計の設定をします

商品ごとにグループ化されているレポートで、グループごとに[金額]フィールドの合計を印刷したい場合があります。そのようなときは、[グループ化、並べ替え、集計]ウィンドウで対象フィールド、集計方法、表示場所を指定すれば、合計を表示するテキストボックスを自動で配置できます。追加されたテキストボックスの[コントロールソース]に「=Sum([金額])」と[金額]フィールドの値を合計する関数が設定されます。

→集計……P.448

| **3** [集計]のここをクリックして[金額]を選択 | **4** [種類]のここをクリックして[合計]を選択 |

5 [グループフッターに小計を表示]にチェックマークを付ける

ワザ507を参考に、デザインビューでレポートを表示しておく

[グループフッター]にテキストボックスが追加された

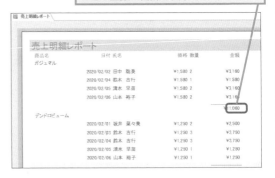

[コントロールソース]に「=Sum([金額])」と設定された

印刷プレビューを表示すると、グループごとの金額の合計が表示された

グループごとの金額の合計を表示する

ワザ561を参考に[グループ化、並べ替え、集計]ウィンドウを表示し、[商品名]でグループ化しておく

1 [その他]をクリック

[その他]の項目が表示された

2 [集計なし]のここをクリック

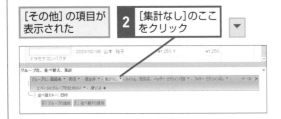

関連 Q562　グループごとに連番を振り直して印刷したい………… P.319

関連 Q569　グループ単位で改ページしたい………………… P.323

Q564 365 2019 2016 2013 お役立ち度 ★★☆

グループごとに金額の累計を印刷したい

A [集計実行] プロパティで
[グループ全体] を選択します

グループごとに金額などの累計を印刷したい場合は、累計用のテキストボックスを [詳細] セクションに追加し、[コントロールソース] プロパティで累計したいフィールド名を指定し、[集計実行] プロパティで [グループ全体] を選択します。ここでは、[金額] フィールドの値を累計する手順を例に解説します。

> ワザ507を参考に、デザインビューでレポートを表示しておく

> 累計を表示するテキストボックスを挿入し、付属のラベルは削除しておく

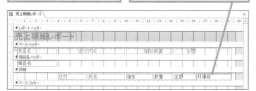

> ワザ509を参考に、プロパティシートを表示しておく

1 挿入したテキストボックスを選択

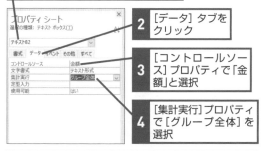

2 [データ] タブをクリック

3 [コントロールソース] プロパティで「金額」と選択

4 [集計実行] プロパティで [グループ全体] を選択

> ワザ507を参考に、印刷プレビューを表示しておく

> グループごとの金額の累計が表示された

Q565 365 2019 2016 2013 お役立ち度 ★★☆

レポート全体の累計を印刷したい

A [集計実行] プロパティで
[全体] を選択します

金額の累計をレポート全体で表示したい場合は、ワザ564と同じ手順で累計用テキストボックスを追加し、[集計実行] プロパティで [全体] を選択します。累計を表示すると、目標金額や目標数をいつ達成したかなどがひと目で分かります。

> ワザ507を参考に、デザインビューでレポートを表示しておく

> 累計を表示するテキストボックスを配置し、付属のラベルは削除しておく

> ワザ509を参考に、プロパティシートを表示しておく

1 挿入したテキストボックスを選択

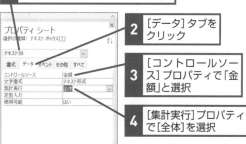

2 [データ] タブをクリック

3 [コントロールソース] プロパティで「金額」と選択

4 [集計実行] プロパティで [全体] を選択

> ワザ507を参考に、印刷プレビューを表示しておく

> レポート全体の金額の累計が表示された

Q566 [365] [2019] [2016] [2013]　お役立ち度 ★★★

商品名を五十音順で
グループ化したい

A [グループ化、並べ替え、集計]
ウィンドウでグループ化を設定します

グループ化するフィールドが文字列の場合は、グループ化の単位を先頭からの文字数で指定できます。これを利用して、ふりがなのフィールドを先頭の1文字でグループ化すると五十音順でまとめられます。[グループ化、並べ替え、集計]ウィンドウでふりがなのフィールドでグループ化し、[その他]の項目で[最初の1文字]を選択します。

ワザ561を参考に、[商品名]でグループ化しておく

1 [その他]を
クリック

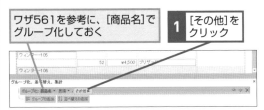

[その他]の項目が
表示された

2 ここを
クリック

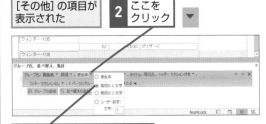

3 [最初の1文字]をクリック

ワザ507を参考に、印刷プレビューを表示しておく

商品名が50音ごとにまとめられた

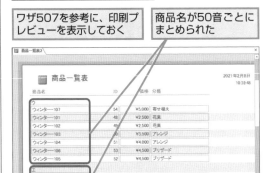

関連 Q567 日付を月単位でグループ化したい ……………… P.322

Q567 [365] [2019] [2016] [2013]　お役立ち度 ★★★

日付を月単位で
グループ化したい

A [グループ化、並べ替え、集計]
ウィンドウでグループ化を設定します

日付のフィールドは、[グループ化、並べ替え、集計]ウィンドウで[日][週][月][四半期][年]など指定した単位でグループ化できます。月単位でグループ化するには[月]を選択します。また、グループ化すると、グループヘッダーにグループ化した単位のラベルが自動的に表示されます。

ワザ561を参考に、[日付]でグループ化しておく

1 ここを
クリック

2 [月]を
クリック

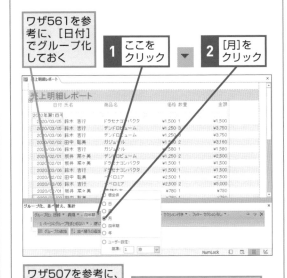

ワザ507を参考に、印刷プレビューを表示しておく

月ごとにグループ化されて表示された

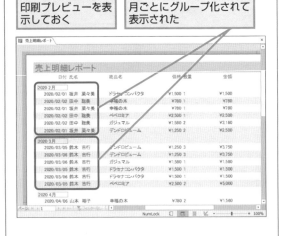

関連 Q566 商品名を五十音順でグループ化したい ………… P.322

レコードを1件ごとに印刷したい

A [詳細] セクションの [改ページ] プロパティで設定します

レコードを1ページにつき1件ずつ印刷したいときは、[詳細] の [改ページ] プロパティで [カレントセクションの後] を選択し、1件ごとに改ページが設定されるようにします。商品カードや納品書など単票形式のレポートを、別々の用紙に印刷したい場合に設定するといいでしょう。 →レコード……P.454

> ワザ507を参考に、デザインビューでレポートを表示しておく

> ワザ509を参考に、プロパティシートを表示しておく

1 [詳細]を選択

2 [書式]タブをクリック

3 [改ページ]プロパティで [カレントセクションの後]を選択

> 印刷プレビューを表示しておく

> レコード1件ごとに改ページを設定できた

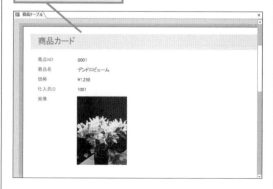

グループ単位で改ページしたい

A [グループフッター] セクションの [改ページ] プロパティで設定します

グループ単位で改ページしたいときは、[グループフッター] の [改ページ] プロパティで [カレントセクションの後] を選択します。グループごとに別々の用紙に印刷したいときに便利です。

> グループごとに改ページされるように設定する

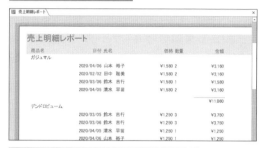

> ワザ507を参考に、デザインビューでレポートを表示しておく

> ワザ509を参考に、プロパティシートを表示しておく

1 [グループフッター 0]を選択

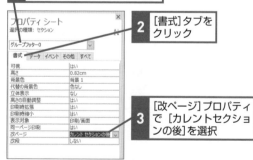

2 [書式]タブをクリック

3 [改ページ]プロパティで [カレントセクションの後]を選択

> 印刷プレビューを表示しておく

> グループ単位で改ページされた

Q570 | 365 | 2019 | 2016 | 2013 | お役立ち度 ★★★

表を2列で印刷したい

A ［ページ設定］ダイアログボックスで列数を「2」に設定します

表を2列にして印刷するには、ワザ559を参考に［ページ設定］ダイアログボックスを表示して［列数］に「2」と入力し、［列間隔］と［幅］を指定します。［幅］には表の横幅を指定し、［列間隔］には表と表の間隔を指定します。［列数］×［幅］＋［列間隔］が用紙から余白を除いた幅に収まるように設定しましょう。また、複数列で印刷されるのは、グループヘッダー／フッターと［詳細］セクションのみです。項目名を複数列で印刷したい場合は、グループヘッダーに配置しておきましょう。　→ヘッダー……P.452

> ワザ559を参考に、［ページ設定］ダイアログボックスを表示しておく

1 ［レイアウト］タブをクリック

2 ［列数］に「2」と入力

3 2列にするときの［列間隔］と［幅］を入力

［幅］を入力すると［実寸］のチェックマークがはずれる

4 ［左から右へ］をクリック

5 ［OK］をクリック

> ワザ507を参考に、印刷プレビューを表示しておく

> 2列で表示された

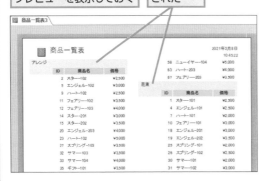

Q571 | 365 | 2019 | 2016 | 2013 | お役立ち度 ★★☆

グループごとに列を変えたい

A グループフッターの［改段］プロパティで設定します

レポートを複数の列で印刷するときに、グループごとに列を変えて印刷したい場合があります。そのときは、グループフッターの［改段］プロパティを［カレントセクションの後］に設定します。

> 印刷するときにグループ単位で改段（列の変更）が行われるようにする

> ワザ509を参考に、プロパティシートを表示しておく

1 ［分類フッター］をクリック

2 プロパティシートの［改段］プロパティで［カレントセクションの後］を選択

> ワザ507を参考に、印刷プレビューを表示しておく

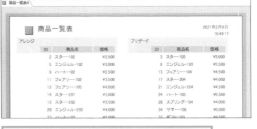

> 改段がグループ単位で行われるようになった

ページ番号を印刷したい

A [ページ番号] ダイアログボックスで設定できます

[ページ番号] ダイアログボックスを使用すると、書式や位置などを指定して、ページ番号を表示するテキストボックスを配置できます。[ページヘッダー] または は [ページフッター] を表示していない状態でも、この設定により自動的に表示され、指定した場所にページ番号が追加されます。 ➡フッター……P.452

ワザ507を参考に、デザインビューを表示しておく

1 [レポートデザインツール] の [デザイン]タブをクリック

2 [ページ番号] をクリック

ページ番号

[ページ番号] ダイアログボックスが表示された

3 ページ番号の書式と位置を選択

4 [最初のページにページ番号を表示する] にチェックマークを付ける

5 [OK] をクリック

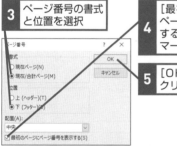

ワザ507を参考に、印刷プレビューを表示しておく

ページフッターにページ番号が表示された

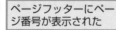

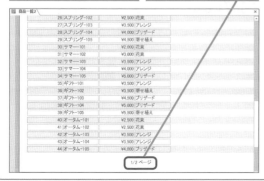

印刷時の日付や時刻を印刷したい

A [日付と時刻] ダイアログボックスで設定できます

[日付と時刻] を使用すると、日付や時刻の書式を指定したテキストボックスをレポートヘッダーの右上端に追加できます。レポートヘッダーが表示されていない状態でも、日付と時刻を設定すると、自動的に表示されます。 ➡ヘッダー……P.452

ワザ507を参考に、デザインビューでレポートを表示しておく

1 [レポートデザインツール] の [デザイン]タブをクリック

2 [日付と時刻]をクリック

日付と時刻

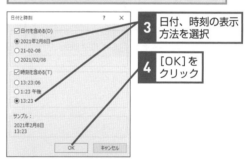

[日付と時刻]ダイアログボックスが表示された

3 日付、時刻の表示方法を選択

4 [OK] をクリック

ワザ507を参考に、印刷プレビューを表示しておく

レポートヘッダーに日付と時刻が表示された

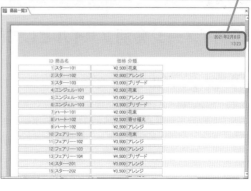

右側タブ：Accessの基本／データベースファイル／テーブル／クエリ／フォーム／レポート／関数／マクロ／データ連携・共有／管理・セキュリティ

Q574 〔365〕〔2019〕〔2016〕〔2013〕 お役立ち度 ★★☆

「社外秘」などの透かし文字を印刷したい

A [ピクチャ] プロパティで「社外秘」などの画像ファイルを選択します

重要な内容の印刷物には、「社外秘」のような透かし文字を背景に印刷したい場合があります。レポートで透かし文字を印刷するには、あらかじめ「社外秘」と

いう文字の画像を用意しておき、レポートの[ピクチャ]プロパティで画像を指定します。また、[ピクチャ配置]プロパティ、[ピクチャサイズ]プロパティで画像の表示方法を設定できます。　➡レポート……P.454

「社外秘」という文字の画像ファイルを用意しておく

ワザ507を参考に、デザインビューでレポートを表示しておく

ワザ515を参考に、プロパティシートを表示しておく

1 プロパティシートで[レポート]を選択

2 [書式]タブをクリック

3 [ピクチャ]プロパティのここをクリックし、画像ファイルを選択

[詳細]のセクションのすべてのコントロールを選択しておく

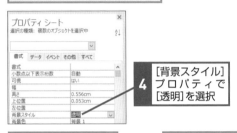

4 [背景スタイル]プロパティで[透明]を選択

印刷プレビューを表示しておく

「社外秘」の画像が表示された

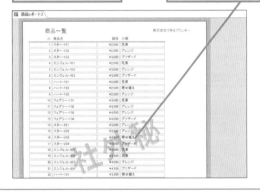

Q575 〔365〕〔2019〕〔2016〕〔2013〕 お役立ち度 ★★☆

印刷イメージを別ファイルとして保存できないの？

A PDFファイルで保存できます

レポートの印刷イメージをPDF形式（.pdf）で保存すると、Accessを利用できないパソコンでもレポートを閲覧したり、印刷したりできます。PDF形式での保存は、印刷プレビューから簡単に行えます。

➡PDF……P.444

ワザ507を参考に印刷プレビューで表示しておく

1 [PDFまたはXPS]をクリック

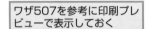

[PDFまたはXPS形式で発行]ダイアログボックスが表示される

印刷するレコードをその都度指定したい

A ［レコードソース］に
　　パラメータークエリを設定します

レポートの［レコードソース］プロパティでは、レポートの基となるテーブルやクエリを設定します。レポートで印刷するレコードを［商品NO］のフィールドなどでその都度指定して印刷したい場合は、［レコードソース］プロパティであらかじめ作成しておいたパラメー

タークエリを設定します。すでにレポートを作成済みの場合は、現在のレポートと同じデータを表示するクエリを作成し、印刷時にレコードを指定したいフィールドにパラメーターを設定したうえで、そのクエリを［レコードソース］プロパティに指定してください。

➡クエリ……P.447

> レポートの作成元であるテーブルと同じフィールドを持つクエリを作成し、印刷したいフィールドを追加しておく

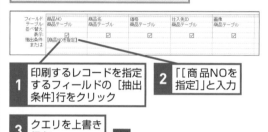

1 印刷するレコードを指定するフィールドの［抽出条件］行をクリック

2 「［商品NOを指定］」と入力

3 クエリを上書き保存

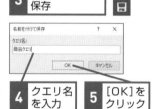

4 クエリ名を入力

5 ［OK］をクリック

> ワザ507を参考に、デザインビューでレポートを表示しておく

> ワザ515を参考に、プロパティシートを表示しておく

6 ［レポート］を選択

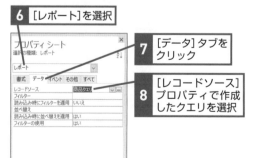

7 ［データ］タブをクリック

8 ［レコードソース］プロパティで作成したクエリを選択

9 ［レポートデザインツール］の［デザイン］タブをクリック

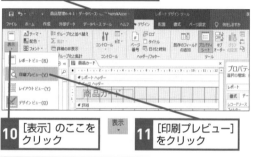

10 ［表示］のここをクリック

11 ［印刷プレビュー］をクリック

> 商品NOの入力を促すダイアログボックスが表示された

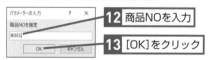

12 商品NOを入力

13 ［OK］をクリック

> 指定した商品NOのレコードがレポートに表示された

はがきやラベルの印刷

Accessでは、はがきや宛名ラベル、伝票用のレポートなども作成できます。ここでは、サイズの決まった印刷物に関するテクニックを紹介します。

Q577 [365] [2019] [2016] [2013]　　　　　　　　　　　　　　　　　　お役立ち度 ★★★

伝票用の用紙に印刷する設定を知りたい

A [プリントサーバープロパティ]で
伝票用の用紙の設定を登録します

[伝票ウィザード]で伝票印刷用のレポートを作成しても、印刷するときに伝票の用紙サイズがWindowsのプリンター設定に登録されていないとうまく印刷できません。伝票用の用紙を登録するには、あらかじめ伝票用紙の幅と高さを調べておき、[コントロールパネル]から[デバイスとプリンター]を開き、使用するプリンターの[プリントサーバープロパティ]で伝票用の用紙の設定を登録します。

→ウィザード……P.446

1 検索ボックスをクリック

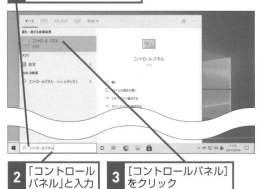

2 「コントロールパネル」と入力

3 [コントロールパネル]をクリック

4 [デバイスとプリンターの表示]をクリック

5 プリンターをクリックして選択

6 [プリントサーバープロパティ]をクリック

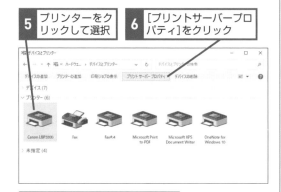

[プリントサーバーのプロパティ]ダイアログボックスが表示された

7 [用紙]タブをクリック

8 [新しい用紙を作成する]にチェックマークを付ける

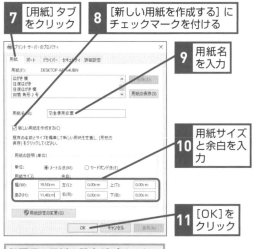

9 用紙名を入力

10 用紙サイズと余白を入力

11 [OK]をクリック

伝票用の用紙の設定がプリンターに登録された

関連
Q578 定型の伝票に印刷したい …………………………… P.329

定型の伝票に印刷したい

A [伝票ウィザード] を使用します

[伝票ウィザード] を使用すると、定型の伝票テンプレートに合わせて印刷できます。[伝票ウィザード] で宅急便など使用したい伝票を選択し、画面の指示に従って操作するだけでテーブルに保存されているデータを印刷できます。なお、伝票を印刷するには、伝票印刷用のプリンターが別途必要となります。

> ここでは[ヤマト運輸伝票]に印刷する

> 宛名の基となるテーブルまたはクエリを選択しておく

1 [作成] タブをクリック

2 [伝票ウィザード] をクリック

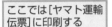

> [伝票ウィザード] が表示された

3 作成する伝票の種類を選択

4 [次へ]をクリック

> 伝票に入力するフィールドを選択できるダイアログボックスが表示された

5 [連結フィールド] のここをクリック

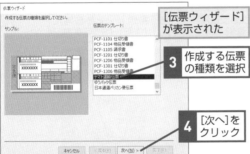

6 フィールドを選択

> [レポートフィールド] に表示されている項目を目安にフィールドを選択する

> フィールドが選択された

7 操作5 ～ 6を参考にほかのフィールドを選択

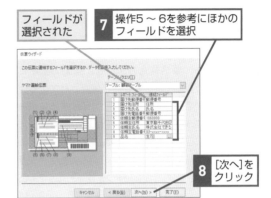

8 [次へ]をクリック

9 レコードの並べ替え順序や集計方法を設定できる画面が表示されたら[次へ]をクリック

10 レポート名を入力

11 [レポートをプレビューする]をクリック

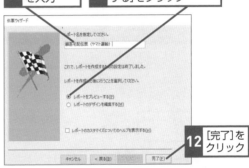

12 [完了]をクリック

> 用紙サイズが変更されることを確認するダイアログボックスが表示された

13 [OK]をクリック

> 定型の伝票に合わせたレイアウトが印刷プレビューで表示された

> 必要に応じて、ワザ577を参考に伝票用の用紙をWindowsに登録しておく

Accessの基本／データベース／ファイル／テーブル／クエリ／フォーム／レポート／関数／マクロ／データ連携・共有／管理・セキュリティ

Q579 [365] [2019] [2016] [2013]

データベースを基にはがきの宛名を印刷したい

A [はがきウィザード] を使用しましょう

[はがきウィザード] を使用すると、データの指定や配置、フォント、並べ替え方法など、画面の指示に従って設定するだけで、テーブルに保存されている住所データをはがきのサイズに合わせて印刷するレポートを作成できます。 以下の手順では最初にテーブルかクエリを選択していますが、手順2の操作1の画面の [テーブル/クエリ] で基となるテーブルまたはクエリを選ぶこともできます。

➡ウィザード……P.446
➡クエリ……P.447
➡テーブル……P.450

1 [はがきウィザード] を開始する

1 レポートの基になるテーブルまたはクエリを選択　**2** [作成] タブをクリック

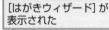

3 [はがきウィザード] をクリック

[はがきウィザード] が表示された　**4** [普通はがき] を選択

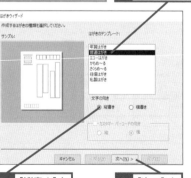

5 [縦書き] をクリック　**6** [次へ] をクリック

2 印刷するフィールドを選択する

1 [連結フィールド] のここをクリック

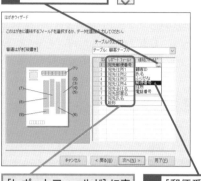

[レポートフィールド] に表示されている項目を目安にフィールドを選択する　**2** [郵便番号] をクリック

[郵便番号] が選択された　**3** 操作1 〜 2を参考に [住所] [氏名] を選択

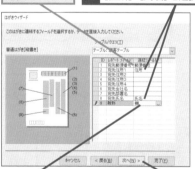

4 [敬称] に「様」と入力　**5** [次へ] をクリック

Access の基本

データベース

ファイル

テーブル

クエリ

フォーム

レポート

関数

マクロ

データ連携・共有

管理・セキュリティ

3 差出人の情報を入力する

1 郵便番号を入力 途中までの住所が自動入力される 2 住所を入力

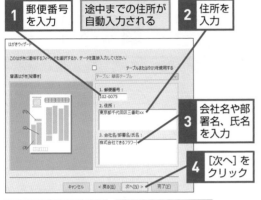

3 会社名や部署名、氏名を入力

4 [次へ]をクリック

使用するフォントと記号を指定する画面が表示された 5 ここをクリックしてフォントを選択

6 [宛先住所データに漢数字を使う]にチェックマークを付ける 7 [次へ]をクリック

レコードの並べ替えを設定できる画面が表示された ここでは何も設定しない

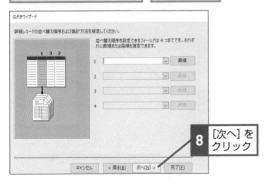

8 [次へ]をクリック

4 レポートとして保存する

1 レポート名を入力

2 [レポートをプレビューする]をクリック 3 [完了]をクリック

はがきの宛名が印刷プレビューで表示された

Q580 365 2019 2016 2013　　　　　　　　お役立ち度 ★★★

はがきウィザードで作成したレポートの用紙サイズが大きい

A 印刷プレビューで［サイズ］を
［はがき］に変更します

［はがきウィザード］ではがき印刷用のレポートを作成しても、用紙のサイズは、はがきサイズに自動的に変更されません。そのままではがきに印刷できないので、用紙のサイズを［はがき］に変更してください。

➡ウィザード……P.446

ワザ507を参考に、はがきの宛名レポートを
印刷プレビューで表示しておく

1 ［サイズ］を
クリック

2 ［はがき］を
クリック

関連 データベースを基に
Q579 はがきの宛名を印刷したい ……………………… P.330

Q581 365 2019 2016 2013　　　　　　　　お役立ち度 ★★★

大量のはがきを安価で発送できるよう印刷したい

A バーコード用フィールドを用意して
はがきに印刷します

バーコードをはがきに印刷し、日本郵便のバーコード割引が適用されれば、はがきを安価で発送できます。［はがきウィザード］を使って、住所の情報をバーコードとしてはがきに印刷してみましょう。まずバーコード用のフィールドを用意してテーブルを作成しておく必要があります。バーコードは、ワザ167で解説した

テーブルのフィールドプロパティの［住所入力支援］の［住所入力支援ウィザード］を利用します。
バーコードが用意できたら、ワザ579を参考に［はがきウィザード］を起動し、はがきの種類で［私製はがき］を選択すると［カスタマーバーコードを入力する］が有効になるので、チェックマークを付けてウィザードに従って設定します。　➡フィールド……P.451

ワザ064を参考に、デザインビューでテーブルを表示しておく

1 ［バーコード］フィールドを追加

2 ［住所入力支援］プロパティのここをクリック

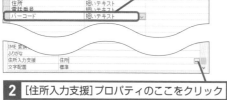

［住所入力支援ウィザード］が表示された

3 ［カスタマーバーコードデータを入力する］をクリックしてチェックマークを付ける

4 バーコードを保存するフィールドを選択

5 ［次へ］を
クリック

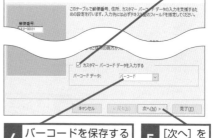

Q582 365 2019 2016 2013　お役立ち度 ★★☆

宛先に応じて「様」と「御中」を切り替えたい

A 敬称用フィールドを用意してはがきに印刷します

はがきの宛先によっては、「様」ではなく「御中」と敬称を指定したい場合があります。これを自動で切り替えるには、あらかじめ住所情報が保存されているテーブルに［敬称］フィールドを追加し、「様」や「御中」をデータとして保存しておきます。このテーブルを使用して［はがきウィザード］で［敬称］フィールドを追加することで、内容に応じた敬称を印刷できます。

> ［敬称］フィールドが入力されているテーブルまたはクエリを用意しておく

> はがきウィザードを表示し、［宛先郵便番号］［宛先住所1］［宛先氏名］のフィールドを選択しておく

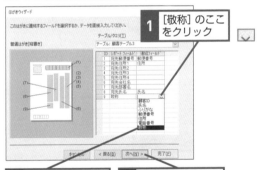

1 ［敬称］のここをクリック

2 ［敬称］をクリック

3 ［次へ］をクリック

> はがきウィザードを完了する

> 敬称がテーブルの［敬称］フィールドに入力されていた内容に従って表示された

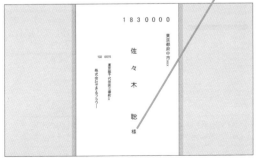

Q583 365 2019 2016 2013　お役立ち度 ★★☆

差出人住所の数字が横向きになってしまう

A 数字が半角で入力されているためです

［はがきウィザード］で差出人住所を指定したときに数字が横向きになってしまうことがあります。これは数字が半角で入力されているためです。これを回避するには、［はがきウィザード］の差出人の住所を入力する画面で数字を全角で入力するか、漢数字で入力してください。なお、宛先の住所データは、ウィザード内で漢数字を使うように指定できます。

> ワザ579を参考に、［はがきウィザード］を表示し、差出人の情報を入力する画面にしておく

1 ［住所］の数字を全角で入力

2 ［次へ］をクリック

> はがきウィザードを完了する

> 差出人住所の数字が縦書きで表示された

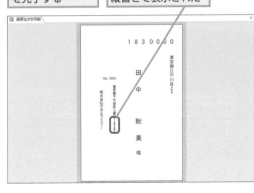

Q584 365 2019 2016 2013

住所を宛名ラベルに印刷したい

A [宛名ラベルウィザード] を 使用しましょう

[宛名ラベルウィザード] を使用すると、市販の宛名ラベルのサイズに合わせて印刷できます。印刷するデータの指定、並べ替えなどの設定を画面の指示に従って操作すれば、市販の宛名ラベルを印刷するレポートが作成できます。　➡ウィザード……P.446

1 [宛名ラベルウィザード] を開始する

| 1 | 宛名の基となるテーブルまたはクエリを選択 | 2 | [作成] タブをクリック |

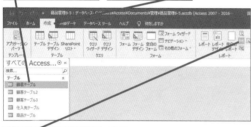

| 3 | [宛名ラベル] をクリック |

| | [宛名ラベルウィザード] が表示された | 4 | [ラベルの種類] をクリックしてラベルの種類を選択 |

| 5 | 製品番号を選択 | 6 | [次へ] をクリック |

| 7 | [フォント名] のここをクリックしてフォントを選択 | 8 | [サイズ] のここをクリックしてフォントサイズを選択 |

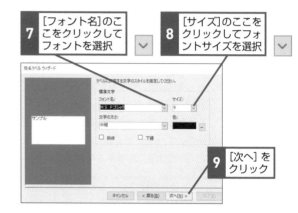

| 9 | [次へ] をクリック |

2 印刷するフィールドを選択する

| 1 | [選択可能なフィールド] で [郵便番号] を選択 | 2 | ここをクリック | > |

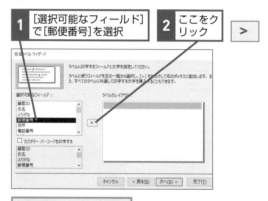

| | [郵便番号] が追加された |

| 3 | 操作1～2を参考に、他のフィールドも追加 | | [ラベルのレイアウト] 内で space キーを押すとスペースを入力できる |

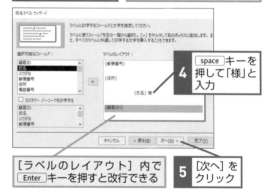

| 4 | space キーを押して「様」と入力 |

| | [ラベルのレイアウト] 内で Enter キーを押すと改行できる | 5 | [次へ] をクリック |

ラベルの並べ替えに
利用するフィールド
を選択する

6 操作1～2を参考に
フィールドを追加

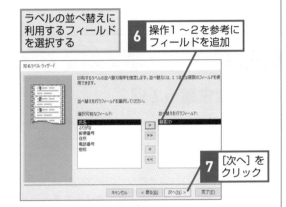

7 [次へ]を
クリック

3 レポートとして保存する

1 レポート名を
入力

2 [ラベルのプレビュー
を見る]をクリック

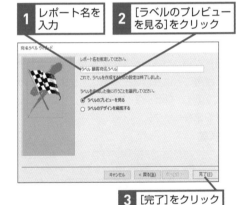

3 [完了]をクリック

ラベルが印刷プレビューで
表示された

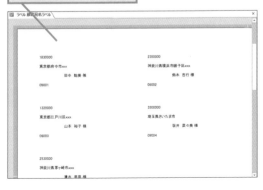

郵便番号を「〒000-0000」の
形式で印刷したい

A [書式] プロパティを
「〒@@@-@@@@」と設定します

宛名ラベルに郵便番号を印刷するとき、郵便番号の数
字だけが羅列されてしまいます。これを「〒000-0000」
の形式で印刷したい場合は、[郵便番号] フィールド
の [書式] プロパティを「〒@@@-@@@@」と設定
します。
→フィールド……P.451

ワザ507を参考に、ラベ
ルのレポートをデザイン
ビューで表示しておく

プロパティシートで[郵
便番号]のテキストボッ
クスを表示しておく

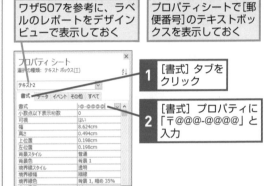

1 [書式] タブを
クリック

2 [書式] プロパティに
「〒@@@-@@@@」と
入力

印刷プレビューを
表示しておく

郵便番号が「〒000-0000」
の形式になった

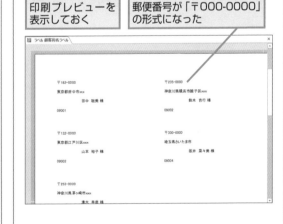

関連
Q584 住所を宛名ラベルに印刷したい……………………… P.334

Access の基本
データベースファイル
テーブル
クエリ
フォーム
レポート
関数
マクロ
データ連携・共有
管理・セキュリティ

軽減税率に対応した請求書の印刷

軽減税率の実施に伴い、取引相手が仕入税額の控除を受けるための請求書の記載事項が変わります。ここでは新しいルールに沿った請求書作成のワザを紹介します。

Q586 [365] [2019] [2016] [2013]　お役立ち度 ★★★

区分記載請求書って何？

A 2023年9月まで適用される方式の請求書です

2019年10月に消費税率が8％と10％の複数税率となりました。それに伴い導入された経理の方式が「区分記載請求書等保存方式」（一定の事項が記載された請求書などを一定期間保存することが仕入税額控除の要件）です。区分記載請求書では、これまでの請求書の記載事項に加え、それぞれの品目が軽減税率の対象かどうかを明記する必要があります。また、税率ごとに税込みの金額を記載する必要があります。この方式は、2023年10月の「適格請求書等保存方式」導入までの経過措置となるもので、2023年9月まで適用されます。

●区分記載請求書

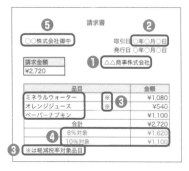

●区分記載請求書の記載事項

	項目
❶	発行者名
❷	取引年月日
❸	取引内容、軽減税率の対象
❹	税率ごとに合計した金額（税込み）
❺	受領者名

Q587 [365] [2019] [2016] [2013]　お役立ち度 ★★★

適格請求書って何？

A 2023年10月から導入される方式の請求書です

2023年10月からは、請求書などの保存の方式が「区分記載請求書等保存方式」から「適格請求書等保存方式（インボイス制度）」に変わります。インボイス制度に基づいた正式な請求書である適格請求書（インボイス）を発行できるのは、適格請求書発行事業者として登録した課税事業者に限られます。適格請求書では、区分記載請求書の記載事項に加え、登録番号と税率ごとの消費税額及び適用税率の記載が必要になります。なお、税率ごとに合計した金額は、税抜きまたは税込みとなります。ワザ588 〜 595では、適格請求書の作成ワザを紹介します。

●適格請求書

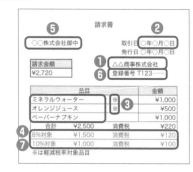

●適格請求書の記載事項

	項目
❶❷❸❺	ワザ586 を参照
❹	税率ごとに合計した金額（税抜きまたは税込み）
❻	登録番号
❼	税率ごとの消費税額及び適用税率

どんなデータを用意したらいい?

A 請求書のエリアごとに クエリを作成しておきます

ワザ589 〜 595では下図のような請求書を例として、適格請求書の作成のコツを紹介していきます。適格請求書のデータを用意するためのポイントは2つです。1つ目は、請求書をエリア分けし、エリアごとにその基データとなるクエリを用意することです。今回の請求書の場合は、請求書を上中下3つのエリアに分け、それぞれの基データとして右図のような3つのクエリを用意します。

2つ目は、各エリアを関連付けるための共通のフィールドをそれぞれのクエリに含めることです。今回の請求書の場合は、1件の[請求ID]につき1枚の請求書を発行するので、3つのクエリそれぞれに[請求ID]フィールドを含めます。[請求ID]の値を印刷するのは上部のエリアだけですが、そのほかのエリアのクエリにも[請求ID]を含めておくことで、同じ[請求ID]のデータを1枚の請求書に印刷できるのです。

●適格請求書の作成例

	項目
❶	宛先、請求 ID、取引日などの情報を表示する
❷	商品名、数量、単価、金額などの売上明細を表示する
❸	消費税率ごとの合計金額と消費税額、および請求金額を表示する

なお、下図の[請求クエリ][請求明細クエリ]は単純な選択クエリですが、[税別金額クエリ]は集計クエリを基に作成しています。詳しくはワザ593を参照してください。

→クエリ……P.447

●請求クエリ

> 請求書の①エリアに表示するフィールドを集めたクエリ

[請求ID]フィールド

●請求明細クエリ

> 請求書の②エリアに表示するフィールドを集めたクエリ

[請求ID]フィールド

●税別金額クエリ

> 請求書の③エリアに表示するフィールドを集めたクエリ

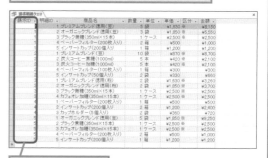

[請求ID]フィールド

Access の基本 | ファイル | データベース | テーブル | クエリ | フォーム | レポート | 関数 | マクロ | 共有 | データ連携・管理・セキュリティ

明細欄のある請求書を簡単に作成したい

A 2つのクエリを基にレポートウィザードで自動作成できます

請求書のような複雑な構造のレポートは、レポートウィザードを使用して原型となるレポートを自動作成し、それを基にレイアウトを調整していくと効率よく作成できます。ここではワザ588で紹介した［請求クエリ］と［請求明細クエリ］から適格請求書の原型を作成します。ポイントは、操作6の画面でデータの表示方法として［by請求クエリ］を指定し、操作14の画面で印刷形式として［アウトライン］を選択することです。そうすることで、［請求クエリ］に含まれる宛名や請求日などをレポートの上部に単票形式で、［請求明細クエリ］に含まれる明細データを下部に表形式で印刷できます。並べ替えや集計方法などもウィザードの中で指定できます。作成されるレポートの調整方法は、ワザ590 ～ 595で解説します。

➡ウィザード……P.446

ワザ520を参考に、レポートウィザードを表示しておく

1 ここをクリックして、[クエリ：請求クエリ]を選択

2 [請求ID]をクリック　**3** ここをクリック

[請求ID]フィールドが追加された

操作2 ～ 3を参考にすべてのフィールドを追加しておく

4 ここをクリックして[請求明細クエリ]を選択

操作2 ～ 3を参考に、[請求ID]以外のフィールドを追加しておく　**5** [次へ]をクリック

6 [by請求クエリ]が選択されていることを確認

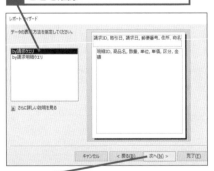

7 [次へ]をクリック

サンプル お役立ち度 ★★★

動画で見る

Accessの基本

データベース ファイル

テーブル

クエリ

フォーム

レポート

関数

マクロ

データ連携・ 共有

管理・ セキュリティ

グループレベルを指定する画面が
表示された

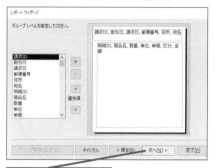

8 [次へ]をクリック

並べ替え順序を指定する画面が表示された

9 ここをクリックして、
[明細ID]を選択

10 [集計のオプション]をクリック

集計方法を指定する画面が表示された

11 ここにチェックマークを付ける

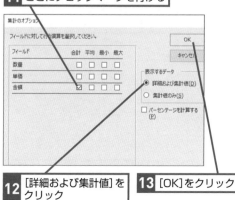

12 [詳細および集計値]を
クリック

13 [OK]をクリック

操作9～10の画面に戻る
ので[次へ]をクリックする

レイアウトを指定する
画面が表示された

14 [アウトライン]を
クリック

15 [縦]をクリック

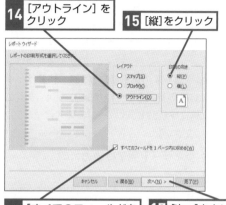

16 [すべてのフィールドを
1ページ内に収める]に
チェックマークを付ける

17 [次へ]をクリック

18 レポート名を入力

19 [レポートをプレビュー
する]をクリック

20 [完了]をクリック

印刷プレビューが表示された

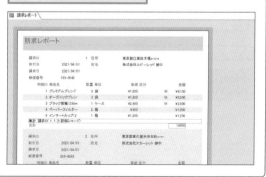

レポートウィザードで作成した請求書の編集のポイントは？

A レイアウト調整と交互の行の色の解除、改ページの挿入です

レポートウィザードで作成したレポートを請求書として使用するには、レイアウトの調整と交互の色の解除、改ページの挿入が必要です。完成物をイメージして調整しましょう。なお、セクションのサイズ変更はワザ529、コントロールの選択はワザ531、移動はワザ536、削除はワザ538、追加はワザ540、554、交互の行の色の解除はワザ591、改ページの挿入はワザ592を参照してください。　→レポート……P.454

●レポートウィザード完了直後の印刷プレビュー

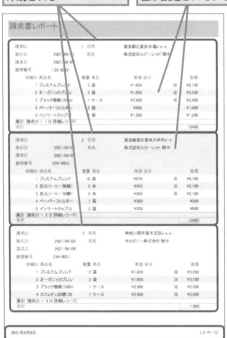

複数の請求書が連続して印刷される

余計な塗りつぶしの色が設定されている

不要な印刷日やページ番号が表示されている

●レポートウィザード完了直後のデザインビュー

一度しか印刷されないレポートヘッダーにタイトルが表示されている

ページフッターやレポートフッターに不要な内容がある

●調整後の印刷プレビュー

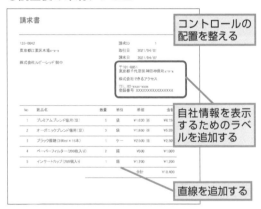

コントロールの配置を整える

自社情報を表示するためのラベルを追加する

直線を追加する

●調整後のデザインビュー

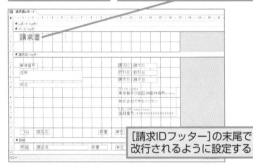

レポートヘッダーとレポートフッターを非表示にする

ページごとにタイトルが印刷されるように、タイトルをページヘッダーに配置する

[請求IDフッター]の末尾で改行されるように設定する

左端縦書き：Accessの基本　データベース　ファイル　テーブル　クエリ　フォーム　レポート　関数　マクロ　共有　データ連携・管理・セキュリティ

請求書から余分な縞模様を解除したい

A グループヘッダー／フッターと詳細の[交互の行の色]を解除します

レポートウィザードでグループ化の設定を行うと、グループヘッダー、詳細、グループフッターの3つのセクションそれぞれに[交互の行の色]が適用されます。そのため、[詳細]セクションは1行おきに縞模様になります。また、グループヘッダー／フッターは、奇数件目の請求書と偶数件目の請求書で色が切り替わります。請求書ごとに色がまちまちになるのはおかしいので、[交互の行の色]を解除しておきましょう。

> ワザ507を参考に、デザインビューでレポートを表示しておく

1 [請求IDヘッダー]を選択

2 [レポートデザインツール]の[書式]タブをクリック

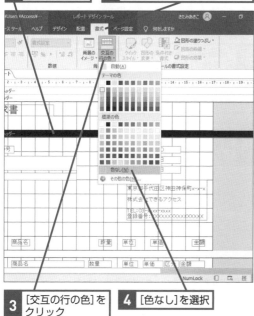

3 [交互の行の色]をクリック

4 [色なし]を選択

> 操作2～4を参考に、[詳細]と[請求IDフッター]も同様に操作しておく

関連
Q550 レポートの1行おきの色を解除したい ………… P.312

請求ごとに別々の用紙に請求書を印刷したい

A グループフッターの末尾で改ページされるように設定します

グループヘッダー／フッターや詳細などのセクションには[改ページ]というプロパティがあります。このプロパティを使用すると、セクションの前やセクションの後に改ページを入れられます。請求書を請求ごとに別々の用紙に印刷するには、1枚の請求書の末尾にあたる[請求ID]フッターの[改ページ]プロパティで[カレントセクションの後]を選択します。

> ワザ507を参考に、デザインビューでレポートを表示しておく

1 [レポートデザインツール]の[デザイン]タブをクリック

2 [プロパティシート]をクリック

> プロパティシートが表示された

3 [請求IDフッター]を選択

4 [書式]タブをクリック

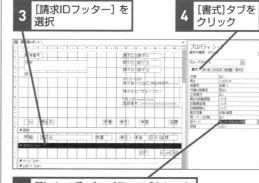

5 [改ページ]プロパティで[カレントセクションの後]を選択

> 改ページが挿入された

Accessの基本

データベースファイル

テーブル

クエリ

フォーム

レポート

関数

マクロ

データ連携・共有

管理・セキュリティ

消費税率別に金額を計算したい

A 請求ごとに消費税率別の税抜金額を
集計してから消費税を計算します

適格請求書では、消費税率ごとに消費税額と税抜き、または税込みの請求金額を記載する必要があります。ワザ588で紹介した［税別金額クエリ］のように、請求ごと消費税率ごとに、税抜金額、消費税額、税込金額

を求めておくと請求書の作成がスムーズです。このようなクエリを作成するには、まず請求ごと消費税率ごとに税抜金額を集計するクエリを作成し、そのクエリの集計結果を基に消費税額と税込金額を計算します。

➡ クエリ……P.447

［税抜金額集計クエリ］を作成する

ワザ243を参考に、［販売明細テーブル］と［商品テーブル］から新規クエリを作成し、必要なフィールドを追加しておく

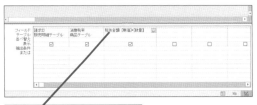

1 「税抜金額:[単価]*[数量]」と入力

ワザ335を参考に、［集計]行を表示しておく

2 ［集計]行に［グループ化]と表示されていることを確認

3 ここをクリック

4 ［合計]をクリック

「税抜金額集計クエリ」の名前で保存しておく

請求ID	消費税率	税抜金額
1	8%	¥16,200
1	10%	¥2,200
2	8%	¥12,900
2	10%	¥960
3	8%	¥11,960
4	10%	¥3,620
5	8%	¥14,250
5	10%	¥2,200

［税率別金額クエリ］を作成する

ワザ243を参考に、［税抜金額集計クエリ］から新規クエリを作成し、必要なフィールドを追加しておく

5 「対象税率: Format([消費税率],"0%") & "対象"」と入力

ワザ243を参考に［税抜金額]のフィールドを追加しておく

6 「消費税額: Int([税抜金額]*[消費税率])」と入力

7 「税込金額: [税抜金額]+[消費税額]」と入力

「税率別金額クエリ」の名前で保存しておく

請求ID	対象税率	税抜金額	消費税額	税込金額
1	8%対象	¥16,200	¥1,296	¥17,496
1	10%対象	¥2,200	¥220	¥2,420
2	8%対象	¥12,900	¥1,032	¥13,932
2	10%対象	¥960	¥96	¥1,056
3	8%対象	¥11,960	¥956	¥12,916
4	10%対象	¥3,620	¥362	¥3,982
5	8%対象	¥14,250	¥1,140	¥15,390
5	10%対象	¥2,200	¥220	¥2,420

消費税率別の金額を表示するレポートを作成したい

A デザインビューで作成します

ワザ588で紹介した適格請求書では、レポートの最下部に消費税率ごとの税抜金額と消費税額、およびその合計をサブレポートの仕組みを利用して記載しています。このようなサブレポートを作成するには、下図のように操作します。なお、下図のデザインビューでは、

ワザ515を参考にレポートを作成し、[レコードソース]プロパティで[税率別金額クエリ]を選択しておく

デザインビューのまま、ワザ516を参考に[対象税率][税抜金額][消費税額]を[詳細]セクションに追加する

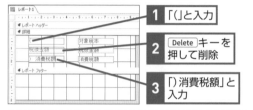

1「(」と入力

2 Delete キーを押して削除

3「)消費税額」と入力

4 コントロールの順番を以下のように並び替える

5 [対象税率]をクリック

6 [書式]タブをクリック

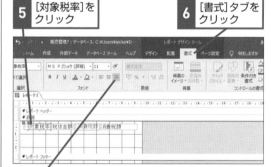

7 [右揃え]をクリック

ワザ562を参考に、[レポートフッター]にテキストボックスを追加しておく

8「請求金額」と入力

あらかじめ [ページヘッダー][ページフッター] を非表示にしてあります。またワザ526とワザ530を参考に [レポートフッター] のみを表示し、[詳細] セクションの [交互の行の色] を [色なし] にしてあります。セクションのサイズは適宜調整してください。サブレポートを請求書に組み込む方法は、ワザ595で紹介します。

➡ クエリ……P.447

9 新しく追加したテキストボックスを選択

10 [データ] タブをクリック

11「=Sum([税抜金額])+Sum([消費税額])」と入力

12 [書式]タブをクリック

13 [書式] プロパティで[通貨]を選択

14 [境界線スタイル]プロパティで[透明]を選択

15 [フォントサイズ]プロパティで「14」と入力

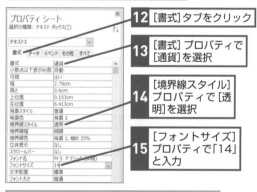

ワザ554を参考に、[線] で [詳細] や [レポートフッター] に直線などを追加しレイアウトやフォントなどの書式を整える

「税率別金額表示レポート」の名前で保存しておく

Access の基本 / データベース / ファイル / テーブル / クエリ / フォーム / レポート / 関数 / マクロ / データ連携・共有 / 管理・セキュリティ

Q595 [365] [2019] [2016] [2013]

請求書に消費税率別の金額を追加したい

A メイン／サブレポートの仕組みを利用します

ワザ589 ～ 592で作成した請求書に、ワザ594で作成したレポートを組み込むと、適格請求書に必要な記載事項が整います。レポートの中にレポートを組み込むには、メイン／サブレポートの仕組みを利用します。

コントロールウィザードをオンにしてサブレポートを配置すれば、ウィザードの流れに沿って指定を進めるだけで、メインレポートとサブレポートを簡単にリンク設定できます。ウィザードの終了後、デザインビューと印刷プレビューを適宜切り替えながら、サブレポートの配置を整えてください。

→メイン／サブレポート……P.453

ワザ507を参考に、[請求書レポート] を
デザインビューで表示しておく

1 [請求ID フッター] のここに
マウスポインターを合わせる

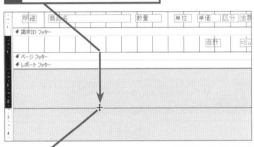

2 ここまでドラッグ

[請求ID フッター]の高さ
が変更された

3 [レポートデザインツール]の
[デザイン]タブをクリック

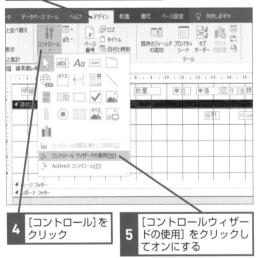

4 [コントロール]を
クリック

5 [コントロールウィザードの使用] をクリックしてオンにする

6 [レポートデザインツール] の
[デザイン]タブをクリック

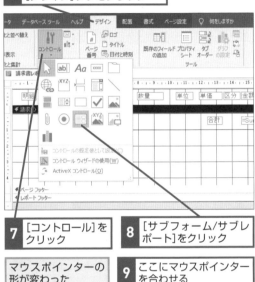

7 [コントロール]を
クリック

8 [サブフォーム/サブレポート]をクリック

マウスポインターの
形が変わった

9 ここにマウスポインターを合わせる

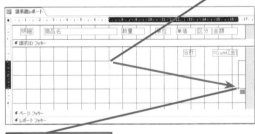

10 ここまでドラッグ

サンプル お役立ち度 ★★★

Accessの基本

データベース

ファイル

テーブル

クエリ

フォーム

レポート

関数

マクロ

データ連携・共有

管理・セキュリティ

[サブレポートウィザード]が表示された

11 [税率別金額表示レポート] をクリック

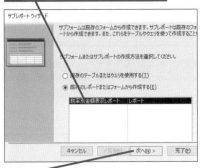

12 [次へ]をクリック

13 [請求IDでリンクし、<SQLステートメント>の各レコードに対し税率別金額クエリを表示する]をクリック

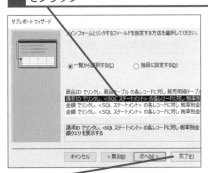

14 [完了]をクリック

サブレポートが追加された

15 ラベルをクリック

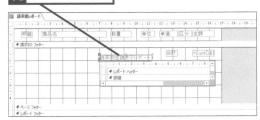

16 Delete キーを押す

ラベルが削除された

サブレポートを選択しておく

ワザ509を参考に、プロパティシートを表示しておく

17 [書式]タブをクリック

18 [境界線スタイル]プロパティで[透明]を選択

19 [閉じる]をクリック

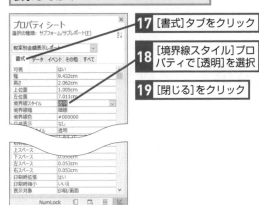

ワザ540を参考に、ラベルを追加しておく

20 「上記の通りご請求申し上げます。(注)※印は軽減税率対象商品です。」と入力

No	商品名	数量	単位	単価	金額
1	プレミアムブレンド徳用(豆)	5	袋	¥1,630 ※	¥8,150
2	オーガニックブレンド徳用(豆)	3	袋	¥1,850 ※	¥5,550
3	ブラック微糖(85ml×15本)	1	ケース	¥2,500 ※	¥2,500
4	ペーパーフィルター(200枚入り)	2	箱	¥500	¥1,000
5	インサートカップ(200個入り)	1	箱	¥1,200	¥1,200

		合計	¥18,400
(8%対象 ¥16,200)	消費税額		¥1,296
(10%対象 ¥2,200)	消費税額		¥220
		請求金額	¥19,916

上記の通りご請求申し上げます。
(注)※印は軽減税率対象商品です。

消費税率ごとの集計結果が請求書に追加された

第7章 加工・計算・分析に必須の 関数活用ワザ

関数の基本

テーブルのデータを思いどおりの形で取り出すために、関数の役割は重要です。まずは関数の基本的な使い方を習得しましょう。

Q596 365 2019 2016 2013　お役立ち度 ★★★

関数って何?

A 複雑な計算を1つの式で 簡単に計算できる仕組みです

関数とは、データの複雑な加工や面倒な計算を1つの式で簡単に実行できるようにする仕組みです。例えばStrConv関数を使うと、ひらがなやカタカナなどの文字種を変換して簡単に表記の揺れを統一できます。

関数の実行に必要なデータを「引数」(ひきすう)、関数の結果を「戻り値」(もどりち)と呼びます。関数の基本構文は以下のとおりです。関数名、引数を囲むかっこ、引数を区切るカンマはいずれも半角で入力してください。

関数名 (引数 1, 引数 2, ~)

引数の記述方法はデータの種類によって異なります。以下の表を参考に、正しく入力しましょう。

●引数の記述方法

データの種類	記述方法	入力例
フィールド名	半角の「[ ]」で囲む	[顧客名]
文字列	半角の「"」で囲む	"Access"
日付、時刻	半角の「#」で囲む	#2020/07/01 18:40:20#
数値	半角で入力する	12

関連 Q598 関数の入力方法が分からない P.347

Q597 365 2019 2016 2013　お役立ち度 ★★★

関数はどこで使うの?

A クエリやフォームなど あらゆるオブジェクトで使えます

関数はあらゆるオブジェクトで使用できます。特に使用頻度が高いのは、クエリの演算フィールド、フォームやレポートのテキストボックスです。

◆クエリの演算フィールドで使う
デザイングリッドで [フィールド] 行に入力すると、関数の結果を表示できる

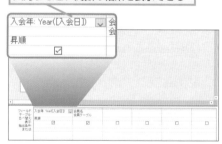

◆フォームやレポートのテキストボックスで使う
プロパティシートでテキストボックスの [コントロールソース] プロパティに入力すると、関数の結果を表示できる

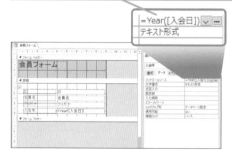

動画で見る

関数の入力方法が分からない

A [式ビルダー] ダイアログボックスを利用しましょう

[式ビルダー] ダイアログボックスを使用すると、分類から使いたい関数を選び、表示される構文の引数部分を書き換えるだけで、簡単に関数を入力できます。

> 式ビルダーを利用して会員情報のテーブルから郵便番号を左から3文字だけ取り出すLeft関数を入力する

> ワザ243を参考に、デザインビューでクエリを作成しておく

[会員テーブル]を追加し、表示したいフィールドを追加しておく

1 関数を入力したい[フィールド]行をクリック

2 [クエリツール]の[デザイン]タブをクリック　**3** [ビルダー]をクリック

📄ビルダー

> [式ビルダー]ダイアログボックスが表示された

4 [関数]をダブルクリック　**5** [組み込み関数]をクリック

組み込み関数の一覧が表示された　**6** 関数の分類を選択

クエリの場合は、以下の手順で式ビルダーを起動します。フォームやレポートにあるテキストボックスの場合は、[プロパティシート]の[コントロールソース]プロパティの(…)をクリックすると式ビルダーを起動できます。
→関数……P.446

7 関数をダブルクリック

> 関数の構文が貼り付けられた

8 「≪≫」で囲まれた部分を削除して、引数を入力

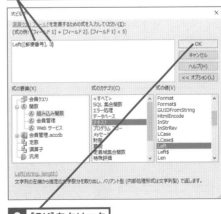

9 [OK]をクリック

> フィールドに関数が入力された

フィールド:	ID	会員名	式1: Left([郵便番号],3)
テーブル:	会員テーブル	会員テーブル	
並べ替え:			
表示:	☑	☑	☑
抽出条件:			
または:			

文字列操作のワザ

文字列操作関数を使用すると、フィールドの文字列をいろいろな形に加工できます。関数を駆使して文字列を自在に操りましょう。

Q599 365 2019 2016 2013　　　　　　　　　　　　　　　お役立ち度 ★★★

必ず10字以上20字以下で入力されるように設定したい

A テーブルの［入力規則］プロパティに
Len関数を設定します

Len関数を使用すると、フィールドに入力された文字数が分かります。これを短いテキストのフィールドの［入力規則］プロパティの条件として使用すると、フィールドの最低文字数を設定できます。

フィールドの最大文字数は、［フィールドサイズ］プロパティで設定します。さらに［エラーメッセージ］プロパティを設定すると、フィールドに入力した文字数が［入力規則］プロパティの設定に満たない場合に表示するエラーのメッセージ文を指定できます。

➡フィールド……P.451

Len(文字列)
［文字列］の文字数を返す

［キャッチコピー］フィールドの文字数を
10文字以上20文字以下に制限する

ワザ064を参考に、デザインビューで
テーブルを表示しておく

1 ［キャッチコピー］フィールドの
フィールドセレクターをクリック

2 フィールドプロパティで
［標準］タブをクリック

3 ［フィールドサイズ］
に「20」と入力

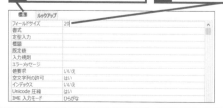

4 ［入力規則］プロパティに「Len([
キャッチコピー])>=10」と入力

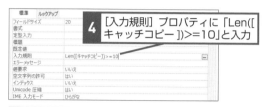

5 ［エラーメッセージ］プロパティに「10字以
上20字以下で入力してください。」と入力

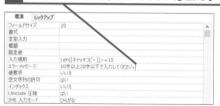

6 ［上書き保存]をクリック

ワザ064を参考に、データシートビューで
表示しておく

7 ［キャッチコピー]フィールドに
文字を入力

8 Enter キーを押す

入力した文字が10文字以下だったため
エラーのダイアログボックスが表示された

操作5で入力したメッセージが表示された

9 ［OK］を
クリック

［キャッチコピー］フィールドに
10文字以上20文字以下で文字
を入力し直す

ひらがなで入力されたふりがなをカタカナに直したい

A StrConv関数でひらがなをカタカナに変換します

ひらがなとカタカナ、全角と半角などの文字種を変換するには、StrConv関数を使用します。引数［変換形式］には、複数の設定値を算術演算子の「+」で組み合わせて指定できます。例えば、文字列を半角のカタカナに変換したければ、引数［変換形式］に「8+16」、またはその和の「24」を指定します。その際、半角カタカナに変換できない文字は、元のまま返されます。

➡演算子……P.446

> **StrConv(文字列 , 変換形式)**
> ［文字列］を［変換形式］の形式に変換する

● ［変換形式］の設定値

設定値	設定内容
1	アルファベットを大文字に変換する
2	アルファベットを小文字に変換する
3	各単語の先頭の文字を大文字に、2文字目以降を小文字に変換する
4	半角文字を全角に変換する
8	全角文字を半角に変換する
16	ひらがなをカタカナに変換する
32	カタカナをひらがなに変換する
64	OSのコードページからUnicodeに変換する
128	UnicodeからOSのコードページに変換する

●文字列を任意の文字種に変換する方法

> ここでは［商品テーブル］の［商品名］フィールドのデータを大文字、全角、カタカナに変換する

> ワザ243を参考に、デザインビューでクエリを作成しておく

1 ［商品名］をダブルクリック

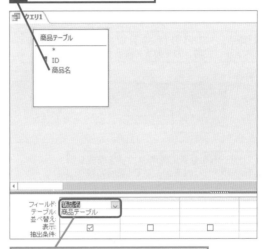

> ［商品名］フィールドと、［商品テーブル］が追加された

2 ここに「表記統一: StrConv([商品名],1+4+16)」と入力

> ワザ244を参考に、クエリを実行する

> ［表記統一］フィールドに大文字、全角、カタカナに統一された商品名が表示された

Access の基本／データベース／ファイル／テーブル／クエリ／フォーム／レポート／関数／マクロ／データ連携・共有／管理・セキュリティ

Q601　365 2019 2016 2013　お役立ち度 ★★★

元のフィールドの文字種を
変換するには

A 更新クエリの［レコードの更新］
行にStrConv関数を設定します

ワザ600では、StrConv関数を使用して［商品名］フィールドの文字列を大文字、全角、カタカナに統一するフィールドを作成しましたが、元の［商品名］フィールドの文字種は不統一なまま残ります。元のフィールドのデータを完全に書き換えるには、ワザ366を参考に更新クエリを作成し、［フィールド］行に商品名フィールドを追加して、［レコードの更新］行にStrConv関数を入力します。　➡フィールド……P.451

[商品テーブル]の[商品名]フィールドのデータを
大文字、全角、カタカナに書き換える

ワザ366を参考に更新クエリを作成し、
[商品テーブル]を追加して[商品名]フィールドを追加しておく

1 ［レコードの更新］行に「StrConv([商品名],
1+4+16)」と入力

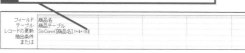

ワザ244を参考に、
クエリを実行する　実行

2 ［はい］をクリック

[商品テーブル]のデータが更新された

Q602　365 2019 2016 2013　お役立ち度 ★★★

文字列の前後から
空白（スペース）を取り除きたい

A どの位置の空白を取り除くかにより
関数を使い分けます

関数や演算子で操作した後、文字列の前後に余分な空白が入ってしまうことがあります。また、インポートした文字列の前後に余分な文字列が含まれていることもあります。文字列の前後にある余分な空白は、Trim関数で取り除けます。また、LTrim関数で文字列の先頭の空白、RTrim関数で文字列の末尾の空白を取り除けます。どの位置の空白を取り除くかによって、関数を使い分けましょう。

LTrim(文字列)
［文字列］の先頭から空白を取り除く

RTrim(文字列)
［文字列］の末尾から空白を取り除く

Trim(文字列)
［文字列］の先頭と末尾から空白を取り除く

[役職] フィールドのデータの
前後から空白を取り除く

ワザ243を参考に、デザインビューで
クエリを作成しておく

テーブルを追加し、[役職]
フィールドを追加しておく

1 「スペース削除: Trim([役職])」
と入力

ワザ244を参考に、
クエリを実行する　実行

[役職] フィールドのデータの前後から
空白を削除したデータが表示された

Q603 365 2019 2016 2013 　お役立ち度 ★★★

文字列から
すべての空白を取り除きたい

A Replace関数で空白を
長さ0の文字列に置換します

文字列の前後や間に含まれるすべての空白を取り除くには、置換を行うReplace関数を使用します。空白を長さ0の文字列「""」に置換すれば、すべての空白を取り除けます。

> **Replace(文字列 , 検索文字列 , 置換文字列)**
> [文字列]の中の[検索文字列]を[置換文字列]に置換する

> [役職]フィールドのデータからすべての空白を取り除く

> ワザ243を参考に、デザインビューでクエリを作成しておく

> テーブルを追加し、[役職]フィールドを追加しておく

1 「スペース削除: Replace([役職],"","")」と入力

> ワザ244を参考に、クエリを実行する　🔲実行

> [役職]フィールドのデータからすべての空白が削除された

関連
Q602 文字列の前後から
空白（スペース）を取り除きたい............... P.350

Q604 365 2019 2016 2013 　お役立ち度 ★★☆

全角のスペースだけを
削除するには

A Replace関数で置換する際に
引数［比較モード］を指定します

Replace関数で置換を行うときに、全角と半角、大文字と小文字、ひらがなとカタカナを区別したい場合は引数［比較モード］に「0」を指定し、区別せずに置換したい場合は「1」を指定します。引数［比較モード］を指定する場合は、引数［開始位置］と［置換回数］も指定します。引数［開始位置］に「1」、引数［置換回数］に「-1」を指定すると、1文字目から該当するすべての文字列を置換できます。

> **Replace(文字列 , 検索文字列 , 置換文字列 , 開始位置 , 置換回数 , 比較モード)**
> [文字列]の中の[検索文字列]を[置換文字列]に置換する。置換は[開始位置]文字目から[置換回数]回行い、[比較モード]に合わせて比較する

> [宛先]フィールドから全角スペースを取り除く

> ワザ243を参考に、デザインビューでクエリを作成しておく

> テーブルを追加し、[宛先]フィールドを追加しておく

1 「全角スペース削除:Replace([宛先],"　","",1,-1,0)」と入力

> ワザ244を参考に、クエリを実行する　🔲実行

> [宛先]フィールドのデータから全角のスペースだけが削除された

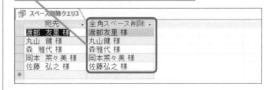

関連
Q603 文字列からすべての空白を取り除きたい......... P.351

Q605 365 2019 2016 2013 お役立ち度 ★★★

商品コードを上2けたと下3けたに分割したい

A Left関数とRight関数を使用して指定した文字数を取り出します

商品コードや郵便番号など、けた数の決まったデータを一定の文字数で分割したいことがあります。Left関数で文字列の左端、Right関数で文字列の右端から、指定した文字数分の文字列を取り出せます。

Left(文字列 , 文字数)
[文字列]の左端から[文字数]分の文字列を抜き出す

Right(文字列 , 文字数)
[文字列]の右端から[文字数]分の文字列を抜き出す

[商品コード]フィールドの「AB-101」のようなデータを上2けたと下3けたに分割する

商品テーブル			
商品コード	商品名	単価	クリックして追加
AB-101			
AB-102			
DR-001			
DR-002			

ワザ243を参考に、デザインビューでクエリを作成しておく

テーブルを追加し、[商品コード]フィールドを追加しておく

1「大分類: Left([商品コード],2)」と入力　　**2**「小分類: Right([商品コード],3)」と入力

フィールド: テーブル: 並べ替え: 表示: 抽出条件: または	商品コード 商品テーブル	大分類: Left([商品コード],2) ☑	小分類: Right([商品コード],3) ☑
	☑		

ワザ244を参考に、クエリを実行する　！実行

[商品コード]フィールドのデータが上2けたと下3けたに分割された

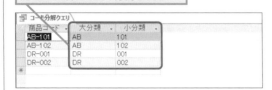

コード分解クエリ		
商品コード	大分類	小分類
AB-101	AB	101
AB-102	AB	102
DR-001	DR	001
DR-002	DR	002

Q606 365 2019 2016 2013 サンプル お役立ち度 ★★★

氏名を氏と名に分割したい

A 空白の位置を元にして氏名を分解しましょう

[氏名]フィールドの氏と名が空白で区切られている場合、空白の位置を手掛かりに氏と名を取り出せます。まずInStr関数で空白の位置を求め、それを境にLeft関数で「氏」、Mid関数で「名」を取り出します。例えば[氏名]フィールドに「渡部　友里」が入力されている場合、「InStr([氏名]," ")」で空白の位置が「3」と分かります。その結果、「氏」は先頭2文字、「名」は4文字目以降となります。

InStr(文字列 , 検索文字列)
[検索文字列]が[文字列]の中で何文字目にあるかを返す。複数ある場合は先頭の位置、ない場合は 0 を返す

Mid(文字列 , 開始位置 , 文字数)
[文字列]の[開始位置]で指定した位置から[文字数]分の文字列を返す。[文字数]を省略した場合は[開始位置]以降のすべての文字列を返す

[氏名]フィールドのデータをスペースの前後で別々のフィールドに分割する

ワザ243を参考に、デザインビューでクエリを作成しておく

テーブルを追加し、[氏名]フィールドを追加しておく

1「氏: Left([氏名],InStr([氏名]," ")-1)」と入力　　**2**「名: Mid([氏名],InStr([氏名]," ")+1)」と入力

フィールド: テーブル: 並べ替え: 表示: 抽出条件: または	氏名 氏名テーブル	氏: Left([氏名],InStr([氏名]," ")-1) ☑	名: Mid([氏名],InStr([氏名]," ")+1) ☑
	☑		

ワザ244を参考に、クエリを実行する　！実行

氏名が氏と名に分割された

氏名分解クエリ		
氏名	氏	名
渡部　友里	渡部	友里
丸山　健	丸山	健
森　雅代	森	雅代
岡本　菜々美	岡本	菜々美
佐藤　弘之	佐藤	弘之

住所を都道府県と市区町村に分割したい

A 「都」「道」「府」「県」の文字を探して分解します

都道府県のうち都、道、府はいずれも3文字、県は3文字か4文字です。そこで、住所の3文字目が「都」「道」「府」「県」のいずれかであれば住所に3文字の都道府県、4文字目が「県」であれば住所に4文字の県が含まれていることになります。また、いずれでもなければ住所に都道府県が含まれていないことになります。これらの条件をSwitch関数の引数に指定すれば、住所から都道府県を取り出せます。

その際、3文字目の判定にはIn演算子を使用します。In演算子は「データ In (値1, 値2, …)」の形式で、かっこ内に指定したいずれかの値とデータが一致する場合にTrueを返します。

住所から市区町村を抜き出すには、住所に含まれる都道府県をReplace関数で長さ0の文字列「""」に置き換えます。その際、都道府県が入力されていない場合のエラーに備えて、Nz関数も併用します。

→長さ0の文字列……P.450

Nz(値 , 変換値)
[値] が Null の場合は [変換値] を返し、Null でない場合は [値] を返す

Switch(条件 1, 値 1, 条件 2, 値 2, …)
[条件 1] が成り立つときは [値 1]、[条件 2] が成り立つときは [値 2] を返す。いずれも成り立たないときは Null を返す

住所から都道府県と市町村を別々に取り出す｜住所に都道府県が入力されていない場合は、市町村のみを別のフィールドに取り出す

ワザ243を参考に、デザインビューでクエリを作成しておく

テーブルを追加し、[住所]フィールドを追加しておく

1 「都道府県: Switch(Mid([住所],3,1) In ("都","道","府","県"),Left([住所],3),Mid([住所],4,1)="県",Left([住所],4))」と入力

2 「市区町村: Replace([住所],Nz([都道府県],""),"")」と入力

ワザ244を参考に、クエリを実行する　🛈 実行

住所が都道府県と市区町村に分解された

住所	都道府県	市区町村
北海道札幌市東区丘珠町	北海道	札幌市東区丘珠町
東京都練馬区下石神井	東京都	練馬区下石神井
神奈川県藤沢市鵠沼石上	神奈川県	藤沢市鵠沼石上
大阪府守口市文園町	大阪府	守口市文園町
今治市枝堀町		今治市枝堀町

関連 重複するデータは
Q263 表示されないようにしたい ………………… P.155

STEP UP!

住所に都道府県が入力されていない場合

ワザ607の方法は、[住所] フィールドに都道府県が省略されている場合に誤った都道府県が取り出される可能性があります。例えば、「福岡県」が省略されて「太宰府市○○」と入力されている場合、3文字目に「府」があるので [都道府県] フィールドに「大宰府」が取り出されてしまいます。データシートビューに切り替え

て [都道府県] フィールドを確認し、不正な値が見つかった場合は [住所] フィールドに都道府県を追加しましょう。レコード数が多い場合は、ワザ263を参考にすると不正な値があるかどうかチェックしやすくなります。なお、[住所] フィールドに都道府県がきちんと入力されている場合はこのような問題は起きません。

データを指定した表示形式に変換するには

A Format関数を使用して データの書式を指定します

Format関数を使用すると、データを指定した形式の文字列に変換できます。変換する形式は、下表の書式指定文字を組み合わせて指定します。以下の手順では、生年月日から月日データを取り出しています。[生年月日] フィールドの [書式] プロパティに「mm/dd」を指定しても同様の表示になりますが、その場合は表示上の見た目が変わるだけです。Format関数を使えば指定した形式のデータが得られるので、例えば今日が誕生日の顧客を抽出したいようなときに、抽出条件として今日の月日を指定すれば抽出が行えます。

➡関数……P.446

Format(データ , 書式)
[データ] を指定された [書式] で表示する

●日付/時刻型の主な書式指定文字

書式指定文字	説明
yyyy	西暦 4 けた
yy	西暦 2 けた
ggg	年号（平成、昭和など）
gg	年号漢字 1 文字（平、昭など）
g	年号アルファベット 1 文字（H、S など）
ee	和暦 2 けた
e	和暦
mm	月 2 けた
m	月 1 けたまたは 2 けた（1 ～ 12）
dd	日 2 けた
d	日 1 けたまたは 2 けた（1 ～ 31）

●数値型、通貨型の主な書式指定文字

書式指定文字	説明
0	数値の桁を表す。対応する位置に値がない場合、ゼロ（0）が表示される
#	数値の桁を表す。対応する位置に値がない場合は何も表示されない
¥	円記号(¥)の次の文字をそのまま表示する。「¥¥」とすると、円記号を表示できる
""	ダブルクォーテーション（""）で囲まれた文字をそのまま表示する

●短いテキスト、長いテキストの主な書式指定文字

書式指定文字	説明
@	文字を表す。文字列より「@」の数が多い場合、先頭に空白を付けて表示される
&	文字を表す。文字列より「&」の数が多い場合、文字列だけが左揃えで表示される
<	アルファベットを小文字にする
>	アルファベットを大文字にする

テーブルの [生年月日] フィールドのデータから、誕生日を [月/日] の形式で取り出す

郵便番号	住所	番地	役職	生年月日	宛先
07-0880	北海道札幌市東区丘珠町	x-x	経理部 部長	1995/07/12	渡部 友里 様
77-0042	東京都練馬区下石神井	x-x	総務部 課長	1994/03/25	丸山 健 様
51-0025	神奈川県藤沢市鵠沼石上	x-x	営業部 部長	1999/11/04	森 雅代 様
70-0074	大阪府守口市南寺方東町	x-x	営業部 課長	1977/02/09	岡本 菜々美
94-0035	今治市枝堀町	x-x	総務部 部長	1989/04/14	佐藤 弘之 様

ワザ243を参考に、デザインビューでクエリを作成しておく

テーブルを追加し、[氏名] [生年月日] フィールドを追加しておく

1 「誕生日:Format([生年月日],"mm/dd")」と入力

フィールド:	氏名	生年月日	誕生日: Format([生年月日],"mm/dd")
テーブル:	名簿テーブル	名簿テーブル	
並べ替え:			
表示:	☑	☑	☑
抽出条件:			
または:			

ワザ244を参考に、クエリを実行する　[!実行]

誕生日が [月/日] の形式で取り出された

月日取得クエリ

氏名	生年月日	誕生日
渡部 友里	1995/07/12	07/12
丸山 健	1994/03/25	03/25
森 雅代	1999/11/04	11/04
岡本 菜々美	1977/02/09	02/09
佐藤 弘之	1989/04/14	04/14

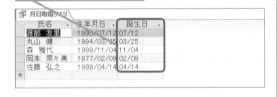

関連 Q340 日付のフィールドを月ごとにグループ化して集計したい …………… P.192

関連 Q624 生年月日から年齢を求めたい ………………………… P.364

数値計算と集計のワザ

単純な四則演算は「+」や「*」などの算術演算子で実行できますが、複雑な計算には関数が必要です。条件を指定した集計も関数で行えます。

Q609 [365] [2019] [2016] [2013] お役立ち度 ★★★

小数の端数を切り捨てたい

A Int関数かFix関数を使用します

数値の小数部分を切り捨てる関数は、Int関数とFix関数の2つがあります。数値が0以上の場合、2つの関数の結果は同じです。数値が負（0未満）の場合は、2つの関数の結果に差が出ます。Int関数で負数の切り捨てを行うと、数値自体の大きさが小さくなるように処理されます。一方、Fix関数で負の数の切り捨てを行うと、絶対値が小さくなるように処理されます。負のデータを扱うときは、2つの関数の違いをよく認識して使い分けましょう。　→関数……P.446

Int(数値)
[数値] を超えない最大の整数を返す

Fix(数値)
[数値] から小数点以下を削除した整数を返す

[数値] フィールドのデータを
Int関数とFix関数で整数化する

ワザ243を参考に、デザインビューで
クエリを作成しておく

1 [数値]をダブルクリック

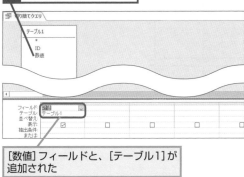

[数値]フィールドと、[テーブル1]が
追加された

2 「Int: Int([数値])」と
入力

3 「Fix: Fix([数値])」と
入力

ワザ244を参考に、
クエリを実行する

実行

[数値]フィールドの
小数部分を切り捨て
た結果が表示された

[数値] フィールドの値が
負の場合、2つの関数の結
果に差が出る

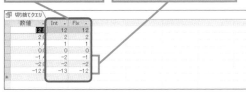

関連 Q610	消費税の切り捨てにはInt関数とFix関数のどちらを使えばいいの？ ……………… P.356
関連 Q611	数値を四捨五入したい ……………………………………… P.356
関連 Q612	数値をJIS丸めしたい ……………………………………… P.357

消費税の切り捨てにはInt関数とFix関数のどちらを使えばいいの？

A 負数の取り扱い方に応じて　使い分けます

ワザ609で解説したように、Int関数とFix関数の結果は数値が0以上のときは同じですが、負の数のときは違いがあります。したがって消費税が正の数値であれば、Int関数とFix関数のどちらを使っても結果は同じです。しかし、納品と返品のデータが混在する場合な

ど、正と負の両方の消費税が発生する可能性があるなら、会社や取引先の取り決めによってInt関数とFix関数のどちらの関数を使うかを決めましょう。例えば「-12.8円」を「-13円」としたい場合はInt関数、「-12円」としたい場合はFix関数を使用します。端数の切り捨てについては、ワザ609を参考にしてください。

→関数……P.446

数値を四捨五入したい

A 負数をどう処理したいかによって　Int関数かFix関数を使用します

端数の1～4を切り捨て、5～9を切り上げる一般的な四捨五入を行いたい場合は、数値に0.5を加えてから端数を切り捨てます。例えば数値が「1.6」の場合、0.5を加えた「2.1」の端数を切り捨てれば「2」という結果になります。

これを式で表すと、「Int([数値]+0.5)」となります。この場合、数値が「-0.5」のときは「0」、「-1.5」のと

きは「-1」という結果になります。

数値が「-0.5」のときに「-1」、「-1.5」のときに「-2」のようにしたい場合は、「Fix([数値]+0.5*Sgn([数値]))」のように、数値が正の場合は0.5を加え、負の場合は0.5を引いてから小数点以下の数値を削除します。ここで紹介した2つの式は、0以上の場合は同じ結果になるので、負数をどう処理したいかによって使い分けてください。

Sgn(数値)
[数値] が正の場合は 1、0 の場合は 0、負の場合は -1 を返す

[数値] フィールドのデータをInt関数とFix関数で四捨五入する

ワザ243を参考に、デザインビューでクエリを作成しておく

テーブルを追加し、[数値]フィールドを追加しておく

1 「Int: Int([数値]+0.5)」と入力

2 「Fix: Fix([数値]+0.5*Sgn([数値]))」と入力

ワザ244を参考に、クエリを実行する

[数値]フィールドの値を四捨五入した結果が表示された

[数値] フィールドの小数部分が「-0.5」の場合、2つの関数の結果が異なる

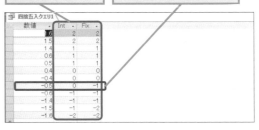

数値をJIS丸めしたい

A Round関数を使用します

一般的な四捨五入では、切り捨ての対象は1～4の4つ、切り上げの対象は5～9の5つがあるので、四捨五入を繰り返すと、値が大きい方に偏ってしまいます。そこでJISで定められた「JIS丸め」では、対象が「5」の場合、1つ上のけたが偶数になるように処理します。例えば「1.5」と「2.5」のJIS丸めは「2」に、「3.5」

と「4.5」のJIS丸めは「4」という結果になります。真ん中の「5」を切り捨てたり切り上げたりすることにより、誤差を抑える効果があります。このような端数処理は「銀行型の丸め」とも呼ばれ、Round関数を使用して実行します。なお、Excelのワークシート関数にあるROUND関数は、Accessと違い、一般的な四捨五入を行います。　→関数……P.446

> **Round(数値 , 桁)**
> ［数値］の小数部分のけた数が［桁］になるように端数の丸め処理を行う。［桁］を省略した場合は整数を返す

［数値］フィールドの値をJIS丸めする

ワザ243を参考に、デザインビューでクエリを作成しておく

テーブルを追加し、［数値］フィールドを追加しておく

1 「Round: Round
([数値])」と入力

フィールド	数値	Round: Round([数値])		
テーブル	テーブル3			
並べ替え				
表示	☑	☑	☐	☐
抽出条件				
または				

ワザ244を参考に、クエリを実行する

［数値］フィールドの値を四捨五入した結果が表示された

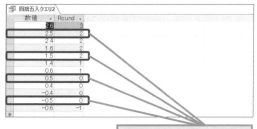

［数値］フィールドの小数部分が「0.5」の場合、偶数になるように丸められる

関連 Q611 数値を四捨五入したい……………………………………… P.356

STEP UP! Excelの関数との違いに気を付けよう

日常的にExcelの関数を使い込んでいるユーザーは、Accessで関数を使うときに注意が必要です。同じような名前で動作が異なる関数が複数あるからです。例えばExcelのROUND関数は四捨五入を行いますが、AccessのRound関数はワザ612で紹介するようにJIS丸めを行います。また、ExcelのDATEDIF関数は2つの日付の

経過時間を求めますが、AccessのDateDiff関数はワザ624で紹介するように2つの日時の間にある特定の日時をカウントします。Excelの関数と同じつもりでAccessの関数を使うと、思わぬ失敗の元になります。違いを正しく認識して使用しましょう。

条件に合うレコードだけを集計したい

A DSum関数などの定義域集計関数を使用します

Accessには、引数にフィールド名、テーブル名、条件式を指定して、条件に合うレコードの集計を行う「定義域集計関数」があります。引数［条件式］は、基本的に「フィールド名」「演算子」「値」の3つを組み合わせて指定します。例えば［単価］フィールドが1000に等しいレコードを集計したいときは、「"単価=1000"」という条件式を使います。その際、引数［条件式］の中の「1000」などの数値はそのまま記述しますが、［条件式］の中の日付は「#」、文字列は「'」で囲みます。さらに、［条件式］全体を「"」で囲んでください。［条件式］の中の数値や日付、文字列の部分には、他のフィールドの値やテキストボックスの値を指定することも可能で、その場合はフィールド名やテキストボックス名を半角の「[ ]」で囲み、&演算子で連結します。

ここでは例として、テキストボックスに入力された日付に受注した受注金額の合計をDSum関数で求めます。条件式は「"受注日=#" & ［条件日］ & "#"」のようになります。なお、［条件日］が未入力のときに表示される「#エラー」を非表示にする方法はワザ629を参照してください。　　➡テキストボックス……P.450

DSum(**フィールド名** , **テーブル名またはクエリ名** , **条件式**)
［テーブル名またはクエリ名］の［フィールド名］で［条件式］を満たすフィールドの数値の合計を返す

●引数［条件式］の記述例

入力例	意味
" 単価 >=1000"	［単価］フィールドの値が1000以上
" 分類 =' 飲料 '"	［分類］フィールドの値が「飲料」
" 分類 ='"& ［ テキストボックス ］ & "' "	［分類］フィールドの値が［テキストボックス］の値
" 受注日 =#2021/2/5#"	［受注日］フィールドの値が2021/2/5
" 受注日 =#" & ［ テキストボックス ］ & "#"	［受注日］フィールドの値が［テキストボックス］の値

受注データのテーブルから、指定した日の受注金額の合計を計算する

ワザ382を参考に、デザインビューでフォームを表示しておく

ワザ487を参考にテキストボックスを追加して「条件日」「受注額計」と名前を付けておく

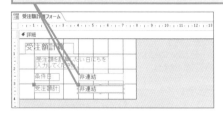

プロパティシートで［受注額計］を選択しておく

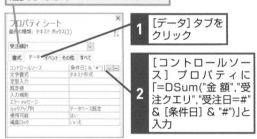

1 ［データ］タブをクリック

2 ［コントロールソース］プロパティに「=DSum("金 額","受注クエリ","受注日=#" & ［条件日］ & "#")」と入力

ワザ382を参考に、フォームビューで表示しておく

3 ［条件日］に日付を入力　　**4** Enter キーを押す

［条件日］に入力した日付の受注金額の合計［受注額計］が表示された

Access の基本
データベース
ファイル
テーブル
クエリ
フォーム
レポート
関数
マクロ
データ連携・共有
管理・セキュリティ

Q614 [365] [2019] [2016] [2013] お役立ち度 ★★★

DSum関数とSum関数は何が違うの？

A 集計対象のレコードを引数で定義できるかどうかが異なります

Accessには、DCount関数、DSum関数、DAvg関数などの定義域集計関数とCount関数、Sum関数、Avg関数などのSQL集計関数の2種類の集計関数が用意されています。DSum関数などの定義域集計関数は、引数で集計対象のテーブル、フィールド、条件を指定できるため、あらゆるオブジェクトで集計結果を得るために使用できます。

それに対してSum関数などのSQL集計関数は、引数にフィールド名しか指定しません。集計対象のレコードは、その関数を実行するクエリ、フォーム、レポートのレコードに限られます。そのため、定義域集計関数の方が幅広く使用できますが、クエリやフォームでそのレコードを対象に集計を行うならSQL集計関数を利用する方が簡単です。

なお、DSum関数などの関数の引数［フィールド名］は "" で囲んで指定しますが、Sum関数などの関数の引数［フィールド名］は半角の「[ ]」で囲んで指定するので、注意してください。

➡定義域集計関数……P.450

Sum(フィールド名)
［フィールド名］のデータの合計値を返す

SQL集計関数はレポートソースの
レコードを対象に集計を行う

［商品別受注額レポート画面］

=Sum([受注額])

関連 Q613 条件に合うレコードだけを集計したい ………… P.358

関連 Q615 定義域集計関数にはどんな種類がある？ ……… P.359

Q615 [365] [2019] [2016] [2013] お役立ち度 ★★★

定義域集計関数にはどんな種類がある？

A DAvg関数やDCount関数などがあります

ワザ613、ワザ614で解説した定義域集計関数には、平均を求めるDAvg関数、データ数を求めるDCount関数など、次の表のような種類があります。引数や使い方は、ワザ613で紹介したDSum関数と同じです。

➡定義域集計関数……P.450

●定義域集計関数の種類

関数	機能
DSum	合計を求める
DAvg	平均を求める
DCount	レコード数を求める
DMax	最大値を求める
DMin	最小値を求める

Q616 [365] [2019] [2016] [2013] お役立ち度 ★★☆ [2016] [2013]

全レコード数を求めたい

A DCount関数の第1引数に「*」（アスタリスク）を指定します

DCount関数の引数［フィールド名］に「*」を指定すると、そのフィールドのデータの有無にかかわらず、指定したテーブルやクエリの全レコード数を求められます。引数［フィールド名］に特定のフィールド名を指定するとNull値が除外され、レコードのカウントに漏れが生じてしまうことがあるので注意しましょう。

➡Null値……P.444

DCount(フィールド名 , テーブル名またはクエリ名 , 条件式)
［テーブル名またはクエリ名］の［フィールド名］で［条件式］を満たして、かつ Null 値でないレコードの数を返す

日付と時刻の操作ワザ

日付/時刻関数を使うと、受注日を基準に月末日を算出したり、一定期間ごとに集計したりできます。ここでは日付データの処理に関するワザを紹介します。

Q617　365 2019 2016 2013　お役立ち度 ★★★

動画で見る

今月が誕生月の顧客データを取り出したい

A 関数で「今月」を求めて抽出します

[生年月日] フィールドから今月が誕生月のデータを抽出するには、あらかじめMonth関数を使用して、誕生月を取り出す演算フィールドを作成しておきます。

Date関数とMonth関数を組み合わせて「今月」を求め、誕生月の抽出条件とすれば、常にクエリの実行時点でのデータを抽出できます。　➡抽出……P.449

Date()
現在の日付を返す

Month(日付)
[日付] から月の数値を返す

> [生年月日] フィールドのデータから月を取り出し、現在の月と比べて、今月が誕生日の顧客データを抽出する

> ワザ243を参考に、デザインビューでクエリを作成しておく

> テーブルを追加し、[顧客名] [生年月日] フィールドを追加しておく

1 [並べ替え]のここをクリック

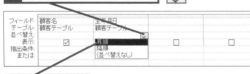

2 [昇順]を選択

---

3 「誕生月: Month([生年月日])」と入力

4 [誕生月] フィールドの [抽出条件] 行に「Month(Date())」と入力

> ワザ244を参考に、クエリを実行する　! 実行

> 今月が誕生月の顧客データを抽出できた

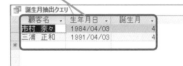

関連 Q608 データを指定した表示形式に変換するには…… P.354

関連 Q624 生年月日から年齢を求めたい …………………… P.364

Q618 `365` `2019` `2016` `2013`　　お役立ち度 ★★

受注日を基準に
月末日を求めたい

A 「今年の来月0日」を
DateSerial関数で求めます

DateSerial関数は、年、月、日の数値を日付に変換する関数です。3つの数値をそのまま日付に変換できないときは、自動的に日付の繰り上げ、繰り下げが行われます。例えば引数［月］に「13」を指定すると翌年1月、引数［日］に「0」を指定すると前月末の日付になります。これを利用すると、「今年」「来月」「0」の3つの数値から今月の月末日を求められます。

DateSerial(年 , 月 , 日)
［年］［月］［日］の値から日付を返す

Year(日付)
［日付］から年の数値を返す

> ［受注日］フィールドのデータを
> 基準にした月末日を算出する

> ワザ243を参考に、デザインビューで
> クエリを作成しておく

> テーブルを追加し、フィールド
> を追加しておく

> **1** 「月末日: DateSerial(Year
> ([受注日]),Month([受注日
>])+1,0)」と入力

> ワザ244を参考に、
> クエリを実行する

> ［受注日］フィールドの日付を
> 基にした月末日が表示された

受注日	月末日
2020/11/04	2020/11/30
2020/12/22	2020/12/31
2021/01/23	2021/01/31
2021/02/21	2021/02/28

Q619 `365` `2019` `2016` `2013`　　お役立ち度 ★★★

20日締め翌月10日の
支払日を求めたい

A IIf関数を使用して
20日の前後で処理を分けます

条件に応じて異なる値を表示したいときは、IIf関数を使用します。例えば、入出金処理などで「20日締め翌月払い」の場合、購入日の「日」が20以下の場合は翌月に、20より大きい場合は翌々月が支払日になります。

Day(日付)
［日付］から日の数値を返す

IIf(条件式 , 真の場合の値 , 偽の場合の値)
［条件式］が成り立つときは［真の場合の値］、成り立たないときは［偽の場合の値］を返す

Month(日付)
［日付］から月の数値を返す

Year(日付)
［日付］から年の数値を返す

> ［購入日］フィールドの日付
> を基に支払日を計算する

> ワザ243を参考に、
> デザインビューでク
> エリを作成しておく

> テーブルを追加し、フィールドを
> 追加しておく

> **1** 「支払日: IIf(Day([購入日])<=20,DateSerial
> (Year([購 入 日]),Month([購入])+1,10),
> DateSerial(Year([購入日]),Month([購入日
>]) +2,10))」と入力

> ワザ244を参考に、
> クエリを実行する

> 20日締め翌月10日の
> 支払日を表示できた

購入日	支払日
2020/11/04	2020/12/10
2020/12/24	2021/02/10
2021/01/07	2021/02/10
2021/02/02	2021/03/10
2021/02/21	2021/04/10

関連　見積日から2週間後を
Q623　見積有効期限としたい P.363

Accessの基本
データベース
ファイル
テーブル
クエリ
フォーム
レポート
関数
マクロ
データ連携・共有
管理・セキュリティ

Q620

365 2019 2016 2013　　お役立ち度 ★★★

日付から曜日を求めたい

A WeekdayName関数と Weekday関数を組み合わせます

Weekday関数を使うと、日曜日なら「1」、月曜日なら「2」、土曜日なら「7」というように、日付から曜日の番号を求められます。求めた曜日の番号をWeekdayName関数の引数に指定すると、日付に対応する曜日名が分かります。

➡関数……P.446
➡引数……P.451

Weekday(日付)
[日付] から曜日番号を求める

WeekdayName(曜日番号 , モード)
[曜日番号] から曜日名を返す。[モード] に True を指定すると「月」「火」の形式、False を指定するか省略すると「月曜日」「火曜日」の形式になる

[受注日]フィールドを基に曜日を求める	ワザ243を参考に、デザインビューでクエリを作成しておく

テーブルを追加し、[伝票番号] [受注日]フィールドを追加しておく

1 「曜日: WeekdayName(Weekday([受注日]))」と入力

ワザ244を参考に、クエリを実行する

[受注日]フィールドの日付を基に曜日が表示された

関連
Q624　生年月日から年齢を求めたい ……………………… P.364

Q621

365 2019 2016 2013　　お役立ち度 ★★★

8けたの数字から 日付データを作成したい

A 8けたを年、月、日に分解して 日付を組み立て直します

日付が「20200224」など8けたの数字で表されている場合、8けたを年4けたの「2020」、月2けたの「02」、日2けたの「24」に分解します。それをDateSerial関数の引数に指定すると、日付データに変換できます。

DateSerial(年 , 月 , 日)
[年] [月] [日] の値から日付を返す

Left(文字列 , 文字数)
[文字列] の左端から [文字数] 分の文字列を抜き出す

Mid(文字列 , 開始位置 , 文字数)
[文字列] の [開始位置] で指定した位置から [文字数] 分の文字列を返す

Right(文字列 , 文字数)
[文字列] の右端から [文字数] 分の文字列を抜き出す

ワザ243を参考に、デザインビューでクエリを作成しておく

テーブルを追加し、[日付]フィールドを追加しておく

1 「年月日: DateSerial(Left([日付],4),Mid([日付],5,2),Right([日付],2))」と入力

ワザ244を参考に、クエリを実行する

[日付] フィールドの8けたの数字を基に、日付データを表示できた

Q622 365 2019 2016 2013　お役立ち度 ★★★

週ごとや四半期ごとに
集計したい

A DatePart関数で週や四半期を
取り出してグループ化します

週ごとや四半期ごとに集計したいときは、DatePart関数が役立ちます。日付から週や四半期の数値を取り出し、それをグループ化して集計を行います。ここでは週ごとの集計を例に説明します。

DatePart(単位, 日時)
[日時] から [単位] で指定した部分の値を返す

● [単位] の設定値

設定値	設定内容
yyyy	年
q	四半期
m	月
y	1月1日から数えた日数
d	日
w	曜日を表す数値
ww	週
h	時
n	分
s	秒

DatePart、DateAdd、DateDiffの各関数で [単位] の設定値は共通です

ワザ243を参考に、デザインビューでクエリを作成しておく

1 「週: DatePart("ww", [受注日])」と入力

2 「受注金額の合計: 受注金額」と入力

3 [受注金額] フィールドの [集計] 行で [合計] を選択

ワザ244を参考に、クエリを実行する

1週間ごとの受注金額が表示された

Q623 365 2019 2016 2013　お役立ち度 ★★

見積日から2週間後を
見積有効期限としたい

A DateAdd関数を使用して
2週間後の日付を求めます

特定の日付を基準に「3日前」や「2週間後」の日付を求めるには、DateAdd関数を使用します。例えば「3日前」を求めたいときは引数 [単位] に"d"、引数 [時間] に「-3」を指定します。また、「3日後」を求めたいときは引数 [単位] に "d" を、[時間] に「3」を指定します。ここでは見積日に「2週間」を加えて見積有効期限を求めます。

DateAdd(単位, 時間, 日時)
[日時] に指定した [単位]※ の [時間] を加えた結果を返す

※ [単位] の設定値はワザ622を参照

[見積日] フィールドの日付を基準にした2週間後の日付を算出する

ワザ243を参考に、デザインビューでクエリを作成しておく

テーブルを追加し、[見積日] フィールドを追加しておく

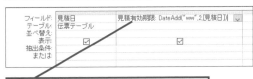

1 「見積有効期限: DateAdd("ww",2,[見積日])」と入力

ワザ244を参考に、クエリを実行する

[見積日] フィールドの2週間後の日付が [見積有効期限] として表示された

右端の見出し: Accessの基本／データベース・ファイル／テーブル／クエリ／フォーム／レポート／関数／マクロ／データ連携・共有／管理・セキュリティ

日付と時刻の操作ワザ ● できる **363**

Q624 [365] [2019] [2016] [2013]

生年月日から年齢を求めたい

A 現在の日付を基準に DateDiff関数で計算します

DateDiff関数で年数を求めると、2つの日付の間に1年の日数が何回含まれるかではなく、「1月1日」が何回あるかがカウントされます。したがって、DateDiff

> **DateDiff(単位 , 日時 1 , 日時 2)**
> [日時 1]と[日時 2]から指定した[単位]※の時間間隔を返す

※ [単位]の設定値はワザ 622 を参照

●年齢を求めるときの考え方

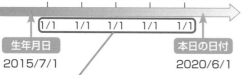

DateDiff関数は、指定した2つの[日時]の間の「1/1」を数える

●生年月日から年齢を求める方法

本日の月日で条件分けをして計算する

[生年月日]フィールドのデータを基に年齢を算出する

ワザ243を参考に、デザインビューでクエリを作成しておく

1 [社員名]をダブルクリック

関数の引数に生年月日と本日の日付を指定しただけでは、年齢を求められません。正確な年齢を求めるには、生年月日と本日の月日を比較し、本日が生年月日より前なら、DateDiff関数で求めた年数から1を引きます。

→引数……P.451

[社員名]フィールドと、[社員テーブル]が追加された | 操作1と同様に[生年月日]フィールドも追加しておく

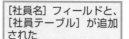

2「年齢: Iif(Format([生年月日],"mmdd")>Format(Date(),"mmdd"),DateDiff("yyyy",[生年月日],Date())-1,DateDiff("yyyy",[生年月日],Date()))」と入力

3 [生年月日]フィールドの[並べ替え]行で[昇順]を選択

ワザ244を参考に、クエリを実行する

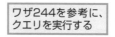

[生年月日]フィールドのデータを基に年齢が表示された

| 関連 Q608 | データを指定した表示形式に変換するには …… P.354 |
| 関連 Q622 | 週ごとや四半期ごとに集計したい ……………… P.363 |

データの変換ワザ

計算の過程でデータ型を変換したいことや、未入力のフィールドを別の値に変更したいことがあります。ここではそのようなときに役立つ関数を紹介します。

Q625 [365] [2019] [2016] [2013]　お役立ち度 ★★★

Null値を別の値に変換したい

A Nz関数で変換後の値を指定します

データが入力されていない状態を「Null」(ヌル)といい、Nullそのものを「Null値」(ヌルチ)といいます。Null値を別の値に変換したいときは、Nz関数を使用します。未入力の [電話番号] フィールドに「登録なし」と表示したり、未入力の [数量] フィールドに「0」を表示したりできます。　→Null値……P.444

Nz(値 , 変換値)
[値] が Null の場合は [変換値] を返し、Null でない場合は [値] を返す。[変換値] を省略した場合は、長さ 0 の文字列を返す

[数量] フィールドのデータが Null だった場合「0」と表示する

ワザ243を参考に、デザインビューでクエリを作成しておく　｜　テーブルを追加し、[数量] フィールドを追加しておく

1 「数量2: Nz([数量],0)」と入力

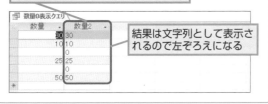

ワザ244を参考に、クエリを実行する　　実行

未入力の場合に「0」が表示されるよう設定できた

結果は文字列として表示されるので左ぞろえになる

Q626 [365] [2019] [2016] [2013]　お役立ち度 ★★★

数字を数値に変換したい

A Val関数で変換します

Val関数を使用すると、数字の文字列を数値に変換できます。文字列として得られた計算結果を数値として表示したいときに役に立ちます。ここでは、ワザ625のクエリを修正して、Nz関数の結果の数字が数値として右ぞろえで表示されるようにします。

Val(文字列)
[文字列] に含まれる数値を適切なデータ型の数値に変換する。数値に変換できない場合は、「0」を返す

ワザ243を参考に、デザインビューでクエリを表示しておく

1 「数量2: Val(Nz([数量],0))」と入力

ワザ244を参考に、クエリを実行する　　実行

未入力のデータを「0」として数値で表示できた

関連 Q628 数値を通貨型に変換したい ………………………… P.366

Q627 | 365 | 2019 | 2016 | 2013 | お役立ち度 ★★★

フィールドの値に応じて表示する値を切り替えたい

A Iif関数を使用します

フィールドの値に応じて表示する値を切り替えるには、Iif関数を使用します。ここでは［金額］フィールドが10000未満の場合に［送料］を500、そうでない場合に［送料］を0と表示します。このような場合、「Iif([金 額]<10000,500,0)」 と「Iif([金額]>=10000,0,500)」の2通りが考えられますが、金額が未入力の場合、前者の式では「0」、後者の式では「500」が表示されます。未入力の金額に送料がかかるのはおかしいので、前者の式を使います。

ワザ243を参考に、デザインビューでクエリを作成しておく

テーブルを追加し、［金額］フィールドを追加しておく

1 「送料: Iif([金額]<10000,500,0)」と入力

ワザ244を参考に、クエリを実行する

![実行]

［金額］フィールドの値に応じた送料が表示された

未入力のデータがある場合は「0」と表示される

CLng関数で日付のシリアル値が分かる

Accessには、ワザ628で紹介したCCur関数の他にも、データを長整数型に変換するCLng関数、文字列型に変換するCStr関数など、データ型変換関数が多数用意されています。Accessでは日付が「シリアル値」と呼ばれる数値で扱われており、CLng関数を使うと日付に対応するシリアル値を調べられます。例えば「CLng(#2020/08/14#)」の結果は、「2020/8/14」のシリアル値である「44057」になります。

Q628 | 365 | 2019 | 2016 | 2013 | お役立ち度 ★★★

数値を通貨型に変換したい

A CCur関数で変換します

CCur関数を使用すると、数字の文字列や数値型の数値を通貨型のデータに変換できます。ここでは、ワザ627のクエリの［送料］フィールドの値を、CCur関数で通貨型に変換します。［送料］フィールドの数値を通貨のスタイルで表示するには［書式］プロパティで［通貨］を設定する方法もありますが、その場合［送料］フィールドのデータ型自体は数値型のままです。一方、CCur関数を使用すると、データ自体を通貨型に変換できます。通貨型を使った演算は誤差が少ないので、［送料］フィールドを使用した計算も正確性を期待できます。　　　　　　　　　➡クエリ……P.447

CCur(値)
［値］を通貨型に変換する

ワザ243を参考に、デザインビューでクエリを作成しておく

テーブルを追加し、［金額］フィールドを追加しておく

1 「送料: CCur(Iif([金額]<10000,500,0))」と入力

数字と記号、関数はすべて半角で入力する

ワザ244を参考に、クエリを実行する

![実行]

数値を通貨型に変換できた

テキストボックスが未入力かどうかで表示する値を切り替えたい

A IsNull関数を使用して未入力かどうかを調べます

フィールドやテキストボックスが未入力かどうかを判定したいときは、IsNull関数を使用します。データの未入力が原因で発生するエラーなどの問題を回避したいときに役立ちます。ここでは例として、[条件日] テキストボックスに入力された日付に受注した受注金額の合計をDSum関数で求めます。その際 [条件日] が

未入力のときにDSum関数の結果が「#エラー」になります。そこでIsNull関数とIIf関数を使い、[条件日] が未入力の場合は [受注額計] に何も表示せず、未入力でない場合は [条件日] に対応する受注金額をDSum関数で求めて表示します。DSum関数についてはワザ613で詳しく解説しているのでそちらを参照してください。

➡False……P.444
➡True……P.445

IsNull(値)
[値] に指定したデータに Null 値が含まれている場合に True、含まれていない場合に False を返す

データを集計するフィールドに「#エラー」と表示されないようにする

ワザ382を参考に、デザインビューでフォームを作成しておく

ワザ487を参考に、テキストボックスを追加して「条件日」「受注額計」という名前を付けておく

1 受注額計を表示させたいテキストボックスを選択

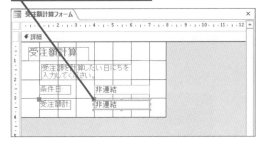

ワザ385を参考にプロパティシートを表示しておく

2 [データ] タブをクリック

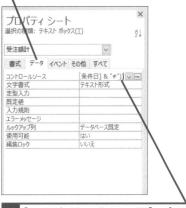

3 [コントロールソース] プロパティに「=IIf(IsNull([条件日]),Null,DSum("金額","受注クエリ","受注日=#" & [条件日] & "#"))」と入力

ワザ382を参考に、フォームビューで表示しておく

[条件日] が未入力でも [受注額計] にエラーが表示されなくなった

Accessの基本／データベースファイル／テーブル／クエリ／フォーム／レポート／関数／マクロ／データ連携・共有／管理・セキュリティ

第8章 作業を高速化・自動化する マクロのワザ

マクロの基本

マクロとは、処理を自動化するためのオブジェクトです。ここでは、マクロを作成するのに必要な基礎知識とマクロの作成方法を確認しましょう。

Q630 365 2019 2016 2013

お役立ち度 ★★☆

マクロで何ができるの？

A 作業を自動化できます

マクロでは、「フォームを開く」とか「クエリを実行する」などのAccessで行う操作が「アクション」と呼ばれる命令として用意されており、それを利用して処理を自動化できます。「アクション」を組み合わせて複数の処理を連続実行したり、条件によって実行する処理を変更したりと、さまざまな作業を自動化できます。プログラミングの知識がなくても処理を自動化できることが、マクロのメリットです。

➡アクション……P.445

●連続して複数の処理を実行できる

ボタンをクリックしたら
マクロを実行する

↓

マクロ

 ①追加クエリを実行

↓

②削除クエリを実行

↓

③テーブルを表示

↓

マクロの実行結果
が表示される

●条件によって実行する処理を変えられる

条件（顧客ID）を入力させ、ボタンを
クリックしたらマクロを実行する

↓

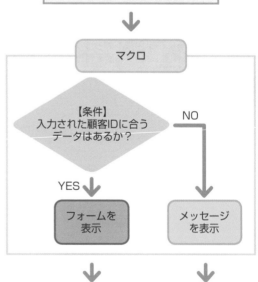

マクロ

【条件】
入力された顧客IDに合う
データはあるか？

YES ↓   NO →

フォームを
表示   メッセージ
を表示

↓   ↓

入力された顧客ID
のデータがフォー
ムに表示される   該当する顧客はい
ないというメッセー
ジが表示される

Q631

365 | 2019 | 2016 | 2013　　　　お役立ち度 ★★☆

マクロでできないことは？

A [アクション] で用意されていない 処理はできません

マクロでは、あらかじめ用意されている「アクション」にない処理は実行できません。また、複雑な条件分岐処理や繰り返し処理はできません。マクロでは対応できない複雑な処理を自動化したい場合は、VBA（Visual Basic for Applications）と呼ばれるプログラミング言語を使ってプログラミングする必要があります。

Q632

365 | 2019 | 2016 | 2013　　　　お役立ち度 ★★☆

Excelのマクロのように マクロを自動記録したい

A マクロの自動記録機能はありません

Accessのマクロは、Excelのように実行した操作を記録してマクロを自動で作成する機能はありません。そのため、実行したい処理を事前に確認してから、対応する「アクション」を組み合わせて、マクロを作成します。

関連 Q637 アクションって何 ？ P.372

Q633

365 | 2019 | 2016 | 2013　　　　お役立ち度 ★★★

マクロにはどんな種類があるの？

A 「独立マクロ」と 「埋め込みマクロ」があります

マクロには、独立マクロと埋め込みマクロがあります。独立マクロは、[作成] タブの [マクロ] ボタンをクリックして作成するマクロで、ナビゲーションウィンドウにマクロオブジェクトとして表示されます。
一方で、埋め込みマクロは、フォームやレポートに配置したボタンなどのコントロールのイベントに直接割りあてたマクロです。フォームやレポートと一緒に保存され、ナビゲーションウィンドウには表示されません。独立マクロは、いろいろなフォームやレポートに割り当てて埋め込みマクロのように使うこともできるため、汎用性の高いマクロは独立マクロとして作ると便利です。　　➡ マクロ……P.452

◆独立マクロ　　　　　　　　　　　　　　　◆埋め込みマクロ

マクロオブジェクトとしてナビゲーションウィンドウに表示される

フォームやレポート上にあるコントロールのプロパティシートで[イベント]タブに割り当てられる

関連 Q634 マクロを新規で作成するには ？ P.370

関連 Q644 ボタンにマクロを割り当てて実行するには…… P.376

マクロを新規で作成するには

A マクロビルダーを利用して作成します

マクロは、マクロビルダーを利用して作成します。マクロビルダーに表示される［新しいアクションの追加］ボックスからアクションを選択し、アクションの実行に必要な項目を設定していきます。この項目のことを引数（ひきすう）と呼びます。

処理を連続して実行したい場合は、続けてアクションを選択し、それぞれの引数を設定します。複数のアクションを追加した場合は、マクロ実行時に上から順番にアクションが実行されます。

アクションが設定できたら、マクロを保存し、動作確認をします。ここでは、「商品情報フォーム」を新規レコード入力用画面として開く処理を行うマクロの作成を例に、手順を確認しましょう。

→マクロビルダー……P.452

1 マクロを新規作成する

商品情報フォームを開く
マクロを作る

マクロビルダーが起動した

3 ［新しいアクションの追加］のここをクリックして［フォームを開く］を選択

［フォームを開く］アクションが追加された　　　引数の入力欄が表示された

4 ［フォーム名］で［商品情報フォーム］を選択　　**5** ［データモード］で［追加］を選択

6 ［ウィンドウモード］で［標準］を選択

2 マクロを保存する

1 ［上書き保存］をクリック

2 マクロの名前を入力　　**3** ［OK］をクリック

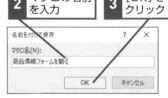

3 マクロをテストする

1 ［実行］をクリック

［商品情報フォーム］が開いた

マクロの動作を確認できた

Q635 [365] [2019] [2016] [2013]　　お役立ち度 ★★★

マクロを編集するには

A マクロをデザインビューで開きます

作成したマクロ（独立マクロ）は、ナビゲーションウィンドウに表示されます。マクロを編集したいときは、右クリックして［デザインビュー］をクリックすると、マクロビルダーで表示され、編集できるようになります。なお、ナビゲーションウィドウでマクロをダブルクリックするとマクロが実行されてしまうので注意してください。　➡デザインビュー……P.450

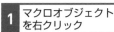

| 1 | マクロオブジェクトを右クリック |
| 2 | ［デザインビュー］をクリック |

マクロビルダーが起動してマクロが開いた

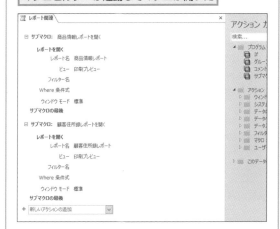

関連 Q645 アクションを削除したい ………………………… P.377

関連 Q646 実行するアクションの順番を入れ替えたい ……P.377

Q636 [365] [2019] [2016] [2013]　　お役立ち度 ★★★

マクロビルダーの画面構成を知りたい

A 各部の名称と機能を覚えておきましょう

マクロは、マクロビルダーを使用して作成、編集します。ここでは、マクロビルダーの画面構成を確認しましょう。　➡マクロビルダー……P.452

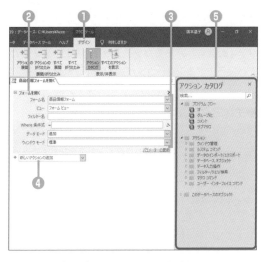

●マクロビルダー各部の名称と機能

	名称	機能
1	［マクロツール］の［デザイン］タブ	マクロの作成、編集、実行に使用するボタンが表示される
2	アクション	選択したアクションが表示される。右端にある［×］をクリックするとアクションを削除できる
3	引数	選択されたアクションの実行に必要な設定項目が表示される
4	［新しいアクションの追加］ボックス	アクションを選択して追加する
5	アクションカタログ	アクションの一覧などが種別に表示される

関連 Q637 アクションって何？ …………………………… P.372

関連 Q638 イベントって何？ …………………………… P.372

マクロの基本 ● できる 371

Q637 [365] [2019] [2016] [2013] お役立ち度 ★★★

アクションって何？

A マクロの処理単位です

アクションとは、マクロの処理単位で、［フォームを開く］や［フィルターの実行］など、約80種類用意されています。
アクションは［新しいアクションの追加］ボックスで選択するか［アクションカタログ］から追加できます。また［マクロツール］の［デザイン］タブの［すべてのアクションを表示］ボタンをクリックすると、［セキュリティの警告］バーでコンテンツを有効にしたときにだけ実行できるアクションが追加表示されます。

→マクロ……P.452

●主なアクション

アクション名	内容
ウィンドウを閉じる	指定したウィンドウを閉じる。省略時はアクティブウィンドウを閉じる
フィルターの実行	表示しているテーブル、フォーム、レポートに対して、既存のクエリやWhere条件式を使用してレコードを抽出する
フォームを開く	フォーム名、ビュー、フィルター名、モードなどを指定してフォームを開く
メッセージボックス	メッセージタイトル、メッセージ文、アイコンなどを指定してメッセージを表示する
レコードの移動	指定したテーブル、クエリ、フォーム内で指定したレコードに移動する
レコードの検索	検索条件に一致する最初のレコードを検索結果として返す。続けて検索するには［次を検索］アクションを使用する
レポートを開く	レポート名、ビュー、フィルター名などを指定してレポートを開く

関連 Q640 キーワードを使ってアクションを素早く選択したい …………………… P.374

関連 Q641 アクションカタログからアクションを選択したい ………………………… P.374

関連 Q645 アクションを削除したい ……………………… P.377

Q638 [365] [2019] [2016] [2013] お役立ち度 ★★★

イベントって何？

A マクロを実行するきっかけとなる動作です

イベントとは、マクロを実行するきっかけとして設定できる動作です。例えば［クリック時］や［開く時］などAccess上で行った操作をイベントとして、マクロを実行するように設定できます。イベントに対してマクロを設定するには、フォームやレポート、ボタンなどのコントロールのプロパティシートの［イベント］タブを表示し、その一覧にあるイベントに実行するマクロを割り当てます。

→コントロール……P.447
→プロパティシート……P.452

●主なイベント

イベント名	内容
印刷時	レポートでセクションが印刷される直前
空データ時	レポートで印刷するデータがないとき
クリック時	コントロールがクリックされたとき
更新後処理	フィールドやレコードを更新した後
更新前処理	フィールドやレコードを更新する前
挿入後処理	新しいレコードが入力された後
挿入前処理	新しいレコードに最初の文字が入力されたとき
ダブルクリック時	コントロールがダブルクリックされたとき
閉じる時	フォームやレポートを閉じる操作を行ったとき
開く時	フォームやレポートを開く操作を行ったとき
フォーカス取得時	コントロールにカーソルが移動したり、選択されたりしたとき
フォーカス喪失時	コントロールからカーソルが他のコントロールに移動したとき

関連 Q647 イベントからマクロを新規に作成するには ……… P.377

関連 Q648 コントロールを追加するときにマクロを自動作成するには …………………… P.378

関連 Q653 ボタンのクリックでフォームを開くには ……… P.384

マクロを実行するには

A 3通りの実行方法があります

マクロは、次の3つのいずれかの方法で実行します。1つ目は、マクロビルダーで実行したいマクロが表示されているときに［マクロツール］の［デザイン］タブの［実行］ボタンをクリックする方法です。マクロの作成、修正時に動作確認するときに使用します。2つ目は、ナビゲーションウィンドウに表示されているマクロをダブルクリックする方法です。保存した独立マクロは、ナビゲーションウィンドウに表示され、ここに表示されているマクロはダブルクリックすると実行されます。なお、マクロビルダーを表示して編集するには、マクロを右クリックしてデザインビューで開いてください。3つ目は、ボタンのクリック時などのイベントに割り当てる方法です。これは、フォームやレポート、配置したコントロールのイベントに、作成しておいたマクロを割り当てることで実行させます。

➡コントロール……P.447
➡デザインビュー……P.450
➡独立マクロ……P.450

●マクロビルダー（デザインビュー）から実行する方法

> ワザ635を参考に、マクロビルダーでマクロを表示しておく

1 ［マクロツール］の［デザイン］タブをクリック

2 ［実行］をクリック

> マクロが実行された

●ナビゲーションウィンドウから実行する方法

> マクロをダブルクリックして実行する

●イベントに割り当てる方法

> ワザ644を参考に、ボタンにマクロを割り当てておく

> ワザ382を参考に、フォームビューでフォームを表示しておく

1 ボタンをクリック

> マクロが実行された

関連
Q634 マクロを新規で作成するには？………………… P.370

Access の基本／データベース ファイル／テーブル／クエリ／フォーム／レポート／関数／マクロ／データ連携・共有／管理・セキュリティ

Q640 `365` `2019` `2016` `2013` お役立ち度 ★★★

キーワードを使って
アクションを素早く選択したい

A アクション名の最初の一部を
入力するだけで補完されます

マクロビルダーで追加したいアクション名が分かっている場合は、[新しいアクションの追加] ボックスをクリックしてカーソルを表示し、アクション名を直接入力することもできます。

このとき、アクション名の一部を入力すると自動的にアクション名が補完されます。例えば、「フォーム」と入力して文字を確定すると、アクションの一覧の中で入力された文字列に一致するアクションが自動選択され、「フォームを開く」アクションが選択されます。なお、一覧に同じ文字列で始まるアクションが複数ある場合は、上にあるアクションが自動的に選択されます。

ワザ635を参考に、マクロビルダーを起動しておく

1 [新しいアクションの追加] に「フォーム」と入力

📄 マクロ3
＋ フォーム ▽

2 Enter キーを押す

入力を確定すると [フォームを開く]が選択された

📄 マクロ3
＋ フォームを開く ▽

[フォームを開く] アクションが挿入された

引数が表示された

📄 マクロ3

□ フォームを開く
　フォーム名
　ビュー　　　フォーム ビュー
　フィルター名
　Where 条件式　＝
　データ モード
　ウィンドウ モード　標準
　　　　　　　　　　　　パラメーターの更新
＋ 新しいアクションの追加 ▽

Q641 `365` `2019` `2016` `2013` お役立ち度 ★★☆

アクションカタログから
アクションを選択したい

A アクションカタログから
アクションをドラッグします

アクションカタログでは、アクションなどが分類別に表示されます。分類名をクリックして展開し、表示されたアクションをマクロビルダーにドラッグします。ピンクのラインが表示された位置にアクションが挿入されます。 ➡マクロビルダー……P.452

ワザ635を参考に、マクロビルダーを起動しておく

1 [マクロツール] の[デザイン]タブをクリック

2 [アクションカタログ]をクリック

アクションカタログが表示された

3 [アクション] でアクションの分類のここをクリック

アクションの一覧が表示された

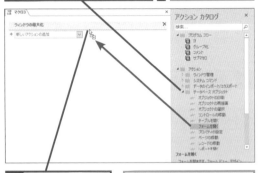

4 利用するアクションをマクロビルダーにドラッグ

すでにあるアクションの上または下にドラッグするとピンクの線が表示される

アクションがマクロビルダーに挿入された

Q642 365 2019 2016 2013

実行できないアクションがある

A マクロが無効モードになっています

データベースを開いて［セキュリティの警告］メッセージバーに［コンテンツの有効化］が表示された状態では、マクロが無効モードになっており、一部のマクロが実行できません。［コンテンツの有効化］をクリックして無効モードを解除すると、すべてのアクションが実行できるようになります。　➡無効モード……P.453

> ［セキュリティの警告］が表示された状態ではマクロが無効モードになっており、一部のマクロが実行できない

Microsoft Access
ⓘ 無効モードでは、'印刷' マクロ アクションを実行できません。
OK

関連 Q047　データベースを開いたら［セキュリティの警告］が表示された ……………P.54

Q643 365 2019 2016 2013

選択したいアクションが一覧にない

A ［すべてのアクションを表示］ボタンをクリックすると表示されます

［新しいアクションの追加］ボックスやアクションカタログで挿入したいアクションが一覧に表示されていない場合は、［マクロツール］の［デザイン］タブで［すべてのアクションを表示］ボタンをクリックしてオン

にします。すると［新しいアクションの追加］ボックスでは、すべてのアクションが選択できるようになります。また、アクションカタログでは、（⚠）の付いたアクションが表示されます。このマークは、無効モードでは実行できないアクションを意味しています。

➡無効モード……P.453

> ワザ641を参考に、アクションカタログを表示しておく

1 ［マクロツール］の［デザイン］タブをクリック

2 ［すべてのアクションを表示］をクリック

3 ［データベースオブジェクト］のここをクリック

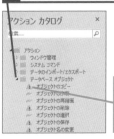

> ⚠の付いた、通常では表示されないアクションがアクションカタログに表示された

> ［新しいアクションの追加］の一覧にも通常では表示されないアクションが表示された

関連 Q645　アクションを削除したい ………………………………… P.377
関連 Q646　実行するアクションの順番を入れ替えたい…… P.377

ボタンにマクロを割り当てて実行するには

A ボタンの［クリック時］イベントにマクロを設定します

既存の独立マクロをフォーム上に配置したボタンに割り当て、クリックしたときに実行されるようにするには、ボタンの［クリック時］イベントにマクロを割り当てます。ここでは、フォーム上にボタンを配置し、マクロを割り当てるまでの一連の操作を確認しましょう。なお、ボタンを配置するときは、コントロールウィザードは使用しません。あらかじめオフにしてからボタンをフォームに配置します。　➡イベント……P.445

ワザ382を参考に、デザインビューでフォームを表示しておく

1 ［フォームデザインツール］の［デザイン］タブをクリック

2 ［その他］をクリック

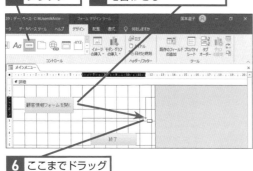

コントロールウィザードがオンの場合は、アイコンに背景色が付いている

3 ［コントロールウィザードの使用］をクリック

コントロールウィザードがオフになる

すでにコントロールウィザードがオフ（背景色なし）の場合は、この操作は必要ない

ワザ385を参考に、プロパティシートを表示しておく

4 ［ボタン］をクリック

5 ここにマウスポインターを合わせる

6 ここまでドラッグ

ボタンが挿入された

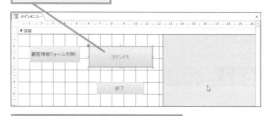

サイズを整え、名前を入力しておく

ワザ385を参考に、プロパティシートを表示しておく

7 ボタンをクリック

8 プロパティシートの［イベント］タブをクリック

9 ［クリック時］のここをクリック

10 マクロを選択

ボタンをクリックするとマクロが実行されるようになる

Access の基本／データベース／ファイル／テーブル／クエリ／フォーム／レポート／関数／マクロ／データ連携・共有／管理・セキュリティ

Q645
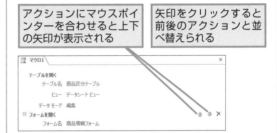
`365` `2019` `2016` `2013`　　お役立ち度 ★★★

アクションを削除したい

A 削除したいアクションの右端にある
［×］をクリックします

アクションを間違えて選択した場合、選択し直すことはできません。いったんアクションを削除してから、再度アクションを選択し直します。アクションを削除するには、削除したいアクションにマウスポインターを合わせ、右端に表示される（✕）をクリックします。

> ✕をクリックするとアクションを削除できる

Q646
`365` `2019` `2016` `2013`　　お役立ち度 ★★★

実行するアクションの
順番を入れ替えたい

A 移動するアクションの右側にある
上下矢印をクリックします

アクションの順番は入れ替えることができます。移動するアクションにポインターを合わせ、表示される上下矢印をクリックします。クリックした矢印の方向に移動し、アクションが並べ変わります。

> アクションにマウスポインターを合わせると上下の矢印が表示される

> 矢印をクリックすると前後のアクションと並べ替えられる

Q647
`365` `2019` `2016` `2013`　　お役立ち度 ★★★

イベントからマクロを新規に作成するには

A 対象となるイベントから
マクロビルダーを起動します

イベントからマクロを作成することもできます。フォームやレポートをデザインビューで表示し、マクロを実行するボタンなどのコントロールを選択して、プロパ

ティシートの［イベント］タブでイベントからマクロビルダーを起動し、マクロを作成します。ここで作成されるマクロは埋め込みマクロといい、フォームやレポートの一部として保存され、ナビゲーションウィンドウには表示されません。➡埋め込みマクロ……P.446

> ワザ387を参考に、デザインビューでフォームを表示し、プロパティシートでボタンを選択しておく

> **1** プロパティシートの[イベント]タブをクリック

> **2** マクロを割り当てるイベントをクリックしてここをクリック

> **3** [マクロビルダー]をクリック

> **4** [OK]をクリック

> マクロビルダーが起動した

> 埋め込みマクロを新規作成できる

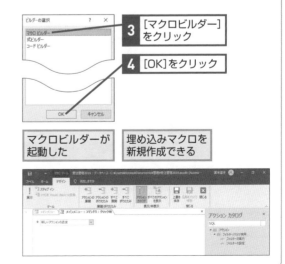

コントロールを追加するときにマクロを自動作成するには

A コントロールウィザードをオンにしてからコントロールを配置します

ボタンなどのコントロールをフォーム上に追加するときに、コントロールウィザードをオンにしておくと、コントロールを配置するときにウィザードが起動します。すると、画面の指示にしたがって実行したい処理を選択するだけで、マクロを自動で作成できます。このとき作成されるのは埋め込みマクロで、フォームや

レポートの中に保存されます。ここでは [顧客情報フォーム] を開くボタンを作成する操作を例に確認しましょう。なお、作成されるマクロでは、フォーム名がChrW関数に置き換わる場合があります。これは、ウィザードによるもので、問題なく動作します。気になる場合は、関数を削除しフォーム名を選択し直してください。　　　　　　　　　　➡ウィザード……P.446

1 コントロールウィザードをオンにする

ワザ382を参考に、フォームをデザインビューで表示しておく

1 [フォームデザインツール]の[デザイン]タブをクリック

2 [その他]をクリック

コントロールウィザードがオフの場合は、アイコンに背景色が付いていない

3 [コントロールウィザードの使用]をクリック

コントロールウィザードがオンになる

すでにコントロールウィザードがオン（背景色あり）の場合は、この操作は必要ない

2 ボタンの作成を開始する

1 [ボタン]をクリック

2 フォーム上をクリック

3 ボタンの動作を設定する

[コマンドボタンウィザード] ダイアログボックスが表示された

[顧客情報フォーム]を開くボタンにする

1 [種類]の[フォームの操作]をクリック

2 [ボタンの操作] の [フォームを開く]をクリック

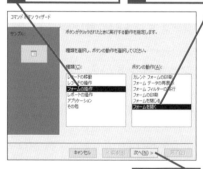

3 [次へ] をクリック

4 [顧客情報フォーム]をクリック

5 [次へ]をクリック

4 ボタンの動作の設定を完了する

1 [すべてのレコードを表示する]をクリック

2 [次へ]を クリック

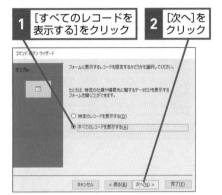

5 ボタンに表示する文字列を設定する

1 [文字列]を クリック

2 [顧客情報フォームを開く]と入力

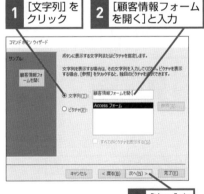

3 [次へ]を クリック

ボタンの名前を 変更できる

4 [完了]を クリック

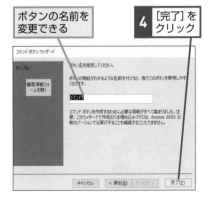

6 ボタンの作成が完了した

ボタンが作成 された

ワザ385を参考にプロパティ シートを表示しておく

サイズや位置を整えておく

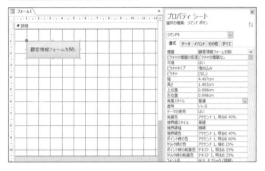

7 マクロを確認する

1 [イベント]タブを クリック

2 [クリック時]の ここをクリック

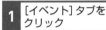

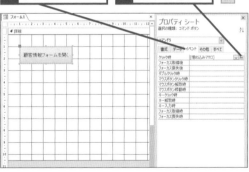

マクロビルダー が起動した

[フォームを開く]アクションが 表示され、マクロを確認できた

Q649 [365] [2019] [2016] [2013]　　　お役立ち度 ★★★

条件を満たすときだけ処理を実行するには

A Ifブロックを追加して条件式を設定します

条件を満たすときだけマクロを実行するように設定するには、マクロビルダーにIfブロックを追加して、条件式と、条件を満たしたときに実行するアクションを設定します。条件式はTrueまたはFalseが戻り値となる式を設定します。Ifブロックは［新しいアクションの追加］ボックスまたはアクションカタログの［プログラムフロー］から追加できます。

●条件分岐による処理の例

ボタンをクリックしたときに、チェックボックスにチェックマークが付いていたらメッセージを表示する

チェックマークが付いていない場合はボタンをクリックしても何も表示しない

●条件分岐の流れ

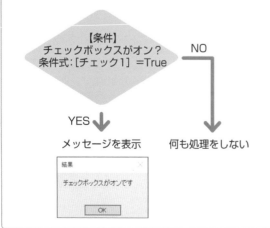

【条件】
チェックボックスがオン？
条件式：［チェック1］＝True

NO

YES
メッセージを表示　　　　　何も処理をしない

●条件を満たす場合のみ処理を実行するマクロの作成方法

ワザ644を参考に、ボタンと［チェック1］という名前のチェックボックスを配置しておく

1 ボタンをクリックして選択

2 プロパティシートの［イベント］タブをクリック

3 ［クリック時］のここをクリック

4 ［マクロビルダー］をクリック

5 ［OK］をクリック

マクロビルダーが起動した

6 ［新しいアクションの追加］で[If]を選択

7 ［条件式］に「［チェック1］＝True」と入力

8 [If]の下に［メッセージボックス］アクションを追加

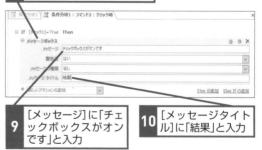

9 ［メッセージ］に「チェックボックスがオンです」と入力

10 ［メッセージタイトル］に「結果」と入力

マクロを保存し、マクロビルダーを終了しておく

Q650 [365] [2019] [2016] [2013]

条件を満たすときと満たさないときで異なる処理を実行したい

A IfブロックにElseブロックを 追加します

条件を満たすときと満たさないときで異なる処理を実行したい場合は、[Elseの追加]をクリックして、Ifブ

ロックの下にElseブロックを追加し、条件を満たさないときに実行するアクションを設定します。

➡条件分岐……P.448

●条件分岐の流れ

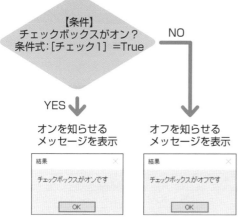

【条件】
チェックボックスがオン?
条件式:[チェック1]=True

NO

YES

オンを知らせる
メッセージを表示

オフを知らせる
メッセージを表示

結果
チェックボックスがオンです
OK

結果
チェックボックスがオフです
OK

●条件を満たすときと満たさないときで 処理を振り分ける方法

ワザ649を参考にIfブロックを追加し、条件に合致したときに実行するアクションを設定しておく

1 [If]をクリック

2 [Elseの追加]をクリック

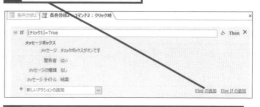

3 Elseの下の[新しいアクションの追加]のここをクリックして[メッセージボックス]を選択

4 [メッセージ]に「チェックボックスがオフです」と入力

5 [メッセージタイトル]に「結果」と入力

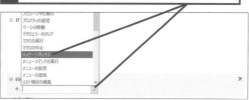
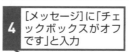

マクロを保存し、マクロビルダーを終了しておく

Q651 [365] [2019] [2016] [2013]

条件を満たさなかったときに別の条件を設定するには

A IfブロックにElse Ifブロックを 追加します

Ifブロックで条件式を満たさなかったときに、別の条件を設定したい場合は、Ifブロックの右下に表示される[Else Ifの追加]をクリックしてElse Ifブロックを

追加します。Else IfブロックはIfブロックの下に追加され、Ifブロックと同様に条件式と条件を満たす場合に実行するアクションを選択して処理を設定します。Else Ifブロックは、条件を設定したい数だけ追加できます。

➡条件式……P.448

Q652 365 2019 2016 2013

メッセージボックスで［はい］がクリックされたときに
アクションを実行するには

A Ifブロックの条件式で MsgBox関数を設定します

MsgBox関数は、メッセージボックスを表示し、クリックされたボタンによって異なる戻り値を返す関数です。例えば［はい］ボタンをクリックすると、戻り値6が返ります。これを利用して、Ifブロックの条件式でMsgBox関数を使用すると、アクションの実行前にメッ

セージボックスを表示し、どのボタンが押されたかで実行するアクションが変わる仕組みを作ることができます。

ここでは、フォーム上の［終了］ボタンがクリックされたときにメッセージボックスを表示し、［はい］ボタンがクリックされたときだけAccessが終了するマクロを作成します。　　　　　　　　→関数……P.446

フォームの［終了］ボタンをクリックすると確認のメッセージが表示される

［はい］をクリックするとAccessが終了する

MsgBox(メッセージ , ボタンやアイコン , タイトル)
タイトルバーに［タイトル］、内容に［メッセージ］と［ボタンやアイコン］を表示したダイアログボックスを表示し、クリックされたボタンに対応した［戻り値］を返す。ボタンやアイコンと戻り値の詳細は右の表を参照

ボタンやアイコンの指定
［ボタンの種類］＋［アイコンの種類］＋［標準のボタンの指定］

ボタンやアイコンの指定は「4+48+0」のように式として指定します。また、「52」のように合計の数値で指定することもできます。

●ボタンの種類

数値	種類
0	［OK］
1	［OK］［キャンセル］
2	［中止］［再試行］［無視］
3	［はい］［いいえ］［キャンセル］
4	［はい］［いいえ］
5	［再試行］［キャンセル］

●アイコンの種類

数値	種類
16	❌ 警告
32	❓ 問い合わせ
48	⚠ 注意
64	ⓘ 情報

●標準のボタンの指定

数値	種類
0	第1ボタン
256	第2ボタン
512	第3ボタン

標準のボタンとは、メッセージボックスを表示したときに最初に選択された状態になっているボタンのことです。Enterキーを押すことで、そのボタンをクリックしたときと同じ操作となります。

●戻り値

数値	種類
1	［OK］
2	［キャンセル］
3	［中止］
4	［再試行］
5	［無視］
6	［はい］
7	［いいえ］

●メッセージボックスの例

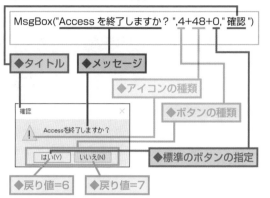

MsgBox("Access を終了しますか？ ",4+48+0," 確認 ")

◆タイトル　◆メッセージ　◆アイコンの種類　◆ボタンの種類

確認
！ Accessを終了しますか？
はい(Y) いいえ(N)

◆標準のボタンの指定

◆戻り値=6　◆戻り値=7

●押されたボタンに応じて処理が変わる
　　マクロの作成方法

ワザ644を参考にボタンを作成しておく

ワザ385を参考に、デザインビューで開き、
プロパティシートを表示しておく

1 ボタンをクリックして選択

2 プロパティシートの [イベント] タブで [クリック時]のここをクリック　…

3 [ビルダーの選択] が表示されたら [マクロビルダー]を選択

4 [OK]をクリック

5 [If]を選択

6 [条件式] に「MsgBox("Access を終了しますか？ ",4+48+0," 確認")=6」と入力

7 [条件式] の下にある [新しいアクションの追加]のここをクリック

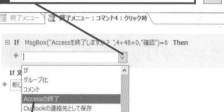

If MsgBox("Accessを終了しますか？ ",4+48+0,"確認")=6 Then

If
グループ化
コメント
Accessの終了
Outlookの連絡先として保存
Outlookの連絡先を追加
Word に差し込み
イベントの取り消し
ウィンドウの移動とサイズ変更
ウィンドウの最小化
ウィンドウの最大化
ウィンドウを元のサイズに戻す
ウィンドウを閉じる
エラー時
オブジェクトからレコードの検索
オブジェクトの印刷
オブジェクトの再描画
オブジェクトの選択
クエリを開く
コントロールの移動
シングルステップ
すべての一時変数の削除
データベースオブジェクトの電子メール送信
データベースを閉じる

8 [Accessの終了]を選択

マクロを保存し、マクロビルダーを
終了しておく 🖫

フォーム関連のマクロ

スムーズな画面遷移は、データベースシステムの使い勝手を上げるポイントです。フォームを開く操作をはじめとして、フォーム関連のマクロを紹介します。

Q653 365 2019 2016 2013　　　　　　　　　　　　　　　　　お役立ち度 ★★★

ボタンのクリックでフォームを開くには

A [フォームを開く] アクションでフォーム名を指定します

フォームを開くボタンは、メニュー画面に欠かせない機能です。フォームを開く処理には、[フォームを開く]アクションを使用します。引数[フォーム名]に開く

フォームを指定するだけで、指定したフォームを開けます。その他の引数は省略可能です。引数[ビュー]の既定値は[フォームビュー]です。

➡ビュー……P.451

●ボタンのクリックでフォームを開く

[受注一覧表示]をクリックすると[受注一覧フォーム]が表示される	メニューからのボタン操作でフォームが簡単に開き、データ入力を補助できる

●フォームを開くマクロをボタンに設定する方法

ワザ382を参考に、デザインビューでフォームを表示しておく	[受注一覧表示]をクリックして選択しておく

1 プロパティシートの[イベント]タブをクリック

2 [クリック時]のここをクリック

3 [ビルダーの選択]が表示されたら[マクロビルダー]を選択

4 [OK]をクリック

マクロビルダーが表示され、埋め込みマクロの作成が開始された

5 [新しいアクションの追加]のここをクリックして[フォームを開く]アクションを選択

[フォームを開く]アクションが追加された	**6** [フォーム名]で[受注一覧フォーム]を選択

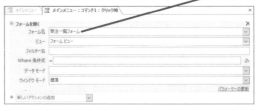

7 [上書き保存]をクリック

8 [閉じる]をクリック

マクロがフォームに保存され、マクロビルダーが終了する

Q654 [365] [2019] [2016] [2013]　　　　お役立ち度 ★★★

フォームを読み取り専用で開くには

A 引数［データモード］から［読み取り専用］を選択します

［フォームを開く］アクションの引数［データモード］を使用すると、フォームを開くときのデータ入力の状態を［追加］［編集］［読み取り専用］から指定できます。ユーザーにデータを変更されたくない場合は、［読み取り専用］を指定しましょう。ちなみに［追加］と［編集］はいずれも新規レコードを追加できますが、既存のレコードを編集できるのは［編集］のみです。

[データモード]のここをクリックして[読み取り専用]を選択すると、フォームが読み取り専用で開く

Q655 [365] [2019] [2016] [2013]　　　　お役立ち度 ★★★

新規レコードの入力画面を開くには

A フォームを開いた後で［レコードの移動］を実行します

［フォームを開く］アクションの引数［フォーム名］で開くフォームを指定し、［レコードの移動］アクションの引数［レコード］で［新しいレコード］を指定すると、指定したフォームの新規レコードの入力画面が開きます。すぐに新規レコードの入力を開始したいときに便利です。移動ボタンを使用して既存のレコードに移動することも可能です。ちなみに、ワザ654を参考に［フォームを開く］アクションの引数［データモード］に［追加］を指定しても新規レコードの入力画面を表示できますが、その場合は既存のレコードに移動できません。　　　　➡マクロビルダー……P.452

ワザ653を参考に、マクロビルダーで［フォームを開く］アクションのマクロを作成しておく

1 ［フォームを開く］アクションの下の［新しいアクションを追加］のここをクリックして［レコードの移動］を選択

[レコードの移動]アクションが追加された

2 ［レコード］で［新しいレコード］を選択

マクロを保存し、マクロビルダーを終了しておく

ボタンをクリックするとフォームの新規作成レコード入力画面が開いた

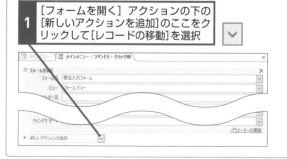

Q656 365 2019 2016 2013

フォームを開いて複数の条件に合うレコードを表示するには

A [フォームを開く] アクションで
フィルター用のクエリを指定します

[フォームを開く]アクションの引数[フィルター名]に、フォームのレコードの抽出条件となるクエリを指定すると、フォームを開いて、条件に合うレコードを表示できます。ここでは、フィルター用のクエリに指定する抽出条件を、検索用フォームで指定できる仕組みを作成します。条件を入力するテキストボックスと演算子を組み合わせて、抽出条件を正しく指定することがポイントです。　　　　　→引数……P.451

●フォームを開き、条件に合うレコードを
表示する

◆検索フォーム
[表示] ボタンがクリックされたら [受注一覧フォーム] を開き、[受注情報フィルター] を実行する

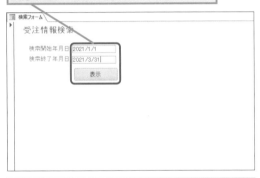

[受注情報フィルター]
Between Forms![検索フォーム]![条件 1] And Forms![検索フォーム]![条件 2]

◆受注一覧フォーム
[受注情報フィルター]が実行されると、[受注日]フィールドが [検索開始年月日] (条件1) ～ [検索終了年月日] (条件2)の間のデータを抽出する

●指定した条件に合うレコードを表示する
マクロの作成方法

1 フィルター用のクエリを作成する準備をする

ワザ382を参考に、デザインビューでフォームを表示しておく

検索条件を入力するテキストボックスの名前([条件1] と [条件2])をプロパティシートで確認しておく

1 [フォームデザインツール] の [デザイン] タブをクリック

2 [プロパティシート]をクリック

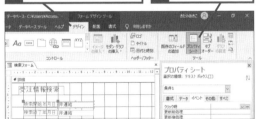

[プロパティシート] が表示された

◆条件1　　　◆条件2

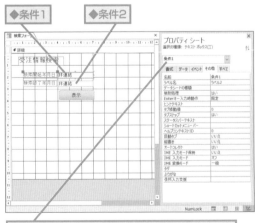

テキストボックスをクリックして選択した状態で、ここに表示される名前を確認する

2 フィルター用のクエリを作成する

ワザ243を参考に、デザインビューで新規クエリを作成し、[受注一覧フォーム] のレコードソースとなる[受注一覧クエリ]を追加しておく

1 [フィールド] で [受注日]を選択

2 [抽出条件]に「Between Forms![検索フォーム]![条件1] And Forms![検索フォーム]![条件2]」と入力

3 [上書き保存] をクリック

[名前を付けて保存] ダイアログボックスが表示された

4 「受注情報フィルター」と入力

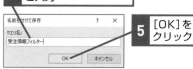

5 [OK]を クリック

クエリが保存された

[受注情報フィルター] クエリを閉じておく

3 フォームを開くマクロを作成する

ワザ385を参考にデザインビューで開き、プロパティシートを表示しておく

1 ボタンをクリックして選択

2 プロパティシートの[イベント] タブで [クリック時]のここをクリック

[ビルダーの選択] が表示された

3 [マクロビルダー]を選択

4 [OK]を クリック

5 [フォームを開く] アクションを選択

6 [フォーム名]で[受注一覧フォーム]を選択

7 [フィルター名] に「受注情報フィルター」と入力

マクロを保存し、マクロビルダーを終了しておく 💾

| 関連 Q657 | 現在のレコードの詳細画面を開くには ………… P.388 |
| 関連 Q663 | テキストボックスに条件を入力して抽出したい ……………………… P.391 |

現在のレコードの詳細画面を開くには

A [フォームを開く] アクションで [Where条件式] を指定します

表形式のフォームに主なフィールドだけを表示し、ボタンのクリックで詳細な情報を表示するフォームを開けるようにすると便利です。そのようなときは、表形式のフォームの［詳細］セクションにボタンを配置し、埋め込みマクロを作成します。[フォームを開く] アクションの引数［Where条件式］に開くフォームに表示するレコードの条件式を

[フィールド名]=Forms![フォーム名]![コントロール名]

の形式で指定します。フォーム名やコントロール名は入力時に自動表示されるリストから選択できます。

●ボタンのクリックで詳細情報を表示する

[受注一覧フォーム] で各 [受注ID] の [伝票] ボタンをクリックすると、[受注入力フォーム] の対応した受注IDの [受注伝票] が表示される

詳細な情報をすぐに確認できる

[受注入力フォーム] を開いたときにWhere条件式が適用され、該当のデータが表示される

Where 条件式
[受注 ID]=Forms![受注一覧フォーム]![受注 ID]

◆フィールド名
[受注ID] フィールドで対応したデータを探す

◆フォーム名、コントロール名
指定されたフォームのコントロールから探す対象のデータを取得する

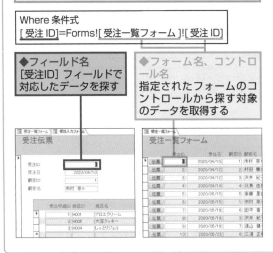

●ボタンのクリックで詳細情報を表示するマクロの作成方法

探す対象の値が入るコントロールの名前（[受注ID]）を確認しておく

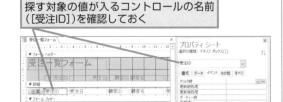

1 [伝票] ボタンをクリック

2 プロパティシートの [イベント] タブで [クリック時] のここをクリック

[ビルダーの選択] が表示された

3 [マクロビルダー]を選択

4 [OK]をクリック

5 [フォームを開く] アクションを選択

6 [フォーム名] で [受注入力フォーム]を選択

7 [Where条件式] に「[受注ID]=Forms![受注一覧フォーム]![受注ID]」と入力

マクロを保存し、マクロビルダーを終了しておく

Q658 [365] [2019] [2016] [2013]　お役立ち度 ★★☆

レコードの変更が開いた
フォームに反映されない

A フォームを開く前に
［レコードの保存］を実行します

ワザ657では、［フォームを開く］アクションの引数
［Where条件式］を利用して、呼び出し元のフォーム
と同じ値を持つレコードを表示する方法を紹介しまし
た。呼び出し元のレコードソースが集計クエリのよう
な編集不可のフォームなら、ワザ657のマクロで問題
ありません。しかし、呼び出し元のフォームが編集可
能な場合、編集中の内容は呼び出される側のフォーム
に自動では反映されないため、編集前のデータが表示
されてしまいます。

そのようなフォームでは、マクロで［フォームを開く］
アクションを実行する前に、［レコードの保存］アク
ションを実行しておきましょう。そうすれば、編集中
の内容を保存してからフォームを呼び出せるので、呼
び出し元と呼び出される側でレコードを一致させられ
ます。なお、仮にデータを編集していない状態でも、［レ
コードの保存］アクションを実行して問題ありません。

> ［フォームを開く］アクションの前に［レコードの保
> 存］アクションを実行すると、編集中の内容を保存
> してからフォームが開かれる

Q659 [365] [2019] [2016] [2013]　お役立ち度 ★★☆

ボタンのクリックで
フォームを閉じるには

A ［ウィンドウを閉じる］
アクションを実行します

［ウィンドウを閉じる］アクションを、引数を初期状態
のまま実行すると、前面に表示されているオブジェク
トが閉じます。引数［オブジェクトの保存］では、強
制保存するか、保存しないで閉じるか、閉じる前に保
存確認のメッセージを表示するかを選べます。

> ボタンを作成したフォームをワザ382を参考に、
> デザインビューで表示しておく

> **1** ボタンをクリックして選択

> **2** プロパティシートの［イベント］タブで［クリック時］のここをクリック

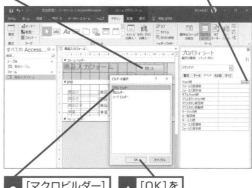

> **3** ［マクロビルダー］を選択

> **4** ［OK］をクリック

> **5** ［ウィンドウを閉じる］アクションを選択

> マクロを保存し、マクロビルダーを終了しておく

> ［閉じる］をクリックするとフォームを閉じてフォームの入力を終了する

Q660 365 2019 2016 2013 お役立ち度 ★★★

フォームを閉じるボタンを
効率よく作成するには

A ウィンドウを閉じるための 独立マクロを用意しましょう

データベース内の複数のフォームに［閉じる］ボタンを作成する場合、フォームごとにワザ659の操作を繰り返すのは面倒です。そのようなときは、［ウィンドウを閉じる］アクションを含む独立マクロを作成し、作成した独立マクロを各フォームのボタンの［クリック時］イベントで指定しましょう。［ウィンドウを閉じる］アクションの引数［オブジェクトの種類］と［オブジェクト名］を空欄のままにしておけば前面に表示されているフォームが閉じるので、どのフォームにも使い回せます。　→イベント……P.445

ワザ634を参考に、独立マクロとして［ウィンドウを閉じる］マクロを作っておく

ワザ385を参考にフォームをデザインビューで開き、プロパティシートを表示しておく

1 ボタンをクリック

2 ［イベント］タブをクリック

ボタンの［クリック時］のここをクリックして［ウィンドウを閉じる］マクロを選択すれば、簡単にマクロを指定できる

Q661 365 2019 2016 2013 お役立ち度 ★★☆

フォームを開いたあとで
自分自身のフォームを閉じるには

A フォームを開いた後で ［ウィンドウを閉じる］を実行します

伝票のフォームからメインメニューのフォームを開いたときに自分自身（伝票のフォーム）を閉じたい場合には、ボタンの埋め込みマクロで、［フォームを開く］アクションに続けて［ウィンドウを閉じる］アクションを追加し、閉じる対象として自分自身のフォーム名を指定します。閉じる対象を初期状態の空欄のままにしておくと、直前に［フォームを開く］アクションで開いたフォームが閉じてしまうので注意します。

［フォームを開く］アクションで他のフォームを開き、次に［ウィンドウを閉じる］アクションで自分自身のフォームを閉じる

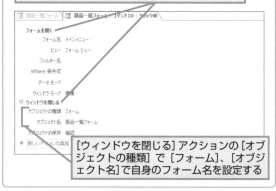

［ウィンドウを閉じる］アクションの［オブジェクトの種類］で［フォーム］、［オブジェクト名］で自身のフォーム名を設定する

Q662 365 2019 2016 2013 お役立ち度 ★★☆

フォームを閉じたときに
メインメニューが開くようにしたい

A ［閉じる時］イベントで メインメニューを開きます

一覧表のフォームや入力用のフォームを閉じたときに、自動的にメインメニューのフォームが開くようにするには、閉じるフォームの［閉じる時］イベントを利用します。このイベントにメインメニューのフォームを開くマクロを設定しておくと、フォームの（✕）をクリックして閉じる場合と、フォームに作成した［閉じる］ボタン（コントロールのボタン）から閉じる場合のどちらでも、閉じると同時にメインメニューが開きます。

Q663 [365] [2019] [2016] [2013]　　　　　　　　　お役立ち度 ★★★

テキストボックスに条件を入力して抽出したい

A [フィルターの実行] アクションで抽出条件を指定します

[フィルターの実行] アクションを使用すると、指定した条件でフォームのレコードを抽出できます。抽出条件は、引数[Where条件式]で指定します。テキストボックスに入力した値を条件とする場合の構文はワザ657

で紹介したとおりですが、ここではよりあいまいな条件で抽出が行えるように、

[フィールド名] Like "*" & Forms![フォーム名]![コントロール名] & "*"

という式に従って条件を指定します。このようにすると、テキストボックスに入力した文字列を含むデータを抽出できます。　　　　　　　→条件式……P.448

> ワザ385を参考に、フォームをデザインビューで開き、プロパティシートを表示しておく

> 抽出条件を入力するコントロールの名前を確認しておく

> ◆顧客抽出

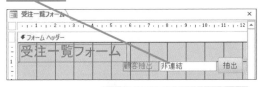

> **1** ボタンをクリックして選択

> **2** プロパティシートの [イベント] タブで [クリック時] のここをクリック

> **3** [マクロビルダー]を選択　　**4** [OK]をクリック

> **5** [フィルターの実行]を選択

> **6** [Where条件式]に「[顧客名] Like "*" Forms![受注一覧フォーム]![顧客抽出] & "*"」と入力

> マクロを保存し、マクロビルダーを終了しておく

> [顧客名]フィールドに[顧客抽出]に入力した文字列を含む受注データが表示された

| 関連 Q657 | 現在のレコードの詳細画面を開くには ………… P.388 |
| 関連 Q670 | フォームに表示中のレコードだけを印刷するには …………………………………… P.396 |

Q664 [365] [2019] [2016] [2013]　　　　　　　　　お役立ち度 ★★☆

抽出解除用のボタンを作成したい

A [フィルター／並べ替えの解除] アクションを使用します

ワザ663のようなレコード抽出用のボタンを作成したときは、隣に抽出解除用のボタンを配置しておくとフォームの使い勝手が上がります。[解除]ボタンの[ク

リック時]イベントで埋め込みマクロを作成しましょう。マクロビルダーで[新しいアクションの追加]の一覧から[フィルター／並べ替えの解除]アクションを選択して追加すると、ボタンのクリックで抽出を解除できるようになります。

2つのコンボボックスを連動させるには

A [値集合ソース] プロパティと [再クエリ] アクションを使用します

上位のコンボボックスで選択した内容に応じて、下位のコンボボックスの選択肢を変えたいことがあります。ここでは［所属部］の選択に応じて、［所属課］の選択肢が変化するように設定します。初期状態では［所属課］の選択肢にはすべての課が表示されますが、コンボボックスの［値集合ソース］からクエリビルダーを起動して抽出条件を設定すると、表示される選択肢を［所属部］に応じて絞り込めます。

ただし、この状態でうまくいくのは空欄の状態から［所属部］を選択したときのみです。既存のレコードの［所属部］の値を変更したときに［所属課］の選択肢を更新するには、［所属部］の［更新後処理］イベントで埋め込みマクロを作成し、［再クエリ］アクションを実行して［所属課］を更新します。［再クエリ］は、指定したコントロールを更新するアクションです。

→クエリ……P.447

●選択した内容に応じてコンボボックスの選択肢を変化させる

［所属課］にすべての課が表示されるのを、選択した［所属部］に対応した課だけが［所属課］に表示されるよう変更する

［所属部］［所属課］の基になるテーブルを確認しておく

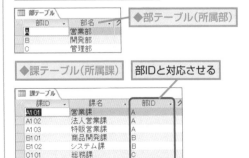

◆部テーブル（所属部）

◆課テーブル（所属課）　部IDと対応させる

●指定した条件に応じて選択肢が変化するマクロの作成方法

1 ［所属課］の選択肢を変えるクエリを作る

ワザ385を参考にデザインビューでフォームを開き、プロパティシートを表示しておく

1 ［所属課］をクリックして選択
2 プロパティシートの［データ］タブで［値集合ソース］のここをクリック

クエリビルダーが表示された　　新しいクエリを追加する

3 ［フィールド］で［部ID］を選択
4 抽出条件に「Forms![社員フォーム]![所属部]」と入力

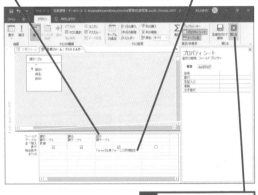

5 ［閉じる］をクリック

6 ［SQLステートメントの変更を保存し、プロパティの設定を更新しますか？］が表示されたら［はい］をクリック

［所属部］の部IDに対応した［所属課］の内容が抽出されるようになった

動画で見る

2 [所属部] の変更に対応して [所属課] の選択肢を更新するマクロを作る

1 [所属部] をクリックして選択

2 プロパティシートの [イベント] タブで [更新後処理]のここをクリック

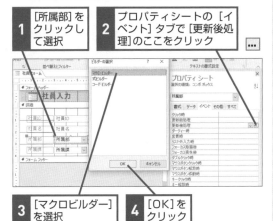

3 [マクロビルダー]を選択

4 [OK]をクリック

5 [再クエリ] アクションを選択

6 [コントロール名]に「所属課」と入力

7 [すべてのアクションを表示]をクリック

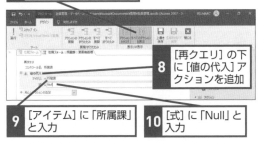

8 [再クエリ] の下に [値の代入] アクションを追加

9 [アイテム] に「所属課」と入力

10 [式] に「Null」と入力

マクロを保存し、マクロビルダーを終了しておく

Q666　365 2019 2016 2013　　お役立ち度 ★★☆

選択肢がないコンボボックスを無効化するには

A 条件付き書式を使用して [有効化] の設定をします

ワザ665のフォームで、[所属部] より先に [所属課] が選択されてしまうことを防ぐには、条件付き書式を利用します。[所属部] が空欄であることを条件に [所属課] を無効にします。[所属部] が入力されると、[所属課] が使用できる状態になります。

1 [所属課]をクリックして選択

2 [フォームデザインツール]の[書式] タブをクリック

3 [条件付き書式]をクリック

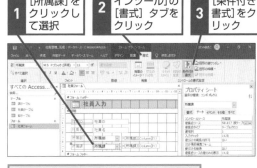

[条件付き書式ルールの管理] ダイアログボックスが表示された

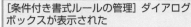

4 [新しいルール]をクリック

5 ここをクリックして[式]を選択

6 ここに「IsNull([所属部])」と入力

7 [有効化]をクリック

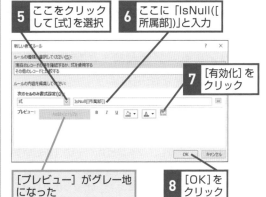

[プレビュー] がグレー地になった

8 [OK]をクリック

Q667 [365] [2019] [2016] [2013]

並べ替え用のボタンを作成したい

A [並べ替えの設定] アクションを使用します

[並べ替えの設定] アクションを使用すると、引数 [並べ替え] に指定したフィールドを基準に並べ替えを行えます。引数 [並べ替え] に「コキャクメイ」と指定すると [コキャクメイ] フィールドの昇順、「コキャクメイ DESC」と指定すると [コキャクメイ] フィールドの降順に並べ替えられます。なお、並べ替えを実行した状態でフォームを閉じると、フォームの初期

設定では次回開くときに並べ替えられた状態で開きます。次回、並べ替えを解除した状態で開きたい場合は、フォームのデザインビューでフォームを選択してプロパティシートを表示し、[データ] タブの [読み込み時に並べ替えを適用] プロパティで既定値の [はい] から [いいえ] に変更してください。

ワザ385を参考に、フォームをデザインビューで開き、プロパティシートを表示しておく

1 ボタンをクリックして選択

2 プロパティシートの [イベント] タブで [クリック時] のここをクリック

3 [マクロビルダー]を選択

4 [OK]をクリック

5 [並べ替えの設定] アクションを選択

6 [並べ替え]に「コキャクメイ」と入力

マクロを保存し、マクロビルダーを終了しておく

[コキャクメイ順] をクリックすると、[コキャクメイ]フィールドの順に並べ替えられる

Q668 [365] [2019] [2016] [2013]

並べ替えの解除ボタンを作成したい

A [フィルター／並べ替えの解除] アクションを使用します

ワザ667のような並べ替え用のボタンを作成したときは、隣に並べ替え解除用のボタンを配置しておくと便利です。[解除] ボタンの [クリック時] イベントで埋め込みマクロを作成し、マクロビルダーの [新しいアクションの追加] の一覧から [フィルター /並べ替えの解除] アクションを選択すると、ボタンのクリックで並べ替えを解除できます。

クリック時に [フィルター /並べ替えの解除]アクションを設定したボタンで、並べ替えを解除する

レポート関連のマクロ

レポートに関するマクロの知識を身に付けると、レポートの印刷を自動化できます。ここではレポートの印刷に関するマクロを紹介します。

Q669 365 2019 2016 2013　　　　　　　　　　　お役立ち度 ★★★

ボタンのクリックでレポートを開くには

A [レポートを開く] アクションでレポート名を指定します

レポートを開いたり、実際に印刷したりするには、[レポートを開く] アクションを使用し、引数 [レポート名] で、作成しておいたレポートを選択します。引数 [ビュー] で [印刷プレビュー] を指定すると、マクロの実行時にレポートの印刷プレビューが表示されます。その場合、実際に印刷するかどうかはユーザーに任されます。引数 [ビュー] で [印刷] を指定すると、マクロの実行時にレポートのウィンドウを開かずに、直接印刷できます。

➡レポート……P.454

●マクロの実行時に印刷プレビューを表示する

> [顧客一覧印刷]をクリックすると[顧客一覧印刷]レポートの印刷プレビューが開く

> 簡単に最新のレポートを印刷できる

●印刷プレビューの表示を設定する方法

> ここでは[顧客一覧印刷]レポートの印刷プレビューが開くマクロを作成する

> [顧客一覧]レポートを作成しておく

> **1** ボタンをクリックして選択

> **2** プロパティシートの[イベント]タブで[クリック時]のここをクリック

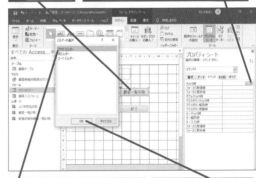

> **3** [マクロビルダー]を選択　　**4** [OK]をクリック

> **5** [レポートを開く]アクションを選択

> **6** [レポート名]のここをクリックして [顧客一覧印刷]を選択

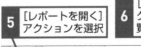

> **7** [ビュー]のここをクリックして[印刷プレビュー]を選択

> マクロを保存し、マクロビルダーを終了しておく

フォームに表示中のレコードだけを印刷するには

A [レポートを開く] アクションで
　[Where条件式] を指定します

[レポートを開く] アクションの引数 [Where条件式] を使用すると、開くレポートに表示するレコードの抽出条件を指定できます。条件式は、

[フィールド名]=Forms![フォーム名]![コントロール名]

●フォームに表示中のレコードのみ印刷する

表示中の顧客IDに対応した住所などの情報を取り出し、はがきの宛名としてレイアウトしたレポートを開く

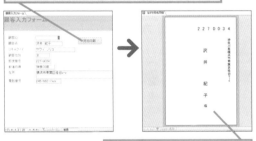

顧客データを利用して、簡単にはがきを出せるようになる

●表示中のデータを抽出して印刷するマクロの作成方法

ワザ382を参考に、デザインビューでフォームを表示しておく

[はがき宛名印刷] レポートを作成しておく

抽出の条件になるコントロールの名前を確認しておく

◆顧客ID

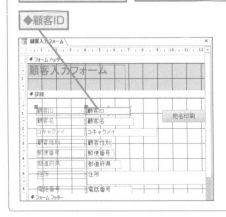

の形式で指定します。条件式中の[フィールド名]には、レポート側のフィールド名を指定します。レポートのレコードソースに含まれていれば、レポート上に配置されていなくてもかまいません。例えば、レポートのレコードソースが [顧客テーブル] である場合、[顧客テーブル] に含まれているフィールドを条件式に使用できます。　　　　　　　　→フィールド……P.451

ワザ385を参考にプロパティシートを表示しておく

1 ボタンをクリックして選択

2 プロパティシートの [イベント] タブで [クリック時] のここをクリック

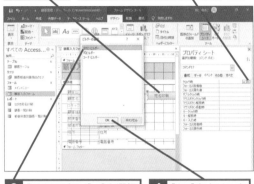

3 [マクロビルダー]を選択　　**4** [OK]をクリック

5 [レポートを開く]アクションを選択

6 [レポート名]で [はがき宛名印刷]を選択

7 [ビュー]で[印刷プレビュー]を選択

8 [Where条件式] に「[顧客ID]=Forms![顧客入力フォーム]![顧客ID]」と入力

マクロを保存し、マクロビルダーを終了しておく

Q671　365　2019　2016　2013　お役立ち度 ★★★

複数の条件に合うレコードを印刷するには

Ａ ［Where条件式］か　［フィルター名］を指定しましょう

［レポートを開く］アクションには、レコードの抽出条件を指定するための引数が2つあります。1つはワザ670で紹介した［Where条件式］で、もう1つは［フィ

ルター名］です。後者の［フィルター名］には、レポートに表示するレコードの抽出条件を設定したクエリを指定します。操作手順はフォームの場合と同じです。ワザ656を参考にしてください。

→アクション……P.445

Q672　365　2019　2016　2013　お役立ち度 ★★★

印刷するデータがない場合に印刷を中止するには

Ａ ［空データ時］イベントで　［イベントの取り消し］を実行します

クエリを基に作成したレポートで、抽出条件に合うレコードがない場合、レポートヘッダーやページヘッダーだけが印刷されて無駄になります。これを防ぐには、レポートの［空データ時］イベントで埋め込みマクロを作成し、［イベントの取り消し］アクションを使用して印刷をキャンセルします。［空データ時］イベントは、印刷対象のレコードが存在しない場合の処理を割り当てるイベントです。その際、［メッセージボックス］アクションを利用して印刷するデータがないことを表示すると、分かりやすくなります。

→抽出……P.449

●印刷するデータがない場合に印刷を中止する

抽出する条件にあてはまるデータがある場合は印刷を行う

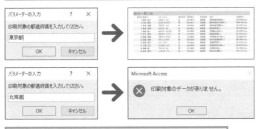

抽出する条件にあてはまるデータがない場合はメッセージを表示する

データのないレポートを印刷してしまうことを防ぐ

●条件に合うデータがない場合に処理を中止するマクロの作成方法

1 プロパティシートで［レポート］を選択

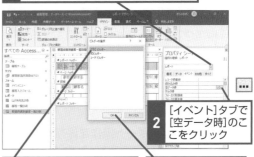

2 ［イベント］タブで［空データ時］のここをクリック

3 ［マクロビルダー］を選択　**4** ［OK］をクリック

5 ［メッセージボックス］アクションを選択　**6** ［メッセージ］に「印刷対象のデータがありません。」と入力

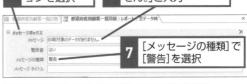

7 ［メッセージの種類］で［警告］を選択

8 ［イベントの取り消し］アクションを選択

マクロを保存し、マクロビルダーを終了しておく

データ処理、エラー処理のマクロ

Accessと外部データのやり取りや、データベース内でのレコードの削除や移動など、データ処理は重要です。ここでは、データ処理とエラー処理に便利なマクロのワザを紹介します。

Q673 `365` `2019` `2016` `2013`   お役立ち度 ★★★

Accessのデータを外部ファイルに自動で出力したい

A [保存済みのインポート／エクスポート操作の実行] アクションを使います

Accessのデータを外部ファイルに自動で出力するには、ワザ685で解説するエクスポート操作を自動化します。エクスポートウィザードの最後の画面でエクスポート操作を保存しておくと、[保存済みのインポート/エクスポート操作の実行] アクションで外部ファイルへの出力を自動化できます。なお、[保存済みのインポート/エクスポート] アクションは [すべてのアクションを表示] にしてから選択します。また、このアクションは、実行するたびに同じファイル名で上書きされるので、必要に応じてバックアップを取っておきましょう。　　　　　➡エクスポート……P.446

1 データのエクスポート操作を保存する

ワザ685を参考に、[エクスポート]ダイアログボックスでテーブルをエクスポートしておく

| **1** [エクスポート操作の保存] にチェックマークを付ける | **2** エクスポート操作の名前を確認 |

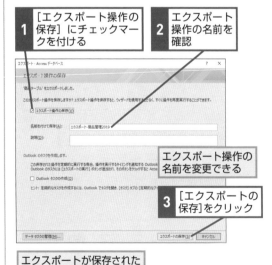

エクスポート操作の名前を変更できる

3 [エクスポートの保存]をクリック

エクスポートが保存された

2 マクロを作成する

ワザ634を参考に、新しい独立マクロを作成し、マクロビルダーを表示しておく

1 [すべてのアクションを表示] をクリック

2 [保存済みのインポート/エクスポート操作の実行] アクションを選択

3 [保存済みのインポート/エクスポート操作の名前]のここをクリックしてエクスポート操作を選択

マクロを保存し、マクロビルダーを終了しておく

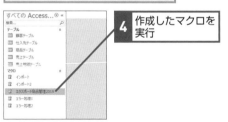

4 作成したマクロを実行

ファイルがエクスポートされた

マクロを実行するたび同じファイル名で上書きされるので注意する

外部データをAccessのテーブルに自動で取り込みたい

A [保存済みのインポート／エクスポート操作の実行] アクションを使います

外部データをAccessに自動で取り込むには、ワザ684で解説するインポート操作を自動化します。インポートウィザードの最後の画面でインポート操作を保存しておけば、[保存済みのインポート/エクスポート操作の実行] アクションで保存したインポート操作を指定するだけで作成できます。なお、[保存済みのインポート/エクスポート操作の実行] アクションは、[すべてのアクションを表示] ボタンをクリックしてすべてのアクションが表示される状態にしてから選択します。
このアクションを繰り返し実行すると、インポートされたオブジェクト名が「2019顧客テーブル1」のように自動的に末尾に連番が振られて次々と作成されます。必要に応じて不要なオブジェクトを削除するか、名前を変更するかします。 →インポート……P.445

1 データのインポート操作を保存する

ワザ684を参考に、[外部データの取り込み]ダイアログボックスでデータベースオブジェクトをインポートしておく

1 [インポート操作の保存]にチェックマークを付ける

2 インポート操作の名前を確認

インポート操作の名前を変更できる

3 [インポートの保存]をクリック

インポート操作が保存された

2 マクロを作成する

ワザ634を参考に、新しい独立マクロを作成し、マクロビルダーを表示しておく

1 [すべてのアクションを表示] をクリック

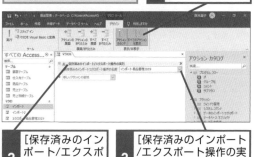

2 [保存済みのインポート/エクスポート操作の実行]アクションを選択

3 [保存済みのインポート/エクスポート操作の実行] のここをクリックしてインポート操作を選択

マクロを保存し、マクロビルダーを終了しておく 💾

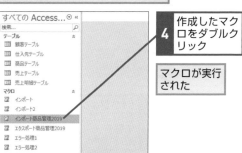

4 作成したマクロをダブルクリック

マクロが実行された

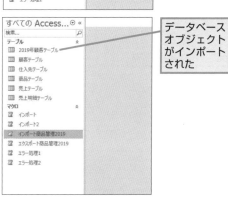

データベースオブジェクトがインポートされた

マクロを実行するたび連番の振られた新しいオブジェクトとしてインポートされる

Q675 365 2019 2016 2013 お役立ち度 ★★☆

インポートする前に
古いテーブルを削除したい

A [オブジェクトの削除] アクションで
テーブルを削除します

ワザ674のマクロで同じインポートを複数回実行すると、既存のテーブルはそのまま残り、「2019年顧客テーブル1」のように連番が付いたテーブルが次々と追加されます。インポートするたびに新しいテーブルに置き換えるには、古いテーブルを削除してからインポート処理をします。ここでは、ワザ674のマクロに、[オブジェクトの削除] アクションを追加して、古いテーブルを削除するようにします。

> インポートのマクロをマクロビルダーで表示しておく

> テーブルを削除するアクションを追加する

1 [すべてのアクションを表示]をクリック

2 [オブジェクトの削除]アクションを追加

3 [オブジェクトの種類]で[テーブル]を選択

4 [オブジェクト名]で[2019年顧客テーブル]を選択

5 ⬆をクリック

> [オブジェクトの削除] アクションの次に [保存済みのインポート/エクスポート操作の実行]が実行されるようになった

> マクロを保存し、マクロビルダーを終了しておく

> インポートを実行し[2019年顧客テーブル]が作成された

> もう一度インポートを実行すると [2019年顧客テーブル1]が作成されてしまう

Q676 365 2019 2016 2013 お役立ち度 ★★☆

想定されるマクロのエラーを
スキップしたい

A [エラー時] アクションを使います

[エラー時] アクションを使うと、想定されるエラーに対する処理を設定できます。ここでは [オブジェクトの削除] アクションで削除するオブジェクトがない場合に対処するため [エラー時] アクションを設定し、次の処理に進むようにします。また、後でエラー処理の設定を解除し、元の状態に戻しています。

> テーブルを削除してからインポートするマクロをマクロビルダーで表示しておく

1 [アクションカタログ]の[マクロコマンド]のここをクリック

2 [エラー時]を[オブジェクトの削除]アクションの前(上)にドラッグ

> [オブジェクトの削除] の前に [エラー時]アクションが挿入された

3 [移動先]で[次]を選択

> マクロの実行中にエラーが発生しても次のアクションが実行されるようになった

4 操作2と同様にアクションカタログの[エラー時]を[オブジェクトの削除]の下にドラッグ

5 [移動先]で[失敗]を選択

> エラー処理が解除され、以下は通常の処理に戻るようになる

> マクロを保存し、マクロビルダーを終了しておく

ボタンのクリックでレコードを削除するには

A [レコードの削除] アクションを使います

フォームに表示されているレコードを削除したいとき、フォームに削除用のボタンを用意しておけば、素早く実行できます。レコードを削除するには [レコードの

削除] アクションを使います。

ここでは、フォーム上に配置したボタンの [クリック時] イベントに [レコードの削除] アクションを実行するマクロを割り当てます。　　➡レコード……P.454

●ボタンのクリックでレコードを削除する

> [レコード削除] をクリックすると削除の確認メッセージが表示される

> [はい] をクリックするとレコードの削除が実行される

●ボタンにレコードを削除するマクロを設定する方法

> ワザ385を参考にデザインビューでフォームを開き、プロパティシートを表示しておく

1 ボタンをクリックして選択

2 プロパティシートの [イベント] タブで [クリック時] のここをクリック

3 [マクロビルダー]を選択　　**4** [OK]をクリック

> マクロビルダーが表示された

5 [新しいアクションの追加]のここをクリック

6 [レコードの削除]を選択

> [メニューコマンドの実行] アクションが追加され、自動的に [コマンド]に[レコードの削除]が選択された

> マクロを保存し、マクロビルダーを終了しておく

関連 **Q653** ボタンのクリックでフォームを開くには……… P.384

関連 **Q657** 現在のレコードの詳細画面を開くには ………… P.388

関連 **Q669** ボタンのクリックでレポートを開くには……… P.395

右側縦タブ: Accessの基本 / データベース・ファイル / テーブル / クエリ / フォーム / レポート / 関数 / マクロ / データ連携・共有 / 管理・セキュリティ

条件に一致するレコードを別のテーブルに移動したい

A 追加クエリと削除クエリを連続実行するマクロを作成します

条件に一致するレコードを別のテーブルに移動させるには、アクションクエリの追加クエリと削除クエリを連続して実行するマクロを作成します。ここでは、[社員テーブル]から、退社した社員のレコードを[退社社員テーブル]に移動させます。マクロを作成する前に、[社員テーブル]に社員年月日のデータが書き込まれた社員を[退社社員テーブル]に追加する追加ク

エリと、[社員テーブル]から退社年月日のデータが書き込まれた社員のレコードを削除する削除クエリをあらかじめ用意しておきます。マクロを新規作成し、1つ目に[クエリを開く]アクションを選択し、クエリ名に追加クエリを指定します。2つ目にも[クエリを開く]アクションを選択し、クエリ名に削除クエリ名を指定します。そして3つ目に[メッセージボックス]アクションを選択し、処理が終了したことをメッセージで表示させています。

➡削除クエリ……P.447

●条件に一致するレコードを別のテーブルに移動する

[退社社員データ移動マクロ]を実行すると[退社社員追加クエリ]と[退社社員削除クエリ]が連続して実行され、退社した社員のデータが[社員テーブル]から[退社社員テーブル]に移動する

◆退社社員削除クエリ
[社員テーブル]に退社年月日のデータが書き込まれた社員を削除する

◆退社社員追加クエリ
[社員テーブル]に退社年月日のデータが書き込まれた社員を[退社社員テーブル]に追加する

●追加クエリと削除クエリを連続して実行するマクロの作成方法

[退社社員追加クエリ][退社社員削除クエリ]を作成しておく

ワザ634を参考に、独立マクロを新規作成しておく

1 [クエリを開く]アクションを選択

2 [クエリ名]で[退社社員追加クエリ]を選択

[退社社員追加クエリ]を実行するアクションが作成できた

3 もう1つ[クエリを開く]アクションを選択

4 [クエリ名]で[退社社員削除クエリ]を選択

[退社社員削除クエリ]を実行するアクションが作成できた

5 2つのアクションの下に[メッセージボックス]アクションを選択

6 [メッセージ]に「退社社員データを移動しました」と入力

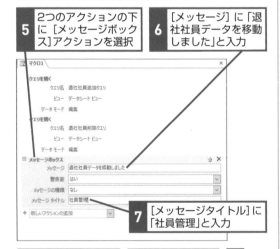

7 [メッセージタイトル]に「社員管理」と入力

マクロの実行完了を知らせるメッセージの表示を設定できた

マクロを保存し、マクロビルダーを終了しておく 💾

Accessからの確認メッセージを非表示にするには

A ［メッセージの設定］アクションを設定します

アクションクエリの実行時やレコードの削除時などにAccessから確認メッセージが表示され、マクロが途中で止まってしまうことがあります。メッセージを非表示にして中断することなく連続してマクロを実行するには、［メッセージの設定］アクションでメッセージの表示を［いいえ］に設定します。このアクションは、マクロが終了すると自動的に元の状態に戻り、Accessからの確認メッセージが表示されるようになりますが、確認メッセージを非表示にしたいアクションの後に［メッセージの設定］アクションを追加し、メッセージの表示を［はい］にして明示的に元に戻しておくといいでしょう。　　　　➡アクションクエリ……P.445

> アクションクエリを実行するクエリをマクロビルダーで表示しておく

1 ［すべてのアクションを表示］をクリック

2 ［アクションカタログ］の［システムコマンド］のここをクリック

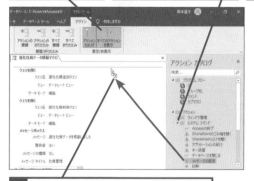

3 ［メッセージの設定］を最初の［クエリを開く］アクションの前（上）にドラッグ

> ［メッセージの設定］アクションが挿入された

4 ［メッセージの表示］で［いいえ］を選択

> クエリ実行中のメッセージが表示されなくなる

> マクロを保存し、マクロビルダーを終了しておく

データベースを開くときにマクロを自動実行したい

A ［AutoExec］マクロを作成します

マクロに［AutoExec］と名前を付けておくと、データベースを開いたときに、［AutoExec］マクロが自動で実行されます。メインメニューのフォームを開くなど、初期設定をしたい場合に利用できます。なお、［AutoExec］マクロを自動実行させたくない場合は、Shift キーを押しながらデータベースを開きます。　　　　➡マクロ……P.452

> ［AutoExec］という名前のマクロは、データベースを開いたときに自動で実行される

右端の見出し（縦書き）:
Accessの基本／ファイル／データベース／テーブル／クエリ／フォーム／レポート／関数／マクロ／共有／データ連携・管理・セキュリティ

Access の基本
データベース
ファイル
テーブル
クエリ
フォーム
レポート
関数
マクロ
データ連携・共有
管理・セキュリティ

第9章 活用の幅を広げる データ連携・共有のワザ

連携の基本

Accessでは、他のソフトウェアで作成されたファイルや他のデータベースとの連携が行えます。ここでは、データ連携のワザを取り上げます。

Q681 365 2019 2016 2013　　　　　　　　　　　お役立ち度 ★★★

他のファイルからデータを取り込みたい

A インポートの機能を使います

他のデータベースファイルや、他のソフトウェアで作成したファイルからデータを取り込むには、インポートの機能を使用します。Access同士の場合は、テーブルやクエリなど、データベースオブジェクト単位で取り込めます。また、テキストファイル、Excelファイルなど、他のファイル形式のデータを取り込む場合は、ウィザードを利用して、Accessの形式に合わせて設定して取り込みます。インポートの機能は、データをコピーして取り込むため、基のファイルとは別個のデータとして編集が可能です。　➡インポート……P.445

●インポートできる主なファイルの種類

ファイルの種類	拡張子
Access	.accdb、.mdb、.adp、.mda、.accda、.mde、.accde、.ade
Excel	.xls、.xlsx、.xlsm、.xlsb
テキストファイル	.txt、.csv、.tab、.asc
ODBC データ ベース（SQL サーバーなど）	SQL サーバーなどの ODBC データベースのデータ
HTML ドキュメント	.html、.htm
XML ファイル	.xml、.xsd

┌ 他のファイル ─────

テキストファイルやExcelのファイルなど、他のファイルをAccessのデータベースに取り込める

◆Accessのデータベースファイル

◆インポート
他のファイルのデータをAccessのデータベースに取り込む

Q682 〔365〕〔2019〕〔2016〕〔2013〕　お役立ち度 ★★★

他のファイルにデータを
出力したい

Ⓐ エクスポートの機能を使います

エクスポートの機能を使用すると、現在開いている
Accessのデータベースオブジェクトを他のファイルに
出力できます。他のファイルに出力すると別のソフト
ウェアでもデータの利用が可能となり、データの活用
の幅が広がります。

エクスポートの機能は、データのコピーを出力するた
め、基のAccessのデータベースファイルとは別のデー
タとして利用できるようになります。

➡エクスポート……P.446

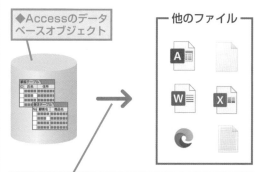

◆Accessのデータ
ベースオブジェクト

他のファイル

◆エクスポート
データベースオブジェクトを他のAccessデータベー
スファイルに出力したり、他のファイル形式で出
力したりできる

●エクスポートできる主なファイルの種類

ファイルの種類	拡張子
Access	.accdb、.mdb、.adp、.mda、.accda、.mde、.accde、.ade
Excel	.xls、.xlsx、.xlsb
テキストファイル	.txt、.csv、.tab、.asc
RTF ファイル	.rft
HTML ドキュメント	.html、.htm
XML ファイル	.xml
PDF/XPS ファイル	.pdf、.xps
ODBC データベース（SQL サーバーなど）	SQL サーバーなどの ODBC データベース

関連 他のAccessデータベースに
Q685 データを出力したい……………………… P.407

Q683 〔365〕〔2019〕〔2016〕〔2013〕　お役立ち度 ★★★

他のファイルに接続して
データを利用したい

Ⓐ リンクの機能を使います

リンクの機能を使用すると、他のファイルに接続して
Accessのテーブルとしてデータを活用できます。こ
のようなテーブルを「リンクテーブル」といいます。
Accessから直接他のファイルに接続しているため、リ
ンクテーブルではリンク元ファイルの最新データを利
用できます。リンクテーブルを基にすれば、クエリを
使ったデータの抽出や集計、レポートの作成などに
データを活用できます。なお、リンクできるファイルは、
インポートできるファイルからXMLファイルを除いた
ものと同じです。　　　　　　➡XML……P.445

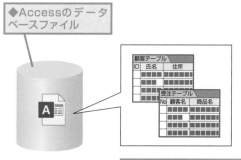

◆Accessのデータ
ベースファイル

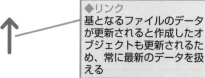

◆リンク
基となるファイルのデータ
が更新されると作成したオ
ブジェクトも更新されるた
め、常に最新のデータを扱
える

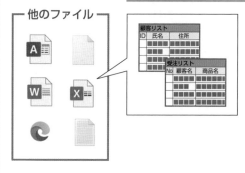

他のファイル

関連 他のデータベースに接続して
Q686 データを利用したい…………………………… P.408

関連 リンクテーブルに接続できない…………………… P.410
Q690

Accessデータベース間の連携

Accessデータベース同士であればオブジェクト単位でデータを連携できます。ここでは、Accessデータベース間の連携に関するテクニックを紹介します。

Q684 365 2019 2016 2013

お役立ち度 ★★★

他のAccessデータベースのデータを取り込みたい

A インポートの機能でオブジェクトごとに取り込めます

他のAccessのデータベースファイルのオブジェクトを、現在開いているAccessのデータベースファイルに取り込むには、インポートの機能を使います。インポートするオブジェクトは、操作5の［オブジェクトのインポート］ダイアログボックスで選択します。オブジェクトごとにタブで分類されているので、別のオ

ブジェクトを取り込みたい場合は、タブを切り替えてオブジェクトを選択します。［オプション］ボタンをクリックすると、インポートの方法が表示され、インポートの内容を指定することもできます。操作8の画面で［インポート操作の保存］にチェックマークを付けると、インポート設定を保存し、次回から同じインポート操作を簡単に実行できるようになります。

→オブジェクト……P.446

1 ［外部データ］タブをクリック　**2** ［新しいデータソース］をクリック

3 ［データベースから］にマウスポインターを合わせる　**4** ［Access］をクリック

［外部データの取り込み］ダイアログボックスが表示された　**5** ［参照］をクリックしてデータベースファイルを選択

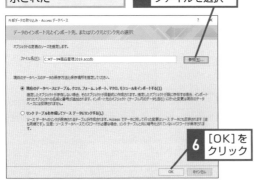

6 ［OK］をクリック

［オブジェクトのインポート］ダイアログボックスが表示された

7 取り込むオブジェクトの種類に対応するタブをクリック

8 取り込みたいオブジェクトを選択　**9** ［OK］をクリック

インポートが実行された

インポートの操作を保存するか確認する画面が表示された　ここでは保存しない

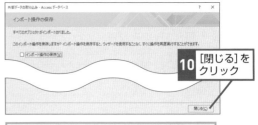

10 ［閉じる］をクリック

取り込んだオブジェクトを開いて確認できる

動画で見る

他のAccessデータベースにデータを出力したい

A エクスポートの機能を使って
オブジェクトごとに出力できます

エクスポートの機能を使えば、現在開いているAccessのデータベースファイルから他のAccessのデータベースファイルにオブジェクトを出力できます。ナビゲーションウィンドウで、あらかじめ出力したいオブジェ

クトを選択してからエクスポートを実行します。テーブルをエクスポートする場合は、[エクスポート]ダイアログボックスで[テーブル構造とデータ]と、[テーブル構造のみ]のどちらかを選択してエクスポートできます。　　　　　　　　　　➡エクスポート……P.446

1 出力したいオブジェクトを選択

2 [外部データ]タブをクリック

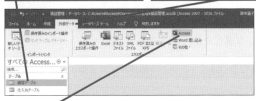

3 [Access]をクリック　Access

[エクスポート] ダイアログボックスが表示された

4 [参照]をクリック

[名前を付けて保存]ダイアログボックスが表示された

5 出力したいデータベースファイルの保存先を選択

6 出力先のデータベースファイルを選択

7 [保存]をクリック

8 [エクスポート] ダイアログボックスに戻ったら[OK]をクリック

9 出力するテーブルの名前を入力

[テーブル構造のみ]を選択するとデータは出力されない

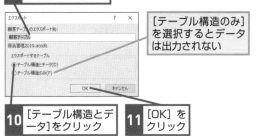

10 [テーブル構造とデータ]をクリック

11 [OK]をクリック

エクスポートが実行された

エクスポート操作を保存するか確認する内容が表示された

ここでは保存しない

12 [閉じる]をクリック

出力先のデータベースファイルを開き、出力したオブジェクトを開いて確認できる

Q686 [365] [2019] [2016] [2013]　お役立ち度 ★★★

他のデータベースに接続して
データを利用したい

A リンクの機能を使って
テーブルに接続できます

現在開いているAccessデータベースファイルと他の
Accessのデータベースを接続してデータを利用するに
は、テーブルをリンクします。[リンク]の機能を使用
すれば、他のAccessデータベースファイルの既存の
テーブルに接続してデータの追加、変更、削除などの
処理ができます。　　　➡リンクテーブル……P.454

> ワザ684を参考に、[外部データの取り込み]
> ダイアログボックスを表示しておく

1 [参照]をクリックしてデータを利用
したいデータベースファイルを選択

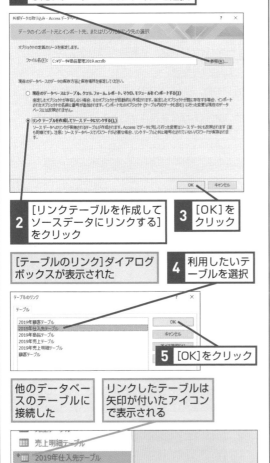

2 [リンクテーブルを作成して
ソースデータにリンクする]
をクリック

3 [OK]を
クリック

> [テーブルのリンク]ダイアログ
> ボックスが表示された

4 利用したいテ
ーブルを選択

5 [OK]をクリック

> 他のデータベー
> スのテーブルに
> 接続した

> リンクしたテーブルは
> 矢印が付いたアイコン
> で表示される

- 売上明細テーブル
- 2019年仕入先テーブル

クエリ　　　　　　　　　　　　　≪

Q687 [365] [2019] [2016] [2013]　お役立ち度 ★★★

インポートやエクスポートで
毎回ウィザードを起動するのが面倒

A インポートやエクスポートの操作を
保存しましょう

同じオブジェクトに対して繰り返しインポートやエク
スポートを実行する場合、その都度ウィザードを起動
するのは面倒です。ウィザードの最後の画面で[イ
ンポート操作の保存]または[エクスポート操作の保
存]にチェックマークを付けると、同じオブジェクト
に対するインポートやエクスポートの操作を保存でき
ます。同じオブジェクトに対してウィザードを起動す
ることなく、同じ設定で簡単にインポート、エクスポー
トが実行できて便利です。

> ここではインポートの操作を保存する

> ワザ684を参考に、インポートの操作を
> 保存するか確認する画面を表示しておく

1 [インポート操作
の保存]にチェッ
クマークを付ける

2 ここにインポートの
操作の名前を入力

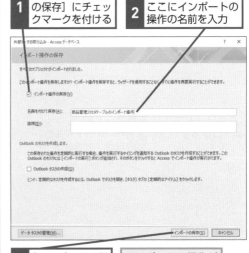

3 [インポートの保
存]をクリック

> インポートの操作が
> 保存される

> エクスポートの操作を保存する場合は、
> ワザ685の操作12の画面で[エクスポー
> トの保存]にチェックマークを付ける

関連
Q688　保存したインポートやエクスポートの操作は
どうやって使用するの？……………………… P.409

保存したインポートやエクスポートの操作はどうやって使用するの?

A [データタスクの管理] ダイアログボックスを利用します

保存したインポートやエクスポートの操作を使って処理を実行するには、[データタスクの管理] ダイアログボックスを利用します。保存されたインポートやエクスポートの操作が表示されるので、実行したい操作を選択し、[実行] をクリックします。

ワザ687を参考に、インポートの操作を保存しておく

1 [外部データ]タブをクリック

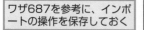

2 [保存済みのインポート操作]をクリック

エクスポートの操作を使用する場合は [保存済みのエクスポート操作]をクリックする

保存済みのインポート操作

[データタスクの管理] ダイアログボックスが表示された

3 実行したいインポートの操作を選択

4 [実行]をクリック

インポートの操作が完了したことを確認するダイアログボックスが表示された

5 [OK]をクリック

オブジェクトを表示して正しく取り込まれているか確認しておく

リンクテーブルを通常のテーブルに変更したい

A リンクテーブルに対して [ローカルテーブルに変換] を行います

リンクテーブルを使用すれば、他のデータベースファイルのデータをリンク先として利用できるため、常に最新の情報を得られます。しかし、月末や年度末など、ある時点のデータを利用し続けたい場合もあるでしょう。そのようなときは、リンクテーブルをローカルテーブルに変換します。ローカルテーブルに変換すると、テーブルがコピーされリンクが切れて、現在開いているデータベースの通常のテーブルとして使用できるようになります。　　　　　　→リンクテーブル……P.454

リンクを設定したテーブルを通常のテーブルに変更する

1 リンクテーブルを右クリック

2 [ローカルテーブルに変換]をクリック

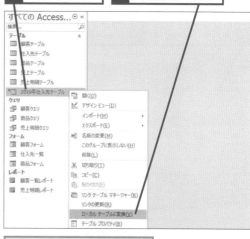

ローカルテーブルに変換された

リンクテーブルを表す矢印付きのアイコンでなく、通常のテーブルのアイコンになった

右側縦書きインデックス: Accessの基本　データベース　ファイル　テーブル　クエリ　フォーム　レポート　関数　マクロ　データ連携・共有　管理・セキュリティ

リンクテーブルに接続できない

A [リンクテーブルマネージャー] を使って設定し直します

リンク先のデータベースファイルの名前が変更になっていたり、場所が移動していたりする場合、リンクテーブルを開こうとしても、リンク先のデータベースファイルに接続できず、エラーになってしまうことがあります。そのようなときは、[リンクテーブルマネージャー] ダイアログボックスを使って、リンク先のデータベースファイルの再設定をします。

リンクテーブルを開こうとしたら以下のようなダイアログボックスが表示された

1 [OK]をクリック

2 リンクテーブルを右クリック

3 [リンクテーブルマネージャー]をクリック

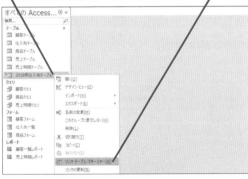

[リンクテーブルマネージャー]ダイアログボックスが表示された

4 リンク情報を更新したいテーブルにチェックマークを付ける

5 [OK]をクリック

[(テーブル名) の新しい場所を選択] ダイアログボックスが表示された

6 再設定したいリンク先のデータベースファイルの保存先を選択

7 データベースファイルを選択

8 [開く]をクリック

テーブルのリンク先が更新されたことを確認する

9 [OK]をクリック

[リンクテーブルマネージャー] ダイアログボックスに戻った

10 [閉じる]をクリック

リンクが再設定され、リンクテーブルを表示できるようになった

テキストファイルとの連携

テキストファイルは、多くのソフトウェアで利用できる汎用性の高いファイルです。ここでは、テキストファイルとの連携に関するワザを身に付けましょう。

Q691 365 2019 2016 2013   サンプル お役立ち度 ★★★

Accessのデータをテキストファイルに出力したい

A [テキストエクスポートウィザード] を使うと簡単です

Accessのテーブルやクエリのデータをテキストファイルに書き出したい場合は、[テキストエクスポートウィ

ザード] を使用します。ウィザードを使用すると、エクスポートの形式やフィールドの区切り記号の指定など、テキストファイルの形式を設定しながら簡単に出力できます。　　　→ウィザード……P.446

---

1 テキストファイルに出力したいオブジェクトを選択

2 [外部データ]タブをクリック

3 [テキストファイルにエクスポート]をクリック

[エクスポート] ダイアログボックスが表示される

4 出力するファイルの保存先を選択

5 [OK]をクリック

[テキストエクスポート] ウィザードが表示された

6 [区切り記号付き]をクリック

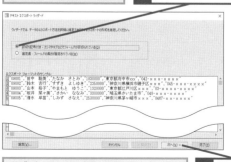

オブジェクトに含まれるフィールドを区切り記号で分けられる

7 [次へ]をクリック

テキストの区切り記号を指定する画面が表示された

8 [カンマ]をクリック

9 [テキスト区切り記号]で[″]を選択

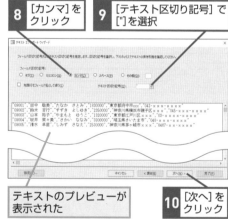

テキストのプレビューが表示された

10 [次へ]をクリック

テキストファイルの名前を確認する画面が表示された

11 [完了]をクリック

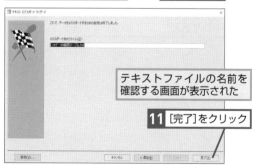

12 [エクスポート]ダイアログボックスが表示されるので、[閉じる]をクリック

指定したオブジェクトがテキストファイルで出力される

Q692　[365] [2019] [2016] [2013]

テキストファイルをAccessのデータベースに取り込みたい

A [テキストインポートウィザード] を使います

テキストファイルのデータをAccessのテーブルとして取り込む場合は、[テキストインポートウィザード] を使用します。ウィザードを使うと、テキストファイルの内容を確認しながら、区切り記号の選択やデータ型、主キーなどテーブルに必要な設定を行って取り込めます。インポート後にデザインビューを表示し、各フィールドのデータ型やフィールドサイズを確認しておきましょう。また、インポートの定義を保存すれば、同じ形式の異なるファイルに対しても同じ設定でインポートできるようになります。　➡データ型……P.450

1 テキストファイルのインポートを開始する

1 [外部データ]タブをクリック

2 [新しいデータソース]をクリック

3 [ファイルから]にマウスポインターを合わせる

4 [テキストファイル]をクリック

[外部データの取り込み] ダイアログボックスが表示された

5 [参照]をクリック

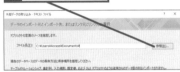

[ファイルを開く]ダイアログボックスが表示された

6 取り込みたいテキストファイルの保存先を選択

7 ファイルを選択

8 [開く]をクリック

9 [現在のデータベースの新しいテーブルにソースデータをインポートする]をクリック

10 [OK] をクリック

[テキストインポートウィザード]が表示された

11 [区切り記号付き]をクリック

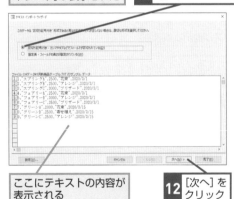

ここにテキストの内容が表示される

12 [次へ]をクリック

Access の基本

データベース

ファイル

テーブル

クエリ

フォーム

レポート

関数

マクロ

データ連携・共有

管理・セキュリティ

2 テキストの区切り記号、フィールド名、データ型を設定する

> テキストの区切り記号を指定する画面が表示された

1 フィールドを区切る記号を選択

2 [テキスト区切り記号]のここをクリックしてテキストを区切る記号を選択

> 区切られたテキストのプレビューが表示された

3 [次へ]をクリック

> フィールド名とデータ型を選択する画面が表示された

4 ここをクリック

5 [フィールド名]に「ID」と入力

6 [データ型]のここをクリックしてデータ型を選択

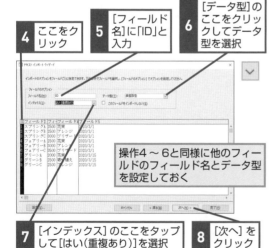

> 操作4 ～ 6と同様に他のフィールドのフィールド名とデータ型を設定しておく

7 [インデックス]のここをタップして[はい(重複あり)]を選択

8 [次へ]をクリック

3 主キーを設定し、インポートを完了する

> 主キーを設定する画面が表示された

1 [次のフィールドに主キーを設定する]をクリック

2 ここをクリックして[ID]を選択

3 [次へ]をクリック

> インポート後のテーブル名を入力する画面が表示された

4 テーブル名を入力

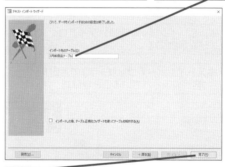

5 [完了]をクリック

6 インポート操作を保存するか確認するダイアログボックスが表示されるので、[閉じる]をクリック

> テーブルを表示しておく

> 指定したテキストファイルを取り込めた

ID	商品名	価格	分類	販売日	クリックして追加
1	スプリングA	2500	花束	2020/03/01	
2	スプリングB	2500	アレンジ	2020/03/01	
3	スプリングC	3000	ブリザード	2020/03/01	
4	フェアリーA	2500	花束	2020/03/01	
5	フェアリーB	3000	アレンジ	2020/03/01	
6	フェアリーC	3500	ブリザード	2020/03/01	
7	グリーンA	2000	花束	2020/03/15	
8	グリーンB	2500	寄せ植え	2020/03/15	
9	グリーンC	2500	アレンジ	2020/03/15	

異なるテキストファイルを常に同じ設定で取り込みたい

A 同じ設定にしたい内容を定義ファイルとして保存します

ワザ692の手順で異なるテキストファイルを同じ設定でインポートしたい場合、区切り記号、フィールド名、データ型の設定を定義ファイルとして保存できます。

インポート後のテーブル名を入力する画面で［設定］をクリックし、名前を付けて保存します。保存した定義ファイルの使い方はワザ694を参照してください。

➡データ型……P.450

ワザ692を参考に［テキストインポートウィザード］のインポート後のテーブル名を入力する画面を表示しておく

1 ［設定］をクリック

［（ファイル名）インポート定義］ダイアログボックスが表示された

2 ［テキストインポートウィザード］で設定した内容が表示されていることを確認

3 ［保存］をクリック

［インポート/エクスポート定義の保存］ダイアログボックスが表示された

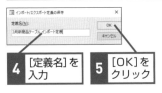

4 ［定義名］を入力　　**5** ［OK］をクリック

［（ファイル名）インポート定義］ダイアログボックスに戻った

6 ［OK］をクリック

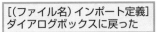

テーブル名を入力する画面に戻った

7 ［完了］をクリック

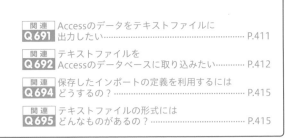

保存したインポートの定義を利用するにはどうするの?

A [テキストインポートウィザード] 内で保存した定義を呼び出します

テキストファイルのインポート方法を保存した定義ファイルを利用するには、以下の手順のように [テキストインポートウィザード] 内で呼び出します。保存されている定義が [インポート/エクスポートの定義] ダイアログボックスに表示されるので、目的の定義を選択して利用しましょう。

➡ダイアログボックス……P.449

ワザ692を参考に、[テキストインポートウィザード]を表示しておく

1 [設定]をクリック

[(ファイル名)インポート定義]ダイアログボックスが表示された

2 [定義]をクリック

[インポート/エクスポートの定義]ダイアログボックスが表示された

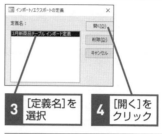

3 [定義名]を選択

4 [開く]をクリック

[(定義名)インポート定義]ダイアログボックスが表示された

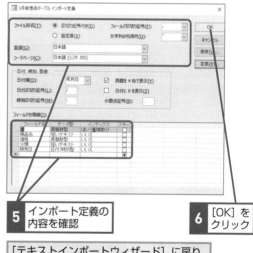

5 インポート定義の内容を確認

6 [OK]をクリック

[テキストインポートウィザード] に戻り、インポートを続ける

テキストファイルの形式にはどんなものがあるの?

A データの区切り方法やファイルの拡張子によっていろいろあります

テキストファイルは、文字データのみのファイルで、各フィールドがカンマやタブなどの区切り記号で区切られて状態で保存されている「区切り記号付きテキストファイル」と各フィールドの開始位置が同じ位置に

なるように保存されている「固定長テキストファイル」があります。テキストファイルの拡張子は通常「.txt」ですが、ソフトウェアによっては、「.csv」や「.prn」などの拡張子で保存されているファイルもあります。

➡拡張子……P.446

右側縦書きタブ: Access の基本 / データベースファイル / テーブル / クエリ / フォーム / レポート / 関数 / マクロ / データ連携・共有 / 管理・セキュリティ

Excelとの連携

Excelの表をAccessで活用したり、AccessのデータからExcelの表を作ったりしたいこともあるでしょう。ここでは、Excelとの連携で役立つワザを紹介します。

Q696 365 2019 2016 2013　　　　　　　　お役立ち度 ★★★

テーブルやクエリの表をExcelファイルに出力したい

A エクスポートの機能で出力できます

テーブルやクエリの表をExcelファイルに書き出して利用したい場合は、対象のオブジェクトをエクスポートします。Excelファイルにエクスポートすると、テーブルやクエリと同じ名前のシートが作成されます。

➡オブジェクト……P.446

1 Excelファイルに出力したいオブジェクトを選択

2 [外部データ]タブをクリック

3 [Excel]をクリック

[エクスポート]ダイアログボックスが表示された

4 [参照]をクリックして保存先とファイル名を設定

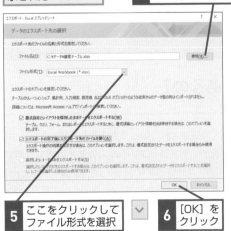

5 ここをクリックしてファイル形式を選択

6 [OK]をクリック

エクスポート操作を保存するかどうか確認する画面が表示された

ここでは保存しない

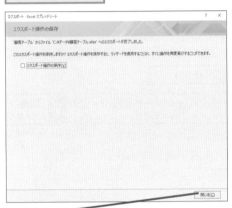

7 [閉じる]をクリック

Excelファイルにエクスポートされた

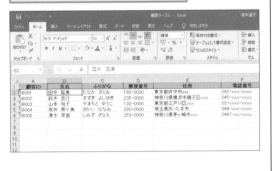

関連 Q697　Excelの表をAccessに取り込みやすくするには ……………………… P.417

関連 Q700　Excelの表をテーブルとして取り込みたい …… P.418

Q697 [365] [2019] [2016] [2013]　　　お役立ち度 ★★★

Excelの表をAccessに取り込みやすくするには

A 1行で1件分のデータになるよう表を整えましょう

Excelの表をAccessのテーブルとして取り込むには、いくつかの注意点があります。シート単位で表を取り込むには、以下の注意点を参考に表を整えておきましょう。

- ・1行目は項目名、2行目以降にデータがある
- ・1行で1件分のデータ
- ・シートには1つの表だけがある

なお、取り込みたい表の範囲に名前を付けておけば、名前を単位として取り込めます。例えば、シートの3行目から表が作成されているとか、隣に別の表がある

というような場合は、表に名前を付けて取り込むといいでしょう。ただしその場合はワザ700の①の操作8の画面で［ワークシート］ではなく［名前の付いた範囲］を選択する必要があります。　➡テーブル……P.450

●シート単位で取り込めるExcelの表

1行目に項目名を入力しておく	1行で1件分のデータになるように項目を設定しておく

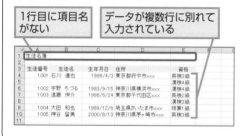

●取り込めないExcelの表

1行目に項目名がない	データが複数行に別れて入力されている

●名前の付いた範囲として取り込める表

表に名前を付けておけば、1行目から表が作成されていなくてもインポートできる	インポート時に［名前の付いた範囲］を選択する必要がある

Q698 [365] [2019] [2016] [2013]　　　お役立ち度 ★★★

テーブルやクエリの表を既存のExcelファイルにコピーしたい

A Excelのワークシート上にドラッグするだけです

Excelファイルにテーブルやクエリの表をコピーするには、コピー先のExcelファイルを開いておき、Accessのナビゲーションウィンドウでコピーしたいテーブルかクエリを選択し、Excelのワークシート上にドラッグします。

➡ナビゲーションウィンドウ……P.451

ExcelファイルとAccessデータベースを表示しておく	Accessの画面を横に移動させておく

1 Excelにコピーしたいオブジェクトにマウスポインターを合わせる

マウスポインターの形が変わった

テーブルまたはクエリの内容がExcelファイルのワークシートにコピーされる

2 ここまでドラッグ

関連 Q699 Excelの計算式は取り込めないの？ ………… P.418

Q699 365 2019 2016 2013 お役立ち度 ★★★

Excelの計算式は取り込めないの？

A 計算結果のみ取り込まれます

Excelの表にある計算式は、計算結果の値のみが取り込まれます。Accessでも計算式を設定したいときは、ExcelからAccessに表をインポートするときに、計算で求められるフィールドはインポートしないでおきます。そして、インポート後にテーブルに［集計］フィールドを追加して、計算式を設定してください。ただし、［集計］フィールドでは、同じテーブル内のフィールドの値を使った計算式しか設定できず、他のテーブルやクエリのフィールドは使用できません。［集計］フィールドを追加する以外に、クエリで演算フィールドを追加して計算式を設定し、計算結果を表示させる方法もあります。　➡インポート……P.445

●計算式が設定されたExcelの表

価格と数量から金額を計算している

●インポート後に［集計］フィールドを追加し計算式を設定する場合

計算結果を表示するフィールドにフィールド名を入力する

［データ型］で［集計］を選択する

［式］に計算式「Int([価格]*[数量])」を設定する

［結果の型］に［通貨型］を設定する

追加した［金額］フィールドに計算結果が表示される

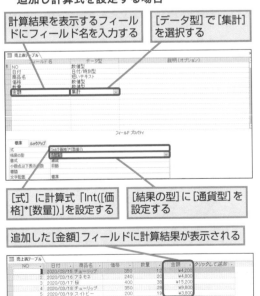

Q700 365 2019 2016 2013

Excelの表をテーブルとして取り込みたい

A ［ワークシートインポートウィザード］を使います

Excelの表を現在開いているAccessデータベースのテーブルとして取り込むには、［スプレッドシートインポートウィザード］を使用します。ウィザードの指示に従うだけで、フィールド名やデータ型、主キーなど、テーブルとして取り込むために必要な設定ができます。

インポート後にデザインビューを表示し、各フィールドのデータ型やフィールドサイズを確認しておきましょう。　➡フィールドサイズ……P.452

1 Excel のファイルのインポートを開始する

1 ［外部データ］タブをクリック

2 ［新しいデータソース］をクリック

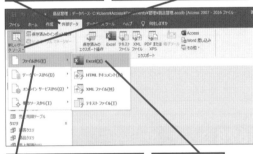

3 ［ファイルから］にマウスポインターを合わせる

4 ［Excel］をクリック

［外部データの取り込み］ダイアログボックスが表示された

5 ［参照］をクリックして取り込みたいExcelファイルを選択

6 ［現在のデータベースの新しいテーブルにソースデータをインポートする］をクリック

7 ［OK］をクリック

［スプレッドシートインポートウィザード］が表示された

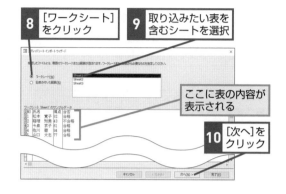

8 [ワークシート]をクリック

9 取り込みたい表を含むシート を選択

ここに表の内容が表示される

10 [次へ]をクリック

2 取り込むデータの範囲やフィールド名、データ型をなど設定する

Excelのワークシートの先頭行に入力されているデータをフィールドとして利用するか確認する画面が表示された

1 [先頭行をフィールド名として使う]にチェックマークを付ける

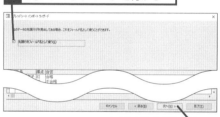

2 [次へ]をクリック

フィールドにオプションを設定する画面が表示された

3 ここをクリック

表見出しに設定されている文字が[フィールド名]に表示される

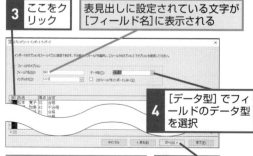

4 [データ型]でフィールドのデータ型を選択

5 [次へ]をクリック

操作13〜14と同様に他のフィールドのフィールド名とデータ型を設定しておく

主キーを設定する画面が表示された

6 [次のフィールドに主キーを設定する]をクリック

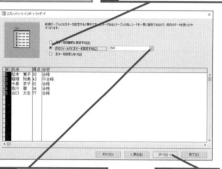

7 主キーを設定するフィールドを選択

8 [次へ]をクリック

インポート先のテーブル名を入力する画面が表示された

9 テーブル名を入力

10 [完了]をクリック

11 インポート操作を保存するか確認するダイアログボックスが表示されるので[閉じる]をクリック

テーブルを表示しておく

指定したExcelの表を取り込めた

NO	氏名	得点	合否	クリックして追加
1	松本 寛子	82	合格	
2	稲垣 知美	43	不合格	
3	今泉 京子	61	合格	
4	佐川 徹	94	合格	
5	山口 太志	77	合格	

関連 **Q701** Excelの表をAccessにコピーしたい P.420

左側縦書き：
Accessの基本　データベース　ファイル　テーブル　クエリ　フォーム　レポート　関数　マクロ　**共有　データ連携・　管理・セキュリティ**

Excelの表をAccessにコピーしたい

A [コピー] ／ [貼り付け] で コピーできます

Excelで表をコピーして、Accessに貼り付けるだけでもテーブルとして取り込めます。この場合、シート名がテーブル名となります。取り込み後は、デザインビューで主キーやデータ型、フィールドサイズなど設定を確認し、必要な修正を行いましょう。

AccessにコピーするブックのシートをExcelで開いておく

表の1行目に項目名（列ヘッダー）を入力しておく

1 コピーする範囲を選択

2 [ホーム]タブをクリック

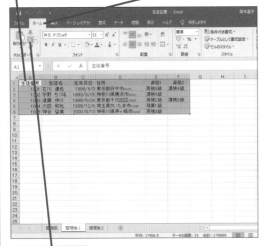

3 [コピー]をクリック

Accessでデータベースファイルを開いておく

4 [ホーム] タブをクリック

5 [貼り付け] をクリック

データの最初の行に列ヘッダーが含まれているかどうか確認するダイアログボックスが表示された

6 [はい] をクリック

すべてのオブジェクトがインポートされたことを確認するダイアログボックスが表示された

7 [OK]をクリック

貼り付けが完了し、Excelのシート名と同じテーブルが作成された

テーブルを開くとデータが表示された

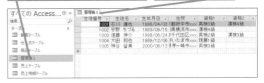

Wordやその他のファイルとの連携

Accessは、いろいろなファイルの取り込みや出力に対応しています。ここでは、Word文書やHTML、PDF形式などと連携する場合の便利なテクニックを取り上げます。

Q702 365 2019 2016 2013　お役立ち度 ★★★

AccessのデータをWordファイルに出力したい

A Wordと互換性のあるRTFファイルにエクスポートします

AccessのデータをWordファイルに書き出したい場合は、RTFファイルにエクスポートします。RTF（Rich Text Format）ファイルとは、書式を保持するテキストファイルで、Wordと互換性があり、Wordで開いて編集できるファイル形式です。拡張子が「.rtf」となるため、Wordで開いて編集した後は、Word文書形式で保存し直してください。　→拡張子……P.446

1 Wordファイルに出力したいオブジェクトを選択

2 [外部データ]をクリック

3 [その他]をクリック

4 [Word]をクリック

[エクスポート] ダイアログボックスが表示された

5 [参照]をクリックして保存先とファイル名を設定

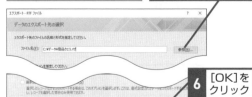

6 [OK]をクリック

RTFファイルにエクスポートされた

商品NO.	商品名	価格	仕入先ID
B001	デンドロビューム	¥1,250	1001
B002	ガジュマル	¥1,580	1003
B003	ドラセナコンパクタ	¥1,500	1002
B004	ペペロミア	¥2,500	1004

Q703 365 2019 2016 2013　お役立ち度 ★★★

テーブルやクエリの表を既存のWordファイルにコピーしたい

A Wordの文書上にドラッグするだけです

Accessのテーブルやクエリの表を既存のWordファイルにコピーするには、コピー先となるWord文書を開いておき、ナビゲーションウィンドウからテーブルまたはクエリをWord文書の任意の位置にドラッグします。簡単な操作で素早くテーブルやクエリのデータをWordの表として利用できます。

→ナビゲーションウィンドウ……P.451

WordファイルとAccessデータベースを表示しておく

Accessの画面を横に移動させておく

1 オブジェクトにマウスポインターを合わせる

マウスポインターの形が変わった

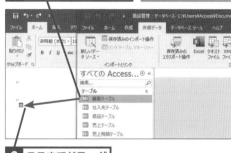

2 ここまでドラッグ

テーブルの内容がWordファイルのワークシートにコピーされた

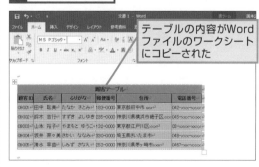

顧客テーブル

顧客ID	氏名	ふりがな	郵便番号	住所	電話番号
09-001	田中 聡美	たなか さとみ	183-0000	東京都府中市 xxx	042-xxx-xxxx
09-002	鈴木 吉行	すずき よしゆき	235-0000	神奈川県横浜市磯子区 xxx	045-xxx-xxxx
09-003	山本 裕子	やまもと ゆうこ	132-0000	東京都江戸川区 xxx	03-xxxx-xxxx
09-004	坂井 菜々美	さかい ななみ	330-0000	埼玉県さいたま市 xx	048-xxx-xxxx
09-005	清水 早苗	しみず さなえ	253-0000	神奈川県茅ヶ崎市 xxx	0467-xx-xxxx

Accessのデータを使ってWordで差し込み印刷をするには

A Wordの差し込み印刷ウィザードを使います

Accessで管理している顧客の名前や連絡先などのデータを、Wordの差し込み印刷ウィザードで取り込むことができます。あらかじめWordでデータを差し込むための文書を作成しておきましょう。ここでは、Wordで作成した案内書にAccessの顧客テーブルの氏名フィールドの値を差し込む手順を例に解説します。

➡ウィザード……P.446

1 [Word 差し込みウィザード] を開始する

差し込み印刷に使うテーブルを表示しておく

1 [外部データ] タブをクリック	2 [Word差し込み]をクリック

[Word差し込みウィザード]ダイアログボックスが表示された

3 [既存のWord文書に差し込む]をクリック	4 [OK] をクリック

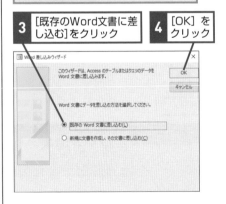

2 Word 文書を選択する

[Microsoft Word文書を選択してください。]ダイアログボックスが表示された

1 [既存差し込み印刷に使用するWord文書ファイルをクリック	2 [開く]をクリック

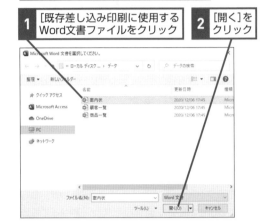

3 Word で差し込み印刷の設定を開始する

Word文書が開き [差し込み印刷] 作業ウィンドウが表示された

[既存のリストを使用] でデータベースファイルとテーブルの名前が表示された

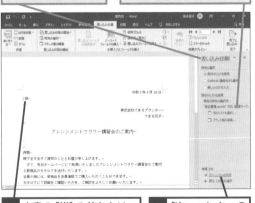

1 文書の [様] の前をクリックしてカーソルを移動	2 [次へ：レターの作成]をクリック

動画で見る

4 差し込み印刷するフィールドを挿入する

1 [差し込みフィールドの挿入]をクリック

[差し込みフィールドの挿入] ダイアログボックスが表示された

2 [氏名]をクリック　　**3** [挿入]をクリック

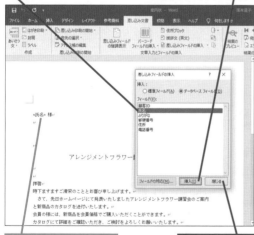

[様] の前に [«氏名»] が表示された

4 [閉じる]をクリック

5 プレビューを確認し、設定を完了する

1 [次へ：レターのプレビュー表示]をクリック

差し込み印刷のプレビューが表示された

[様] の前にテーブルのデータから氏名が表示される

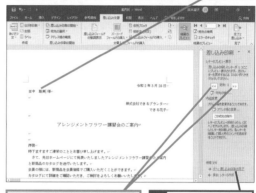

[<< >>] をクリックすると前後のデータの氏名が表示される

2 [次へ：差し込み印刷の完了]をクリック

差し込み印刷の設定が完了した

3 [印刷]をクリック

[プリンターに差し込み] ダイアログボックスが表示された

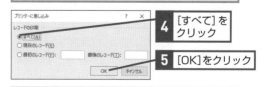

4 [すべて]をクリック

5 [OK]をクリック

[印刷] ダイアログボックスが表示され、[OK] をクリックすると印刷を開始できる

HTML形式のデータをデータベースに取り込みたい

A [HTMLインポートウィザード] を
使います

HTML形式のファイルの表（tableタグの内容）を
Accessのテーブルとして取り込むには、[HTMLイン
ポートウィザード] を使用します。ウィザードの指示

に従って操作するだけでHTML形式のファイルをテー
ブルとして取り込むのに必要な設定が行えます。イン
ポート後にデザインビューを表示し、各フィールドの
データ型やフィールドサイズを確認しておきましょう。
　　　　　　　　　　　　➡フィールドサイズ……P.452

1 [外部データ] タブをクリック
2 [新しいデータソース]をクリック
3 [ファイルから]にマウスポインターを合わせる

4 [HTMLドキュメント]をクリック

[外部データの取り込み] ダイアログボックスが表示された

5 [参照]をクリックしてHTMLファイルを選択

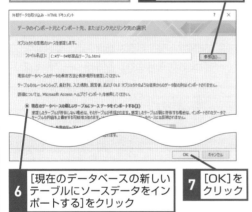

6 [現在のデータベースの新しいテーブルにソースデータをインポートする]をクリック

7 [OK]をクリック

先頭行をフィールド名として使うか確認する画面が表示された

8 [次へ]をクリック

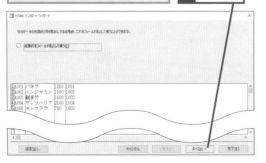

フィールドのオプションを設定できる画面が
表示された

9 ここをクリック
10 [フィールド名]にフィールド名を入力

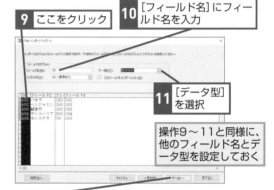

11 [データ型]を選択

操作9〜11と同様に、他のフィールド名とデータ型を設定しておく

12 [次へ]をクリック

主キーを設定する画面が表示された
13 ここをクリックして主キーにするフィールドを選択

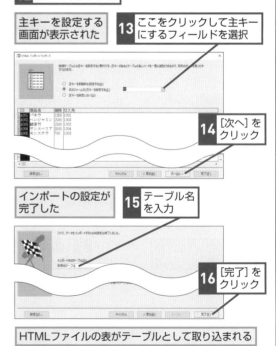

14 [次へ]をクリック

インポートの設定が完了した
15 テーブル名を入力

16 [完了]をクリック

HTMLファイルの表がテーブルとして取り込まれる

XML形式のデータをデータベースに取り込みたい

A 外部データの取り込みで XMLファイルを選択します

XML形式のデータをAccessのテーブルにインポートできます。インポートの際、テーブルのデータを記述しているXMLファイルと、テーブルの定義情報が記述されているXSDファイルが必要です。XMLファイルの中にテーブルの自定義情報が記述されていれば、XMLファイルだけでもインポートできます。

➡XML……P.445

XMLファイルとXSDファイルを用意しておく

1 [外部データ] タブをクリック

2 [新しいデータソース] をクリック

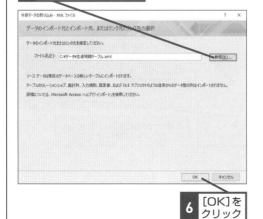

3 [ファイルから] にマウスポインターを合わせる

4 [XMLファイル]をクリック

5 [参照] をクリックしてXMLファイルを選択

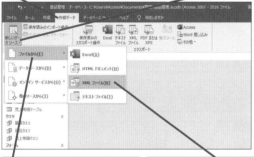

6 [OK]をクリック

7 ここをクリック

8 フィールド名を確認

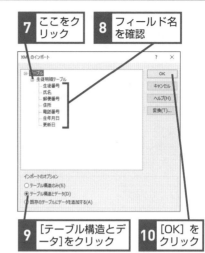

9 [テーブル構造とデータ]をクリック

10 [OK]をクリック

[外部データの取り込み] ダイアログボックスが表示された

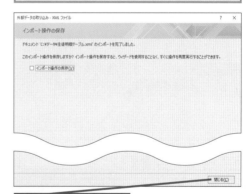

11 [閉じる]をクリック

12 [外部データの取り込み] ダイアログボックスが表示されたら[閉じる]をクリック

XMLファイルがテーブルとして取り込まれた

テーブルを開くとデータが表示された

Outlookのアドレス帳をデータベースに取り込みたい

A [Exchange/Outlookインポート
ウィザード] を使います

Outlookのアドレス帳をAccessのテーブルとして取り
込めます。Outlookの連絡先には、多くのフィールド
があります。余分なフィールドのデータは読み込まな
いように、データが空欄のフィールドは「Exchange/
Outlookウィザード」のインポートのオプションを設
定する画面でインポートしない指定を行いましょう。
➡インポート……P.445

> 同じパソコンでOutlookの設定
> を行っておく

> **1** [外部データ] タ
> ブをクリック

> **2** [新しいデータソース] を
> クリック

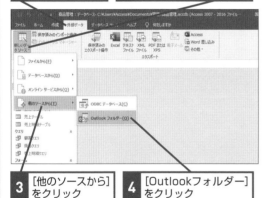

> **3** [他のソースから]
> をクリック

> **4** [Outlookフォルダー]
> をクリック

> **5** [現在のデータベースの新しいテーブルにソー
> スデータをインポートする]をクリック

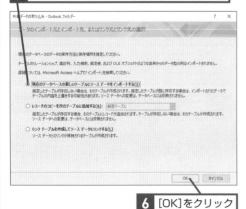

> **6** [OK]をクリック

> [Exchange/Outlookインポートウィザード]
> ダイアログボックスが表示された

> Outlookで使用している連絡先
> を取り込む

> **7** アカウント名の
> ここをクリック

> **8** [連絡先] を
> クリック

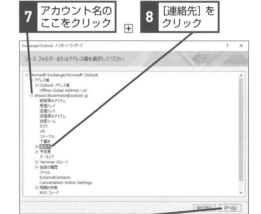

> **9** [次へ]をクリック

> インポートのオプションを指定
> する画面が表示された

> **10** フィールドを
> クリック

> フィールド名やデータ型を指定
> できる

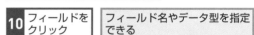
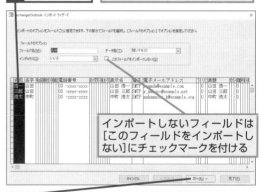

> インポートしないフィールドは
> [このフィールドをインポートし
> ない]にチェックマークを付ける

> **11** [次へ] を
> クリック

> 主キーの設定などを行い、
> インポートを実行する

関連　Accessのデータを使って
Q704 Wordで差し込み印刷をするには ……………… P.422

AccessのデータをHTML形式で出力したい

A エクスポートの機能を使って出力できます

AccessのデータをHTML形式で出力すると、テーブルやクエリの内容をtableタグの表にしてWebページに表示できます。HTML形式での出力は、出力先やファイル名を指定するだけです。　➡HTML……P.444

1 HTML形式で出力したいオブジェクトを選択

2 [外部データ]タブをクリック

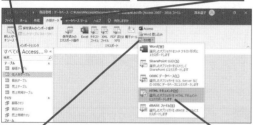

3 [その他]をクリック

4 [HTMLドキュメント]をクリック

[エクスポート]ダイアログボックスが表示された

5 [参照]をクリックして保存先とファイル名を設定

6 [OK]をクリック

エクスポートの操作を保存するか確認する画面が表示された

ここでは保存しない

7 [閉じる]をクリック

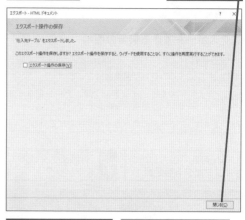

8 出力したHTMLファイルをブラウザーで表示

指定したオブジェクトがHTML形式で出力された

関連
Q705 HTML形式のデータを
データベースに取り込みたい ……………………… P.424

関連
Q709 AccessのデータをXML形式で出力したい…… P.428

Accessの基本

データベース・ファイル

テーブル

クエリ

フォーム

レポート

関数

マクロ

データ連携・共有

管理・セキュリティ

AccessのデータをXML形式で出力したい

A エクスポートの機能を使って出力できます

Accessでは、エクスポートする情報を指定してXML形式で出力できます。これにより、XML形式のファイルに対応しているソフトウェア間でデータの共有が可能になります。エクスポートする情報は、XMLファイル、XSDファイル、XSLファイルの中から選択できます。それぞれの内容は以下の表の通りです。

→XML……P.445

●エクスポートできる情報の種類

ファイル形式	内容
XML ファイル	レコードが保存されている
XSD ファイル	主キー、インデックス、データ型などデータ構造が保存されている
XSL ファイル	データの表示方法が保存されている

1 XML形式で出力したいオブジェクトを選択

2 [外部データ] タブをクリック

3 [XMLファイル]をクリック

[エクスポート] ダイアログボックスが表示された

4 [参照] をクリックして保存先とファイル名を設定

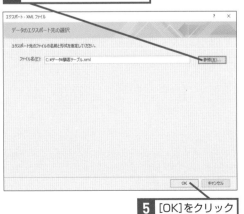

5 [OK]をクリック

[XMLのエクスポート] ダイアログボックスが表示された

6 エクスポートしたい情報にチェックマークを付ける

7 [OK]をクリック

8 エクスポート操作を保存するか確認する画面が表示されるので[閉じる]をクリック

出力したXMLファイルを表示しておく

指定したオブジェクトがXML形式で出力された

関連 XML形式のデータを
Q706 データベースに取り込みたい ……………………… P.425

AccessのデータをPDF形式で出力したい

A エクスポートの機能を使って出力できます

オブジェクトをPDF形式、XPS形式のファイルとして出力できます。PDF形式で保存すれば、Accessを利用できなくても、パソコンやスマートフォンなどさまざまな環境でデータを見られるようになります。

➡PDF……P.444

| 1 | PDF形式で出力したいオブジェクトを選択 | | 2 | [外部データ]をクリック |

| 3 | [PDFまたはXPS]をクリック |

[PDFまたはXPS形式で保存] ダイアログボックスが表示された

| 4 | ファイルの保存先を選択 | | 5 | ファイル名を入力 |

| 6 | [ファイルの種類]で[PDF]を選択 | | 7 | [発行]をクリック |

テーブルをPDF形式で出力できた

| 関連 Q691 | Accessのデータをテキストファイルに出力したい……………………… P.411 |
| 関連 Q696 | テーブルやクエリの表をExcelファイルに出力したい……………………… P.416 |

STEP UP! **Access以外のソフトウェアのデータを有効活用しよう**

Accessでデータを管理していても、Accessがないとデータが使えないということはありません。Accessは、テキストファイルやExcelファイル、Word文書、HTMLなど、さまざまなファイル形式のデータと連携が可能です。Accessに搭載されている連携の機能を利用す

れば、いろいろなファイルからデータを取り込んだり、出力したりして、データ活用の幅が大いに広がります。この章を参考にいろいろな連携を行い、データベースを活用してください。

Accessの基本 ファイル データベース テーブル クエリ フォーム レポート 関数 マクロ データ連携・共有 管理・セキュリティ

Accessの基本
データベース
ファイル
テーブル
クエリ
フォーム
レポート
関数
マクロ
データ連携・共有
管理・セキュリティ

データベースの仕上げ

ここでは、データベースを開いたときにメニューを表示したり、フォームやレポートの作成・編集を制限したりなど、Accessに不慣れな人でも安心して使えるようにするテクニックを紹介します。

Q711 365 2019 2016 2013 お役立ち度 ★★★

起動時にメニューフォームを表示するには

A [Accessのオプション] で
　起動時に開くフォームを指定します

メニュー用のフォームを含むデータベースでは、Accessを起動したときに自動でそのフォームが表示されるように設定しておくと、すぐに作業を開始できて便利です。また、Accessに不慣れな人にとっても、使いやすいシステムに仕上がります。

> ワザ032を参考に、[Accessのオプション]
> ダイアログボックスを表示しておく

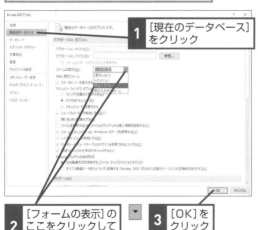

1 [現在のデータベース] をクリック

2 [フォームの表示]のここをクリックしてフォームを選択

3 [OK]をクリック

関連
Q032 Access全体の設定を変更するには P.47

Q712 365 2019 2016 2013 お役立ち度 ★★☆

起動時にナビゲーションウィンドウを非表示にするには

A [Accessのオプション] で
　表示の設定をオフにします

[Accessのオプション] ダイアログボックスの [現在のデータベース] 画面で、[ナビゲーション] 欄にある [ナビゲーションウィンドウを表示する] のチェックをはずすと、起動時にナビゲーションウィンドウを非表示にできます。ドキュメントウィンドウを広く使えるので便利です。

F11 キーを押せば、非表示のナビゲーションウィンドウを表示できます。

Q713 365 2019 2016 2013 お役立ち度 ★★☆

リボンに最小限のタブしか表示されないようにするには

A [Accessのオプション] で
　リボンの表示をオフにできます

[Accessのオプション] ダイアログボックスの [現在のデータベース] 画面で、[リボンとツールバーのオプション] 欄にある[すべてのメニューを表示する]のチェックマークをはずすと、[ファイル] と [ホーム] 以外のタブを非表示にできます。また、[ファイル] タブのファイル関連の項目も非表示になります。ユーザーによる誤操作を防ぎたいときに設定するといいでしょう。　　　　　　　➡ダイアログボックス……P.449

Q714 [365] [2019] [2016] [2013]　　　　　　お役立ち度 ★★★

起動時の設定を無視してデータベースを開くには

A [Shift]キーを押しながらファイル
アイコンをダブルクリックします

ワザ711〜ワザ713で紹介した起動時の設定を無視し
てデータベースファイルを開くには、[Shift]キーを
押しながらファイルアイコンをダブルクリックします。
[ファイルを開く] ダイアログボックスから開く場合

は、ファイルを選択して、[Shift]キーを押しながら
[開く] ボタンをクリックします。パスワードが設定さ
れているデータベースの場合は、パスワードを入力し、
[Shift]キーを押しながら [OK] ボタンをクリックし
てください。　　　　　　➡ダイアログボックス……P.449

Q715 [365] [2019] [2016] [2013]　　　　　　お役立ち度 ★★★

データベースのデザインを変更できないようにしたい

A データベースを
ACCDE形式で保存します

データベースをACCDEファイルとして保存すると、
フォーム／レポートの新規作成、既存のフォーム／レ
ポートのデザインの表示、モジュールの作成などの操
作が行えなくなります。客先に納入するデータベース
のデザインを見られたくない場合や、不慣れなユー
ザーによる誤操作を防ぎたい場合に便利です。フォー
ムなどの修正が必要なときは、元のデータベースファ
イルを修正し、テーブルをACCDBファイルのデータ
で置き換えてから、再度ACCDEファイルとして保存
します。　　　　　　　　➡ACCDBファイル……P.444

[ファイル]タブの[名前を付けて保存]をクリック
して[名前を付けて保存]画面を表示しておく

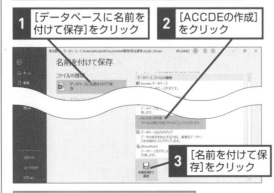

1 [データベースに名前を
付けて保存]をクリック

2 [ACCDEの作成]
をクリック

3 [名前を付けて保
存]をクリック

ACCDBファイルと同じフォルダーに
ACCDEファイルを保存する

エクスプローラーを開いておく

4 ACCDEファイルをダブルクリック

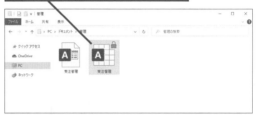

[Microsoft Accessのセキュリティに関する
通知] ダイアログボックスが表示された場合は
[開く]をクリックする

ACCDEファイルが
開いた

オブジェクトの作成に関
係するほとんどの機能が
無効になった

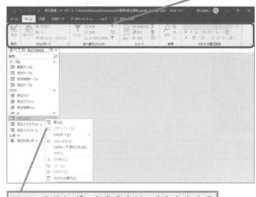

フォームやレポートを右クリックしたときの
[デザインビュー]が無効になった

データベースの管理

Accessには、データベースファイルやデータベースオブジェクトを管理するためのさまざまな機能が用意されています。ここでは、そのような機能を紹介します。

Q716 `365` `2019` `2016` `2013` お役立ち度 ★★★

MDBファイルをACCDBファイルに変換したい

A [Accessデータベース] を選び 名前を付けて保存します

Accessのデータベースファイルの拡張子は「.accdb」ですが、Access 2003/2002では現在とはファイル形式が異なり、拡張子は「.mdb」でした。Access 2007以降で追加された新機能を使うにはMDBファイルをACCDBファイルに変換する必要があります。以下のように操作すると、元のMDBファイルをそのまま

残しながら、別途新しいACCDBファイルを作成できます。
作成されたファイルには従来のウィンドウ形式が適用されるので、ワザ066を参考に [タブ付きドキュメント] 形式に変更するとよいでしょう。
なお、ACCDBファイルに変換すると、MDBファイル特有の機能は使用できなくなります。

➡MDBファイル……P.444

> MDB形式のファイルを開いておく

> オブジェクトは開かないでおく

1 [ファイル]タブをクリック

2 [名前を付けて保存]をクリック

3 [データベースに名前を付けて保存]をクリック

4 [Accessデータベース]をクリック

5 [名前を付けて保存]をクリック

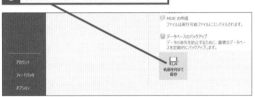

> ファイル名を入力して保存する

> [名前を付けて保存] ダイアログボックスが表示された

6 保存場所を選択

7 ファイル名を入力

8 [保存]をクリック

関連 Q038 ファイル形式で何が違うの？ …………………………… P.50

Q717 365 2019 2016 2013　お役立ち度 ★★★

データベースのファイルサイズが
どんどん大きくなってしまう

A [データベースの最適化／修復] を
　 実行しましょう

デザインの変更やデータの更新をしただけでも、デー
タベースのファイルサイズが大きくなることがありま
す。ユーザーが行うさまざまな作業の裏側で一時的な
隠しオブジェクトが作成され、そのオブジェクトがファ
イル内に残ってしまうことが原因です。また、オブジェ
クトやデータを削除したとしても、利用していた領域
はファイル内に残るため、ファイルサイズは小さくな
りません。

このような状態を解決するには、[データベースの最
適化/修復] を実行します。データベースファイルの
不要な領域が削除され、ファイルサイズが小さくなり
ます。なお、[データベースの最適化/修復] を実行
する前に、他に同じデータベースを使用しているユー
ザーがいないことを確認しましょう。また、万が一の
トラブルに備え、あらかじめデータベースをバックアッ
プしておきます。

> ファイルサイズを小さくしたいデータ
> ベースを表示しておく

1 [データベースツール]タブをクリック

2 [データベースの最適化/
修復]をクリック

> ファイルサイズが小さくなる

Q718 365 2019 2016 2013　お役立ち度 ★★★

データベースが
破損してしまった

A [データベースの最適化/修復] で
　 修復できるかもしれません

破損したデータベースファイルは、[データベースの
最適化/修復] 機能で修復できる可能性があります。
データベースファイルがAccessで開けない状態の場
合は、いったん正常なデータベースファイルを開き、
[ファイル] タブから [閉じる] をクリックします。す
ると、Accessがファイルを開いていない状態になり
ます。この状態で [データベースツール] タブにある
[データベースの最適化/修復] を実行すると、修復対
象のファイルの選択画面が表示されるので、ファイル
を指定しましょう。このとき、修復中に破損したテー
ブルから一部のデータが切り捨てられる場合がありま
すが、切り捨てられたデータはバックアップからイン
ポートして復元できることもあるので、あらかじめ破
損したデータベースファイルをバックアップしておい
てください。

[データベースの最適化/修復] を実行しても破損が解
消されないときは、新しいデータベースファイルを作
成し、破損したデータベースからオブジェクトを1つ
ずつインポートします。それもできない場合は、専門
業者に修復を依頼するなどの方法を検討しましょう。

> 正常なデータベースファイルを
> 開いておく

1 [ファイル] タブを
クリック　　**2** [閉じる]をクリック

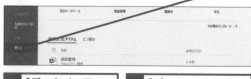

3 [データベースツー
ル]タブをクリック　　**4** [データベースの最適
化/修復]をクリック

5 ファイル選択のダイアログボックスが表示される
ので、修復対象のファイルを選択する

（右端縦書きインデックス）Accessの基本　データベースファイル　テーブル　クエリ　フォーム　レポート　関数　マクロ　データ連携・共有　管理・セキュリティ

Q719 365 2019 2016 2013　　お役立ち度 ★★★

ファイルを閉じるときに自動で最適化したい

A [閉じるときに最適化する]を有効にします

[Accessのオプション]ダイアログボックスの[現在のデータベース]画面で、[アプリケーションオプション]欄にある[閉じるときに最適化する]にチェックマークを付けると、データベースファイルを閉じるときに自動的に最適化を行えます。

> ワザ032を参考に、[Accessのオプション]ダイアログボックスを表示しておく

1 [現在のデータベース]をクリック

2 [閉じるときに最適化する]をクリックしてチェックマークを付ける

3 [OK]をクリック

Q720 365 2019 2016 2013　　お役立ち度 ★★★

データベースをバックアップしたい

A コピーまたは[データベースのバックアップ]を実行します

ディスクやデータベースファイルの破損、誤操作によるデータの消失に備えて、こまめにデータベースをバックアップしましょう。データベースファイルをコピーすれば、バックアップできます。[データベースのバックアップ]という機能を利用してバックアップすることも可能です。ドライブの破損の可能性も考慮し、元のデータベースファイルとは異なるドライブにバックアップするのが理想的です。

1 [ファイル]タブをクリック

2 [名前を付けて保存]をクリック

3 [データベースに名前を付けて保存]をクリック

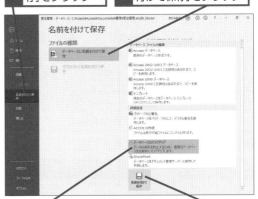

4 [データベースのバックアップ]をクリック

5 [名前を付けて保存]をクリック

[名前を付けて保存]ダイアログボックスが表示された

ファイル名に日付が付け加えられた

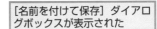

6 [保存]をクリック

> バックアップのファイルが保存される

Q721 365 2019 2016 2013 サンプル お役立ち度 ★★★

オブジェクト同士の
関係を調べたい

A [オブジェクトの依存関係] を
使用して調べます

[オブジェクトの依存関係] の機能を使用すると、指定したオブジェクトに依存するオブジェクトを調べられます。例えばテーブルに依存するオブジェクトを調べると、リレーションシップで結合しているオブジェクトや、そのテーブルを基に作成したオブジェクトが一覧表示されます。ただし、ユニオンクエリなど一部のオブジェクトの依存関係は調べられません。そのようなオブジェクトは [無視されたオブジェクト] に一覧表示されるので、別途デザインビューを開くなどして手動で調べましょう。

1 依存関係を調べたい
オブジェクトを選択

2 [データベースツール]タブをクリック

3 [オブジェクトの依存
関係]をクリック

[オブジェクトの依存
関係] 作業ウィンドウ
が表示された

選択したオブジェクトに
直接依存するオブジェク
トが表示された

4 ここをクリック ▶

指定したオブジェクトに
依存するオブジェクトが
表示された

Q722 365 2019 2016 2013 お役立ち度 ★★★

オブジェクトの依存関係を
調べられない

A [Accessのオプション] の
設定をチェックしましょう

ワザ721で解説した [オブジェクトの依存関係] は、名前の自動修正に関する機能が有効でないと実行できません。以下の手順で [名前の自動修正情報をトラックする] にチェックマークを付けると、オブジェクトの依存関係を解析できるようになります。なお、[名前の自動修正を行う] にもチェックマークを付けると、オブジェクト名を変更したときに、その変更を他のオブジェクトに反映できます。初期設定では、どちらもチェックマークが付いています。

ワザ032を参考に、[Access
のオプション] ダイアログボ
ックスを表示しておく

1 [現在のデー
タベース]を
クリック

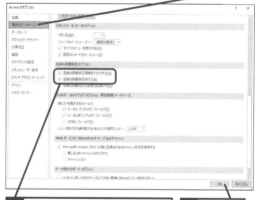

2 [名前の自動修正情報をトラッ
クする]と[名前の自動修正を行
う]にチェックマークが付いて
いることを確認

3 [OK]を
クリック

オブジェクトの依存関係を解析できる
ことが確認できた

Access の基本　データベース　ファイル　テーブル　クエリ　フォーム　レポート　関数　マクロ　データ連携・共有　管理・セキュリティ

オブジェクトの処理効率を上げたい

A [パフォーマンスの最適化] を実行しましょう

[パフォーマンスの最適化ツール] を使用すると、データベースの構造が解析され、処理効率を上げるための設定が提案されます。提案項目は重要度の高い順に[推奨事項][提案事項][アイデア]に分類され、前者の2種類の提案は [最適化] で自動実行できます。

> パフォーマンスを解析したい
> データベースを開いておく

1 [データベースツール]タブをクリック

2 [パフォーマンスの最適化]をクリック

> [パフォーマンス最適化ツール]ダイアログ
> ボックスが表示された

3 [すべてのオブジェクト]タブをクリック

> ここではすべてのオブジェクトのパフォーマンスを解析する

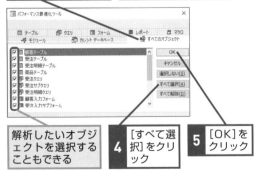

> 解析したいオブジェクトを選択することもできる

4 [すべて選択]をクリック

5 [OK]をクリック

> データベースが解析され、解析結果が表示された

6 最適化する項目を選択

7 [最適化]をクリック

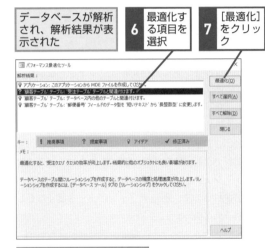

> 最適化が終了し [修正済み]
> マークが表示された

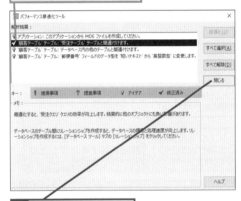

8 [閉じる]をクリック

オブジェクトの設定情報を調べたい

A ［データベース構造の解析］で設定情報をレポートに出力します

［データベース構造の解析］を使用すると、指定したオブジェクトの設定内容をレポートに出力できます。フィールドプロパティや、リレーションシップ、コントロールのプロパティなどを一覧表に印刷して確認できるので便利です。なお、表示されたレポートはレポートとして保存できません。保存したい場合は、［印刷プレビュー］タブの［データ］グループにあるボタンを使用して、PDFやテキストファイルなどに保存してください。　　　　　　　➡PDF……P.444

> データベース構造を解析したい
> データベースを開いておく

1 ［データベースツール］タブをクリック

2 ［データベース構造の解析］をクリック

> ［データベース構造の解析］ダイアログ
> ボックスが表示された

> ここではテーブルの
> 設定情報を調べる

3 ［テーブル］タブをクリック

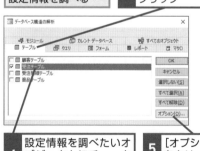

4 設定情報を調べたいオブジェクトにチェックマークを付ける

5 ［オプション］をクリック

> ［テーブル定義の印刷］ダイアログ
> ボックスが表示された

6 レポートに表示したい項目にチェックマークを付ける

7 ［OK］をクリック

> ［データベース構造の解析］ダイアログ
> ボックスが表示された

8 ［OK］をクリック

> 選択したオブジェクトの解析結果のレポートが印刷プレビューで表示された

> 必要な場合は
> 印刷する

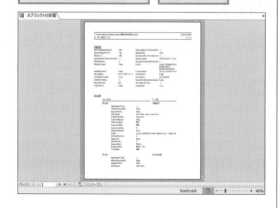

関連
Q721 オブジェクト同士の関係を調べたい……………… P.435

> 右端縦タブ: Accessの基本／データベースファイル／テーブル／クエリ／フォーム／レポート／関数／マクロ／データ連携・共有／管理・セキュリティ

データベースの共有

Accessのデータベースファイルは、共有フォルダーに保存して、複数の人で利用できます。ここでは共有に関するワザを取り上げます。

Q725 365 2019 2016 2013 お役立ち度 ★★★

自分だけがデータベースを使用したい

A データベースを排他モードで開きます

Accessのデータベースファイルを開くと通常は「共有モード」となり、ネットワーク上の複数のユーザーが同じデータベースを同時に開いて編集することができます。ただし、データベースファイルの最適化やパスワードの設定・解除などは、他の人が同じデータベースファイルを開いていると実行できません。そのようなときは、データベースファイルを「排他モード」で開きましょう。排他モードで開くと、後からそのデータベースファイルを開こうとしたユーザーにワザ053のような「データベースが使用中で開けない」という内容のメッセージが表示されます。排他モードで開いた人がデータベースファイルを閉じるまで、他のユーザーはそのデータベースファイルを開けなくなります。

関連 [このファイルは使用されています] という
Q053 メッセージが表示された …………………………………P.56

[ファイルを開く] ダイアログボックスを表示しておく

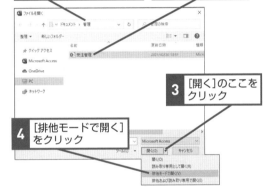

1 データベースファイルの保存先を選択

2 データベースファイルを選択

3 [開く]のここをクリック

4 [排他モードで開く]をクリック

データベースが排他モードで開かれる

データベースファイルの最適化やパスワードの設定・解除などのメンテナンスが行える

Q726 365 2019 2016 2013 お役立ち度 ★★☆

誰がデータベースを開いているか知りたい

A ロック情報ファイルを確認します

Accessのデータベースファイルを開くと、最初のユーザーが開いた時点でデータベースファイルが保存されたフォルダ内に、データベースファイルと同じ名前のロック情報ファイル（拡張子「.laccdb」）が自動的に作成されます。不正終了などが発生した場合を除いて、最後のユーザーがデータベースファイルを閉じると、ロック情報ファイルは自動的に削除されます。し

たがって、フォルダ内にロック情報ファイルがあれば、そのデータベースファイルを誰かが開いているという目安になります。また、ロック情報ファイルをコピーしてWordで開くと、最初のユーザーがデータベースファイルを開いてから現在までにそのデータベースを開いたユーザーのコンピューター名を確認できます。なお、排他モードで開いている場合は、ロック情報ファイルは作成されません。→拡張子……P.446

Q727 [365] [2019] [2016] [2013]　　　お役立ち度 ★★★

複数のユーザーが同じ
レコードを同時に編集したら困る

A レコードをロックしましょう

複数のユーザーでデータベースを共有しながら、同じ
レコードが同時に編集されないようにするには、レコー
ドをロックします。以下のように操作すると、編集中
のレコードをロックできます。また、操作2のメニュー
から［すべてのレコード］をクリックすると、編集中
のレコードを含むテーブル内のレコードをロックでき
ます。　　　　　　　　　　　➡ロック……P.454

> ワザ032を参考に、［Accessのオプション］
> ダイアログボックスを表示しておく

> **1** ［クライアントの
> 設定]をクリック

> **2** ［編集済みレコード］
> をクリック

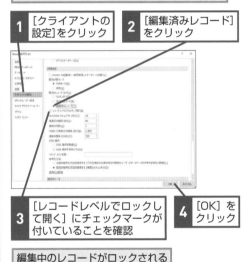

> **3** ［レコードレベルでロックし
> て開く］にチェックマークが
> 付いていることを確認

> **4** ［OK］を
> クリック

> 編集中のレコードがロックされる

Q728 [365] [2019] [2016] [2013]　　　お役立ち度 ★★☆

特定のクエリやフォームの
レコードをロックしたい

A ロックしたいオブジェクトの
プロパティシートで設定します

クエリやフォームでは、［Accessのオプション］での
設定とは別に、個別にレコードをロックする設定を行
えます。以下ではクエリでの操作を紹介しています
が、フォームでもプロパティシートで同様に設定でき
ます。　　　　　　　　　　　➡レコード……P.454

> ワザ261を参考にデザインビューでクエリを
> 表示し、プロパティシートを表示しておく

> **1** デザイングリッド
> の枠外をクリック

> ［選択の種類］に［クエリプ
> ロパティ］と表示された

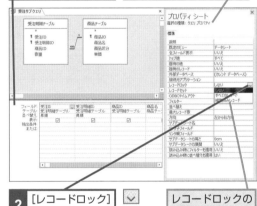

> **2** ［レコードロック］
> のここをクリック

> レコードロックの
> 種類を選択できる

Q729 [365] [2019] [2016] [2013]　　　お役立ち度 ★★☆

他のユーザーと同じレコードを同時に編集するとどうなるの？

A ［データの競合］の画面で
どちらを優先するか指定します

レコードをロックしていない場合、複数のユーザーが
同時に同じデータを編集する可能性があります。その
場合、レコードの保存時に［データの競合］ダイアロ
グボックスが表示され、どちらの変更を反映するのか
を選択して、競合を解決できます。

> 違うパソコンで同時に同じレコードを編集したため
> ［データの競合］ダイアログボックスが表示された

> **データの競合**　　　　　　　　　　　? ✕
>
> このレコードは他のユーザーによって変更されています。[レコードの保存]を選択すると、他のユー
> ザーによる変更を無視し、自分が行った変更を反映します。
>
> [クリップボードにコピー]を選択すると、変更されたデータはクリップボードにコピーされ、他のユーザーに
> よる変更が反映されます。必要に応じて、クリップボードのデータを貼り付け、自分が変更したデー
> タに戻すこともできます。
>
> [レコードの保存(S)] [クリップボードにコピー(C)] [他のユーザーによる変更を反映(D)]

データベースを分割して共有したい

A フロントエンドデータベースを共有します

データベースを共有するとき、テーブルだけをファイルサーバーに置いて共有すると、全オブジェクトを共有するより処理速度が向上します。各自のパソコンには、テーブルへのリンクとその他のオブジェクトを置いて使用します。テーブルだけのデータベースを「バックエンドデータベース」、各自のパソコンに置くデータベースを「フロントエンドデータベース」と呼びます。[データベース分割ツール]を利用すると、データベース内のテーブルを新しいデータベースに分割できます。元のデータベースには、テーブルへのリンクが作成されます。新しいデータベースをバックエンド、元のデータベースをフロントエンドとして使用します。フロントエンドデータベースは各自で使いやすいようにカスタマイズできることもメリットです。

●テーブルだけをファイルサーバーで共有する

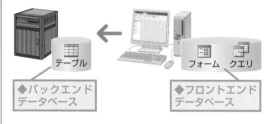

◆バックエンド
データベース

◆フロントエンド
データベース

テーブル / フォーム / クエリ

●テーブルを新しいデータベースに分割する方法

分割したいデータベースを開いておく

1 [データベースツール]タブをクリック

2 [Accessデータベース]をクリック

[データベース分割ツール]ダイアログボックスが表示された

3 [データベースの分割]をクリック

[バックエンドデータベースの作成]
ダイアログボックスが表示された

4 ファイルの保存場所を選択

5 ファイル名を入力

6 [分割]をクリック

7 [OK]をクリック

データベースが
分割された

バックエンドデータベース
に移動したテーブルへのリンクが表示された

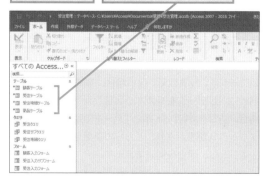

データベースのセキュリティ

大切なデータを外部に漏らさないためには、セキュリティに対する意識が重要です。セキュリティに関する機能を利用してデータを守りましょう。

Q731　365 2019 2016 2013　お役立ち度 ★★☆

データベースの安全性が心配

A [マクロの設定] を確認しましょう

データベースファイルにはアクションクエリやマクロを自由に保存できますが、第三者がこれを悪用して、データを消去するようなクエリやパソコンに害を及ぼすマクロを作成しないとも限りません。データベースファイルの起動と同時にそのようなクエリやマクロが実行されてしまうと危険です。データやパソコンを守るために、下図の手順を参考に［トラストセンター］ダイアログボックスで［マクロの設定］を確認しましょう。なお、Access 2016／2013では「トラストセンター」の代わりに「セキュリティセンター」と表記されるので読み替えて操作してください。

［マクロの設定］で［すべてのマクロを有効にする］が設定されている場合、危険なクエリやマクロが実行

されてしまう可能性があるので、［警告を表示してすべてのマクロを無効にする］に設定を変更します。この設定により、データベースファイルを開くときに、リボンの下に［セキュリティの警告］のメッセージバーが表示され、アクションクエリなどが実行できない無効モードになります。データベースファイルが安全だと判断できる場合は、自分で無効モードを解除できます。これ以外の2つの選択肢はより安全な設定ですが、［警告を表示してすべてのマクロを無効にする］はデータベースを開く時点で無効モードを解除できるので実用的です。　→無効モード……P.453

ワザ032を参考に、［Accessのオプション］ダイアログボックスを表示しておく

| 1 | ［トラストセンター］をクリック |
| 2 | ［トラストセンターの設定］をクリック |

［トラストセンター］ダイアログボックスが表示された

| 3 | ［マクロの設定］をクリック |
| 4 | ［すべてのマクロを有効にする］が設定されている場合は、［警告を表示してすべてのマクロを無効にする］をクリック |

［すべてのマクロを有効にする］以外が設定されている場合は、そのままにしておく

| 5 | ［OK］をクリック |

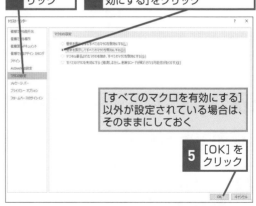

［Accessのオプション］ダイアログボックスに戻るので、［OK］をクリックして閉じておく

データベースファイルを開くときに常にマクロの安全性を確認するよう設定できた

Q732 365 2019 2016 2013　お役立ち度 ★★☆

起動時に［セキュリティの警告］を解除するのが面倒

A ［信頼できる場所］を設定して データベースを保存します

Accessの初期設定では、データベースファイルを開くとリボンの下に［セキュリティの警告］のメッセージバーが表示され、無効モードになります。そのため、データベースファイルに悪意のあるプログラムが含まれている場合でも、そのプログラムの実行を阻止できるので安全です。とはいえ、セキュリティ対策をしている場所に保存した安全なデータベースに［セキュリティの警告］が表示されるのは煩わしいものです。ワザ731を参考に［トラストセンター］ダイアログボックスを表示して以下のように操作すると、第三者が侵入できない安全なフォルダーを［信頼できる場所］として登録できます。登録したフォルダーにデータベースファイルを保存しておけば、データベースファイルを開いたときに無効モードにならないので、解除の手間が省けます。　→無効モード……P.453

ワザ731を参考に、［トラストセンター］ ダイアログボックスを表示しておく

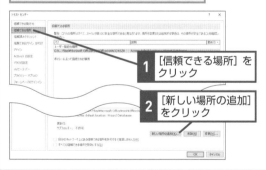

1 ［信頼できる場所］を クリック

2 ［新しい場所の追加］ をクリック

[Microsoft Officeの信頼できる場所] ダイアログボックスが表示された

3 信頼できる場所 を設定

4 ［説明］を 入力

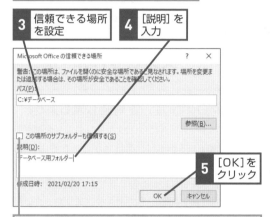

5 ［OK］を クリック

［この場所のサブフォルダーも信頼する］にチェックマークを付けると、［信頼できる場所］に作成したフォルダーも安全なフォルダーとして設定される

［トラストセンター］ダイアログ ボックスが表示された

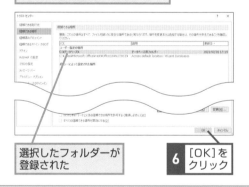

選択したフォルダーが 登録された

6 ［OK］を クリック

Q733 365 2019 2016 2013　お役立ち度 ★★☆

［信頼できる場所］を解除するには

A 解除する場所を選択して ［削除］をクリックします

［信頼できる場所］として設定したフォルダーをデータベースの保存場所として使用しなくなった場合は、［信頼できる場所］を解除しましょう。ワザ732を参考

に［トラストセンター］ダイアログボックスの［信頼できる場所］の画面を開きます。一覧から解除するフォルダーを選択して、［削除］ボタンをクリックすると［信頼できる場所］を解除できます。

Q734 [365] [2019] [2016] [2013]　　お役立ち度 ★★☆

データベースに
パスワードを設定したい

A [パスワードを使用して暗号化] を実行します

[パスワードを使用して暗号化]を実行すると、パスワードを知らない部外者はデータベースファイルを開けなくなります。また、同時にファイルが暗号化して保存されるため、不正なプログラムでデータを盗み見られる行為からも守られます。

パスワードを設定するには、ワザ725を参考にデータベースを排他モードで開き、以下のように操作します。なお、パスワードを忘れるとデータベースファイルを二度と開けなくなるので注意してください。

> パスワードを設定したいデータベースファイルを排他モードで表示しておく

1 [ファイル] タブをクリック　**2** [情報]をクリック

3 [パスワードを使用して暗号化]をクリック　[データベースパスワードの設定] ダイアログボックスが表示された

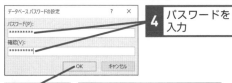

4 パスワードを入力

5 [OK]をクリック　**6** 確認のメッセージが表示されたら[OK]をクリック

> パスワードが設定される

> 注意 パスワードを設定すると、そのパスワードでしかデータベースを開けなくなります。忘れないように注意してください

Q735 [365] [2019] [2016] [2013]　　お役立ち度 ★★☆

データベースのパスワードを
解除するには

A [パスワードの解読] を実行します

データベースファイルに設定したパスワードを解除するには、ワザ725を参考にデータベースを排他モードで開き、以下のように操作します。

1 [ファイル] タブをクリック　**2** [情報]をクリック

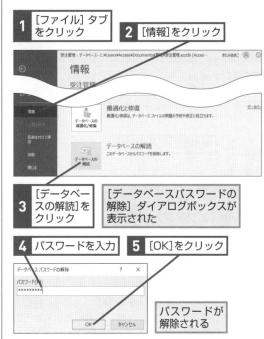

3 [データベースの解読]をクリック　[データベースパスワードの解除] ダイアログボックスが表示された

4 パスワードを入力　**5** [OK]をクリック

> パスワードが解除される

用語集

本書を読むうえで、知っておくと役に立つキーワードをまとめました。なお、この用語集の中に関連する他の用語があるものには➡のマークが付いています。併せて読むことで、初めて目にした専門用語でも理解が深まります。ぜひご活用ください。

数字・アルファベット

ACCDBファイル（エーシーシーディービーファイル）
拡張子が「.accdb」であるAccess 2007以降のファイル形式のデータベースファイルのこと。　➡拡張子

AND条件（アンドジョウケン）
複数の抽出条件を指定する方法の1つ。AND条件を設定した抽出では、指定したすべての条件を満たすレコードが取り出される。　➡抽出、レコード

Between And演算子（ビトウィーンアンドエンザンシ）
抽出条件の設定時に、指定した値の範囲内にあるかどうかを判断する演算子。例えば「Between 10 And 20」は10以上20以下を表す。　➡演算子、抽出

False（フォールス）
「正しくない」や「偽」を意味する値。「正しい」や「真」を意味する「True」の対義語で、「No」や「Off」と同義。　➡True

HTML（エイチティーエムエル）
Webページを記述するための言語で、「HyperText Markup Language」の略。ファイル形式の名称でもある。

IME（アイエムイー）
日本語を入力するためのプログラムで「Input Method Editor」の略。Windowsには初めから「Microsoft IME」がインストールされている。Accessには、IMEの入力モードを自動で切り替える機能が用意されている。

In演算子（インエンザンシ）
抽出条件の設定時に、指定した値のいずれかであるかどうかを判断する演算子。例えば「In("東京","大阪")」は「東京」または「大阪」を表す。　➡演算子、抽出

Like演算子（ライクエンザンシ）
抽出条件の設定時に、文字列のパターンを比較する演算子。例えば「Like "山*"」は「山」で始まる文字列を表す。　➡演算子、抽出

MDBファイル（エムディービーファイル）
Access 2000ファイル形式、Access 2002-2003ファイル形式など、拡張子が「.mdb」のデータベースファイルのこと。　➡拡張子

Not演算子（ノットエンザンシ）
条件式を否定する演算子。例えば「Not 条件式」としたとき、条件式の結果がTrueであれば、「Not 条件式」の結果はFalseとなり、条件式の結果がFalseであれば、「Not 条件式」の結果はTrueとなる。　➡False、True、演算子、条件式

Null値（ヌルチ）
データが存在しない状態をNull（ヌル）という。未入力のフィールドの値はNull値と表現する。　➡フィールド

OLE機能（オーエルイーキノウ）
「Object Linking and Enbedding」の略。Windows上で動くソフトウェア間でデータの共有や転送をするための仕組みのこと。例えば、[連結オブジェクトフレーム]コントロールに埋め込んだビットマップ形式の画像をダブルクリックすると、ビットマップの編集用のアプリである「ペイント」が起動する。　➡コントロール

OR条件（オアジョウケン）
複数の抽出条件を指定する方法の1つ。OR条件を設定した抽出では、指定した条件のうち少なくとも1つを満たすレコードが取り出される。　➡抽出、レコード

PDF（ピーディーエフ）
アドビシステムズが開発した電子文書のファイル形式。OSやアプリに依存せずに、さまざまな環境で文書を表示できる。

SQL（エスキューエル）

リレーショナルデータベースを操作するためのプログラミング言語で、「Structured Query Language」の略。Accessでは、SQLを知らなくても簡単に操作できるように、デザインビューで行ったクエリの定義が自動的にSQLに変換されて実行される。SQLで記述された命令文はSQLステートメントと呼ばれる。

➡クエリ、デザインビュー、リレーショナルデータベース

SQLクエリ（エスキューエルクエリ）

Accessでは、ほとんどのクエリをデザインビューで作成できるが、SQLを直接記述しないと作成できないクエリを総称して、SQLクエリという。代表的なSQLクエリにユニオンクエリがある。

➡クエリ、デザインビュー、ユニオンクエリ

◆SQLクエリ

```
商品選択クエリ
SELECT 商品テーブル.商品名, 商品テーブル.単価
FROM 商品テーブル
WHERE (((商品テーブル.商品区分ID)="DR"))
ORDER BY 商品テーブル.単価 DESC;
```

True（トゥルー）

「正しい」や「真」を意味する値。「正しくない」や「偽」を意味する「False」の対義語で、「Yes」や「On」と同義。

➡False

VBA（ブイビーエー）

「Visual Basic for Applications」の略。Office製品共通で使用できるプログラミング言語のこと。Accessでは、モジュールを作成するときなどにVBAでコードを記述して処理を自動化する。 ➡自動化、モジュール

VBAで記述した処理の例

```
(General)                              顧客情報_顧客情報フォームを開く
    Option Compare Database
    Option Explicit

    '顧客情報_顧客情報フォームを開く

    Function 顧客情報_顧客情報フォームを開く ()
    On Error GoTo 顧客情報_顧客情報フォームを開く_Err

        DoCmd.OpenForm "顧客情報フォーム", acNormal, "", "", , acNormal

    顧客情報_顧客情報フォームを開く_Exit:
        Exit Function

    顧客情報_顧客情報フォームを開く_Err:
        MsgBox Error$
        Resume 顧客情報_顧客情報フォームを開く_Exit

    End Function
```

Where条件（ホウェアジョウケン）

クエリで集計を行うときに、集計対象のフィールドに設定する条件のこと。 ➡クエリ、集計、フィールド

XML（エックスエムエル）

「eXtensible Markup Language」の略。さまざまなソフトウェア間のデータ交換を目的として定められたデータを記述するための言語。

あ

アクション

Accessのマクロで実行できる命令のこと。マクロには［フォームを開く］［フィルターの実行］［並べ替えの設定］といったさまざまなアクションが用意されており、アクションの実行順を指定したマクロを作成することで、Accessの操作を自動実行できる。

➡フィルター、フォーム、マクロ、引数

◆アクション

アクションクエリ

テーブルのデータを一括で変更する機能を持つクエリの総称。削除クエリ、更新クエリ、追加クエリ、およびテーブル作成クエリの4つの種類がある。

➡クエリ、更新クエリ、削除クエリ、追加クエリ、
テーブル、テーブル作成クエリ

イベント

VBAやマクロを実行するきっかけとなる動作を指す。「クリック時」や「読み込み時」のような動作がある。

➡VBA、マクロ

インデックス

テーブル内のフィールドに設定する目印のようなもので、索引の機能を持つ。検索や並べ替えの基準にしたいフィールドにインデックスを設定しておくと、検索や並べ替えの速度が上がる。テーブルの主キーには自動的にインデックスが設定される。 ➡主キー、テーブル、フィールド

インポート

一般に、他のアプリケーションで作成されたデータを現在のファイルに取り込むことを言う。Accessでは、他のAccessファイル内にあるデータベースオブジェクトをインポートできる。また、Excelやテキストファイルなどのデータをテーブルの形式に変換してインポートできる。

➡データベースオブジェクト、テーブル

ウィザード

難しい設定や複雑な処理を自動的に行えるように用意された機能。画面に表示される選択項目を選ぶだけで、フィールドプロパティを設定したり、複雑なフォームやレポートを作成したりできる。

➡フィールドプロパティ、フォーム、レポート

◆ウィザード

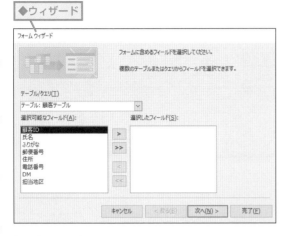

埋め込みマクロ

フォーム、レポート、またはコントロールのイベントのプロパティに埋め込まれたマクロのこと。埋め込みマクロは、埋め込まれたオブジェクトやコントロールの一部になる。マクロの種類には、これ以外に「独立マクロ」がある。

➡イベント、コントロール、独立マクロ、
フォーム、マクロ、レポート

エクスポート

現在のファイル内のデータやデータベースオブジェクトを、他のファイルに保存すること。Accessでは、他のAccessファイルにデータベースオブジェクトをエクスポートできる。また、テーブルやクエリのデータをExcelやテキストファイルの形式に変換してエクスポートすることも可能。 ➡クエリ、データベースオブジェクト、テーブル

エラーインジケーター

フォーム、レポート、コントロールなどに不具合の可能性があるときに表示される緑色の三角形のマーク（▶）。例えば、2ページ目に白紙が印刷される設計のレポートでは、レポートセレクターにエラーインジケーターが表示される。 ➡コントロール、フォーム、レポート

◆エラーインジケーター

演算子

式の中で数値の計算や値の比較のために使用する記号のこと。数値計算のための算術演算子や値を比較するときに使う比較演算子、文字列を連結するための文字列連結演算子（&）などがある。 ➡比較演算子

演算フィールド

クエリで演算結果を表示するフィールドのこと。テーブルや他のクエリのフィールドの値の他、算術計算や文字列結合、関数式などの演算結果も表示できる。

➡関数、クエリ、テーブル、フィールド

オートナンバー型

データ型の種類の1つ。オートナンバー型のフィールドには、他のレコードと重複しない値が自動入力される。標準では整数の連番が入力される。主キーフィールドに設定することが多い。

➡主キー、データ型、フィールド、レコード

オブジェクト

Accessのテーブル、クエリ、フォーム、レポート、マクロ、モジュールなどの構成要素の総称。データベースオブジェクトとも言う。

➡クエリ、データベースオブジェクト、テーブル、
フォーム、マクロ、モジュール、レポート

オプションボタン

フォームに配置するコントロールの1つ。丸いボタンをクリックすることで複数の選択肢の中から1つの項目を選択できる。 ➡コントロール、フォーム

◆オプションボタン

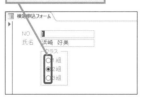

拡張子

ファイル名の「.」（ピリオド）の右側にあるファイルの種類を示す文字列のこと。一般的には3〜5文字で表される。例えば、「readme.txt」の場合、「.txt」が拡張子になり、ファイルの種類はテキストファイルになる。

関数

与えられたデータを基に複雑な計算や処理を簡単に行う仕組みのこと。関数を使うことで、データ型を変換したり、データをいろいろな形に加工したりできる。
➡データ型

クイックアクセスツールバー

タイトルバーの左側にあるボタンが並んでいるバー。使用頻度の高いボタンが割り当てられている。自分でボタンを追加することもできる。

クエリ

テーブルのレコードを操作するためのオブジェクト。クエリを使うと、テーブルのレコードを抽出、並べ替え、集計できる。また、複数のテーブルのレコードを組み合わせたり、演算フィールドを作成したりすることも可能。テーブルのレコードを一括操作する機能もある。

➡演算フィールド、オブジェクト、テーブル、レコード

グループ集計

特定のフィールドをグループ化して、別のフィールドを集計すること。例えば［商品名］フィールドをグループ化して［売上高］フィールドを合計すれば、商品別の売り上げの合計を集計できる。　　　　　　　　➡フィールド

クロス集計

項目の1つを縦軸に、もう1つを横軸に配置して集計を行うこと。集計結果を二次元の表に見やすくまとめることができる。

◆クロス集計表

クロス集計クエリ

クロス集計を実現するためのクエリ。

➡クエリ、クロス集計

結合線

リレーションシップウィンドウやクエリのデザインビューで複数のテーブルを結合するときに、結合フィールド間に表示される線のこと。

➡クエリ、結合フィールド、テーブル、
デザインビュー、リレーションシップ

◆結合線

結合フィールド

テーブル間にリレーションシップを設定するときに、互いのテーブルを結合するために使用するフィールドのこと。通常、共通のデータが入力されているフィールドを結合フィールドとして使用する。

➡テーブル、フィールド、リレーションシップ

更新クエリ

アクションクエリの1つ。テーブルのデータを一括更新する機能を持つ。　　　➡アクションクエリ、テーブル

コントロール

フォームやレポート上に配置するラベルやテキストボックスなどの総称。オプションボタン、ボタン、コンボボックス、チェックボックスなどもコントロールの1つ。

➡オプションボタン、コンボボックス、チェックボックス、
テキストボックス、フォーム、ボタン、ラベル、レポート

コントロールソース

テキストボックスやラベルなどのコントロールに表示するデータの基となるもの。［コントロールソース］プロパティでフィールド名や計算式を設定する。

➡コントロール、テキストボックス、ラベル

コントロールレイアウト

フォームやレポートのコントロールをグループ化して整列する機能。左列にラベル、右列にテキストボックスを配置する「集合形式レイアウト」と、表の形式でラベルとテキストボックスを配置する「表形式レイアウト」がある。

➡コントロール、テキストボックス、
フォーム、ラベル、レポート

コンボボックス

フォームに配置するコントロールの1つ。一覧から値を選択したり、値を直接入力したりできる。

➡コントロール、フォーム

◆コンボボックス

さ

最適化

データベースでさまざまな作業を行ううちに、ファイル内に不要な保存領域が生じる。そのような保存領域を削除して、ファイルサイズを小さくする機能を「最適化」と言う。

削除クエリ

アクションクエリの1つ。テーブルのレコードを削除する機能を持つ。　➡アクションクエリ、テーブル、レコード

差し込み印刷

文面が共通の文書に、宛先など1件ずつ異なるデータを挿入して印刷すること。Accessには、Wordの文書にテーブルのデータを差し込んで印刷する［Word差し込み］という機能がある。　　　　　　　　　　　　➡テーブル

サブデータシート

各レコードに関連付けられたレコードを表示するための表形式の表示領域。リレーションシップを設定したうちの一方のテーブルのデータシートに自動的に表示される。通常は折り畳まれており、各レコードの左端に表示される⊞をクリックすると展開できる。

➡データシート、テーブル、リレーションシップ、
レコード

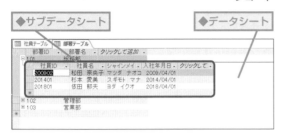

サブフォーム

メイン／サブフォームにおいて、メインフォームの中に埋め込まれるフォームをサブフォームと呼ぶ。

➡メイン／サブフォーム、メインフォーム

参照整合性

テーブル間のリレーションシップを維持するための規則のこと。リレーションシップに参照整合性を設定しておくと、データの整合性が崩れるようなデータの削除や変更などの操作がエラーになり、リレーションシップを正しく維持できる。　　　　➡テーブル、リレーションシップ

式ビルダー

演算フィールドや抽出条件、フォームやレポートのコントロールソースなどに式を入力するときに使用できる。

➡演算フィールド、コントロールソース、
抽出、フォーム、レポート

自動化

Accessの操作を自動実行すること。Accessでは、マクロまたはモジュールを使用することで、データをインポートしたり、特定のレコードを他のテーブルに移動したりといった定型的な処理を自動化できる。

➡インポート、テーブル、マクロ、モジュール、レコード

集計

同じフィールドのデータを集めて計算し、合計値や平均値、データ数などを求めること。Accessには、同じ商品ごとに売上数をグループ集計したり、月別支店別に売上高をクロス集計したりする機能が用意されている。

➡グループ集計、クロス集計

主キー

テーブルの各レコードを識別するためのフィールドのこと。主キーに設定されたフィールドには、重複した値を入力できない。テーブルのデザインビューのフィールドセレクタに、鍵のマーク（🔑）が表示されているフィールドが主キー。　　➡テーブル、デザインビュー、フィールド

条件式

比較演算子や関数などを用いて記述する条件を指定するための式。条件が成立する場合に「True」、成立しない場合に「False」の答えが返る。「True」または「False」によって、マクロなどで実行する処理を振り分けたいときに使用する。　　➡False、True、関数、比較演算子、マクロ

条件分岐

条件が成立する場合としない場合とで、異なる処理を実行すること。マクロで「If」という構文を使用すると、条件分岐の処理を行える。　　　　　　　➡マクロ

書式

テーブルやクエリのフィールド、フォームやレポートのコントロールに設定できるプロパティの1つ。このプロパティを使用すると、データの表示形式を指定できる。広い意味では、フォントやフォントサイズ、色、罫線などの見た目のことを「書式」と言うこともある

➡クエリ、コントロール、テーブル、フィールド、
フォーム、レポート

書式指定文字

数値や日付などのデータの表示形式を指定するために使用する記号。通常、複数の書式指定文字を組み合わせて表示形式を指定する。

スナップショット

クエリとフォームに用意された［レコードセット］プロパティの設定値の1つ。クエリやフォームに表示されるレコードを編集不可にする。➡クエリ、フォーム、レコード

スマートタグ

テーブルのデザインビューでフィールドプロパティを変更したときなど、特定の操作をしたときに、操作個所の付近に自動的に表示される小さなボタン（□▼ や □! など）のこと。クリックして表示されるメニューから次に行う処理を選択できる。

➡️テーブル、デザインビュー、フィールドプロパティ

◆スマートタグ

セクション

フォームやレポートを構成する領域。領域ごとに機能が異なる。例えば、[ページヘッダー]は各ページの最初に表示・印刷され、[詳細]はレコードを繰り返し表示・印刷される。
➡️フォーム、レコード、レポート

選択クエリ

クエリの種類の1つ。テーブルや他のクエリからデータを取り出す機能を持つ。　　➡️クエリ、テーブル

た

ダイアログボックス

WindowsやAccessなどのアプリで各種設定を行うために、ウィンドウの前面に表示される設定画面。

ダイナセット

クエリとフォームに用意された[レコードセット]プロパティの設定値の1つ。既定で設定されている。クエリやフォームに表示されるレコードを編集可能。
➡️クエリ、フォーム、レコード

タブオーダー

フォームビューで Tab キーを押したときに、コントロール間をカーソルが移動する順番。➡️コントロール、フォーム

タブストップ

フォーム上で Tab キーを押したときに、コントロール間をカーソルが移動するかを指定するプロパティの設定項目。[はい]のときはカーソルが移動し、[いいえ]のときは移動しない。　　　　　　　　➡️コントロール、フォーム

単票

フォームやレポートでレコードを配置する形式の1つ。左にラベル、右にテキストボックスという組み合わせが縦方向に並ぶ。単票形式のフォームでは、1画面に1レコードずつ表示される。
➡️テキストボックス、フォーム、ラベル、レコード、レポート

◆単票形式のフォーム

チェックボックス

Yes/No型のデータを格納するためのコントロール。チェックマークが付いている場合は「Yes」、付いていない場合は「No」の意味になる。　　➡️コントロール

◆チェックボックス

抽出

条件に合致するレコードを抜き出すこと。クエリで抽出条件を指定すると抽出を実行できる。例えば、「男」という条件を指定することで顧客情報のテーブルから男性のレコードを抜き出せる。
➡️クエリ、抽出、テーブル、レコード

帳票

フォームやレポートでレコードを配置する形式の1つ。上にラベル、下にテキストボックスという組み合わせが数行にわたって並ぶ。
➡️テキストボックス、フォーム、ラベル、レコード、レポート

◆帳票形式のフォーム

重複クエリ

テーブルまたはクエリ内の重複したフィールドの値を抽出するクエリ。選択クエリの集計機能を使用したり、抽出条件にSQLステートメントを指定したりすることによって作成できる。
➡SQL、クエリ、選択クエリ、抽出、テーブル、フィールド

追加クエリ

アクションクエリの1つ。ほかのテーブルやクエリのデータを元に、テーブルにレコードを追加する機能を持つ。
➡アクションクエリ、クエリ、テーブル、レコード

データ型

フィールドに格納するデータの種類を定義するための設定項目。短いテキスト、長いテキスト、数値型、日付/時刻型、通貨型、オートナンバー型、Yes/No型、OLEオブジェクト型、ハイパーリンク型、添付ファイル型、集計型などがある。
➡オートナンバー型、ハイパーリンク型、フィールド

データシート

レコードを表形式で表示・入力する画面のこと。テーブル、クエリ、フォームのビューの1つでもある。
➡クエリ、テーブル、ビュー、フォーム、レコード

◆データシート

社員ID	社員名	シャインメイ	入社年月日	部署ID	クリックして追加
200901	夏目 浩二	ナツメ コウジ	2009/04/01	102	
200902	松田 奈央子	マツダ ナオコ	2009/04/01	101	
201001	近藤 孝也	コンドウ タカヤ	2010/04/01	103	
201201	相沢 守	アイザワ モリ	2012/04/01	103	
201401	杉本 愛美	スギモト マナ	2014/04/01	101	
201502	緒方 浩平	オガタ コウヘイ	2015/04/01	102	
201601	高橋 晴彦	タカハシ ハル	2016/04/01	101	
201701	橘 智成	タチバナ トモ	2017/04/01	103	
201702	澤村 麻衣	サワムラ マイ	2017/04/01	102	
201801	依田 郁夫	ヨダ イクオ	2018/04/01	101	
201901	小田井 研	オダイ ケン	2019/04/01	103	
202001	三島 はるか	ミシマ ハルカ	2020/04/01	102	

データベースオブジェクト

Accessのテーブル、クエリ、フォーム、レポート、マクロ、モジュールなどの構成要素の総称。単にオブジェクトとも言う。➡オブジェクト、クエリ、テーブル、フォーム、マクロ、モジュール、レポート

テーブル

Accessに用意されているオブジェクトの1つで、データを格納する入れ物。テーブルに格納したデータはデータシートに表形式で表示され、1行分のデータをレコード、1列分のデータをフィールドと呼ぶ。
➡オブジェクト、データシート、フィールド、レコード

テーブル作成クエリ

アクションクエリの1つ。ほかのテーブルやクエリのデータを元に、新しいテーブルを作成する機能を持つ。
➡アクションクエリ、クエリ、テーブル

定義域集計関数

引数にテーブルやクエリなどのレコードの集合を指定して、そこに含まれるフィールドの集計を行う関数。DSum関数、DAvg関数、DCount関数などがある。
➡関数、クエリ、テーブル、フィールド、レコード

テキストボックス

フォームやレポートに配置するコントロールの1つ。フォームでは文字の入力、表示用、レポートでは文字の表示用として使用する。➡コントロール、フォーム、レポート

◆テキストボックス

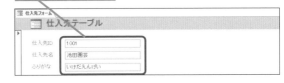

デザインビュー

テーブル、クエリ、フォーム、レポートに用意されたビューの1つで、オブジェクトの設計画面。
➡オブジェクト、クエリ、テーブル、ビュー、フォーム、レポート

添付ファイル型

データ型の種類の1つ。添付ファイル型には複数のファイルを保存できる。➡データ型

ドキュメントウィンドウ

Accessのウィンドウの中で、テーブルやフォームなどの各オブジェクトのビューを表示する領域のこと。
➡オブジェクト、テーブル、ビュー、フォーム

独立マクロ

マクロオブジェクトのこと。独立マクロはナビゲーションウィンドウに表示される。マクロの種類には、これ以外に「埋め込みマクロ」がある。
➡埋め込みマクロ、オブジェクト、ナビゲーションウィンドウ、マクロ

トップ値

選択クエリで設定できるプロパティの1つ。このプロパティを使用すると、指定された数のレコード、または指定された割合のレコードだけを表示できる。
➡選択クエリ、レコード

な

長さ0の文字列

文字を含まない文字列のこと。フィールドに長さ0の文字列を入力するには、ダブルクォーテーションを2つ続けて「""」のように入力する。➡フィールド

ナビゲーションウィンドウ

データベースファイルを開いたときに画面の左側に表示される領域。データベースファイルに含まれるテーブル、クエリ、フォーム、レポートなどのオブジェクトが分類ごとに表示される。　➡オブジェクト、クエリ、テーブル、
フォーム、レポート

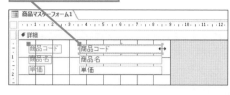

◆ナビゲーションウィンドウ

は

排他モード

データベースを開くときに、他のユーザーがデータベースを開くことができない状態にすること。排他モードで開かれているデータベースを他のユーザーが開こうとすると、「データベースが使用中で開けない」という内容のメッセージが表示される。

ハイパーリンク型

データ型の1つ。ハイパーリンク型のフィールドには、WebサイトのURL、メールアドレス、ファイルのパスといった以下の表にあるデータを格納できる。クリックすることでWebサイトやファイルを開いたり、メールを作成できたりする。　➡データ型、フィールド

種類	入力例
URL	www.impress.co.jp
メールアドレス	○○@example.co.jp
ファイルのパス	C:¥DATA¥Readme.txt、¥¥コンピューター名¥共有フォルダー名¥ファイル名など

パラメータークエリ

クエリの実行時に抽出条件を指定できるクエリのこと。クエリを実行するたびに異なる条件で抽出を行いたいときに利用する。　➡クエリ、抽出

ハンドル

テキストボックスなどのコントロールの選択時に境界線上に表示される四角い記号。移動やサイズを変更するときに使用する。　➡コントロール、テキストボックス

◆サイズ変更ハンドル

比較演算子

値を比較して、真なら「True」、偽なら「False」を返す演算子。=演算子、<演算子、>演算子、<=演算子、>=演算子、<>演算子がある。例えば「10>8」の結果は「True」となる。　➡False、True、演算子

引数

関数の計算やマクロのアクションの実行に必要なデータのこと。「ひきすう」と読む。関数やアクションの種類によって、引数の種類や数が決まっている。
➡アクション、関数、マクロ

ビュー

オブジェクトが持つ表示画面のこと。各オブジェクトには特定の役割を担う複数のビューがある。テーブルの場合はデータを表示・入力するためのデータシートビュー、テーブルの設計を行うためのデザインビューがある。
➡オブジェクト、データシート、テーブル、
デザインビュー

ステータスバーの右下に現在の
ビューが表示される

フィールド

テーブルの列項目のこと。同じ種類のデータを蓄積する入れ物。例えば、社員情報を管理するテーブルでは、社員番号、社員名、所属などがフィールドに当たる。
➡テーブル、フィールド

数字・アルファベット

あ

か

さ

た

な

は

ま

や

ら

わ

フィールドサイズ

短いテキスト、数値型、オートナンバー型のフィールドに設定できるフィールドプロパティの1つ。このプロパティを使用すると、フィールドに入力できる文字列の文字数や数値の種類を指定できる。

➡オートナンバー型、フィールド、フィールドプロパティ

フィールドプロパティ

フィールドに設定できるプロパティの総称。フィールドのデータ型によって、設定できるプロパティは変わる。

➡データ型、フィールド

フィールドリスト

クエリやフォーム、レポートのデザインビューでフィールドを指定するために使用するリストのこと。クエリやフォーム、レポートの基になるテーブルやクエリのフィールドが一覧表示される。

➡クエリ、テーブル、デザインビュー、フィールド、
フォーム、レポート

不一致クエリ

2つのテーブルまたはクエリを比較して、一方にあっても一方にないレコードを抽出するクエリ。選択クエリで外部結合を使用することで作成できる。

➡クエリ、選択クエリ、テーブル、レコード

フィルター

テーブルやクエリのデータシートビュー、フォームのフォームビューやデータシートビューなど、データの表示画面で実行できる抽出機能。

➡クエリ、データシート、テーブル、フォーム

フォーム

テーブルやクエリのデータを見やすく表示するオブジェクトのこと。フォームからテーブルにデータを入力することもできる。　　　　　➡オブジェクト、クエリ、テーブル

フッター

フォームやレポートの下部に表示・印刷する領域。フォームフッター、レポートフッター、ページフッター、グループフッターがある。　　　　　➡フォーム、レポート

プロパティシート

フォームやレポートの中に配置されているコントロールのデータや表示形式などの設定を行うための画面。

➡コントロール、フォーム、レポート

ヘッダー

フォームやレポートの上部に表示・印刷する領域。フォームヘッダー、レポートヘッダー、ページヘッダー、グループヘッダーがある。　　　　　➡フォーム、レポート

ボタン

フォームに配置してマクロやVBAを割り当て、処理を自動実行させるために使用するコントロール。

➡VBA、コントロール、フォーム、マクロ

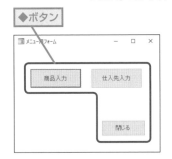

ま

マクロ

処理を自動化するためのオブジェクト。「フォームを開く」や「閉じる」など、あらかじめ用意されている処理の中から実行する操作を選択できる。

➡オブジェクト、フォーム

マクロビルダー

マクロを作成する画面。マクロで実行するアクションや、アクションの実行条件となる引数は、ドロップダウンリストから選択できる。　　　　　➡アクション、マクロ

無効モード

データベースを開くときに、アクションクエリやマクロなどを実行できない状態にすること。無効モードで開くことにより、悪意のあるクエリやプログラムの実行を防げる。データベースが安全と分かっている場合は、無効モードを解除してアクションクエリやマクロを実行できる。

➡アクションクエリ、マクロ

◆無効モード

[コンテンツの有効化]をクリックすると解除できる

メイン／サブフォーム

単票形式のフォームに明細となる表形式あるいはデータシート形式のフォームを埋め込んだもの。一側テーブルのレコードとそれに対応する多側テーブルのレコードを1つの画面で表示するために作成する。

➡単票、データシート、テーブル、フォーム、レコード

◆メインフォーム

◆サブフォーム

メイン／サブレポート

単票形式のレポートに表形式のレポートを埋め込んだもの。一側テーブルのレコードとそれに対応する多側テーブルのレコードをまとめて印刷できる。

➡テーブル、レコード、レポート

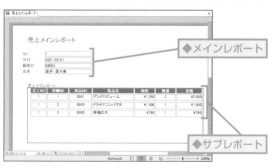

◆メインレポート

◆サブレポート

メインフォーム

メイン／サブフォームにおいて、サブフォームを埋め込む本体となるフォームのこと。

➡サブフォーム、フォーム、メイン／サブフォーム

モジュール

処理を自動化するためのオブジェクト。VBAというプログラミング言語を使ってプログラムを作成し、処理を自動化する。

➡VBA、オブジェクト、自動化

戻り値

関数から返される値のこと。関数の戻り値は、クエリの演算フィールドやフォームのコントロールに表示できる。また、関数の戻り値を別の関数の引数としても使用できる。

➡演算フィールド、関数、クエリ、コントロール、フォーム、引数

や

ユニオンクエリ

複数のテーブルのレコードを縦につなげた表を作成するクエリ。SQLを使用して作成するSQLクエリの1つ。

➡SQL、SQLクエリ、クエリ、テーブル、レコード

ら

ラベル

フォームやレポートの任意の場所に文字を表示するためのコントロール。　➡コントロール、フォーム、レポート

リストボックス

フォーム上に配置するコントロールの1つ。一覧から値を選択できる。　➡コントロール、フォーム

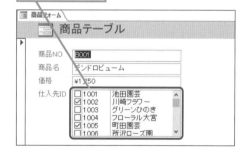

◆リストボックス

数字・アルファベット

あ

か

さ

た

な

は

ま

や

ら

わ

リボン
Accessのさまざまな機能を実行するためのボタンが並んでいる、画面上部に表示される帯状の領域のこと。ボタンは機能別に「タブ」に分類されており、タブはさらに「グループ」別に分類されている。タブの構成は、選択状況や作業状況に応じて変わる。　➡ボタン

リレーショナルデータベース
テーマごとに作成した複数のテーブルを互いに関連付けて運用するデータベース。Accessで扱うデータベースはリレーショナルデータベースに当たる。　➡テーブル

リレーションシップ
テーブル間の関連付けのこと。互いのテーブルに共通するフィールドを結合フィールドといい、このフィールドを介することにより、テーブルを関連付けできる。
➡結合フィールド、テーブル、フィールド

リンク
他のファイルのデータに接続すること。リンクすることで、他のファイルのデータ参照や編集が可能になる。

リンクテーブル
外部のデータベースのテーブルに接続して、現在のデータベースファイルのテーブルとして利用するテーブルのこと。
➡テーブル、リンク

ルーラー
フォームやレポートのデザインビューの上端と左端に表示される目盛り。標準ではセンチメートル単位。コントロールの配置の目安にできる。また、ルーラーをクリックすると、その延長線上にあるコントロールを一括選択できる。
➡コントロール、デザインビュー、フォーム、レポート

累計
何らかの基準でレコードを並べ、特定のフィールドの値を上から順に足していった数値のこと。例えば、1～12月の月ごとの累計を求める場合、1月の累計は1月分の数値、2月の累計は1月～2月の合計、3月の累計は1月～3月の合計となっていき、12月の累計は1月～12月の合計となる。
➡フィールド、レコード

ルックアップ
入力したい値を参照しながら選択できる機能のこと。ルックアップフィールドでは、フィールドに入力する値を一覧から選択できる。また、オートルックアップクエリでは、特定のフィールドのデータを入力すると、そのデータに関連付けられた別のフィールドの値が自動的に表示される。
➡クエリ、フィールド

レコード
1件分のデータのことで、テーブルの行項目。例えば社員情報を管理するテーブルでは、1人分の社員データがレコードに当たる。　➡テーブル

レコードセレクター
データシートビューやフォームビューのレコードの左端に表示される長方形の領域で、レコードの状態を示す。レコードセレクターをクリックするとレコードを選択できる。
➡データシート、フォーム、レコード

◆レコードセレクター

商品NO	商品名	価格	仕入先ID	画像
B001	デンドロビューム	¥1,250	1001	
B002	ガジュマル	¥1,580	1003	

商品表形式フォーム

レコードソース
フォームやレポートに表示するデータの基となるもの。テーブルやクエリなどを設定する。
➡クエリ、テーブル、フォーム、レポート

レポート
テーブルやクエリのデータを見やすく印刷するオブジェクトのこと。　➡オブジェクト、クエリ、テーブル

ロック
複数のユーザーが同時に同じデータを変更してデータが競合してしまうことを防ぐために、最初のユーザーがデータを編集するときに、他のユーザーが同じデータを変更しないように一時的に編集不可の状態にする機能。テーブル単位、またはレコード単位でロックできる。
➡テーブル、レコード

わ

ワイルドカード
抽出や検索の条件を指定するときに、条件として不特定の文字や文字列を表す記号のこと。0文字以上の任意の文字を表す「*」(アスタリスク)や任意の1文字を表す「?」(クエスチョンマーク)などがある。　➡抽出

付録　関数インデックス

本書で解説しているAccessの関数を一覧で紹介します。クエリ、フォーム、レポートで活用し、データの加工や抽出・集計を効率よく行いましょう。関数の使い方は第7章、各関数の機能や書式の詳細はそれぞれの「解説ページ」も参照してください。

●文字列の操作

関数	記述例	機能	解説ページ
Format	Format(データ,書式)	データを指定した書式に変換する	192, 354
InStr	InStr(文字列,検索文字列)	文字列の中で検索文字列が何文字目にあるかを検索する	352
Left	Left(文字列,文字数)	文字列の左端から指定した文字数分だけ抜き出す	352, 362
Len	Len(文字列)	文字列の文字数を求める	348
LTrim	LTrim(文字列)	文字列の先頭から空白を取り除く	350
Mid	Mid(文字列,開始位置,文字数)	文字列を開始位置から指定した文字数分だけ抜き出す	352, 362
Replace	Replace(文字列,検索文字列,置換文字列)	文字列を置換する	162, 193, 351
Right	Right(文字列,文字数)	文字列の右端から指定した文字数分だけ抜き出す	352, 362
RTrim	RTrim(文字列)	文字列の末尾から空白を取り除く	350
StrConv	StrConv(文字列,変換形式)	文字列を指定した形式に変換する	349
Trim	Trim(文字列)	文字列の先頭と末尾の両方から空白を取り除く	350

●日付・日時

関数	記述例	機能	解説ページ
Date	Date()	その日の日付を返す	104, 360
DateAdd	DateAdd(単位,時間,日時)	日時に指定した時間を加えた結果を返す	363
DateDiff	DateDiff(単位,日時1,日時2)	2つの日時の間隔を返す	364
DatePart	DatePart(単位,日時)	日時から指定の部分の値（年月日、時分秒、曜日番号など）を返す	363
DateSerial	DateSerial(年,月,日)	年、月、日の数値から日付を返す	361, 326
Day	Day(日付)	日付から日の数値を返す	361
Month	Month(日付)	日付から月の数値を返す	360
Weekday	Weekday(日付)	日付から曜日番号を返す	362
WeekdayName	WeekdayName(曜日番号,モード)	曜日番号から曜日を文字列で返す	362
Year	Year(日付)	日付から年の数値を返す	361

●データ変換

関数	記述例	機能	解説ページ
CCur	CCur(値)	値を通貨型に変換する	167, 366
CLng	CLng(値)	値を長整数型に変換する	366
Val	Val(文字列)	文字列を数値に変換する	161, 365

●定義域集計

関数	記述例	機能	解説ページ
DAvg	DAvg(フィールド名,テーブル名,条件式)	指定したテーブル（またはクエリ）に含まれる指定したフィールドの中で条件を満たすデータの平均を求める	174, 359
DCount	DCount(フィールド名,テーブル名,条件式)	指定したテーブル（またはクエリ）に含まれる指定したフィールドの中で条件を満たすデータの数を返す	164, 359
DMax	DMax(フィールド名,テーブル名,条件式)	指定したテーブル（またはクエリ）に含まれる指定したフィールドの中で条件を満たすデータの最大値を求める	359
DMin	DMin(フィールド名,テーブル名,条件式)	指定したテーブル（またはクエリ）に含まれる指定したフィールドの中で条件を満たすデータの最小値を求める	359
DSum	DSum(フィールド名,テーブル名,条件式)	指定したテーブル（またはクエリ）に含まれる指定したフィールドの中で条件を満たすデータの数を返す	167, 358

●計算

関数	記述例	機能	解説ページ
Count	Count(フィールド名)	指定したフィールドのデータ数を返す。Null値はカウントしない	189
Fix	Fix(数値)	数値から小数点以下を削除した整数を返す	355
Int	Int(数値)	数値を超えない最大の整数を返す	355
Round	Round(数値,桁)	数値を指定の桁でJIS丸めする	357
Sgn	Sgn(数値)	数値が正なら1、0なら0、負なら-1を返す	356
Sum	Sum(フィールド名)	指定したフィールドの数値の合計を求める	281, 359

●条件分岐

関数	記述例	機能	解説ページ
IIf	IIf(条件式,真の場合の値,偽の場合の値)	条件式が真の場合と偽の場合でそれぞれ指定の値を返す	361
Switch	Switch(条件1,値1,条件2,値2,…)	複数の条件を設定し、条件ごとの戻り値を返す	162, 353

●その他

関数	記述例	機能	解説ページ
IsNull	IsNull(値)	データにNull値が含まれていたらTrue、含まれていなければFalseを返す	367
Nz	Nz(値,変換値)	値がNullかどうか判別し、Nullの場合は変換値を返す	164, 353, 365
Partition	Partition(数値,最小値,最大値,間隔)	数値を集計するときの区切り方を指定する	192

索引

本書を読み終えた方へ
できるシリーズのご案内

シリーズ累計7500万部突破
ベストセラー 売上No.1

※1：当社調べ ※2：大手書店チェーン調べ

Office関連書籍

できるExcel パーフェクトブック

困った！＆便利ワザ大全 Office 365/2019/2016/2013対応

きたみあきこ＆できるシリーズ編集部
定価：1,628円
（本体1,480円＋税10%）

Excelの便利なワザ、困ったときの解決方法を中心に1000以上のワザ＋キーワード＋ショートカットキーを掲載。知りたいことのすべてが分かる。

できるPowerPoint パーフェクトブック

困った！＆便利ワザ大全 Office 365/2019/2016/2013対応

井上香緒里＆できるシリーズ編集部
定価：1,980円
（本体1,800円＋税10%）

基本操作から、クオリティの高い資料を作るための応用的なテクニックまで網羅！ この1冊でPowerPointの疑問がすべて解決。

できるOutlook パーフェクトブック

困った！＆便利ワザ大全 2019/2016/2013&Microsoft 365対応

三沢友治＆できるシリーズ編集部
定価：1,848円
（本体1,680円＋税10%）

各機能の基本操作から応用的なテクニックまで網羅した解説書。ビジネスの基幹となるOutlookのあらゆる使いこなしが見つかる！

読者アンケートにご協力ください！

https://book.impress.co.jp/books/1120101112

ご意見・ご感想をお聞かせください！

「できるシリーズ」では皆さまのご意見、ご感想を今後の企画に生かしていきたいと考えています。
お手数ですが以下の方法で読者アンケートにご協力ください。
ご協力いただいた方には抽選で毎月プレゼントをお送りします！

※プレゼントの内容については「CLUB Impress」のWebサイト（https://book.impress.co.jp/）をご確認ください。

1 URLを入力して Enter キーを押す

2 [アンケートに答える] をクリック

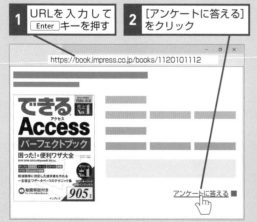

※Webサイトのデザインやレイアウトは変更になる場合があります。

◆会員登録がお済みの方
会員IDと会員パスワードを入力して、[ログインする]をクリックする

◆会員登録をされていない方
[こちら]をクリックして会員規約に同意してからメールアドレスや希望のパスワードを入力し、登録確認メールのURLをクリックする

■著者

きたみあきこ

東京都生まれ、神奈川県在住。テクニカルライター。お茶の水女子大学理学部化学科卒。大学在学中に、分子構造の解析を通してプログラミングと出会う。プログラマー、パソコンインストラクターを経て、現在はコンピューター関係の雑誌や書籍の執筆を中心に活動中。近著に『できるAccessクエリ＆レポート データの抽出・集計・加工に役立つ本 2019/2016/2013 & Microsoft 365対応』（共著）『できるExcelグラフ Office 365/2019/2016/2013対応 魅せる＆伝わる資料作成に役立つ本』『できるExcelパーフェクトブック 困った！＆便利ワザ大全 Office 365/2019/2016/2013/2010対応』『できる イラストで学ぶ 入社1年目からのExcel VBA』（以上、インプレス）などがある。

●Office kitami ホームページ
http://www.office-kitami.com

国本温子（くにもと　あつこ）

テクニカルライター、企業内でワープロ、パソコンなどのOA教育担当後、OfficeやVB、VBAなどのインストラクターや実務経験を経て、フリーのITライターとして書籍の執筆を中心に活動中。主な著書に『できるAccessクエリ＆レポート データの抽出・集計・加工に役立つ本 2019/2016/2013 & Microsoft 365対応』『できる大事典 Excel VBA 2019/2016/2013 & Microsoft 365対応』『できる逆引き Excel VBAを極める勝ちワザ700 2016/2013/2010/2007対応』（共著：インプレス）『手順通りに操作するだけ！ Excel基本＆時短ワザ[完全版] 仕事を一瞬で終わらせる 基本から応用まで 177のワザ』『Word 2019 やさしい教科書[Office 2019 ／ Office 365対応]』（SBクリエイティブ）などがある。

●著者ホームページ
http://www.office-kunimoto.com

STAFF

シリーズロゴデザイン	山岡デザイン事務所<yamaoka@mail.yama.co.jp>
カバーデザイン	伊藤忠インタラクティブ株式会社
本文イラスト	松原ふみこ
DTP制作	町田有美・田中麻衣子
デザイン制作室	今津幸弘<imazu@impress.co.jp>
	鈴木　薫<suzu-kao@impress.co.jp>
制作担当デスク	柏倉真理子<kasiwa-m@impress.co.jp>
編集制作	株式会社リブロワークス
編集	高橋優海<takah-y@impress.co.jp>
デスク	進藤　寛<shindo@impress.co.jp>
編集長	藤原泰之<fujiwara@impress.co.jp>

■商品に関する問い合わせ先
インプレスブックスのお問い合わせフォーム
https://book.impress.co.jp/info/
上記フォームがご利用いただけない場合のメールでの問い合わせ先
info@impress.co.jp

■落丁・乱丁本などの問い合わせ先
TEL 03-6837-5016　FAX 03-6837-5023
service@impress.co.jp
受付時間　10:00～12:00 ／ 13:00～17:30
　　　　　（土日・祝祭日を除く）
●古書店で購入されたものについてはお取り替えできません。

■書店／販売店の窓口
株式会社インプレス 受注センター
TEL 048-449-8040　FAX 048-449-8041

株式会社インプレス 出版営業部
TEL 03-6837-4635

できるAccess パーフェクトブック

困った! & 便利ワザ大全 2019/2016/2013 & Microsoft 365対応

2021年3月21日　初版発行

著　者　きたみあきこ・国本温子 ＆できるシリーズ編集部

発行人　小川 亨

編集人　高橋隆志

発行所　株式会社インプレス
　　　　〒101-0051　東京都千代田区神田神保町一丁目105番地
　　　　ホームページ　https://book.impress.co.jp

印刷所　株式会社廣済堂
ISBN978-4-295-01112-5 C3055

Printed in Japan